中国工程科技2035发展战略丛书

The Development Strategy of
China's Engineering Science and Technology for 2035

中国工程科技2035发展战略

公共安全领域报告

"中国工程科技2035发展战略研究"项目组

科学出版社
北京

内 容 简 介

本书包括公共安全的需求与宏观政策、近年来的公共安全科技发展成果、未来公共安全科技发展的图景和技术预见等，涵盖了风险评估与预防、监测预测预警、应急处置与救援、综合保障四个公共安全的综合性子领域，以及交通安全、危化品安全、舆情安全、水安全、防恐反恐五个专业子领域，并对未来公共安全科技发展的重点方向和路径给出了分析和建议。我国公共安全领域十余位院士和百余位专家学者参与了课题研究。

本书可供公共安全和应急管理相关政府部门用于政策决策的咨询参考，也可供公共安全领域的研究人员作为学术参考，社会公众也可以通过本书了解我国公共安全领域的发展历程和未来图景。

图书在版编目（CIP）数据

中国工程科技 2035 发展战略 . 公共安全领域报告 / “中国工程科技 2035 发展战略研究”项目组编. —北京：科学出版社，2020.5

ISBN 978-7-03-061255-7

Ⅰ. ①中… Ⅱ. ①中… Ⅲ. ①科技发展－发展战略－研究报告－中国 ②公共安全－发展战略－研究报告－中国 Ⅳ. ①G322 ②D63-12

中国版本图书馆 CIP 数据核字（2019）第 094693 号

丛书策划：侯俊琳 牛 玲

责任编辑：张 莉 张 楠 / 责任校对：韩 杨

责任印制：师艳茹 / 封面设计：有道文化

科学出版社 出版

北京东黄城根北街 16 号

邮政编码：100717

http: //www.sciencep.com

中国科学院印刷厂 印刷

科学出版社发行 各地新华书店经销

*

2020 年 5 月第 一 版 开本：720×1000 1/16

2020 年 5 月第一次印刷 印张：23 插页：5

字数：350 000

定价：138.00 元

（如有印装质量问题，我社负责调换）

中国工程科技2035发展战略研究联合领导小组

组　长： 周　济　杨　卫

副组长： 赵宪庚　高　文

成　员（以姓氏笔画为序）：

王长锐　王礼恒　尹泽勇　卢锡城　孙永福
杜生明　李一军　杨宝峰　陈拥军　周福霖
郑永和　孟庆国　郝吉明　秦玉文　柴育成
徐惠彬　康绍忠　彭苏萍　韩　宇　董尔丹
黎　明

联合工作组

组　长： 吴国凯　郑永和

成　员（以姓氏笔画为序）：

孙　粒　李艳杰　李铭禄　吴善超　张　宇
黄　琳　龚　旭　董　超　樊新岩

项目办公室

主　任： 吴国凯　郑永和

成　员（以姓氏笔画为序）：

孙　粒　李艳杰　张　宇　黄　琳　龚　旭

工　作　组

组　长： 王崑声

副组长： 黄　琳　龚　旭　周晓纪

成　员（以姓氏笔画为序）：

丁淑富　马　飞　王亚琼　王宏伟　王晓俊
王爱红　王海风　左家和　白　雁　刘　奕
安　达　孙　粒　孙胜凯　李冬梅　李铭禄
李憑峰　但智钢　宋　超　张　勇　张　莉
张　健　张　博　张文韬　陈进东　范桂梅
周　源　宗玉生　胡良元　侯超凡　袁建华
夏登文　唐海英　黄海涛　崔　剑　梁桂林
董　超　满　璇　裴　钰　阚晓伟　谭宗颖
樊新岩　魏　畅

中国工程科技2035发展战略·公共安全领域报告

编 委 会

工 作 组

组　长： 刘　奕

成　员（以姓氏汉语拼音为序）：

陈一洲　程　静　崔冠峰　丁　伟　丁志雄
方　煜　郭安红　韩　毅　李　华　李　鑫
李爱平　李平凡　刘　艺　刘慧念　刘晓斐
蒙家晓　倪顺江　钱　静　乔　婷　秦绪坤
宋大钊　孙连英　孙振文　王　婷　王丽珍
王月冬　张树才　赵学良　郑洪龙　周　强
朱　伟

总　序

科技是国家强盛之基，创新是民族进步之魂，而工程科技是科技向现实生产力转化过程的关键环节，是引领与推进社会进步的重要驱动力。当前，中国特色社会主义进入新时代，党的十九大提出了2035年基本实现社会主义现代化的发展目标，要贯彻新发展理念，建设现代化经济体系，必须把发展经济的着力点放在实体经济上，把提高供给体系质量作为主攻方向，显著增强我国经济质量优势。我国作为一个以实体经济为主带动国民经济发展的世界第二大经济体，以及体现实体经济发展与工程科技进步相互交织、相互辉映的动力型发展体，工程科技发展在支撑我国现代化经济体系建设，推动经济发展质量变革、效率变革、动力变革中具有独特的作用。习近平总书记在2016年“科技三会”[①]上指出，“国家对战略科技支撑的需求比以往任何时期都更加迫切”，未来20年是中国工程科技大有可为的历史机遇期，“科技创新的战略导向十分紧要”。

2015年始，中国工程院和国家自然科学基金委员会联合组织开展了“中国工程科技2035发展战略研究”，以期集聚群智，充分发挥工程科技战略对我国工程科技进步和经济社会发展的引领作用，“服务决策、适度超前”，积极谋划中国工程科技支撑高质量发展之路。

① “科技三会”即2016年5月30日召开的全国科技创新大会、中国科学院第十八次院士大会和中国工程院第十三次院士大会、中国科学技术协会第九次全国代表大会。

第一，中国经济社会发展呼唤工程科技创新，也孕育着工程科技创新的无限生机。

创新是引领发展的第一动力，科技创新是推动经济社会发展的根本动力。当前，全球科技创新进入密集活跃期，呈现高速发展与高度融合态势，信息技术、新能源、新材料、生物技术等高新技术向各领域加速渗透、深度融合，正在加速推动以数字化、网络化、智能化、绿色化为特征的新一轮产业与社会变革。面向 2035 年，世界人口与经济持续增长，能源需求与环境压力将不断增大，而科技创新将成为重塑世界格局、创造人类未来的主导力量，成为人类追求更健康、更美好的生活的重要推动力量。

习近平总书记在 2018 年两院院士大会开幕式上讲到："我们迎来了世界新一轮科技革命和产业变革同我国转变发展方式的历史性交汇期，既面临着千载难逢的历史机遇，又面临着差距拉大的严峻挑战。"从现在到 2035 年，是将发生天翻地覆变化的重要时期，中国工业化将从量变走向质变，2020 年我国要进入创新型国家行列，2030 年中国的碳排放达到峰值将对我国的能源结构产生重大影响，2035 年基本实现社会主义现代化。在这一过程中释放出来的巨大的经济社会需求，给工程科技发展创造了得天独厚的条件和千载难逢的机遇。一是中国将成为传统工程领域科技创新的最重要战场。三峡水利工程、南水北调、超大型桥梁、高铁、超长隧道等一大批基础设施以及世界级工程的成功建设，使我国已经成为世界范围内的工程建设中心。传统产业升级和基础设施建设对机械、土木、化工、电机等学科领域的需求依然强劲。二是信息化、智能化将是带动中国工业化的最佳抓手。工业化与信息化深度融合，以智能制造为主导的工业 4.0 将加速推动第四次工业革命，老龄化社会将催生服务型机器人的普及，大数据将在城镇化过程中发挥巨大作用，天网、地网、海网等将全面融合，信息工程科技领域将迎来全新的发展机遇。三是中国将成为一些重要战略性新兴产业的发源地。在我国从温饱型社会向小康型社会转型的过程中，人民群众的消费需求不断增长，将创造令世界瞩目和羡慕的消费市场，并将在一定程度上引领全球消费市场及相关行业的发展方向，为战略性新兴产业的形成与发展奠定坚实的基础。四是中国将是生态、能源、资源环境、医疗卫生等领域工程科技创新的主战场。尤其是在页岩气开发、碳排放减量、核能利用、水污染治理、土壤修复等方面，未来 20 年中国需求巨大，给能源、节能环保、医疗保健等产业及其相关工程领域创造了难得的发展机遇。五是中国的国防现代化建设、航空航天技术与工程的跨越式发展，给工程科技领域提出了更多更高的要求。

为了实现 2035 年基本实现社会主义现代化的宏伟目标，作为与经济社会联系最紧密的科技领域，工程科技的发展有较强的可预见性和可引导性，更有可能在“有所为、有所不为”的原则下加以选择性支持与推进，全面系统地研究其发展战略显得尤为重要。

第二，中国工程院和国家自然科学基金委员会理应共同承担起推动工程科技创新、实施创新驱动发展战略的历史使命。

“工程科技是推动人类进步的发动机，是产业革命、经济发展、社会进步的有力杠杆。”① 习近平总书记在 2016 年“科技三会”上指出：“中国科学院、中国工程院是我国科技大师荟萃之地，要发挥好国家高端科技智库功能，组织广大院士围绕事关科技创新发展全局和长远问题，善于把握世界科技发展大势、研判世界科技革命新方向，为国家科技决策提供准确、前瞻、及时的建议。要发挥好最高学术机

① 参见习近平总书记 2018 年 5 月 28 日在中国科学院第十九次院士大会和中国工程院第十四次院士大会上的讲话。

构学术引领作用，把握好世界科技发展大势，敏锐抓住科技革命新方向。”这不仅高度肯定了战略研究的重要性，而且对战略研究工作提出了更高的要求。同时，习近平总书记在 2018 年两院院士大会上指出，“基础研究是整个科学体系的源头。要瞄准世界科技前沿，抓住大趋势，下好‘先手棋’，打好基础、储备长远”；“要加大应用基础研究力度，以推动重大科技项目为抓手”；“把科技成果充分应用到现代化事业中去”。

中国工程院是国家高端科技智库和工程科技思想库；国家自然科学基金委员会是我国基础研究的主要资助机构，也是我国工程科技领域基础研究最重要的资助机构。为了发挥“以科学咨询支撑科学决策，以科学决策引领科学发展”①的制度优势，双方决定共同组织开展中国工程科技中长期发展战略研究，这既是充分发挥中国工程院国家工程科技思想库作用的重要内容和应尽责任，也是国家自然科学基金委员会引导我国科学家面向工程科技发展中的科学问题开展基础研究的重要方式，以及加强应用基础研究的重要途径。2009 年，中国工程院与国家自然科学基金委员会联合组织开展了面向 2030 年的中国工程科技中长期发展战略研究，并决定每五年组织一次面向未来 20 年的工程科技发展战略研究，围绕国家重大战略需求，强化战略导向和目标引导，勾勒国家未来 20 年工程科技发展蓝图，为实施创新驱动发展战略“谋定而后动”。

第三，工程科技发展战略研究要成为国家制定中长期科技规划的重要基础，解决工程科技发展问题需要基础研究提供长期稳定支撑。

工程科技发展战略研究的重要目标是为国家中长期科技规划提供

① 参见中共中央办公厅、国务院办公厅联合下发的《关于加强中国特色新型智库建设的意见》。

有益的参考。回顾过去，2009 年组织开展的“中国工程科技中长期发展战略研究”，为《“十三五”国家科技创新规划》及其提出的“科技创新 2030—重大项目”提供了有效的决策支持。

党的十八大以来，我国科技事业实现了历史性、整体性、格局性重大变化，一些前沿方向开始进入并行、领跑阶段，国家科技实力正处于从量的积累向质的飞跃、由点的突破向系统能力提升的重要时期。为推进我国整体科技水平从跟跑向并行、领跑的战略性转变，如何选择发展方向显得尤其重要和尤其困难，需要加强对关系根本和全局的科学问题的研究部署，不断强化科技创新体系能力，对关键领域、“卡脖子”问题的突破作出战略性安排，加快构筑支撑高端引领的先发优势，才能在重要科技领域成为领跑者，在新兴前沿交叉领域成为开拓者，并把惠民、利民、富民、改善民生作为科技创新的重要方向。同时，我们认识到，工程科技的前沿往往也是基础研究的前沿，解决工程科技发展的问题需要基础研究提供长期稳定支撑，两者相辅相成才能共同推动中国科技的进步。

我们期望，面向未来 20 年的中国工程科技发展战略研究，可以为工程科技的发展布局、科学基金对应用基础研究的资助布局等提出有远见性的建议，不仅形成对国家创新驱动发展有重大影响的战略研究报告，而且通过对工程科技发展中重大科学技术问题的凝练，引导科学基金资助工作和工程科技的发展方向。

第四，采用科学系统的方法，建立一支推进我国工程科技发展的战略咨询力量，并通过广泛宣传凝聚形成社会共识。

当前，技术体系高度融合与高度复杂化，全球科技创新的战略竞争与体系竞争更趋激烈，中国工程科技 2035 发展战略研究，即是要面向未来，系统谋划国家工程科技的体系创新。“预见未来的最好办法，就是塑造未来”，站在现在谋虑未来、站在未来引导现在，将国家需求同工程科技发展的可行性预判结合起来，提出科学可行、具有中国特色的工程科技发展路线。

因此，在项目组织中，强调以长远的眼光、战略的眼光、系统的眼光看待问题、研究问题，突出工程科技规划的带动性与选择性，同时，注重研究方法的科学性和规范性，在研究中不断探索新的更有效的系统性方法。项目将技术预见引入战略研究中，将技术预见、需求分析、经济预测与工程科技发展路径研究紧密结合，采用一系列规范方法，以科技、经济和社会发展规律及其相互作用为基础，对未来 20 年科技、经济与社会协同发展的趋势进行系统性预见，研究提出面向 2035 年的中国工程科技发展的战略目标和路径，并对基础研究方向部署提出建议。

项目研究更强调动员工程科技各领域专家以及社会科学界专家参与研究，以院士为核心，以专家为骨干，组织形成一支由战略科学家领军的研究队伍，并通过专家研讨、德尔菲专家调查等途径更广泛地动员各界专家参与研究，组织国际国内学术论坛汲取国内外专家意见。同时，项目致力于搭建我国工程科技战略研究智能决策支持平台，发展适合我国国情的科技战略方法学。期望通过项目研究，不仅能够形成有远见的战略研究成果，同时还能通过不断探索、实践，形成战略研究的组织和方法学成果，建立一支推进工程科技发展的战略咨询力量，切实发挥战略研究对科技和经济社会发展的引领作用。

在支撑国家战略规划和决策的同时，希望通过公开出版发布战略研究报告，促进战略研究成果传播，为社会各界开展技术方向选择、战略制定与资源优化配置提供支撑，推动全社会共同迎接新的未来和发展机遇。

展望未来，中国工程院与国家自然科学基金委员会将继续鼎力合作，发挥国家战略科技力量的作用，同全国科技力量一道，围绕建设世界科技强国，敏锐抓住科技革命方向，大力推动科技跨越发展和社会主义现代化强国建设。

中国工程院院长：李晓红院士

国家自然科学基金委员会主任：李静海院士

2019 年 3 月

前　言

公共安全是一个综合交叉型的学科领域，近年来受到国际范围的高度重视。2001 年发生的美国“9·11”恐怖袭击事件在全世界范围内敲响了公共安全的警钟；2003 年影响我国大部分地区，以及国际上多个国家和地区的严重急性呼吸综合征（SARS）事件，给我国政府和社会各界都带来深刻的反思。2019 年年末至 2020 年年初的新型冠状病毒肺炎疫情，更加推动了全社会对公共安全的关注和重视。

本书是在中国工程院“中国工程科技 2035 发展战略研究”咨询项目的支持下完成的，并得到了国家自然科学基金委员会的支持，我国公共安全领域的十余位院士和百余位专家学者参与了“公共安全跨领域课题”的研究，直接或间接地为本书的成稿做出了贡献。

本书第一章系统介绍了国家对公共安全的宏观需求，详细回顾了近年来国家政府部门在公共安全领域发布的相关政策性文件。第二章介绍了公共安全科技发展的现状，由风险评估与预防技术、监测预测预警技术、应急处置与救援技术和综合保障技术四大子领域构成的公共安全领域技术体系，我国公共安全科技与国际水平的对比分析，公共安全技术发展面临的问题与发展趋势。第三章介绍了我国公共安全领域技术发展的部分典型成果。第四章讨论了公共安全的科技发展展望，包括当前的国际前沿问题和发展水平，我国公共安全科技亟须解决的重大问题、发展需求和愿景等。第五章介绍了公共安全技术预见与发展能力，公共安全及相关领域的几百位专家参与了问卷调查，形成了面向未来发展的公共安全领域关键技术、共性技术、颠覆性技术等一批技术清单。第六章介绍了公共安全工程科技发展图景与重点任务，包括重点技术方向、基础研究方向、系统和平台研发等。第七章介绍了公共安全领域工程科技的发展路径，探讨了 2025 年和 2035 年两步发展路径，提出了发展思路、发展目标、重点任务和关键技术。第八章提出了公共安全领域的重大工程与科技项目建议，以及我国公共安全与应急管理发展的政策措施建议。

本书的完成，由中国工程院“中国工程科技 2035 发展战略研究”咨询项目“公共安全跨领域课题”的课题负责人，即清华大学公共安全研究院范维澄院士统筹协调，公共安全及相关领域众多专家学者共同参与，课题研究报告总执笔人为清华大学公共安全研究院刘奕博士，并负责总体统稿。本书每章后附有参与撰写的专家学者名单，在此不再一一赘述，感谢众多专家学者在课题研究和本书撰稿过程中所做出的贡献。在本书成稿的过程中，为了更广泛地汇集公共安全领域的研究成果，“公共安全高峰论坛”学术研讨会连续三年每年召开，每次会议均有公共安全及相关领域的百余位专家学者参会，为课题研究和本书的完成提供了宝贵的学术思想，在此一并致谢！

感谢中国工程院和国家自然科学基金委员会对本书的支持！

书中或有不妥之处，恳请广大读者批评指正。

《中国工程科技2035发展战略·
公共安全领域报告》编委会

2020 年 1 月

目　录

第一章
公共安全需求与宏观政策

公共安全是一项充分体现以人为本、人民利益高于一切的公益性事业，是国家安全和社会稳定的基石，是经济和社会发展的必要条件，是人民安居乐业的基本保证，是全面构建社会主义和谐社会必须解决的重大战略问题。随着人类物质文明的高度发展，国家、社会和个人对安全的依赖及企盼达到了前所未有的程度，公共安全已成为世界各国经济社会良性发展和国家管理正常运行最重要的保障之一。当前，我国正处于经济和社会发展的重要机遇期，也是实施我国现代化建设第三步战略部署的关键时期，良好的公共安全环境是小康社会的重要标志，保持长期和谐稳定的社会环境与安定团结的局面是我国面临的重要任务。

党和国家历来重视公共安全，党的十六大报告提出，“全党同志一定要增强忧患意识，居安思危”，这为加强公共安全工作奠定了思想基础。党的十七大报告提出了要“完善重大疾病防控体系，提高突发公共卫生事件应急处置能力”“坚持安全发展，强化安全生产管理和监督，有效遏制重特大安全事故”。党的十八大报告进一步明确“强化公共安全体系和企业安全生产基础建设，遏制重特大安全事故”，并在“改善民生和创新社会管理中加强社会建设”中提出“改革和完善食品药品安全监管体制机制”，在“大力推进生态文明建设”中明确提出要加快水利建设，加强防灾减灾体系建设。党的十九大报告指出，要

“坚持总体国家安全观”。必须坚持国家利益至上，以人民安全为宗旨，以政治安全为根本，统筹外部安全和内部安全、国土安全和国民安全、传统安全和非传统安全、自身安全和共同安全，完善国家安全制度体系，加强国家安全能力建设，坚决维护国家主权、安全、发展利益。习近平同志在 2012 年 6 月 19 日视察清华大学公共安全研究院时强调：“公共安全建设对于构建和谐社会，推动全面小康建设，乃至于中华民族的伟大复兴都具有非常现实和深远的意义。”习近平同志 2015 年 5 月 29 日在主持中共中央政治局第二十三次集体学习时强调，公共安全连着千家万户，确保公共安全事关人民群众生命财产安全，事关改革发展稳定大局。要牢固树立安全发展理念，自觉把维护公共安全放在维护最广大人民根本利益中来认识，扎实做好公共安全工作，努力为人民安居乐业、社会安定有序、国家长治久安编织全方位、立体化的公共安全网。胡锦涛同志在 2010 年中国科学院第十五次院士大会、中国工程院第十次院士大会上提出要“大力发展国家安全和公共安全科学技术。要加快发展空间安全、海洋安全、生物安全、信息网络安全技术，提高对传统和非传统国家安全和公共安全的监测、预警、应对、管理能力，加强安全生产技术研究和推广，构建先进国家安全和公共安全体系，有效防范对人民生活和生态环境的生物威胁，维护信息和网络空间安全，维护国家利益，捍卫国家主权，保障社会稳定。”2006 年 1 月 10 日，温家宝同志在听取国家中长期科学和技术发展规划战略研究中的“公共安全科技问题研究”专题汇报时强调，“公共安全是经济和社会发展中的重大问题和突出问题，是关系人民群众利益的紧迫问题”。

2006 年发布的《国家中长期科学和技术发展规划纲要（2006—2020 年）》（简称《规划纲要》）首次将“公共安全”作为重点领域进行了规划和部署。《规划纲要》的发布，是公共安全科技发展的里程碑事件，其拟定的公共安全领域发展思路包括：①加强对突发公共事件快速反应和应急处置的技术支持。以信息、智能化技术应用为先导，发展国家公共安全多功能、一体化应急保障技术，形成科学预测、有效防控与高效应急的公共安全技术体系。②提高早期发现与防范能力。重点研究煤矿等生产事故、突发社会安全事件和自然灾害、核安全及生物安全等的监测、预警、预防技术。③增强应急救护综合能力。重点研究煤矿灾害、重大火灾、突发性重大自然灾害、危险化学品泄漏、群体性中毒等应急救援技术。④加快公共安全装备现代化。开发能够保障生产安全、食品安全、生物安全及社会安全等公共安全重大装备和系列防护产品，促进相关产业快速发展。《规划纲要》明确了公共安全领域的6个优先主题，分别为：①国家公共安全应急信息平台，重点研究全方位无障碍危险源探测监测、精确定位和信息获取技术，多尺度动态信息分析处理和优化决策技术，国家一体化公共安全应急决策指挥平台集成技术等，构建国家公共安全早期监测、快速预警与高效处置一体化应急决策指挥平台；②重大生产事故预警与救援，重点研究开发矿井瓦斯、突水、动力性灾害预警与防控技术，开发燃烧、爆炸、毒物泄漏等重大工业事故防控与救援技术及相关设备；③食品安全与出入境检验检疫，重点研究食品安全和出入境检验检疫风险评估、污染物溯源、安全标准制定、有效监测检测等关键技术，开发食物污染防控智能化技术和高通量检验检疫安全监控技术；④突发公共事件防范与快速处置，重点研究开发个体生物特征识别、物证溯源、快速筛查与证实技术以及模拟预测技术，远程定位跟踪、实时监控、隔物辨识与快速处置技术及装备，高层和地下建筑消防技术与设备，爆炸物、毒品等违禁品和核生化恐怖源的远程探测技术与装备，以及现场处置防护技术与装备；⑤生物安全保障，重点研究快速、灵敏、特异监测与探测技术，化学毒剂在体内代谢产物检测技术，新型高效消毒剂和快速消毒技术，滤毒防护技术，危险传播媒介鉴别与防治技术，生物入侵防控技术，用于应对突发生物事件的疫苗及免疫佐剂、抗毒素与药物等；⑥重大自然灾害监测与防御，重点研究开发地震、台风、暴雨、洪水、地质灾害等监测、预警和应急处置关键技术，森林火灾、溃坝、决堤险情等重大灾害的监测预警技术以及重大自然灾害综合风险分析评估技术。自《规划纲要》发布起，公共安全开始作为一个独立的科技领域登上历史舞台，并迅速取得了一系列瞩目的科技成果。

第一节　重要事业性政策

在公共安全事业发展方面所发布的部分重要政策文件如下。

2006年6月，国务院发布了《国务院关于全面加强应急管理工作的意见》

（国发〔2006〕24号）。这是继2005年4月国务院颁布实施《国家突发公共事件总体应急预案》（简称《总体预案》）后，国务院下发的又一个重要指导文件，是落实《总体预案》的具体政策。

《国务院关于全面加强应急管理工作的意见》强调，建立公共安全科技支撑体系，按照《规划纲要》的要求，高度重视利用科技手段提高应对突发公共事件的能力，通过国家科技计划和科学基金等，对突发公共事件应急管理的基础理论、应用和关键技术研究给予支持，并在大专院校、科研院所加强公共安全与应急管理学科、专业建设，大力培养公共安全科技人才。坚持自主创新和引进消化吸收相结合，形成公共安全科技创新机制和应急管理技术支撑体系。扶持一批在公共安全领域拥有自主知识产权和核心技术的重点企业，实现成套核心技术与重大装备的突破，增强安全技术保障能力。

《国务院关于全面加强应急管理工作的意见》还明确必须推进国家应急平台体系建设。要统筹规划建设具备监测监控、预测预警、信息报告、辅助决策、调度指挥和总结评估等功能的国家应急平台。加快国务院应急平台建设，完善有关专业应急平台功能，推进地方人民政府综合应急平台建设，形成连接各地区和各专业应急指挥机构、统一高效的应急平台体系。应急平台建设要结合实际，依托政府系统办公业务资源网络，规范技术标准，充分整合利用现有专业系统资源，实现互联互通和信息共享，避免重复建设。积极推进紧急信息接报平台整合，建立统一接报、分类分级处置的工作机制。

2006年3月27日下午，中共中央政治局举行第三十次集体学习，主要学习内容是国外安全生产的制度措施和加强我国安全生产的制度建设。清华大学公共安全研究院范维澄教授、中国安全生产科学研究院刘铁民研究员针对这个问题进行了讲解，中共中央政治局各位同志认真听取了他们的讲解，并就有关问题进行了讨论。胡锦涛同志强调，高度重视和切实抓好安全生产工作，是坚持立党为公、执政为民的必然要求，是贯彻落实科学发展观的必然要求，是实现好、维护好、发展好最广大人民的根本利益的必然要求，也是构建社会主义和谐社会的必然要求。各级党委和政府要牢固树立以人为本的观念，关注安全，关爱生命，进一步认识做好安全生产工作的极端重要性，坚持不懈地把安全生产工作抓细抓实抓好。

2006年8月，国务院办公厅发布《国务院办公厅关于印发安全生产

“十一五”规划的通知》(国办发〔2006〕53号)。《安全生产“十一五”规划》是中华人民共和国成立以来从国家层面组织编制的第一部安全生产专项规划，也是国务院办公厅印发的第一部“十一五”专项规划。该规划指出了我国安全生产的现状与问题，提出了“十一五”期间我国安全生产的指导思想和目标、主要任务、规划实施的保障措施，并部署了需要实施的九项重点工程。该规划提出了“十一五”期间安全生产工作的十大主要任务，强调要开展重大事故及灾害机理、事故预防与控制等安全科学基础理论研究；以矿山、化工及危险化学品、特种设备、建筑、交通运输等行业和领域为重点，开展矿山重大灾害机理研究及预防、危险化学品事故预防与控制、重大危险源监控与管理信息化、重大事故隐患治理、现代安全管理、重大事故调查分析与技术鉴定等相关技术研究与创新；重点推广成熟、先进、适用的安全生产技术；实施以矿山灾害综合防治、重大危险源监控和应急管理、安全生产信息化、埋地压力管道不开挖检验、在役特种设备长周期运行等为重点的安全生产科技示范工程。

2011年10月，国务院办公厅发布《国务院办公厅关于印发安全生产“十二五”规划的通知》(国办发〔2011〕47号)。《安全生产“十二五”规划》强调，“十二五”期间的安全生产工作应以事故预防为主攻方向，建立和完善“六大体系”，提高“六个能力”及“九项重点工程”。该规划提出了安全生产科技产学研重点领域，其中在“安全基础理论研究”方面，重点研究典型工业事故灾难、交通事故防治基础理论；安全生产应急管理基础理论；危险化学品安全生产理论；安全生产经济政策。在“技术及装备研发”方面，重点研究煤矿重大事故预测预警与防治；非煤矿山典型灾害预测与控制；化工园区定量风险评价与管控一体化；烟花爆竹自动化制装药生产线；特种设备无损检测与监测；高危职业危害预防；安全生产物联网；事故快速抢险及应急处置；个体防护及事故调查与分析；新型交通管理设施与交通安全设施。在“安全管理科学研究”方面，重点研究安全生产法规政策体系运行反馈系统；安全生产监管监察、企业安全生产管理模式与决策运行系统等。

2007年4月，国务院办公厅发布《国务院办公厅关于印发国家食品药品安全“十一五”规划的通知》(国办发〔2007〕24号),《国家食品药品安全“十一五”规划》是我国在食品药品安全领域编制发布的第一个国家专项规划。该规划明确了食品安全科技研究重点。在“跟踪研究”方面，包括国际食品法典、主要贸易国食品安全管理体系和政策、法律法规与标准、安全保证技术措施、关键检测技术等。在“评价技术研究”方面，涉及食品新原料、新技术和新工艺以及转基因食品、食品添加剂、食品接触材料。在“风险评估技术研究”方面，涉及病原微生物、农兽药残留、新资源食品、化学性（含生物毒素）危害物等；建立食源性危害的危险性评估模式和方法；提出高风险食品目录和危险性控制措施。在“应用技术研究”方面，包括食品品种特征溯源技术、食品产地图谱技术、食品产地标签和条码示踪技术、农产品质量安全溯源技术和检验检测技术、食品加工、流通过程中检测技术、食品制假售假检测技术、食品安全快速检测技术、实验室确证技术、检测技术规范和安全性验证方法、食品安全突发事件预警技术，以及食品生产、加工和运输过程中的食品安全控制技术研究。

2012 年 6 月，国务院办公厅发布《国务院办公厅关于印发国家食品安全监管体系“十二五”规划的通知》（国办发〔2012〕36 号）。《国家食品安全监管体系“十二五”规划》在“食品安全科技支撑能力建设”方面提出如下任务：通过国家科技计划、基金或专项等渠道，加大食品安全科技研发投入，集中力量重点开展 7 个方面的科技攻关。一是在食品安全管理理论与方法研究方面，重点研究食品安全战略、监管体制机制、法规制度、标准体系、关键政策等，确立我国食品安全综合评价指标体系。二是在食品安全风险评估研究方面，重点研究风险评估技术，开展新技术、新工艺、新材料的风险评估和高风险污染物暴露评估，建立相关评估模型和数据库，获得我国污染物暴露评估国家参数。三是在食品安全标准研究方面，重点开展重要污染物、真菌毒素、致病微生物等相关基础性研究和食品添加剂技术必要性研究。四是在检验检测技术和装备研发方面，重点研究食品和食用农产品中有毒有害物质及非法添加物检测技术，研发新型快速检测、在线监测控制、食物中毒综合诊断技术和设备。五是在食品安全预警、溯源技术研究方面，重点研发食品安全预警系统、溯源防伪信息数据系统和食源性疾病溯源系统。六是在农业标准化生产和全程质量控制技术方面，重点开展食用农产品产地环境安全评价指标体系、产地环境污染因素修复与净化、大宗食用农产品重金属、霉菌和生物毒素等控制技术研究，开发高效低毒、低残留农药等新型农业投入品。七是在食品生产流通过程控制技术方面，开展具有生物累积效应的食品污染物在食物链中的迁移转化规律及控制技术研究和耐药菌耐药机理研究，研发食品生产加工和流通储存过程中有害物质的风险控制技术和装备。

2012 年 2 月，国务院印发《国务院关于印发质量发展纲要（2011—2020 年）的通知》（国发〔2012〕9 号），《质量发展纲要（2011—2020 年）》是我国在产品质量安全领域编制发布的第一个国家纲领性文件。该纲要明确了要加强质量监督管理，实施质量安全风险管理，建立和完善动植物外来有害生物防御体系、进出口农产品和食品质量安全保障体系、进出口工业品质量安全监控体系和国境卫生检疫风险监控体系。

2007 年 8 月，国务院办公厅发布《国务院办公厅关于印发国家综合减灾“十一五”规划的通知》（国办发〔2007〕55 号），《国家综合减灾“十一五”规划》着眼于提高国家综合减灾能力，针对灾害监测预警预报、灾害应急救助指挥、体制机制法制建设、灾害风险管理、城乡社区减灾、减灾科技支撑和科普宣传教育等方面，提出了“十一五”期间的规划目标、主要任务、重点项目和保障措施。该规划强调，为提高国家综合减灾能力，“十一五”期间要努力完成加强自然灾害风险隐患和信息管理能力、自然灾害监测预警预报能力、自然灾害综合防范防御能力、国家自然灾害应急救援能力、巨灾综合应对能力、城乡社区减灾能力、减灾科技支撑能力和减灾科普宣传教育能力等方面的建设任务。

2011 年 11 月，国务院办公厅发布《国务院办公厅关于印发国家综合防灾减灾规划（2011—2015 年）的通知》（国办发〔2011〕55 号）。《国家综合防灾减灾规划（2011—2015 年）》提出以预防为主、重点加强自然灾害早期预警的目标。根据该规划，“十二五”期间，我国将加快自然灾害监测预警体系建设，完善自然灾害监测网络，加强气象、水文、地震、地质、农业、林业、海洋、草原、野生动物疫病疫源等自然灾害的监测站网建设。鉴于科学技术对防灾减灾的支撑作用明显增强，“十二五”期间，我国将加强防灾减灾科学研究，开展自然灾害形成机理和演化规律研究，重点加强自然灾害早期预警、重特大自然灾害链、自然灾害与社会经济环境相互作用、全球气候变化背景下自然灾害风险等科学研究。

2009 年 9 月 16 日，国家林业局、国家发展和改革委员会印发《全国森林防火中长期发展规划（2009—2015 年）》，这是中华人民共和国成立以来第一个国家层面的森林防火规划。

2011 年，国务院发布《国务院关于加强和改进消防工作的意见》（国发〔2011〕46 号），提出要强化消防科学技术支撑，加强火灾科学与消防工程、灾害防控基础理论研究，加快消防科研成果转化应用。尤其要加强高层、地下建筑和轨道交通等防火、灭火救援技术与装备的研发。

2012 年，国务院发布《国务院关于加强道路交通安全工作的意见》（国发〔2012〕30 号），该意见为适应我国道路通车里程、机动车和驾驶人数量、道路交通运量持续大幅度增长的形势，进一步加强道路交通安全工作，保障人民群众生命财产安全，提出了工作意见。

2012 年，国务院办公厅发布《关于依法做好金属非金属矿山整顿工作的意见》（国办发〔2012〕54 号），提出，"十一五"期间，全国矿山事故起数和死亡人数分别下降 47% 和 45%。但是全国矿山数量多、规模小、分布散、基础差的状况尚未得到根本改善，生产安全事故仍然多发，安全生产形势依然严峻。根据《国务院关于坚持科学发展安全发展促进安全生产形势持续稳定好转的意见》（国发〔2011〕40 号）等一系列文件精神，学习借鉴煤矿整顿工作经验，为从根本上改善矿山安全生产条件，降低事故总量，决定于 2012—2015 年组织开展矿山整顿攻坚战。

2013 年，国务院办公厅发布《国务院办公厅关于加强农产品质量安全监管工作的通知》（国办发〔2013〕106 号），提出近年来，各地区、各有关部门按照党中央、国务院部署，认真落实有关法律法规，不断强化监管措施，农产品质量安全形势总体平稳、逐步向好。但我国农业生产经营分散，监管力量薄弱，农产品质量安全仍然存在较大隐患。为贯彻落实中华人民共和国第十二届全国人民代表大会第一次会议审议通过的《国务院机构改革和职能转变方案》和《国务院关于地方改革完善食品药品监督管理体制的指导意见》（国发〔2013〕18 号）的精神，还要继续加强农产品质量安全监管工作，并在《关于加强农产品质量安全监管工作的通知》中写清了具体要求。

2013 年，国务院办公厅发布《国务院办公厅关于印发突发事件应急预案管理办法的通知》（国办发〔2013〕101 号），以规范突发事件应急预案管理，增强应急预案的针对性、实用性和可操作性。

2015 年，国务院办公厅发布《国务院办公厅关于加强安全生产监管执法的通知》（国办发〔2015〕20 号），提出了 5 个方面共 20 项措施要求。一是健全完善安全生产法律法规和标准体系。抓紧制定安全生产法实施条例等配套法规，积极推动相关行业领域和地方性法规、规章制度的制修订工作。二是依法落实安全生产责任。全面建立“党政同责、一岗双责、齐抓共管”的安全生产责任体系，严格落实安全生产“一票否决”制度。三是创新安全生产监管执法机制。国务院安全生产监督管理部门要加强重点监管执法，实行重点监管、直接指导、动态管理。地方各级人民政府要将安全生产和职业病防治纳入经济社会发展规划。四是严格规范安全生产监管执法行为。建立权力和责任清单，以清单方式明确每项安全生产监管监察职权和责任。五是加强安全生产监管执法能力建设。2016 年底前，所有的市、县级人民政府要健全安全生产监管执法机构，3 年内实现专业监管人员配比不低于在职人员的 75%。加强和规范乡镇（街道）及各类经济开发区安全生产监管执法工作。

2016 年，国务院办公厅发布《国务院办公厅关于印发危险化学品安全综合治理方案的通知》（国办发〔2016〕88 号），部署在全国范围内组织开展为期 3 年的危险化学品安全综合治理，提出了 40 条具体任务，对开展危险化学品安全综合治理做出了明确要求，提出了开展危险化学品安全综合治理的主要工作。一是全面摸排危险化学品安全风险。建立危险化学品安全风险分布档案，重点排查重大危险源。二是有效防范遏制危险化学品重特大事故。加强高危化学品管控，加强危险化学品重大危险源管控，加强化工园区和涉及危险化学品重大风险功能区及危险化学品罐区的风险管控，全面启动实施人口密集区危险化学品生产企业搬迁工程，加强危险化学品运输安全管控，巩固油气输送管道安全隐患整治攻坚战成果。三是健全危险化学品安全监管体制机制。进一步健全和完善政府监管责任体系，建立更加有力的统筹协调机制，强化行业主管部门危险化学品安全管理责任。四是强化对危险化学品安全的依法治理。完善法律法规体系，完善危险化学品安全标准管理体制，制定完善有关标准。五是加强规划布局和准入条件等源头管控。统筹规划编制，规范产业布局，严格安全准入，加强危险化学品建设工程设计、施工质量的管理。六是依法推动企业落实主体责任。加强安全生产有关法律法规贯彻落实，认真落实“一书一签”要求，推进科技强安，深入推进安全生产标准化建设，严格规范执法检查，依法严肃追究责任，建立实施“黑名单”制度，严格危险化学品废弃处置。七是大力提升危险化学品安全保障能力。强化危险化学品安全监管能力建设，积极利用社会力量助力危险化学品安全监管，严格安全、环保评价等第三方服务机构监管，借鉴国际先进经验，防范重特大事故。八是加强危险化学品安全监管信息化建设。完善危险化学品登记制度，建立全国危险化学品监管信息共享平台，建设国家危险化学品公共服务互联网平台。九是加强危险化学品应急救援工作。进一步规范应急处置要求，加大资金支持力度，强化危险化学品专业应急能力建设，加强危险化学品应急预案管理。十是加强危险化学品安全宣传教育和人才培养。大力推进危险化学品安全宣传普及，加强化工行业管理人才培养，加快化工产业工人培养。

2017 年，国务院办公厅发布《国务院办公厅关于印发安全生产“十三五”规划的通知》(国办发〔2017〕3 号)，明确了“十三五”时期安全生产工作的指导思想、发展目标和主要任务，对全国安全生产工作进行了全面部署，指出要大力弘扬安全发展理念，科学统筹经济社会发展与安全生产，坚持改革创新、依法监管、源头防范、系统治理，着力完善体制机制，着力健全责任体系，着力加强法治建设，着力强化基础保障，大力提升整体安全生产水平。到 2020 年，全社会安全文明程度明显提升，事故总量显著减少，重特大事故频发势头得到有效遏制，职业病危害防治取得积极进展，安全生产总体水平与全面建成小康社会目标相适应。

2017 年，国务院办公厅发布《国务院办公厅关于印发 2017 年食品安全重点工作安排的通知》(国办发〔2017〕28 号)，提出要加强食品安全法治建设，完善食品安全标准，严厉打击食品安全违法犯罪。完善办理危害食品安全刑事案件的司法解释，推动掺假造假行为直接入刑。基本完成食品安全法配套规章制度修订，落实处罚到人。推动食品安全标准与国际标准对接，强化标准制定、执行和监管的衔接。重拳整治非法添加、超范围超限量使用添加剂、滥用农药兽药等农业投入品、制假售假、私屠滥宰等违法行为，强调所有食品安全违法行为均应追究到人，并向社会公开被处罚人的信息。

2017 年，国务院办公厅发布《国务院办公厅关于印发消防安全责任制实施办法的通知》(国办发〔2017〕87 号)，公开发布了《消防安全责任制实施办法》。制定此实施办法，是为了深入贯彻《中华人民共和国消防法》《中华人民共和国安全生产法》和党中央、国务院关于安全生产及消防安全的重要决策部署，按照政府统一领导、部门依法监管、单位全面负责、公民积极参与的原则，坚持党政同责、一岗双责、齐抓共管、失职追责，进一步健全消防安全责任制，提高公共消防安全水平，预防火灾和减少火灾危害，保障人民群众生命财产安全。

第二节　重要科技性政策

在公共安全科技发展方面所发布的部分重要政策文件如下。

2006 年 10 月，为落实《规划纲要》的要求，科技部发布《国家“十一五”科学技术发展规划》，提出应把公共安全领域的科技创新置于科学技术发展的重要地位，提高对突发事件的应急处理能力，确保公共安全。该规划部署了国家公共安全应急技术保障工程和食品安全关键技术两个重大项目。国家公共安全应急技术保障工程项目（后设立为“国家应急平台体系建设关键技术研究与应用示范”科技支撑计划重大项目）重点研究应急平台的信息互通、数据共享、联动响应和安全保障技术，开发国家突发公共事件应急总平台、典型行业应急平台和典型省地市级应急平台的技术方案；研究各类灾害事故多尺度动态模拟实验与数值计算技术、综合应急救援技术，以及移动应急指挥车和移动应急救援车等，使我国的公共安全总体应急能力接近世界发达国家水平。食品安全关键技术项目重点开展食源性疾病与食品污染的危险性分析，加强农产品生产过程中的食品安全控制技术研究，进一步完善食品安全综合监测、溯源和快速预警系统；建立我国食品中病原微生物、农药和兽药残留、化学污染物、生物毒素、食品添加剂等食品危害物的分析平台。

2011 年 7 月，科技部发布《国家“十二五”科学和技术发展规划》。该规划提出，在大力加强民生科技方面，要加强公共安全科技发展，提高公共安全和防灾减灾能力。重点应加快提升自然灾害应对技术能力，建立基本地理国情监测技术体系，重点开发地震、滑坡、泥石流、台风、水灾、旱灾等重大自然灾害监测预警技术，研制重大自然灾害紧急救灾重大装备，建立重大自然灾害风险管理技术平台。继续强化安全生产保障技术能力，重点开发煤矿及非煤矿采掘、油气开发、危险化学品、特种设备等重点行业生产事故与职业危害防控技术，研发事故灾难应急处置技术及装备。开发交通安全保障和救助关键技术和设备。全面发展食品安全保障技术，逐步建立从源头到餐桌的食品生产全过程安全检测、控制及管理技术，完善食品安全保障及应急处置技术体系。大力提升国境检验检疫科技能力，加快质量安全关键技术创新。研制维护社会稳定、防范和打击犯罪、提高执法能力的技术及装备，构建社会安全保障及应急处置技术体系，强化社会安全保障能力。该规划将食品安全、安全生产、社会安全和防灾减灾作为民生科技示范重点进行部署。

2012年3月，为落实《规划纲要》和《国家“十二五”科学和技术发展规划》，科技部发布《国家公共安全科技发展“十二五”专项规划》。该规划重点针对安全生产、食品安全和社会安全等领域，提出我国“十二五”期间的科技发展目标是力争实现突发事件预防控制、监测预警、应急处置等关键技术的持续创新，形成公共安全核心技术与装备的自主研发与工程技术能力，大幅度提升公共安全科技支撑突发事件的预防、准备和应对的能力。为此，该规划确立了公共安全应急管理支撑技术与决策支持系统研发，公共安全脆弱性分析与保障技术，公共安全突发事件应急处置、救援技术与装备研发，以及公共安全标准体系建设等四个重点方向，并具体规划了安全生产、食品安全和社会安全三大领域的重点任务。同年5月，科技部发布《国家防灾减灾科技发展“十二五”专项规划》，重点针对自然灾害领域，提出我国“十二五”期间全面提升重大自然灾害风险评估、工程防治、应急救援、决策指挥、恢复重建等各个环节的科技水平的科技发展目标，并具体规划了重大自然灾害的基础研究，预测预报与监测预警技术研究，灾情与综合风险评估技术系统研发，应急救助与决策指挥关键技术研发，灾后恢复重建技术体系研发，灾害防治和生态修复技术研发，防灾减灾新材料、新工艺、新装备的研制，国家综合防灾减灾科技基础条件平台建设，以及重点区域综合防灾减灾技术集成与示范等九大任务。

2012年5月，科技部还制定了《食品产业科技发展“十二五”重点专项规划》，部署了食品加工过程中的食品危害物精准识别与监控技术设备开发、食品原料中的危害物残留减控、加工过程中的有害物质控制、储藏流通过程中的有害微生物测控关键设备、食用农产品物流共性关键技术与装备研发等重点任务。

2006—2012年，公共安全领域相关部门也制定了相应的科技发展规划。

在重大生产事故预警与救援方面，国家安全生产监督管理总局于2006年8

月发布《"十一五"安全生产科技发展规划》，于2011年11月发布《安全生产科技"十二五"规划》。这些规划提出了安全生产科技领域的发展思路和重点任务，为推动煤矿、非煤矿山、危险化学品、烟花爆竹等重点行业安全生产技术设备科技创新，先进适用技术的应用与推广转化指明了方向。

在食品安全与出入境检验检疫方面，国家质量监督检验检疫总局分别于2006年12月和2011年5月发布了《国家质检总局"十一五"科技发展规划》《国家质检总局"十二五"科技发展规划》。《国家质检总局"十一五"科技发展规划》强调，针对可能出现的各种新食品及食品相关产品的安全问题，特别是应对突发性的食品安全事件，应增强预见性，加强关键技术的研究；针对口岸卫生检疫、动植物检疫及进出口贸易相关安全问题，应开展重大疫情疫病风险分析、快速检验检疫技术和装备以及取制样设备研发，构筑符合我国国情和国际通行规则的技术性贸易措施体系。《国家质检总局"十二五"科技发展规划》重点强调加强食品安全风险监测、风险分析、风险预警、风险管理、干预和快速处置食品安全事件科技支撑能力建设，实现食品安全科技创新突破；基于检测、监测、溯源、应急处理和控制等关键理论及技术研发，提供国境危害因子、疫情疫病现场快速检测技术及关键技术装备。

2006年12月，卫生部发布了《卫生科技"十一五"发展规划》（卫科教发〔2006〕510号），在"主要工作"部分强调"加强实验室生物安全管理和质量建设"，主要内容为建立完善的实验室生物安全管理体制，制定完整有效的管理制度，开展经常性的监督检查。省级以上卫生科技主管部门要做好从事高致病性病原微生物实验活动的审批工作，加强高等级生物安全实验室工作人员培训和考核。"十一五"期间，各地区在所有相关单位设立与所从事的工作相适应的生物安全实验室。

2011年10月，科技部、卫生部、国家食品药品监督管理总局等10个部委联合发布了《关于印发医学科技发展"十二五"规划的通知》（国科发计〔2011〕552号），其中"重点任务"部分包括"关注公共卫生，构筑安全屏障"，要求"加强重大传染病、新发突发群体性不明原因疾病的预防和控制，提高创伤救治水平，完善科技应急机制，提升自然灾害等突发公共事件的医学救援能力，有效应对重大食品安全、职业健康和生物安全等公共卫生安全问题，提高防控和应急能力，构筑起保护人民群众健康和生命安全的屏障"。

在突发公共事件防范与快速处置方面，2011年，公安部发布《全国公安机关“十二五”科技强警工作规划》(公通字〔2011〕41号)。2012年，公安部发布《“十二五”社会公共安全领域科技创新专项规划》(公通字〔2012〕6号)。这些政策文件明确了社会公共安全领域科技创新的指导思想、发展目标和战略任务。

在生物安全保障方面，2011年11月，科技部发布了《关于印发“十二五”生物技术发展规划的通知》(国科发社〔2011〕588号)，重点任务包括“突破一批核心关键技术”，其中，生物安全关键技术包括“开展生物安全监控预警关键技术研究及公共卫生应急药物与装备的研制；研究病原体跨种传播机制，建立生物威胁相关病原体溯源技术；开展生物入侵防护关键技术研究”。

在重大自然灾害监测与防御方面，2007年8月，中国地震局会同科技部、国防科学技术工业委员会、中国科学院等5部门发布《国家地震科学技术发展纲要(2007—2020年)》，确定了地震监测理论与技术、大陆活动构造、地震预测、地震灾害防御、地震应急响应与处置技术、海域地震、地震科技服务等重点领域及其优先主题，并确立实施以大陆强震机理和地震成灾机理等关键科学问题为目标的“国家地震减灾科学计划”，包括地壳变形观测与活动构造调查、深部结构和孕震环境探测、地震数值预测的试验研究、地震成灾机理与减灾技术等四大专项。

民政部于2009年9月《关于印发全国民政科技中长期发展规划纲要(2009—2020年)的通知》(民发〔2009〕98号)，提出在防灾减灾领域重点开展自然灾害规律和致灾机理研究、自然灾害风险防范与管理技术研究、综合减灾风险管理信息获取与处理技术研究、空间科技减灾综合集成应用技术研究、灾害应急保障综合集成技术研究、灾害综合评估与预警技术研究、数字灾害与虚拟仿真技术研究、灾害社会响应研究、灾害交叉学科研究和防灾减灾国际合作机制研究等。

国土资源部于2006年3月发布《国土资源部中长期科学和技术发展规划纲要(2006—2020年)》(国土资发〔2006〕58号)，提出在地质灾害防治方面重点突破矿山环境风险评估与整治、地质灾害调查评价应用、地质灾害监测预报理论与技术方法，以及地质灾害应急处置和治理工程等关键技术。

2006年12月，中国气象局、科技部、国防科学技术工业委员会、中国科学院、国家自然科学基金委员会联合颁布《气象科学和技术发展规划（2006—2020 年）》。该规划是首部气象行业的科技发展规划。2007 年，中国气象局、科技部、教育部、国防科学技术工业委员会、中国科学院和国家自然科学基金委员会 6 部委联合发布《国家气象科技创新体系建设意见》。2009 年，中国气象局发布《气象科技创新体系建设实施方案（2009—2012 年）》。2010 年，发布了天气、气候、应用气象、综合气象观测四项研究计划。这些政策文件提出要加强灾害性天气（台风、暴雨、雷电）的预报预测研究，并加强地质灾害、森林草原火灾和有毒有害气体及核泄漏扩散、区域环境污染、生态破坏、公共卫生等突发公共事件的气象预警及应急保障技术研究。

2006 年 12 月，水利部发布《关于加强水利科技创新的若干意见》，提出要重点开展防洪减灾等领域的基础研究，力争在水旱灾害风险管理、大江大河治理等重大课题研究方面取得新进展。2012 年 8 月，国家发展和改革委员会、水利部、住房和城乡建设部联合制定发布了《水利科技发展“十二五”规划》，系统梳理了防洪减灾、河湖治理及海岸防护等领域面临的挑战、存在的问题、需要重点引进和推广的技术，提出了需要重点突破和解决的重大科学问题及关键技术。

2007 年，农业部牵头，国家林业局参加，会同科技部、财政部等 9 部委联合发布《国家农业科技创新体系建设方案》，其中明确指出，为控制重大农林灾害，应重点在森林草原防火技术方面进行部署并取得突破。2007 年 5 月，国家林业局发布《中国森林防火科学技术研究中长期发展纲要（2006—2020 年）》，该发展纲要明确提出，到 2020 年，建成若干区域的森林防火研究中心和林火实验站，在火行为和森林火灾扑救技术上取得重大突破，形成关于用火和扑火的系统的、有效的技术，并转化成生产力。使我国森林防火科研总体水平接近世界发达国家水平。该发展纲要还规划了森林防火科技的近期和中远期重点任务。

2013 年，国家林业局发布《国家林业局关于印发国家林业局安全生产大检查工作方案的通知》（林规发〔2013〕98 号），指出，高度重视安全生产大检查。各级林业主管部门和各单位要把集中开展安全生产大检查作为当前林业工作的首要任务，主要领导要亲自参与和组织制定具体的实施方案，做好动员部署，落实必要的人力、物力和财力保障，要明确此项工作的负责人和牵头单位，层层落实责任。要求全面彻底排查、摸清安全生产隐患和薄弱环节，落实责任、认真整改；不断健全和完善林业各项安全生产制度，逐步建立起安全隐患排查治理的常态化机制；广泛宣传教育，增强全行业、全社会的安全意识，努力营造安全发展的舆论氛围，提高安全生产保障水平。

2014年，公安部消防局发布《关于加强和改进社会消防安全培训工作的意见》（公消〔2014〕221号）。该意见指出，要深刻吸取重特大火灾事故教训，切实加强和改进社会消防安全培训工作，并提出以下几点意见：促进社会消防培训力量发展；创新消防安全培训机制；提升消防安全培训质量；强化消防安全培训责任落实。此外，加强社会消防安全培训工作，使公众消防安全素质日益提高，为维护火灾形势稳定发挥积极作用。

2014年，国家卫生和计划生育委员会印发关于《2014年卫生计生工作要点》的通知，该工作要点指出，要加强食品安全监测评估和标准制定工作。加快食品安全国家标准体系建设，组织开展重点标准跟踪评价工作，做好标准宣传贯彻工作。制定《食源性疾病管理办法》，健全全国食源性疾病监测与报告网络体系。编制2014—2016年国家食品安全风险评估工作规划，开展年度优先评估项目。全面开展总膳食和食物消费量调查，修订食品安全企业标准备案、风险监测、风险评估等管理规定，指导规范地方各级卫生和计划生育行政部门履行食品安全职责，建立食品安全首席专家制度，加强全国食品安全风险监测体系建设。

2015年，国家卫生和计划生育委员会发布《2015年卫生计生工作要点》，该工作要点中重点指出要加强卫生应急工作。制订突发事件卫生应急预案管理办法和突发事件伤病员免费救治方案；推进国家卫生和计划生育委员会应急指挥中心与各地互联互通；强化卫生应急演练和培训，推广卫生应急示范区创建经验，加强基层卫生应急能力建设，规范风险评估工作；推进紧急医疗救援基地网络、海（水）上和航空医疗救援网络建设；发挥好联防联控机制作用，继续做好埃博拉出血热疫情输入防控和援非抗疫工作，落实人感染禽流感等突发急性传染病以及其他突发公共卫生事件的防范和应对措施，做好重特大自然灾害、事故灾难、社会安全事件的卫生应急工作。

2015年，水利部印发《农村水电安全生产监督检查导则》，该导则根据《中华人民共和国安全生产法》《水利工程建设安全生产监督检查导则》，结合农村水电行业实际而制定，规范了农村水电安全生产监督检查行为，突出了监督检查的针对性和可操作性。该导则要求各类农村水电安全生产监管主体对农村水电安全生产责任主体进行安全生产检查。各类农村水电安全生产责任主体应对照该导则要求，定期开展安全生产自查和整改。

2016年，国家发展和改革委员会及科技部联合，发布《高级别生物安全实验室体系建设规划（2016—2025年）》，该规划贯彻落实总体国家安全观，面向医药人口健康、动物卫生、检验检疫、生态环境安全四大领域，针对微生物菌种保藏、科学研究、产业转化三大主体功能，围绕烈性、突发、外来、热带传染病病原体的监测预警、检测、消杀、防控、治疗五大环节的需求，按照“统筹布局，网络运行；应急优先，稳步推进；加强协调，科学管理”的原则，统筹全国高级别生物安全实验室整体布局，为保障我国生物安全提供重要支撑。

2017年，科技部、国家卫生和计划生育委员会、国家体育总局、国家食品药品监督管理总局、国家中医药管理局、中央军委后勤保障部联合发布《“十三五”卫生与健康科技创新专项规划》，该规划提出，我国要推进科技强国建设，迫切需要卫生与健康科技的创新突破，提高科技创新质量水平，探索原创性科学发现和颠覆性技术。发展临床医学、公共卫生等学科领域；提高重大慢病及重大传染病的防控水平；提高妇女儿童、老年人等重点人群的健康保障能力。该规划的制定进一步完善了卫生与健康科技创新体系，提升了我国卫生与健康科技创新能力，显著增强了科技创新对提高公众健康水平和促进健康产业发展的支撑引领作用。

2017年，科技部、国土资源部、水利部联合发布了《关于印发“十三五”资源领域科技创新专项规划的通知》（国科发社〔2017〕128号）。该规划指出，在保障重大水利工程的运行安全方面，国外创新了重大水利工程调度理论与模式，建立了较为系统的工程安全评估、风险分析、除险加固、应急管理技术体系。我国在安全保障方面，要着力提升资源勘查能力，扩大资源储备，提高资源自主保障水平及其开发利用的本质安全性；充分利用好两个市场、两种资源，加强与海外的能源资源产业合作，保障供给安全。该规划认为，新一轮科技革命和产业变革的兴起阶段，是我国资源行业发展转型的重要战略机遇期，资源领域科技发展要准确把握战略机遇期内涵的深刻变化，面对新的形势与需求，以问题为导向，全面推进资源领域产业创新发展，抓住科技革命契机，推动行业实现结构调整和转型升级，实现资源行业向节约集约、循环利用等绿色方向发展，保障资源供给安全，更加高效、安全、清洁地为经济社会发展提供支撑。

2016 年，国家安全生产监督管理总局发布《生产安全事故应急预案管理办法》（国家安全生产监督管理总局令〔2016〕88 号）。为规范生产安全事故应急预案管理工作、迅速有效处置生产安全事故，国家安全生产监督管理总局依据《中华人民共和国突发事件应对法》《中华人民共和国安全生产法》等法律和《突发事件应急预案管理办法》（国办发〔2013〕101 号），制定本办法。该办法适用于生产安全事故应急预案的编制、评审、公布、备案、宣传、教育、培训、演练、评估、修订及监督管理工作。

2018 年，国家安全监管总局发布《关于印发安全生产监管执法监督办法的通知》（安监总政法〔2018〕34 号）。该办法是安全监督管理部门对执法行为及相关活动的监督，包括上级安全监督管理部门对下级安全监督管理部门，以及安全监督管理部门对本部门内设机构、专门执法机构（执法总队、支队、大队等）及其执法人员开展的监督，以此来督促安全生产监督管理部门依法履行职责，严格规范公正文明执法，及时发现和纠正安全生产监管执法工作中存在的问题。

第二章 公共安全科技现状

目前，我国仍处于突发事件易发多发期。地质灾害、洪涝、干旱、极端天气事件、海洋灾害、森林草原火灾等重特大自然灾害分布地域广、造成损失重、救灾难度大；生产安全事故总量仍然偏大，道路交通、煤矿等矿产开采、危险化学品等重点行业领域重大事故频发，部分城市建筑、生命线工程、地下管网等基础设施随着使用年限的增长，事故隐患逐步显现；由生产安全事故、污染物排放或自然灾害等因素导致的突发环境污染事件多发，危及公众生命、健康和财产安全，威胁生态环境，造成了重大的社会影响；鼠疫、霍乱等法定报告传染病时有发生，突发急性传染病在全球不断出现，境外输入传染病及生物技术误用、滥用、谬用风险不断增加，食品药品安全基础依然薄弱，公共卫生事件防控难度增大；社会利益关系错综复杂，诱发群体性事件的因素较多，涉外安全风险日益增加，社会安全面临着新的挑战。

各种风险相互交织，呈现出自然和人为致灾因素相互联系、传统安全与非传统安全因素相互作用、既有社会矛盾与新生社会矛盾相互交织等特点。在工业化、城镇化、国际化与信息化推进过程中，突发事件的关联性、衍生性、复合性和非常规性不断增强，跨区域和国际化趋势日益明显，危害性越来越大。随着网络新媒体的快速发展，突发事件网上网下呼应，信息快速传播，加大了应急处置难度。同时，在推进全面建成小康社会的进程中，公众对政府及时处置突发事件、保障公共安全提出了更高的要求。

受全球气候变化等自然和经济社会因素耦合影响，极端天气气候事件及其次生衍生灾害呈增多趋势，破坏性地震仍处于频发多发时期，自然灾害的突发性、异常性和复杂性都有所增加。

我国的应急体系发展与严峻复杂的公共安全形势还不相适应。主要表现在：重事后处置、轻事前准备，风险隐患排查治理不到位，法规标准体系不健全，信息资源共享不充分，政策保障措施不完善，应急管理基础能力亟待加强；应急队伍救援装备和核心能力不足，专业和区域分布结构不均衡；应急物资储备结构不合理、快速调运配送效率不高，资源共享和应急征用补偿机制有待健全，应急信息发布和传播能力不足，公共安全科技创新基础薄弱、成果转化率不高，应急产业市场潜力远未转化为实际需求，应急保障能力需进一步提升；我国的城市发展已经进入新的时期，与城市安全保障相适应的应急管理体系建设压力增大；基层应急能力薄弱，公众参与应急管理的社会化组织程度较低，公共安全意识和自救互救能力总体薄弱，社会协同应对机制有待健全；随着“一带一路”倡议的实施和全方位开放新格局的构建，保护我国境外公民和机构安全的需求不断增长，我国参与国际应急的能力亟须提高。

第一节　公共安全技术体系

公共安全科技的主要任务是通过对突发事件、承灾载体和应急管理三方面的有效控制，实现对公共安全的保障。针对突发事件，研究其孕育、发生、发展到突变的演化规律及其产生的能量、物质和信息等风险作用的类型、强度与时空特性；针对承灾载体，研究其在突发事件作用下和自身演化过程中的状态及变化、可能产生的本体和 / 或功能破坏，以及可能发生的次生衍生事件；针对应急管理，研究在上述过程中如何施加人为干预，从而预防或减少突发事件的发生，弱化其作用；增强承灾载体的抵御能力，阻断次生事件的链生，减少损失；避免应急不当可能造成的突发事件的再生及承灾载体的破坏及代价过度。

公共安全领域的技术体系由风险评估与预防技术、监测预测预警技术、应急处置与救援技术和综合保障技术四大子领域构成（图 2-1）。

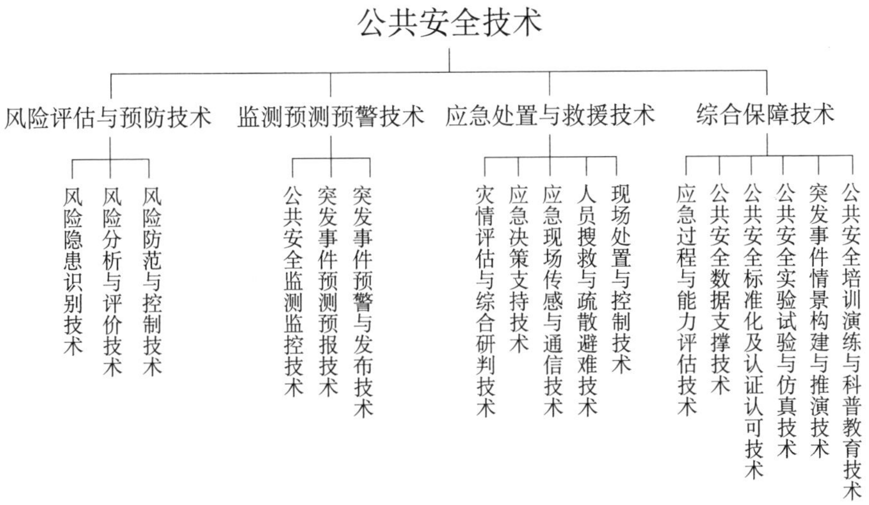

图 2-1 公共安全技术体系

一、风险评估与预防技术

风险评估与预防以预防或减少突发事件的发生、弱化其作用、增强承灾载体的抵御能力和增强应急能力为目标，包括风险隐患识别技术、风险分析与评价技术、风险防范与控制技术等二级技术。

风险隐患识别是发现、确认和记录风险的过程，目的是对尚未发生的、潜在的各种风险隐患进行系统的归类和全面的识别，揭示潜在的风险并判定其性质，以掌握哪些潜在的因素可能导致突发事件的发生；或者在某些特定的条件下会使已发生的突发事件进一步扩大，甚至引起次生衍生事件，导致更大的损失。风险隐患识别是风险评估、风险防控的基础和前提。

风险分析与评价就是理解风险特性和确定风险大小，并与预先设定的风险准则进行比较的过程，目的是认识已识别的风险导致的突发事件发生的可能性及后果，确定风险是否需要应对以及应对的优先级别。其主要涉及风险暴露中突发事件的形成机制，掌握导致突发事件发生的危险因素，分析突发事件的致灾因子及其时空分布规律；分析危险因素影响下各种承灾载体的分布情况和脆弱性信息；分析消除或减弱危害性以及减少承灾载体的破坏的各种资源分布和能力建设情况；分析突发事件影响范围内承灾载体破坏可能诱发的次生衍生事件情况。

风险防范与控制是根据风险性质、风险准则和决策主体对风险的承受能力等情况而采取的回避、承受、降低或分担风险等防范与控制方法。其主要涉及采取措施减少已知的危险因素，主动放弃或终止无法承受风险的活动；降低承灾载体的脆弱性，提高承灾载体对突发事件的承受能力；提高应急响应能力、处置和救援效率，减小损失；主动或被动承受风险，并建立保险等社会补偿机制等。

二、监测预测预警技术

监测预测预警以实现对突发事件的全方位监测、精确定位、准确态势预测和全覆盖实时预警为目标，包括公共安全监测监控技术、突发事件预测预报技术、突发事件预警与发布技术等二级技术。

公共安全监测监控技术利用传统的传感器监测技术、对地观测技术、物联网监控技术、互联网信息监测技术、社交网络信息监测技术、移动互联网技术等，对可能的突发事件的发生与发展态势进行检测、监测，对承灾载体的状态进行监控，对应急管理过程与效果进行监测监控，以及对上述过程进行分析等。其主要涉及被应用于不同要素的适用性分析，监测监控体系设计以及构建和监测监控数据传输与交换共享、海量监测监控数据的大数据管理与分析、监测监控数据综合集成与分析等。

突发事件预测预报技术采用专业分析模型、大数据分析等相关技术，根据突发事件、承灾载体和应急管理的实时监测监控信息与分析数据，对突发事件的发生发展趋势及可能造成的后果进行预测、预报、评估。其主要涉及突发事件关联因素的相关性分析、突发事件发生发展特征要素识别与模拟分析、基于实时监测信息的突发事件动态模拟、突发事件后果评估，以及次生衍生事件模拟分析等。

突发事件预警与发布技术根据监测监控信息和预测预报结果，遵循统一的突发事件预警分级体系，汇总突发事件预警信息，并考虑受众（安全管理机构、专业部门、企事业单位、社会公众等）的特点与广度、接收方式等的差异，有选择性地发布预警信息。其主要涉及突发事件预警分级体系构建，突发事件动态预警分级，突发事件预警信息生成、传输、加密，以及针对不同受众的预警信息展现设计等。

三、应急处置与救援技术

应急处置与救援技术以实现对突发事件的高效应急为目标，包括灾情评估与综合研判技术、应急决策支持技术、应急现场传感与通信技术、人员搜救与疏散避难技术、现场处置与控制技术等二级技术。

灾情评估与综合研判技术对突发事件的危险性（灾害强度、覆盖范围、发展态势等）和引起破坏的后果（人员伤亡、财产损失、秩序破坏等）进行快速评估；对突发事件的发展趋势、可能影响的承灾载体（人员、危险源、防护目标、关键基础设施等）和影响程度，以及次生衍生事件和耦合事件进行综合快速分析；对应急所需的资源和应具备的能力进行快速研判。

应急决策支持技术主要涉及综合应急预案、案例、知识、专家经验、领导批示等的应急方案生成，应急预案与操作程序的数字化、流程化与动态化调整，案例建模和基于案例推演的决策支持，知识破缺、信息缺失、条件不明确时的决策优化，基于作用-后果模式的应急方案的仿真模拟与推演，基于现场信息反馈和网络信息感知的动态决策调整，跨层级、跨时空、跨部门的多主体协同会商，多灾种耦合、多种效应叠加等极端条件下预测应对与情景应对相结合的决策支持，基于灾情的应急响应等级、应急措施与反应对策，灾情与应急资源的需求估算与匹配，应急资源的优化调度等。

应急现场传感与通信技术主要涉及应急感、传、控一体化的器件，海、地、空、天应急现场高效应急通信技术及其集成，基于现场传感信息的危险物质溯源和传感器优化布控，现场时空信息快速探测与立体建模，应急现场透明化及与后方的信息协同，多传感器件协同和多传感信息融合分析，海量传感信息的挖掘和处理，应急现场复杂环境下应急通信机动架构，便携式远距离个人通信装备等。

人员搜救与疏散避难技术主要涉及有毒气体包围、辐射环境、地形复杂、深度埋压等情形下的生命体征探测与识别，大范围陆海空搜索、救援，复杂灾害环境下的现场环境感知还原、人员定位，灾害环境下的救援、破拆、生命支持，便携式个人定位与求救，数字化单兵与救援人员个人装备，灾害环境下的人员防护，复杂灾害环境下的人员避难、疏散与安置等。

现场处置与控制技术主要涉及滑坡、泥石流、洪水、火灾、爆炸、毒气、核化生等突发事件的致灾因子控制，大规模有害物质洗消、吸附、分解，复杂灾害现场破拆，针对恐怖分子、违法人员、群体性行为的抑制、拒止，现场处置装备成套化等。

在国家物资储备库应急决策支持方面，由于国家物资储备库中存在大量危险因素，所以应急决策对国家物资储备库可能发生的突发事件演化方向具有重要的影响。就目前决策支持技术的应用来看，能作为国家物资储备库决策支持技术的有环境污染应急决策支持系统、火灾应急决策支持系统、地震应急决策支持系统。

四、综合保障技术

综合保障技术以为公共安全预防与应急准备、监测预警、应急处置与救援和恢复重建全过程提供基础及技术保障为目标，包括应急过程与能力评估技术、公共安全数据支撑技术、公共安全标准化及认证认可技术、公共安全实验试验与仿真技术、突发事件情景构建与推演技术、公共安全培训演练与科普教育技术等二级技术。

应急过程与能力评估技术是指分析和检验应急准备情况及应急处置能力，构建统一的应急管理工作评估框架，系统、科学地量化突发事件的应对能力。其主要涉及突发事件应急处置关键过程再现、突发事件应对全过程评估、应急能力评估模型构建与系统研发、应急能力评估实施方法等。

公共安全数据支撑技术是面向公共安全基础数据库及大数据应用与分析的相关技术。其主要涉及公共安全基础地理信息数据与常规信息数据的收集、存储、管理与分析，基于公共安全应急需求的海量数据信息获取、挖掘与识别，多源异构公共安全大数据的整合、集成、融合、共享与综合管理、智能分析与可视化，公共安全海量数据的可靠与安全存储、更新与维护等。

公共安全标准化及认证认可技术面向公共安全产品的标准化与质量（检验）认证，构建公共安全标准化及认证认可体系。其主要涉及公共安全标准化体系及相关产品标准、公共安全系统信息化标准体系和规范、公共安全产品质量（检验）认证、应急产品环境适应性标准（检验）认证、应急装备兼容互换性检验认证、公共安全产品研发实验室认证认可等。

公共安全实验试验与仿真技术的目标是在实验室条件下面向典型突发事件发生发展、承灾载体反应与应急过程的小尺寸或全尺寸实验试验及仿真分析。其主要涉及基于安全与应急相关特征参数的相似准则理论和方法，多尺度灾害事故发生发展与演化的模拟实验和仿真分析，多灾种耦合实验试验与仿真，城市或区域灾害事故发生发展与演化的大尺度动态模拟实验和仿真分析，建筑群、生命线等复杂系统的抗灾与破坏实验，突发事件下人体伤害与防护的模拟实验、心理反应与干预措施的模拟实验、人群避难与疏散的模拟实验等。

突发事件情景构建与推演技术的目标是构建突发事件诱发条件、破坏强度、波及范围、承灾载体破坏及应急处置等全流程的情景，并进行推演，提高突发事件应对的针对性、协同性和实效性。其主要涉及突发事件情景要素提取与表征，基于突发事件发生发展规律的情景推演，突发事件次生衍生及耦合作用情景推演，动态灾害数据与情景演化交互，突发事件情景构建与推演效果综合评估分析，虚拟现实、增强现实等情景模拟仿真等。

公共安全培训演练与科普教育技术的目标是增强安全意识、提高应急能力，面向各级应急管理机构、人员与普通民众开展与公共安全相关的培训演练和科普教育。其主要涉及公共安全教学、培训、演习一体化集成，多层级、多方实时在线模拟演练，实验模拟或仿真环境下的应急救援与现场处置演练，实验模拟或仿真环境下的人员避难与疏散演练，公共安全技术成果的科普展示，应急知识与技能的教学及示范，面向国民安全教育的网络信息化平台与专家系统等。

第二节　公共安全科技发展水平

我国公共安全科技发展在总体水平上处于国际先进集团之列，在某些点上处于国际领先水平，总体超越发展中国家水平，但总体和国际领先水平差距较大，我国公共安全领域的技术水平与国际领先水平相差约 10 年。国家公共安全治理体系与治理能力现代化的科技创新体系尚未健全。从我国公共安全子领域技术与国际领先水平的差距年限可以看出，我国的风险评估与预防技术、监测预测预警技术、应急处置与救援技术、综合保障技术 4 个子领域技术与国际先进水平的差距年限分别是 13.09 年、10.32 年、9.07 年、8.13 年（图 2-2）。图 2-3 是我国公共安全领域技术的基本格局，技术水平形成领跑、并跑、跟跑的基本格局，在所有的公共安全领域技术中，领跑的技术数量占 17%，并跑的技术数量占 25%，跟跑的技术数量占 58%。绝大部分的技术处于跟跑状态。上述结论是依据问卷调查、通信调查和专家座谈等方式，在对科技部及各部门相关司局、行业产业协会、高校、科研院所、企业和科技人员进行充分调研的基础上，经数据分析整理和多次集中研讨得出的，其主要证据来源是公共安全领域有关的科技发展报告、研究报告、关键技术调查问卷等。

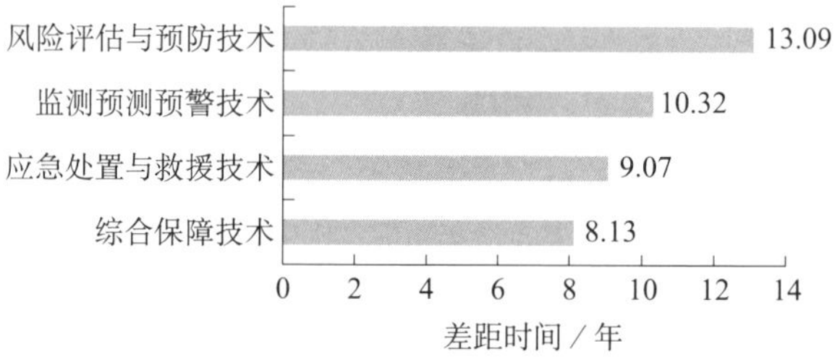

图 2-2　我国公共安全子领域技术与国际领先水平的差距时间

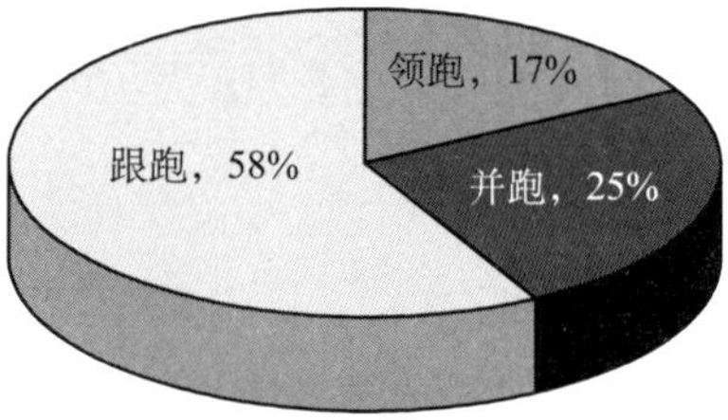

图 2-3　我国公共安全领域技术的基本格局

下文将针对风险评估与预防技术、监测预测预警技术、应急处置与救援技术、综合保障技术公共安全领域四大子领域的技术现状及水平进行阐述。

一、风险评估与预防技术

若干单灾种的风险评估技术水平接近国际先进水平，但总体与领先国家水平差距较大。与领先国家相比，我国的风险评估研究工作起步较晚，而目前国际上的风险评估研究正逐步趋于标准化和模型化，并正由单灾种风险评估研究向多灾种综合风险评估研究转变。我国在整体综合风险评估，特别是国家公共安全综合评估、城市综合风险评估技术水平等方面与领先国家差距较大。

在生产安全的风险评估与预防方面，我国总体上紧跟国际先进水平，部分技术接近国际先进水平。例如，在生产安全区域定量风险评价与安全规划技术方面，我国总体研究水平达到了国际领先国家2015年的水平；部分技术仍与国际先进水平具有一定差距，如煤矿水害防治技术、煤矿火灾防治技术、煤矿冲击地压及顶板灾害防治技术，相当于国际领先国家2010年的水平；部分技术与国际先进水平具有较大差距，如作业场所尘毒危害防护技术，相当于国际领先国家2005年的水平。

在食品安全的风险评估与预防方面，我国正在缩小与国际领先水平之间的差距，但某些关键技术与国际领先水平还有较大差距。例如，膳食暴露评估技术、食物消费量高端暴露数据、与国际食品法典委员会（Codex Alimentarius Commission，CAC）食品编码协调的桥梁数据库等，进入国际先进行列；而对于毒理学测试和评估技术，我国还处于讨论阶段，与国际至少有6年的差距。

在社会安全的风险评估与预防方面，我国总体上与国际领先水平有一定差距，个别技术达到了国际先进甚至领先的水平。我国在安全检查技术与装备上已达到国际先进水平，装备出口许多发达国家，但视频解析、图像信息数据库、视频联网等方面的技术水平远远无法满足现实需求，人员防护方面的核心技术和装备，特别是成套化智能个人防护装备主要采用国外先进技术。

在生物安全的风险评估与预防方面，我国总体水平落后于领先国家，但某些技术处于国际领先水平。例如，我国尚没有国家级适用的核生化风险综合评估平台，在鼠疫菌全基因组的溯源数据库建设和重大病原菌核酸检测等方面处于国际领先水平。

在自然灾害的风险评估与预防方面，整体水平与领先国家有一定的差距。地震灾害危险源识别与风险评估方面的一些主要技术取得了重要进展，与国际技术领先国家的差距正在逐步缩小。地质灾害风险评估技术研究的深度和精度不够，评估结果误差较大，与技术领先国家有一定差距。洪水灾害的风险评估与预防技术与技术领先国家有较大差距，例如，洪水危险性模拟评估还未形成商业化的产品，在洪灾影响人口评估方面对死亡和受伤人员的研究基本上处于空白。旱灾的风险评估与预防技术还处于刚起步阶段。森林火灾的风险评估与预防技术同领先国家有一定差距，特别是没有国家森林火险等级系统，系统的、标准的可燃物类型划分未成体系，与国际领先水平差距较大。

在城镇综合风险评估与预防方面，我国与领先国家还有很大差距。我国城镇风险评估研究工作起步较晚，在理论基础研究方面已有许多积累，但技术研发还停留在实验室阶段或中试阶段，尚未形成完善的城镇典型灾害综合风险评估、预测技术，尚缺少统一标准的技术手段对城镇化发展各阶段的公共安全风险进行科学的判断。

二、监测预测预警技术

若干单一风险源监测、单一事件和灾害预测预警技术接近国际先进水平，但总体与领先国家水平还有一定差距。目前，我国的风险源监测技术仍主要是监测单一风险源，对综合风险监测感知还未涉及。我国在自然灾害、事故灾难、公共卫生、社会安全方面都有预测预警技术的研究，但在多灾种综合及跨领域预测预警方面的技术刚刚起步，特别是多灾种综合预测精度等与国际领先水平差距较大。我国的监测预测预警技术和设备的产品化、产业化、工程化与国际先进水平差距较大。

在生产安全的监测预测预警方面，我国总体上紧跟国际先进水平，部分技术处于国际先进水平。煤矿灾害监控预警关键技术、非煤矿山动力灾害预测与防治关键技术、重大危险源安全监控系统关键技术，相当于国际领先国家2010年的水平，但自2012年以来其与国际领先水平的差距在缩小；尾矿库溃坝事故风险分析与监控关键技术等处于国际先进水平，但系统装备的适用性、可靠性和安全性与技术领先国家存在较大差距。

在食品安全和检验检疫的监测预测预警方面，监测技术基本与国际接轨，但食品安全的预警体系与国际领先水平还有较大差距。我国在食品安全检测与危害识别技术方面实现了跨越式发展，其精度和广度大幅提升，技术水平基本与国际接轨。但目前我国无法有效利用海量监测数据，尚未形成有效的食品安全预警体系。在外来传染病及重要人畜共患病病原的监测检测技术方面与国外差距不大，但缺乏快速、灵敏及高通量的适宜大群体的病原检测技术；微全分析技术已与先进国家保持同步，拉曼检测应用技术与先进国家的差距正在缩小；针对传染病病原体标准物质的研制还刚刚起步，而对于尚未传入我国的病原微生物标准物质则亟须储备。

在社会安全的监测预测预警方面，我国总体水平与国际先进水平接轨，若干预测技术尚处于以模仿跟踪研究为主的阶段。尽管我国在案件目标对象各类信息与载体的发现、提取、检测分析、比对、检索等方面取得了一批具有国情特点的成果，但整体上原创性技术成果少，基本技术研究薄弱，与发达国家相比存在一定差距。与国外的发展水平相比，存在的研究分析样本量小，缺乏定量分析，实战经验停留于总结层面，微观研究与实战应用脱节严重，这导致理论研究无法落地，量化分析水平不高。

在生物安全的监测预测预警方面，我国总体水平与国际先进水平接轨，在传感器设计、仪器研发等方面与先进水平存在一定的差距。我国在病原体侦检方面已经具备了一定的基础，但是所采用的技术绝大部分都是抗原抗体检测技术和常规的核酸检测技术，缺乏高通量、高灵敏度的快速侦检技术，对于新发的未知病原体缺乏检测手段。核生化突发事件监测技术研究起步稍晚，但近些年发展很快，从总体上看，我国与先进国家的差距为10—15年，还未形成功能完善的核生化突发事件监测技术体系。我国的传染病预警与应急决策分析技术大致落后国际先进水平十余年。

在自然灾害的监测预测预警方面，某些技术达到国际先进甚至领先水平，总体与国际领先水平有一定差距，具体如下。

我国地震监测预测预警初步具备了地球物理场的成场观测能力，但高端设备依赖进口；井下综合观测初步进入中试阶段，部分测项及井下多测项观测集成技术与国际先进水平差距较大；移动式人工可控震源探测技术处于国际领先水平，但缺乏统一的卫星综合服务系统；海域地震监测技术整体上仍然处于中试阶段；在传感器技术、宽频带测震仪器等方面处于国际领先水平，并已实现产业化，但在海域地震观测仪器、高精度重力仪、高分辨空间对地观测仪器等高端地球物理观测仪器方面，与国际先进水平有很大差距。

地质灾害监测是集多种学科于一体的综合技术体系。光学、电学、信息学、计算机技术和通信技术的发展，给地质灾害监测仪器的研究开发带来了勃勃生机，能够监测的信息种类和监测手段将越来越丰富，同时，某些监测方法的监测精度、采集信息的直观性和操作简便性有所提高。现代通信技术提高了远距离监测数据信息传输的速度、准确性、安全性和自动化程度；提高科技含量，降低成本，为地质灾害的经济型监测打下基础。目前，地质灾害的位移监测方法均可以进行毫米级监测，高精度位移监测方法可以实现 0.1mm 精度。

我国地质灾害监测预测预警仍以群测群防等常规监测方法为主，难以及时获取全面准确的数据，缺乏地质灾害监测的行业标准，具有自主知识产权的仪器研发与质量都明显落后于发达国家，这使得监测数据的可比性和共享性受到一定的限制。因监测预测预警精度不够，所以目前预警信息只能起到警示作用，国内地质灾害调查仍然以现场人工综合判别为主。

2002 年在第一届可持续发展世界首脑会议上提出动议、10 年来由多个国家和组织参与协作和发展起来的全球地球观测系统（global earth observation systems，GEOSS）旨在从单独运行的观测系统和计划发展为同步、实时、优质、长期、全球的时空信息观测系统，并采取一致的标准。中国综合地球观测系统服务的具体内容包括 12 个方面，其首要任务就是减轻自然和人为灾害所造成的生命财产损失。

我国的现代天气预报业务在暴雨定时定点定量预报、多种资料综合应用等关键技术与环节的发展上，在预报的精准度和可用时效上，与国际先进水平仍有较大差距；我国的资料同化技术和数值模式发展与发达国家仍存在巨大差距；我国的台风路径预报已达到世界先进水平，台风强度业务预报则与国外各预报中心的误差基本相当，且各国基本处在同一水平。

我国水旱灾害的监测预测预警水平与国际先进水平有较大差距，主要体现在高分辨率数据的缺乏和获取受限上；水旱灾害监测、评估模型与方法相对成熟，但模型、方法、数据并没有很好地有机集成；突发水旱灾害应急监测技术尚不成熟，能力尚待提高，基于空间数据的面向应用的业务系统和平台构建也刚刚被提上议程。现有的水旱灾害遥感监测评估系统只能满足较低的应用需求，持续监测能力不足，不能满足特定区域的监测要求，尚不具备平台服务的功能和资源共享的特点，仅为业务应用的补充；遥感数据处理效率低，缺乏高性能的数据处理平台和数据共享机制。在洪水监测预测预警与流域洪水预报预警方面，与先进国家的分析技术相比，国内的城市洪水分析计算模型对地下管网的考虑还有欠缺。在流域山洪预警方面，山洪预警基础理论与技术工作欠缺，山洪灾害基础信息尚需进一步夯实，预警指标的算法也主要是采用经验方法和简单的水文方法。

目前，我国气象部门已初步建立了包括气象卫星、天气雷达在内的全球天气监测网、全球通信网，这些网络分布在全国各地的气象台站、自动气象站，监视着大气活动的动态变化。我国发射的风云系列气象卫星在太空中跟踪着地球大气的演变，极大地丰富和补充了广阔海洋、极地、高原和沙漠等人迹稀少地区的探测信息；近五年来建立的新一代天气雷达、大气成分、雷电、空间天气系统等从微观和立体交叉上对中小尺度灾害性天气进行着监测。近 5 年来，24h、48h、72h 暴雨预报的准确率提高了 2.1%—6.5%，台风路径预报误差下降了 13%—18%，精细化温度要素指导预报准确率提高了约 10%，台风 24h、48h 路径预报和沙尘暴数值预报水平达到了世界先进水平。但是相对于国家气象防灾减灾需求和国际先进水平而言，我国的气象灾害预警水平与国际领先水平仍存在较大差距。

气象监测方面存在的主要不足包括：①气象监测设施主要集中在人口密集地区，在高原、海岛、荒漠等人口稀少地区，中印、中俄、中蒙、中朝等边境地区，以及中国西藏自治区、新疆维吾尔自治区等重点地区，存在大量气象监测空白区；②海上、国家战略通道和境外重点区域的气象监测能力差，缺少必要的自主监测手段；③军地气象监测手段发展不平衡，军队新型气象监测装备少、自动化监测能力弱，难以实现军地联合组网。

预报预警方面存在的主要不足包括：①极端天气气候事件以及局地性、灾害性、转折性天气预报预测能力仍然不足，临近空间、海上利益攸关区、日标区等预报预警的精细化程度不高，难以满足指挥决策、作战训练和防范灾害的需求；②探测资料应用滞后于探测系统的现代化建设水平，大量观测和探测信息未能在数值天气预报模式中被充分应用；③气象次生衍生灾害预报预警水平较低；④军地气象部门天气预报业务中使用了大量国外交换的气象信息，在信息封锁的情况下，预报预警能力将受到明显影响。

目前，我国初步形成了涵盖岸基海洋观测系统、离岸海洋观测系统、大洋和极地观测系统的海洋灾害观（监）测网络体系框架，已建立国家基本海洋站（点）100 余个。近年来，我国海洋灾害观测能力不断增强，资料获取和应用能力显著提高；海洋灾害预警预报技术水平和业务能力不断提升，海洋数值预报模式、数值同化及其应用技术得到长足发展，已经成为海洋灾害预警预报的核心技术，风暴潮、海浪、海冰、海啸、海洋温盐流、溢油、赤潮、绿潮等预警预报系统已经在国家和地方海洋预警预报业务部门业务化运行，海洋防灾能力显著增强。从海洋灾害的监测预报和防御来看，今后需要进一步加强海洋综合观测数据的获取、处理、再分析和现场观测能力，加强海洋灾害致灾机理研究，加强近海（岸）海洋灾害预警预报能力建设，开展海洋灾害风险评估和做出区划。

相对来说，农林病虫害的监测自动化程度尚不高，例如，林业病虫害的监测主要靠踏查，并且林业有害生物隐蔽性较高，监测难度大；同时，基于遥感（remote sensing，RS）技术、地理信息系统（geography information system，GIS）、全球定位系统（global positioning system，GPS）（即“3S”技术）的农林病虫害监测管理技术尚不完善，特别是利用遥感技术监测病虫害的发生发展工作尚未开展起来。此外，气象条件、人为活动的监测与病虫害的监测尚未匹配，所以有些研究建立起来的预测预报模型由于缺乏资料支持而无法进行业务应用。最后，针对一些次要病虫害、外来生物入侵等的站网监测尚不具备技术条件。

我国森林火灾的监测预测预警与国际领先水平差距较大。地表火蔓延模拟预测技术与国外差距较大，我国还未形成森林火灾预防、报警、扑救、善后处理等比较完善的消防体系；林火探测技术相对落后，在林火发现和火场信息探测方面都还不能满足实际工作的需要。

在城镇的综合监测预测预警方面，我国与国际领先国家还有较大的差距。我国城镇的监测预测预警是基于历史数据的，相关危险源监测因缺少良好的专业性仪器，通过其他监测方式进行替代性监测。监测预测预警对象范围大、事故耦合复杂、隐患判定较难等原因，导致现在的城镇监测预测预警系统的准确性及成功率较低，目标针对性较为单一。在此方面我国与发达国家相比还有较大的差距，更多的技术还在实验室阶段或中试阶段，但 2006 年之后，我国与国际领先水平的差距正在逐步缩小。城镇灾害综合监测预测预警已从城镇局部转至区域，由低精度转为高精度，由单点监测变为多点共测。

三、应急处置与救援技术

我国应急处置与救援的若干技术达到国际先进水平，但技术发展水平总体与领先国家水平有较大差距，关键高精尖技术、相关技术集成、应急装备等与国际领先水平有较大差距。表现在：应急装备种类不全，技术水平低，高性能装备主要依赖进口；在技术水平、整体性设计上与先进国家存在较大差距；现有技术装备功能单一，集成度不高，难以形成成套化装备系统。

应急平台是以公共安全科技为核心、以信息技术为支撑、软硬件相结合的突发公共事件应急保障技术系统，是实施应急预案的工具，具有日常管理、风险分析、监测监控、预测预警、动态决策、综合协调、应急联动与总结评估等功能。应急平台建设是应急管理的一项基础性工作，对于建立和健全统一指挥、功能齐全、反应灵敏、运转高效的应急机制，预防和应对自然灾害、事故灾难、公共卫生事件和社会安全事件，减少突发公共事件造成的损失，具有重要意义。

在应急平台建设方面，我国总体达到国际先进水平，部分技术处于国际领先水平。我国在国家应急平台体系设计构建、次生衍生事件综合预测预警方法、应急通信系统技术、移动应急平台技术、国务院应急平台系统集成技术、国务院应急平台数据库系统与应急应用软件、国务院应急平台安全保障与容灾备份系统设计技术、多级多方协同会商与态势推演等关键技术上取得了重大创新与突破；在国家应急平台技术原型系统研制，以事件链、预案链为基础的综合预测预警，应用软件和多方协同等方面具有特色；实现了自动化、智能化应急管理的技术跨越，为建立健全统一指挥、功能齐全、反应灵敏、运转高效的应急机制以及预防和妥善应对各类突发事件提供了先进的技术手段。这些成果实现了我国应急平台体系关键技术装备从无到有的自主创新，提升了各级政府和部门协同应对突发事件的能力，取得了重大社会效益。

对于应急平台建设，要注重内容建设和技术支撑两手抓。应急平台建设的重点不应放在大屏幕显示系统等形象工程上，而是要加强数据库建设和应用系统建设，让应急平台具有实实在在的功能和内容。应建立信息更新机制，加强信息源建设，以保证信息的及时更新和维护。信息的提供者需保证信息的实时性、完备性，必要时采取交叉验证的方式，把不同部门的相关数据与权威部门的数据进行校核。其中，谁监督数据及时更新、谁负责组织部门间的数据互通、谁把控重要数据安全不外泄、谁是数据提供者，均需要通过制度和科技的共同进步来完成变革。

在生产安全的应急处置与救援方面，我国一直跟随国际先进技术研究。我国在生产安全方向还没有形成完善的应急避险及救援体系，在避险与救援技术、装备、管理及整体综合协调能力上仍存在不少问题。近年来，我国虽然开展了紧急避险技术和装备的研究，但配套设备及设施功能不全、实用性和可靠性差，远远不能满足应急救援技术要求。我国生产安全的应急救援技术与装备总体上水平较低，难以满足和适应重大事故救灾的要求。

在食品安全的应急处置与救援方面，我国与国际领先水平有较大的差距。我国在相关方面还刚起步，数据库和网络体系还未成形，与国际相比至少有 15 年的差距。在基于全基因组的测序溯源技术方面，美国利用新一代测序技术已经完成 10 万株食源性致病菌的测序工作，而我国还未开始。

在社会安全的应急处置与救援方面，我国总体与国际先进水平接轨，某些关键技术和装备与国际领先水平有较大差距。我国的警务应急通信技术、单警应急处置救援装备技术、查缉管控技术等支撑体系不够完善，缺乏对应急处置与救援手段的有效集成系统。在大数据的利用方面与国外水平存在一定的差距，针对警务查缉管控的多源大数据亟须研究海量信息采集、分析、处理、展示等技术，最终增强关联分析、数据挖掘及情报研判能力。目前灾害现场移动应急的大多数核心设备和核心软件都是从国外进口的，在核心组件部分无法做到国产化，特别是在操作系统、芯片等方面。我国已经在宽带移动通信 TD-SCDMA、TD-LTE 等技术上形成了具有自主知识产权的共性基础技术，情报信息采集、分析和处理的基本框架已经建立，基本形成了以情报为主导的警力指挥调度模式。

在生物安全的应急处置与救援方面，我国与国际领先水平还有一定的差距。对于基于城市重要目标的核生化防护技术体系，我国基本处于实验室阶段，没有形成系列的防护技术和装备。我国的核生化个人防护装备防护谱系较国外窄，对生物气溶胶和有毒化学物质通过简单过滤防护，不具备自洗消能力，存在交叉污染的威胁，后勤洗消负荷较大。我国的广谱抗病毒药物研发仍以仿制为主，创新能力不足。我国应急洗消技术领域整体能力接近国外发达国家 2000 年的水平，但在实际环境测试、技术成熟度评价、成果应用转化等方面差距较大。纳米工程技术使得产生强烈的表面增强拉曼散射（surface enhancement of Raman scattering，SERS）效应已经成为可能，进而获取表面特征分子的信息，深入研究金属表面的等离子共振波与纳米几何结构，应用数据库开发局部电磁场相互作用模型，拓展其应用范围，可用于违法添加物、农兽药残留、病原、转基因检测及真伪鉴别，还便于现场检测爆炸物、毒品，用于反恐、安检等领域。

在自然灾害的应急处置与救援方面，关键技术和装备与国际领先水平还有较大的差距。地震搜寻与救援装备的技术水平和性能仍然十分有限；我国尚无类似的满足地震特急期（1h 以内）的完整灾害损失评估系统，不能满足应急救援指挥决策辅助的迫切需求；地震应急遥感评估尚不能满足 10h 内的应急救援决策需求，需要发展自动化和并行化处理的震害遥感评估技术。我国在地质灾害防治处置方面与先进国家还有一定的差距，灾害临发前和灾害发生后的应急措施仍显滞后，快速处置的技术能力仍显不足，例如，滑坡、泥石流灾害工程防治计算参数与计算模式选取精度不够；地质灾害防治工程耐久性与修复技术有待提高；新材料、新结构有待研发与应用；滑坡、泥石流灾害快速防治新理念与思路有待提出。我国在森林火灾防治方面总体上处于相对落后状态，但某些技术处于国际前列。在生物防火方面，我国较早提出了生物防火林带的概念和技术，并开展了广泛的研究和推广工作，水平处于国际前列，取得了较好的效果，但扑火策略和扑火指挥辅助决策技术缺乏定量化的研究成果，我国的森林火灾扑救仍然以人力手工工具灭火和风力灭火机灭火为主，整体灭火机械化水平低，各种森林消防人员个人防护装备的配备及产品性能亟待提高，配套产品的研制还有待进一步加强。我国在森林可燃物调控方面的研究十分薄弱，需要加强森林可燃物的管理和调控研究，形成标准、规范的可燃物管理体系，具体分为两个方面：①开发森林可燃物分类系统，建立全国森林可燃物分类图；②研发可燃物综合调控技术，建立科学的操作规程，大力开展可燃物清理工作，降低森林火险等级。

四、综合保障技术

目前，全球的公共安全形势十分严峻，综合保障能力还比较薄弱。为了从综合保障角度明确减轻公共安全事件带来的危害，联合国提出了《2015—2030

年仙台减轻灾害风险框架》，并商定了 7 个全球性的具体目标。美国发布的《危机响应与灾害韧性 2030》将未来公共安全的综合保障聚焦于个体角色的变化、关键基础设施的保护、信息技术的及时应用、技术变革的依存度等方面，并强调跨部门的准备和基层个体的共识，通过国家层面的整体规划，以 15 个国家级巨灾情景为抓手，进行了一体化的综合保障能力整体设计。欧洲联盟（简称欧盟）发布的“地平线 2020 计划”专门提出了“安全社会——保障欧洲及其公民的自由与安全”板块。日本、新加坡、澳大利亚等国家也提出了通过建设韧性城市、发展智慧基础设施等途径来进行综合保障能力的规划。

（一）应急准备与响应

应急准备是指为了有效应对突发事件而采取的各种措施的总称，包括意识、组织、机制、预案、队伍、资源、培训演练等各种准备活动。经历了 2003 年严重急性呼吸综合征（SARS，简称“非典”）、2008 年雨雪冰冻灾害和汶川大地震等重大突发性公共危机事件，我国政府在应急预案的制定、法制的建设、管理机构的设置、资源的保障等方面的完善不断得到推进，并取得了相应的成效，在实践中发挥了重要的作用。

2003 年“非典”事件后，我国的应急预案体系建设进入了快速发展时期。总体来看，我国各级应急预案的编制工作取得了重大的进展，全国的应急预案体系向多层次、全方位、宽领域、广覆盖方向不断发展。

2006 年 1 月，国务院发布《国家突发公共事件总体应急预案》，该应急预案体现了分类分级的原则，对我国应急预案框架体系进行了规范描述，按照分类管理、统一领导、分级负责的原则和不同责任主体，应急预案体系包括国家总体应急预案、地方应急预案、部门应急预案、专项应急预案、企事业单位应急预案、重大活动应急预案，形成了“纵向到底、横向到边”的预案体系。

各地区、各有关部门通过出台相应的应急预案管理办法，对应急预案的编制程序、内容等进行了规范。应急预案体系的不断发展，进一步促进了各级应急管理机构的建设和各类应急管理法制、机制的完善，可以说，“一案”带动了“三制”的发展。这不仅增强了人们的安全防范和忧患意识，也提高了政府及其部门、非政府部门预防突发事件、对突发事件进行处置的水平，促进了我国政府应急准备工作的开展。

目前，国务院已经颁布了28个专项应急预案，分为4大类，其中自然灾害专项应急预案6个、事故灾难专项应急预案9个、公共卫生事件专项应急预案4个、社会安全事件专项应急预案9个，由国务院的相关部门牵头编制。部门预案是国务院有关部门（单位）根据其职责分工编制的，已发布了86个，一些实行垂直管理的部门，如中国民用航空局在其内部也形成了较完整的应急预案体系。地方应急预案编制工作大有成效，我国31个省（自治区、直辖市，不含港澳台）都建立起了应急预案体系，并在不断完善；此外，所有的地（市）、县级政府都完成了突发公共事件应急预案的编制，而且全国绝大部分乡（镇）及基层政权组织都编制了突发公共事件应急预案。各类企事业单位按照有关规定和标准，基本上都制定了相关的应急预案，基本解决了应急预案的有无问题。重大活动主办方对应急预案编制工作的重视度逐步提高，预案的编制也越来越全面、越来越专业。

在自然灾害领域，我国政府在2005年制定并颁布了《国家自然灾害救助应急预案》，该预案进一步健全和完善了我国自然灾害事件应急管理的救助体制和相关运行的机制，是国家应急管理中应急预案体系的重要组成部分。2016年，国家对《国家自然灾害救助应急预案》进行了修订，这是我国覆盖范围最广的指导性预案，对我国涉及的地震灾害，山体崩塌、滑坡、泥石流等地质灾害，水旱灾害，台风灾害，海洋灾害等各类自然灾害有着全面的指导作用。

在安全生产方面，我国编制并修订了《国家安全生产事故灾难应急预案》，2016年发布了《生产安全事故应急预案管理办法》，制定了《生产经营单位生产安全事故应急预案编制导则》（GB/T 29639–2013），并于2016年组织修订该导则，在矿山、危险化学品、油气输送管道、金属冶炼等高危行业（领域）推广应用应急预案优化成果，以实现应急处置卡全覆盖，切实提高应急预案的编制质量。我国还加强了应急预案理论研究和实践经验总结，提高了应急预案的针对性和可操作性。

在公共卫生领域，在《国家突发公共事件总体应急预案》的框架下，由国务院办公厅印发2个卫生专项预案，国家卫生和计划生育委员会印发29个部门预案，各地、各企业单位针对本地、本单位公共卫生风险隐患制定了地方和企事业单位预案，初步形成了从中央到地方、囊括各类突发公共卫生事件应对和其他突发事件紧急医学救援的预案体系。同时，一些省（自治区、直辖市）还进行了预案管理的积极探索，湖北省就出台了卫生应急预案管理办法，实行预案动态管理。

据初步统计，全国累计编制的应急预案已经超过 550 万个。应急预案编制呈现如下趋势：一是逐步深入企业、乡镇、社区、学校、医院和家庭，延伸到社会的每一个基层单元。例如，广西壮族自治区贺州市针对该市地势复杂、灾害繁多的特点，按不同区域、不同情况和现实需求分别建立了不同灾害种类的应急预案，目前，乡（镇）、村两级已建立洪涝灾害应急预案 38 个、山体滑坡应急预案 19 个、干旱应急预案 9 个、山洪暴发应急预案 14 个、地陷应急预案 7 个。二是应急预案的覆盖领域不断扩展，目前，我国在食品安全、海上搜救、气象应急、化学伤害、信息安全等诸多领域均编制了应急预案，并在全国范围内形成了体系。三是应急预案编制被越来越多的政府部门及企事业单位当作突发事件应急管理中的基础性工作。

（二）应急管理体制

在严格遵循《中华人民共和国突发事件应对法》确立的原则和基本制度的前提下，各地紧密结合实际，深入总结、分析了应急管理工作中的实践经验及面临的主要问题，并在研究借鉴国内外有关法律制度的基础上，进一步补充、完善和细化了应对突发事件的各项措施。同时，还注重把握与国家相关专项法律、行政法规和有关地方性法规的关系，与《国家突发公共事件总体应急预案》等重要文件做好衔接。比如陕西省的《〈突发公布卫生事件应急条件〉实施办法》，其创新点就包括：在全国首次明确规定了应急预案的制定要求、修订时限；首次明确了应急体系建设规划的基本内容；首次将基层应急管理示范点建设作为制度写进法规；首次将应急平台体系建设的内容和具备的基本功能写进法规；首次确定了突发事件应对知识宣传日，并将应急管理知识纳入党校和行政学院的教学内容；首次明确提出了建立应对突发事件的奖励与辅助机制等。

2007 年，我国颁布并正式实施的《中华人民共和国突发事件应对法》规定：国家建立统一领导、综合协调、分类管理、分级负责、属地管理为主的应急管理体制。

统一领导是指在各级党委领导下，由各级政府负责应急管理的具体工作。在国家层面，国务院是突发事件应急管理工作的最高行政领导机关；在地方，地方各级政府是本地区应急管理工作的行政领导机关，负责本行政区域各类突发事件的应急管理工作，是负责此项工作的责任主体。

综合协调有两层含义：一是上级政府对下级各有关政府、各级政府对所属各有关部门、各级政府与社会各有关组织、团体的协调；二是各级政府突发事件应急管理工作的办事机构进行的日常协调。综合协调是在分工负责的基础上，强化统一指挥、协同联动，以减少运行环节，降低行政成本，提高快速反应能力。

分类管理是指按照自然灾害、事故灾难、突发公共卫生和社会安全事件四类突发事件的不同特性实施应急管理，具体包括：根据不同类型的突发事件，确定管理规则，明确分级标准，开展预防和应急准备、监测与预警、应急处置与救援、恢复与重建等应对活动。由于一类突发事件往往由一个或几个相关部门牵头负责，因此分类管理实际上就是分类负责，以充分发挥防汛抗旱、核应急、防震减灾、反恐等指挥机构及其办公室在相关领域应对突发事件时的作用。

分级负责主要是根据突发事件的影响范围和突发事件的级别，确定突发事件应对工作由不同层级的政府负责。需要强调的是，不管哪一等级的突发事件，事发地都要履行先期处置的职责。一般来说，一般和较大的自然灾害、事故灾难、公共卫生事件的应急处置工作分别由发生地的县级和设区的市级人民政府统一领导；重大和特别重大的，由省级人民政府统一领导，其中，影响全国、跨省级行政区域或超出省级人民政府处置能力的特别重大的突发事件应对工作，由国务院统一领导。社会安全事件由于其特殊性，原则上也是由发生地的县级人民政府组织处置，但必要时上级人民政府可以直接处置。履行统一领导职责的地方人民政府不能消除或有效控制突发事件引起的严重社会危害的，应当及时向上一级人民政府报告，请求支持。接到下级人民政府的报告后，上级人民政府应当根据实际情况为下级人民政府提供人力、财力支持和技术指导，必要时可以启用储备的应急救援物资、生活必需品和应急处置装备。有关突发事件升级的，应当由相应的上级人民政府统一领导应急处置工作。

属地管理为主，就是突发事件应急处置工作原则上由地方负责，即由突发事件发生地的县级以上地方人民政府负责。在此基础上，法律、行政法规规定由国务院有关部门对特定突发事件的应对工作负责的，就应当以国务院有关部门管理为主。比如，《中华人民共和国中国人民银行法》规定，商业银行已经或可能发生信用危机，严重影响存款人的利益时，由中国人民银行对该银行实行接管，采取必要措施，以保护存款人的利益，恢复商业银行的正常经营能力。再如，《核电厂核事故应急管理条例》规定，全国的核事故应急管理工作由国务院指定的部门负责。

以上 5 个部分相互联系、相互支持、统筹协调、不可分割，是中国特色应急管理体制的核心内容。经过几年的发展，我国的应急管理体制建设取得了显著成效。

（三）应急管理组织体系

根据《国家突发公共事件总体应急预案》的规定，我国应急管理组织体系的构成如下：第一，领导机构。国务院是突发事件应急管理工作的最高行政领导机构。在国务院总理的领导下，由国务院常务会议和国家相关突发事件应急指挥机构（简称相关应急指挥机构）负责突发事件的应急管理工作；必要时，派出国务院工作组指导有关工作。第二，办事机构。国务院办公厅设置国务院应急管理办公室，履行值守应急、信息汇总和综合协调职责，发挥运转枢纽作用。第三，工作机构。国务院有关部门依据相关法律、行政法规和各自的职责，负责相关类别突发事件的应急管理工作。具体负责相关类别的突发事件专项和部门应急预案的起草与实施，贯彻落实国务院有关决定事项。第四，地方机构。依据属地管理原则，地方各级人民政府是本行政区域突发事件应急管理工作的行政领导机构，负责本行政区域各类突发事件的应对工作。第五，专家组。国务院和各级应急管理机构建立各类专业人才库，聘请有关专家组成专家组，为应急管理工作的正常有序开展提供决策建议，必要时参加突发事件的应急处置工作。

2018 年 3 月 21 日，中共中央印发《深化党和国家机构改革方案》，正式成立应急管理部，整合了 10 个不同部门的职责和 5 支应急救援队伍。10 个不同部门的职责分别涉及 2 个正部级机构（国家安全生产监督管理总局、国务院办公厅应急管理办公室）全部职责；1 个正军级机构（公安部消防局，相当于副部级）职责，3 个副部级机构职责（国家防汛抗旱总指挥部和水利部的水旱灾害防治职责、国家减灾委员会和民政部救灾司的救灾职责、国务院抗震救灾指挥部和中国地震局的震灾应急救援职责）；3 个正司局级部门职责（国家森林防火指挥部和国家林业局的森林防火相关职责、国土资源部地质环境司的地质灾害防治职责、农业部草原监理中心防火处和畜牧司的草原防火职责）。5支应急救援队伍分别涉及1个正部级（国家安全生产监督管理总局）、2个正军级（公安消防部队和武警森林指挥部）和2个副部级（国家煤矿安全监察局和中国地震局下设的国家地震应急搜救中心）机构。

在人力资源保障方面，中国人民解放军和中国人民武装警察部队已经成为处置突发事件的核心力量。公安、消防、卫生医疗、水、电、油气等抢险救援队伍已经成为应急救援的专业队伍。

（四）应急物质储备保障

目前，国务院各职能部门中负责应急管理的机构为了应对职责范围内的突发事件，分别建立了各自的应急管理指挥体系、应急救援体系和专业应急队伍，所涉及的领域包括医疗救护、矿山救援、森林灭火、防汛抗旱、水电油气通信的抢修、抗震等，并形成了突发事件的预警预报体制、部际协调体制和救援救助体制等，而且随着应对突发事件的要求的不断增长，这些队伍的能力、装备等也在不断地加强。社会团体、企事业单位职工、乡镇、社区的公众及志愿者等各种社会力量已经成为应急救援的辅助力量。同时，基本形成了统一领导、优势互补、专兼并存、协调有序、保障有力的基层应急救援队伍体系，以满足本区域和本领域突发事件工作需要的应急救援能力。99%的县级政府依托公安消防部队等成立了综合性应急救援队伍，武警专业救援力量被纳入国家应急体系，组建了国家核应急救援队、国家卫生应急队伍、国家矿山应急救援队、国家应急测绘保障队，应急救援和保障能力快速提升。

在公共卫生领域，“十二五”期间，在中央和地方财政的大力支持下，国家卫生和计划生育委员会组建了紧急医学救援、突发急性传染病防控、中毒事件处置、核和辐射事件处置等4类37支国家卫生应急队伍，初步实现了队伍快速机动、装备便于携带、后勤自我保障的目标。地方也组建了近2万支、20多万人的地方卫生应急队伍，加强了日常培训和演练。

在安全生产领域，加强了重点行业应急救援队伍规划布局工作，进一步加大投入，加强安全生产应急救援能力建设。同时，大力推进化工园区和危险化学品、油气管道企业应急救援队伍建设，组织实施了一批国家级、省级危险化学品应急救援基地项目。此外，还落实了国家级安全生产应急救援队伍建设配套保障条件，规范了队伍管理；加强了应急救援专家队伍建设，完善了专家咨询制度。

我国非政府组织的模式常以政府支配型、第三部门支配型，双重模式、合作模式等形式出现。当前我国较为活跃的非政府组织包括中国医学基金会、中华慈善总会、中国青少年发展基金会、中国扶贫基金会、中国国际民间组织合作促进会等。从 2003 年发生“非典”起，这些非政府组织就已经彰显出救助社会公众、协同政府共面危机的作用。之后在 2008 年的南方冰雪灾害和汶川大地震，以及 2012 年的北京暴雨灾害中，地方非政府组织也积极出动，开展救人与自救行动，他们主要以弱势群体为帮助对象。协调的组织性和灵活的操作性，使得非政府组织在自然灾害应急管理中发挥着越来越有效的作用。

目前，我国已经建立了相应的应急物资储备保障制度，对重要应急物资的监管、生产、储备、调拨和紧急配送体系进行了完善。各级政府，尤其是突发事件频发、易发地区的地方政府基本建立了生活必需品、应急救援物资和应急处置装备等储备制度。地方各级政府根据本地区相应的实际情况，与有关企业签订协议，使生活必需品、应急救援物资和应急处置装备有了一定的保障。在财政保障方面，各级政府设有相应的应对突发事件的专项资金，以保障突发事件应对工作所需要的经费。各级政府和有关部门所需的突发事件预防与应急准备、监测与预警等工作经费被列入部门预算，也受到了同级财政部门的积极配合和保障；在技术装备保障方面，我国正在大力鼓励和扶持具有相应条件的教学科研机构培养应急管理的专门人才，同时也大力鼓励和扶持科技研发机构开发用于突发事件预防、预警、监测、应急处置与救援的新设备、新工具和新技术。我国还完善了矿山、危险化学品等企业应急设施、设备配置标准，规范了矿山、危险化学品、油气田、隧道施工、旅游等国家级安全生产应急救援基地与队伍的装备配置标准；组织实施了国家生产安全事故现场应急处置个体防护装备项目建设，建立了全国安全生产应急救援物资储备体系。

为了做好物资保障，建立了国家卫生应急物资储备体系，完善了应急物资协调调用机制。

应急指挥决策系统包括监测预警、信息接报、辅助决策、活动保障、应急响应、事件评估、地理信息、预案体系、资源管理九大核心应用，为快速应急处置工作发挥了重要的技术支撑作用。

（五）应急管理人才培训

应急管理人才培训已经成为我国应急准备的重要工作，我国始终致力于培训高素质的应急管理人才，以全面、科学、系统地培训应急管理人才为目标，基本形成了以提高风险防范能力和应急处置为重点的培训体系，培训质量也在不断提升。培训组织体系呈多元化趋势发展，组织部门以党校、行政学院和干部院校为主，以高等院校、科研院所等为辅。各级政府和相关部门也在逐步完善应急培训的实施方案与管理办法，使应急管理人才培训进一步规范化。在硬件设施、师资建设和资金保障方面，各级政府和相关部门都有较大的投入。

与此同时，我国公众的应急知识宣传教育也在不断加强和完善，各级政府已将应急教育宣传工作纳入重点工作计划中，相关机构在全社会普及和宣传应急知识，组织应急培训及演练，并充分利用广播、电视、互联网和新媒体，开展应急教育，使公民不断增强应急意识，学习并掌握基本的应急知识和技能。目前，我国正在逐步建立和完善全国应急宣传教育网络，加强应急知识宣传教育进校园、进社区、进农村工作，以提高基层宣传教育的普及面。各基层单位也在利用各种场所和形式开展应急知识的宣传教育，以提高群众的应急意识和自救互救能力。例如，北京市在进行宣传教育培训工作时，除了编写并免费发放《首都市民防灾应急手册》外，还在全市范围内开展了“社区减灾平安行”等系列活动，深入开展防灾减灾知识宣传活动；在北京各学校中全面开展安全知识教育活动和工作，如经常性地开展校园安全宣传日活动等；不断加强应急基础设施建设，在海淀区建成全市第一个公共安全馆。

我国进一步推进综合减灾示范社区、安全示范社区、卫生应急综合示范区等基层示范项目建设，国家应急新媒体平台初步建立，科普宣传教育和应急演练活动广泛开展，社会公众防灾避险意识进一步增强。

以“防灾减灾日”等为契机，我国积极开展了丰富多彩、形式多样的科普宣传教育活动，防灾减灾意识日益深入人心，社会公众自救互救技能不断增强，全国综合减灾示范社区创建范围不断扩大，城乡社区防灾减灾救灾能力进一步提升。

（六）综合保障技术发展水平

我国综合保障的技术发展紧跟国际先进技术，公共安全标准化在国际上有了一定的话语权，但总体落后于国际领先技术。我国紧跟国际先进技术在公共安全领域的应用，但缺乏多灾种耦合预测模型的实验验证设施，灾害模拟仿真、培训演练、宣传教育的水平与国际水平还有一定差距。

在公共安全数据库技术方面，我国紧跟国际先进水平，应急平台数据库技术紧跟当前数据库技术的发展潮流，目前主要是基于云计算的海量数据管理技术和数据挖掘技术等新兴数据库技术的应用工作。

在多灾种耦合的实验平台方面，我国与国际领先水平有很大的差距。与先进国家相比，实验条件还普遍较差，设备或装备普遍落后，仅有的一些实验装置也以单领域、小尺度为主，不具备研究多灾种耦合作用的能力。

在灾害模拟仿真、培训演练、宣传教育方面，我国与国际领先水平还有一定的差距。灾害模拟仿真缺少针对影响大、条件复杂、综合性强及存在灾害间次生衍生与相互耦合现象等特点的重大突发公共事件仿真模拟技术和建模方法，缺少与模拟预测模型相结合的仿真模拟技术，缺少三维仿真模拟与地理信息系统相结合的技术，在大尺度空间灾害事件的仿真模拟方面与国外先进技术有较大差距。目前，基于虚拟仿真的应急演练系统已经初步得到了研制，也在一些应急培训过程中获得了初步应用。但总体来说，虚拟仿真模拟技术在发达国家突发事件应急研究和处置领域得到了较为广泛的应用，而我国尚未发展出基于灾害模拟仿真与虚拟演练成套化技术的模拟演练系统。我国缺乏公共安全科学普及宣传和教育的长效机制，在防灾教育方面较为薄弱，国民的防灾意识较低。

在公共安全标准化及认证认可技术方面，我国某些关键技术标准在国际上有了话语权，但总体落后于领先国家。我国已经建立了与发达国家接轨的化学品安全国家标准体系和良好实验室规范（good laboratory practice，GLP）监控及标准体系，但缺少具有自主知识产权的化学品安全评价技术形成的标准。在物种资源查验和管制标准关键技术方面，关于物种查验的理论、方法、技术尚没有系统的研究，缺乏共享平台，相关的方法没有标准，难以适应现实查验的需求，特别是标准技术体系规划的缺少不利于长远发展。

随着信息、网络与新材料技术的发展，公共安全领域孕育了一批具有重大产业变革前景的突破技术，这将为突发公共安全事件的应急处置与救援提供重要的技术支撑。

（七）突发事件数据管理水平

建立物理-信息-人类社会三元空间是目前解决突发事件较为系统的方法，其中，突发事件在物理空间的规律是目前研究较为成熟的领域。其主要基于现场监测和采集到的各种数据，经过数据分析和融合进行事件的态势评估与综合研判，最终实现突发事件的早期预警和应急处置。

针对海量多源异构数据的在线聚集，物联网、社会网络数据和人类心理行为空间数据的实时感知方面的研究可以为突发事件的应急管理提供数据基础，在物理-信息-人类社会三元空间信息集成的基础上，多粒度信息综合集成与融合的情景分析旨在通过不同粒度的信息，实现突发事件发生时的关键要素识别，并对事件的初始过程进行综合分析，为之后的情景推演与决策分析奠定基础。研究中的多粒度信息主要是指通过宏观、中观、微观信息，以及这种多粒度信息的综合集成，完成突发事件的管理决策。

突发事件应急管理中的多粒度信息综合集成与融合数据管理体系可以分成三个部分。

（1）数据源层。突发事件应急管理中的数据集成需要有效管理来自相关部门、互联网及现场采集等的多源数据，将突发事件中需要集成的数据源分为三个大类：突发事件应急管理相关行业和部门业务系统中的数据源、互联网中与突发事件相关的网页数据源、突发事件现场数据。第一，突发事件应急管理相关行业和部门业务系统中的数据源。由于行业、部门具有定义良好的数据标准及业务规程，数据以结构化和半结构化组织为主，并且可向集成平台提供数据获取的标准接口。第二，互联网中与突发事件相关的网页数据源。在应急管理场景下，当突发事件出现时，互联网中关于事件的新闻报道、论坛帖子、博客文章、搜索引擎记录等数据对全面客观地了解突发事件的最新情况、事件消息的传播机制、事件对网络舆情的影响及受众心理分析都具有不可或缺的作用。互联网以非结构化和半结构化为主，互联网数据给集成技术和非结构化数据管理带来了更多的挑战。第三，突发事件现场数据。在突发事件的应急处置过程中，事件现场的数据对于掌握事件最新动态从而正确决策具有关键作用，因此在现场事件中，处置人员实时采集现场图片、声音、视频等数据，这些数据以非结构化、多模态的组织形式为主，并具有相应的采集标准。集成平台需要将现场数据与行业、部门的数据及互联网的数据整合为一体，为事件决策提供技术支撑。

在上述三类数据中，互联网中与突发事件相关的网页数据源类型众多，包括数据库、网页、邮件、文档、手机应用软件等，是数据集成的关键技术和核心内容。

（2）数据处理层。数据处理层是数据管理系统的核心，包括数据抽取、数据集成、实体及关联关系的存储三项关键技术。对于浅层网络中的网页，需要利用数据抽取技术，从这些网页中识别出实体及其关联信息；对于深层网络中的信息，需要利用深层网络信息集成技术将隐含在各数据库中的同类信息集成在一起，并形成统一的模式。在此基础上，通过聚合和关联技术，自动识别出 Web 实体之间的各种关系，并对这些实体及其关联关系进行存储。针对 Web 数据的动态可变性，系统支持关联关系的演化，如删除、更新等。同时，由于数据抽取技术的局限性和 Web 数据自身的不确定性，系统需要对抽取出的实体及其关联关系进行清洗和处理，最终形成一个高质量的关联数据库。

（3）应用层。基于数据处理层获得的实体及其关联数据库，可以根据需要构建各种应用，以满足人们使用应急管理数据的需要，为人们提供各类高质量、便捷的服务，并有效提高数据应用开发效率。

第三节　公共安全技术发展问题

自《规划纲要》实施以来，我国的公共安全技术取得了突破性进展，公共安全保障能力大幅提升，但是针对公共安全面临的严峻形势，仍存在科技能力不足的现实问题，需要不断创新和发展，努力提升科技支撑能力。

一、风险评估能力不足

多次事故的发生表明，只有在开展危险源辨识和风险评估工作的基础上，应急准备工作才会有针对性，应急处置工作才会有成效。例如，在“12·31”上海外滩踩踏事件中，对于事发当晚外滩风景区特别是陈毅广场人员聚集的情况，黄浦区政府和相关部门严重缺乏公共安全风险防范意识，对重点公共场所可能存在的大量人员聚集风险未做出评估。

我国应建立健全突发事件风险评估标准规范，开展突发事件风险评估，建立完善重大风险隐患数据库，实现各类重大风险和隐患的识别、评估、监控、预警、处置等全过程动态管理；积极推进村、社区、企业、工业园区突发事件风险管控标准化建设，做到有人员、有制度、有预案、有演练、有保障，逐步实现全国突发事件的风险网格化管理。在风险管理方面，将风险识别与管理贯穿于政府对预案、应急资源、教育宣传培训等管理环节之中，使风险管理成为由一系列管理活动构成的综合性管理模式。

二、基础研究有待加强

在基础研究方面，公共安全领域的技术问题涉及各类基础学科的交叉，包含众多复杂的科学问题，我们必须加强对公共安全事件、事故、灾害的孕育—发生—发展—演化机理探索、预测、危险性分析和风险评估及控制等公共安全基础理论的研究。从调研情况来看，国家重点基础研究发展计划（“973 计划”）作为面向国家重大需求的基础研究计划，对公共安全 6 个优先主题的覆盖度明显不够。从 2006—2012 年“973 计划”立项所涉及的公共安全领域的项目情况看，28 个项目中涉及安全生产和自然灾害及其交叉（对应“重大生产事故预警与救援”和“重大自然灾害监测与防御”两个优先主题）的达 22 项，而其他优先主题涉及的项目明显缺乏覆盖度。这种情况很可能受到“973 计划”项目的领域划分的限制。从“973 计划”项目的领域分类看，公共安全领域设立的“973 计划”项目主要分布在综合交叉、资源与环境、制造与工程科学、能源 4 个领域，重点涉及安全生产、自然灾害两大优先主题及二者的交叉。在国家自然科学基金中部署的公共安全领域相关的重点 / 重大项目也显不足。

三、技术集成性研究有待加强

《中共中央关于构建社会主义和谐社会若干重大问题的决定》《国务院关于全面加强应急管理工作的意见》均明确要求加快建设统一高效的应急平台体系。从任务部署情况来看，“十一五”期间针对“国家公共安全应急信息平台”优先主题实施的重大项目“国家应急平台体系建设关键技术研究与应用示范”取得重大进展，设计了应急平台体系总体方案，研发了事件链、预案链综合预测预警和决策支撑技术，构建了应急平台体系软件系统和数据库，建立了跨领域、跨层级、跨地域的多方协同会商模式，实现了国家应急平台体系关键技术的突破、系统集成与应用。“十一五”重大项目主要面向国家级和省级应急平台研发的实际需求，投入较多人力和物力进行顶层设计与研发，取得了较为重大的成果并获得了初步应用。但灾害发生、发展的源头主要在城镇，截至 2018 年 2 月，全国共有 334 个地级行政区、2876 个县级行政区和 39 862 个乡镇级行政区划单位，需要结合我国的城镇化进程，综合分析城镇安全保障的重大需求，加大城镇全生命周期的安全保障关键技术的集成性研究的投入，开展城镇安全规划、建设工程与设施安全、运行监测与安全预警、脆弱性与抗灾能力评价，以及城镇突发事件应急技术和装备的研发。这些均有赖于以部门和地方公共安全资源为基础、以资源整合和信息共享为手段，以及对各优先主题的公共安全技术的集成性研究。

四、多灾种 / 事件关联性研究不足

公共安全领域涉及的各种灾害往往呈现出高频次、多领域发生和相互次生衍生并耦合发生的态势，灾害相互之间的次生衍生可能形成灾害链，灾害链上的各灾害事件在时间和空间上密切相关，灾害链中的各灾害之间相互作用、相互影响，灾害彼此之间及各灾害与环境之间不断进行着物质、能量和信息的交换，形成紧密的联系和相互制约的复杂反馈系统，其发展状况呈现出复杂性、连锁性及危机的放大性特征。因此，我们在研究层面应重视由单一灾害的研究向多灾种耦合灾害链复杂演变及其防治技术研究的转变。科技部在“十二五”国家科技支撑计划中部署了城市公共安全脆弱性分析和综合风险评估关键技术研究与示范项目，着力解决城市多灾种耦合模拟与脆弱性分析评估技术问题。

但总体来看，目前在城市灾害、工业灾害、自然灾害、社会安全等领域的多灾种 / 事件的关联性方面的研究尚显不足。即使在自然灾害领域内部，各种自然灾害（如台风、暴雨、滑坡、泥石流）彼此相互耦合次生衍生的灾害预测预报技术和风险评估技术的研究都亟待加强。城市灾害、工业灾害等引发的社会事件（包括舆情事件、社会群体事件等）的风险评估研究也有待加强。对食品安全与环境污染、气候变化、工业灾害、自然灾害、健康教育、健康危害的关联性研究还未涉及，有待加强。

五、保障支撑平台构建不完善

尽管《规划纲要》实施以来，我国公共安全保障支撑条件获得了提高，但尚不能覆盖 6 个优先主题，例如，在应急平台关键技术方面尚未建立起国家重点实验室、国家工程技术研究中心等；食品安全与检验检疫领域的国家重点实验室也仅部署在安全生产的企业，缺乏对国家食品安全风险评估的保障支撑；尚未建立起公共安全领域内分布较为合理的专业实验室、大型工程试验基地、检测与评价中心，不能有效保障支撑公共安全技术及装备的自主研发。另外，针对多灾种 / 事件的关联性研究部署不足的现状，也需研制一批综合性、多功能的灾害、事故模拟实验装置，形成系列化、网络化公共安全科学实验系统。

基础信息共享机制的缺失是公共安全领域研究成果运用于实际的极大障碍。例如，重大突发事件发生后需要应急响应时，科学快速决策对信息的需求既庞杂又紧迫，而当前我国基础信息共享的机制尚未建立起来，信息获取难、更新难已经成为各种高新技术实际运用于灾害风险管理与应急响应的巨大障碍。

六、应急准备体系不完善

目前，我国尚未建立起明确的应急准备体系，应急准备仍然是以条块分割、各自为政的方式为主，缺少统一的理论、方法、战略、目标、标准、项目和监测与评估系统。因此，需要构建一个统一的应急准备体系，形成一个多维的层次结构体系。在基础层面，包括应急相关法律标准、应急准备文化等；在支撑层面，包括应急科技、资金、人力等资源；在功能要素层面，有应急队伍、装备、物资等单元，以及这些要素组合形成的各种应急能力；在应急任务层面，包括预防、减灾、准备、监测预警、应急响应和恢复重建等使命领域；在应急行动层面，通过应急预案将特定范围内的应急能力与响应的组织机构和运行机制结合起来，形成应急能力的预先配置和安排。

我国应急准备各类主体之间的关系尚未理清、职责尚不明确。一方面，需要加强各级政府应急管理机构建设，明确应急准备职责；另一方面，对于全社会的各类主体，通过举办各级应急准备论坛等多种方式，为全社会提供共同参与应急准备的渠道，明确各类主体的应急准备职责，指导各类主体开展应急准备行动，形成全社会共同参与应急准备的氛围。

七、安全科技投入严重不足

《规划纲要》实施以来，科技经费有了较大增加，但由于历史基础薄弱，相比于公共安全的严峻形势，安全科技投入依然明显不足。全社会的安全科技投入仍严重不足，无论是投入总量还是相对比例都亟待提高。根据科技部对各省（自治区、直辖市）、计划单列市及新疆生产建设兵团科技主管部门“十一五”期间社会发展科技投入的初步统计，投入比例不足10%的有8个省（自治区、直辖市），超过30%的仅有5个省（自治区、直辖市），公共安全科技投入在其中所占的比例就更为微弱。另外，中央、地方、企业及全社会的多元化科技投入机制尚未形成，政府引导企业积极参与安全与应急产业发展的扶持政策和制度还有待进一步完善。

第四节　国内外竞争比较

一、风险评估与预防

在生产安全领域，我国的生产安全风险评估与预防技术总体上处于中试阶段，部分技术处于实验室阶段，而在领先国家该技术处于产业化阶段。在国家科技攻关/支撑计划项目的持续支持下，我国研发了煤矿瓦斯灾害、水害、火灾、冲击地压和顶板灾害预测与防治技术装备，开发了用于重大危险源安全规划的“重大危险源区域定量风险评价软件”（CASST-QRA）和“化工园区安全规划与应急能力评估决策支持系统”，开展了尘毒危害个体防护技术的试验研究，但这些技术成果的实用性、适应性，以及装备的稳定性、可靠性仍亟待提升。

在食品安全领域，风险评估与预防技术的进步支撑了我国在国际标准制定方面的话语权，目前我国已牵头和参与制定了11项国际标准。然而，我国的食品安全风险评估与预防技术还停留在传统评估模式的研究阶段，存在着评估周期长、评估效率低等缺点，与实际需求存在较大差距。以毒性作用通路和暴露组学为理念的评估技术将成为21世纪国际食品安全风险评估的技术制高点，我国对这类评估技术的研究还处于讨论阶段，与国际领先水平相比至少有6年的差距。此外，在国际关注的热点污染物的生物监测方面，我国缺乏系统性研究，还没有将生物监测作为化学危害物健康风险监测与评估的重要内容。

在检验检疫领域，目前，水平领先的国家主要基于有害生物和病媒生物的入侵途径、传播和流行规律、物种互作关系开展系统研究，并在全程定量精准评估的基础上建立预警技术管理体系。我国对多种重要潜在外来入侵生物进行了定性定量风险评估，但偏重于有害生物的适生性分析，评估的量化精准度不够高。关于产品质量安全风险信息获取、危害识别、风险评估与处置、风险验证（检测）等关键技术研究，国内外均处于起步阶段，先进国家针对部分产品建立了一些评价方法，但在系统性、适用性等方面仍存在不足。针对食品、烟草中风险物质的评估，国内外采用的危害性评价方法包括污染物致突变性检测（AMES试验）、中性红试验等常见的毒理评价方法，但其普遍存在耗时长、操作复杂等缺陷。目前，美国、加拿大、欧洲一些国家等处于领先地位，我国近年来在该领域也开展了一些卓有成效的工作，呈现出差距不断缩小的趋势。

在社会安全领域，我国在国家科技攻关/支撑计划项目的持续支持下，已取得重大进展，包括：研究应用毒品遥感监测和预测技术，估算罂粟种植面积与鸦片产量，实现提前预警和防范；建立毒品溯源及关联性判别的体系，建设我国缴获毒品样品库和数据库，为宏观情报分析和案件串并提供支持；基于声纹数据库与语音监控系统的重点人员身份识别与监控，可以实现对重点人员的快速排查、筛选、识别，在建的全国公安机关声纹数据库现阶段已初步具备实战能力；实现国家法定证件制作技术新突破，有效提升了我国法定证件电子化水平、防伪能力、制证验证设备的技术集成和配套能力；开发生产出面向机场、铁路、码头、海关、重大活动等重点场所危险品探测应用的系列安检设备，现已全面取代国外进口产品；研发出高层建筑、地下空间、长隧道等的防灭火系列理论方法和先进技术。

在交通安全管理方面，建立了道路交通安全保障基础理论体系和先进、实用、高效的技术支撑平台，高速公路交通安全建设标准及防控体系、道路交通安全评估预警指标体系、驾驶人安全驾驶状态检测与预警分析技术以及疲劳驾驶监测预警设备等多项研究成果填补了国内空白，全面提高了我国道路安全综合系统集成水平和产品生产配套能力。

毒品检验鉴定技术、光谱成像技术、气体遥感监测技术、互联网数据分析技术、同位素成分分析技术近年来快速发展，我国初步研发了油墨光学特征检验鉴定方法、数据关联分析的技术手段、植物 DNA 检验鉴定方法，但高分辨率成像技术、高分辨率分光技术、晶体光学材料技术、高精度机械加工技术、高速信息和图像理解分析技术等的关键零部件生产和加工仍受制于国外的技术封锁，生物、信息、金融等领域的核心技术应用能力还与国外存在较大差距，金融与涉假犯罪风险防范与控制技术体系尚未建立，毒品生产、流通、消费环节的管控与防御能力尚不足，整体上仍处于被动应对阶段。

我国在地震灾害危险源识别和风险评估与预防技术方面取得了重要进展。以地震危险性分析技术为基础的地震区划图概率水准由常遇地震水准 50 年超越概率 10%，提高到更高科技要求的罕遇地震水准 50 年超越概率 2%，支撑了建筑物抗倒塌防御的抗震设防要求与“规划、设计、应急准备”地震灾害防御体系建设的要求。对活动断层的探测正在部分城市和地区持续开展，探测与监测技术水平整体上处于国际上 21 世纪初期的水平。部分重大工程与基础设施实施了地震灾情动态监测，与国际技术领先国家的差距正在逐步缩小，但与以美国为代表的国际先进水平相比，还存在着不小的差距。

美国地质勘探局（United States Geological Survey，USGS）在多年前就已提供多概率（以 50 年 10%、5% 和 2% 为主）、多谱值（以峰值、周期 0.2s 和 1s 反应谱值为代表）的全国地震危险图。美国联邦应急管理署（Federal Emergency

Management Agency，FEMA）于 1997 年发布了基于地理信息系统的自然灾害损失评估软件系统（HAZUS 97），此后得到不断完善（HAZUS-MH）。该系统包含飓风、洪水和地震的风险评估，包括对处于灾害危险地区的（飓风、洪水或地震）危险源及其危险性的评估，以及其可能导致的结构破坏、生命和经济损失评估等，该系统在全球得到了广泛应用。

重大地质灾害的成灾模式及风险评估体系主要包括降雨型地质灾害力学预警模型、人类工程扰动区地质灾害评价技术、地震地质灾害动力学分析评价模型，以及重大灾害发生后高速远程运动模型与危险区划等。在地质灾害成灾机理的风险评估与预防技术方面，国外领先国家，如美国、日本、加拿大、澳大利亚、欧盟国家等，在降雨、工程扰动、地震因素作用下的地质灾害方面的评估工作已经进入中试-产业化阶段，我国则处于实验室-中试阶段，核心技术落后国外 6—13 年，总体技术水平与国外相差较大，少数技术基本同步，总体评分在 60—70 分。重大地质灾害灾变过程与风险评估关键技术研究的深度和精度还不够，导致灾害预警与应急准备不足。因此，加强重大地质灾害孕灾环境、致灾因子、承灾体和灾害链研究，分析地质灾害的发生机理、致灾机制，是地质灾害风险评估和管理主要技术发展的趋势，也是预防与应急准备子领域的基础。

在水库大坝风险评估技术方面，美国、欧洲一些国家与日本等发达国家处于领先地位，我国主要利用国外先进技术对大坝、堤防安全隐患进行监测、模拟与风险评估，在借鉴国外技术的基础上，也开发了一些自主产品，但相对落后。我国已建成水库 87 000 多座，安全管理的重点是关注大坝水工结构的自身安全，但往往偏重于工程结构安全系数的复核，中心是“工程安全”，忽略了非工程措施在降低大坝风险中所发挥的作用。在洪水风险图绘制与风险管理技术方面，洪水风险图是开展洪水预防与应急等洪水风险管理的重要基础支撑，世界上有许多国家已陆续开展了洪水风险图的绘制并将其应用到洪水管理工作中，美国、德国、日本等发达国家处于领先地位。例如，美国和德国等主要是为国家洪水保险计划和保险费率提供依据，日本等国家主要是为决策者发布预警和指导居民快速避难提供决策依据。国内洪水风险图的绘制工作起步较早，但相比于发达国家和部分发展中国家，进展较为缓慢，现阶段还处于试点绘制转向推广应用阶段，洪水分析、洪水影响分析与避险转移分析技术手段有待提高。

面向城镇化发展，美国作为最早开展风险评估的国家，引入了多学科领域的概念，提出了许多关于构建指标体系和评估模型的新颖的方法，但在应用上还不是很成熟。目前，国际上较为成熟的风险评估模型主要有：地震、洪水、飓风三种灾害的风险评估软件系统（HAZUS），全球尺度的、空间分辨率到国家的脆弱性和风险管理状态的评价指标系统"灾害风险管理指标系统"，基于空间规划观测网络（EPSON）的多重风险评估方法，评估工业领域及危险化学品运输过程的风险软件 ARIPAR-GIS，计算综合风险值的 SOCRATES 风险评估软件系统等。与发达国家相比，我国的城市风险评估研究工作起步较晚，主要集中于地震、地质灾害、气象灾害、火灾、危化品事故等单灾种的风险评估方面。虽然我国在理论方法的研究上已经做出很多尝试，但在实践应用方面还不是很成熟，尚缺少有统一标准的技术手段对城镇化发展全周期（包括规划、建设、运行和再发展阶段）的公共安全风险进行科学的判断。"十二五"期间开展了"城市公共安全脆弱性分析和综合风险评估关键技术研究与示范"研究，为城镇化综合风险评估技术的发展提供了良好的基础。进一步的发展重点包括城镇化进程中的风险隐患动态识别与规避技术、城镇化进程中的多灾种综合风险评估技术、城镇承灾载体脆弱性分析和安全规划技术、城镇发展全周期综合风险评估与防范技术等。

国家关键基础设施安全，涉及特高压输电线、高速铁路、交通枢纽、水库大坝、尾矿库、国家物资储备库、核电站、放射源、互联网信息安全、金融安全等诸多领域，我国在这些领域都已根据各自领域的特点开展了不同程度的风险评估与预防工作，研发了一系列风险与预防技术，通过公共安全领域的技术汇聚，研发了以风险分析为基础、以数据监测为手段的国家关键基础设施安全监测、救援与保障技术，为关键基础设施提供了安全保障。

在国家森林火险等级系统方面，发达国家对其国内森林火险等级的研究较为充分，开发了先进的国家森林火险等级系统，如美国国家火险等级系统（NFDRS）、加拿大森林火险等级系统（CFFDRS）、澳大利亚 McArthur 森林火险等级系统等。我国于 1992 年和 1995 年分别制定了《全国森林火险区划等级》（LY 1063–1992）和《全国森林火险天气等级》（LYT 1172–1995）。然而，由于对林火行为的研究不够深入，我国目前还没有建立像世界上林火管理水平高的美国、加拿大那样的国家森林火险等级系统。在森林可燃物调控方面，欧盟一些国家采用机械清理方式对重点森林区域可燃物进行调控，而美国侧重于采取计划烧除方式，通过定期火烧控制可燃物载量。美国特别重视可燃物调控技术的研究，开发了火行为预测和可燃物模型系统（BehavePlus）、可燃物消耗模型（CONSUME）、火生长模型（FARSITE）等软件，建立了较为完备的美国森林可燃物分类系统。我国目前尚没有科学的、全国尺度的可燃物类型划分方法和可燃物参数模型，可燃物调控工作还比较粗放，与国际水平的差距在18年以上。

生物安全领域的风险评估与预防技术主要包括核生化突发事件风险评估与干预技术。核生化突发事件风险分析与评估技术是指综合分析和评估核生化突发事件对人体健康、社会经济发展、生态系统等所造成的损失及安全威胁，并据此进行防控、管理和决策的过程，主要包括概率风险评价、实时后果评价和事故后果评价三个发展过程。核生化突发事件风险评估在欧美国家于20世纪70—80年代发展到高峰，评估体系基本形成，20世纪90年代至今，随着相关基础学科的发展，其风险评估技术也不断完善，已达到成熟的产业化程度。国内对核生化重大突发事故后果的仿真研究始于20世纪90年代，相关基础研究相对薄弱，目前尚处于中试阶段。总体来看，生物安全在此子领域处于有序发展的状态，但欧美国家在此领域长期处于领先水平，并不断有技术产品问世。国内近些年也开始关注这方面的研究，同西方国家的差距不断缩小。

针对公共安全的风险评估与预防，国外工业发达国家先后发展了一系列定性、半定量和定量化的风险评估方法。

第一，基于指标体系的风险评估方法。例如，针对自然灾害风险评估的3个国际系统或计划。①由联合国开发计划署和联合国环境规划署共同实施的“灾害风险指数系统”（disaster risk index，DRI），是世界上第一个全球尺度的人类脆弱性评价指标体系，其使用死亡人数、死亡率及相对于受灾人口的死亡率作为风险指标，度量灾害造成死亡的风险，旨在阐明影响灾害风险和人类脆弱性的发展方式，提供定量的证据来支持管理和减小灾害风险；②由世界银行和美国哥伦比亚大学发起并由英国国际发展部资助的“全球自然灾害风险热点计划”（global natural disaster risk hotspots project），旨在通过风险、灾害暴露和脆弱性三方面指标，确定灾害死亡率风险和经济损失的高、中、低风险区域，并绘制了6种自然灾害（气旋、干旱、洪水、地震、火山、滑坡）风险分布图；③由泛美开发银行和哥伦比亚大学开展的“拉丁美洲和加勒比计划”（program for Latin America and the Caribbean），旨在辅助决策者评估灾害风险和风险管理成效，提出了灾害赤字指数、区域灾害指数、普遍脆弱性指数和风险管理指数 4 个国家灾害风险指数，还提出了城市级别的风险评估指标体系，如化工工业领域的危险与可操作性分析（HAZOP）和保护层分析（LOPA）。

第二，基于历史灾情概率统计的风险评估方法，比较适用于具备较长时间统计资料的宏观空间尺度研究，如美国地质勘探局的全国地震危险图、日本的全国地震震动预测地图等。

第三，基于现实情景模拟或构建的风险评估方法，能够有效地对潜在的风险进行量化评估，已被应用于各领域的安全性评价，如灾害致灾因素的计算流体动力学模拟和固体力学模拟、基于 3D 地理信息系统的地质灾害过程模拟、地震过程反演等。

目前，我国对于单一灾害或致灾过程简单的灾害基本已实现定量化风险评估和成熟化的预防，但对于多致灾因子耦合、灾害次生衍生、致灾过程及机理复杂等灾害的研究，受作用因素多、过程重复再现性差、指标难以量化等条件的限制，其风险评估仍停留在定性或半定量层面。

二、监测预测预警

（一）监测预测

在应急平台方面，世界各国已将传感网络作为风险源监测的重要手段，并积极开展研发工作。英国拉夫堡大学研发了由基于微型传感器的建筑物监测系统、应急人员装备、通信系统和指挥系统组成的安全网络（SafetyNet）系统。以色列跨学科研究中心发展了基于多摄像机跟踪和分析高密度人群的技术；瑞士的帕玛森计划（PermaSense Project）通过物联网实现对瑞士阿尔卑斯山地质和环境状况的长期监控；澳大利亚的“智慧桥”试验通过在大桥上安装各种传感器，实现桥梁安全自动报警和交通管理部门的实时安全评估；美国纽约建立了名为“犯罪信息仓库”应用于公共安全的智能城市快速反应系统；瑞典斯德哥尔摩利用传感器互通网络建立了智慧交通体系。在我国，公共安全监测监控系统主要是根据各专业领域的行业特色和需求单独建立的，如环境在线监测、煤矿和金属矿山安全监测监控、天然气管网监测等，所采用的技术手段主要包括实时在线监测技术、远程监测监控技术、物联网安全监测技术等。快速发展的应急平台已具备了接入并展现各专业监测监控数据的功能，并初步具备了监测监控数据传输与交换共享的手段，但大数据管理与分析、监测监控数据综合集成与分析等方面的研究和应用较少。总体来说，我国的应急平台监测监控技术目前处于世界先进水平，专业监测监控体系设计与构建及其传输和综合分析方面已处于产业化阶段；但公共安全综合数据监测监控数据传输与交换共享、海量监测监控数据的大数据管理与分析、监测监控数据综合集成与分析方面尚处于中试阶段。

各国都十分重视突发事件预测预报技术的发展。美国建立了国家自然灾害信息网，研发了不同类型的灾害识别专家系统，并结合地理信息系统技术开发了决策支持系统。德国利用全球定位系统在线位移监控和预警系统并结合网络技术，实现了自然灾害的高精度监测和早期预测预警。日本的东京、静冈、兵库，以及神户、横滨等地都建立了各自的灾害信息管理系统。我国的应急平台技术在突发事件预测预报方面已经具备了较好的预测预报能力，有关专业应急平台和系统中的预测预报技术与发达国家差距不大，政府应急层面的预测预报综合集成技术同样与发达国家差距不大。当前比较成熟的主要是单灾种特别是自然灾害的预测预警技术，在山洪、泥石流、滑坡、煤炭自燃、矿井火灾、海洋灾害等领域都有比较成熟的技术应用，已经处于产业化阶段。发展比较快的是社会安全综合预测预警技术，如网络舆情分析方法、区域性和群体性突发事件心理学分析方法，以及多灾种综合、跨领域桥接预测预警技术，这些技术尚处于中试阶段，部分处于实验室阶段。

在生产安全监测预警方面，我国一直追随国际先进技术研究，在危化品、煤矿和非煤矿山等领域开展了监测预警关键技术研究，取得了一系列研究成果：在危险化学品重大危险源监控方面，研发了重大危险源安全监控软件、硬件系统，并开展了监控系统功能安全的研究；在尾矿库安全技术方面，提出了尾矿库风险评估的模型和方法，融合了尾矿坝位移全球定位系统监测技术和多传感监测技术，建立了尾矿库监控预警系统；在矿井安全综合监测监控方面，提出了非煤矿井及灾害三维可视化仿真技术和非煤矿井安全管理信息系统的集成技术，研发了井下关键设备安全监控系统、矿井及灾害三维可视化仿真系统和井下人员定位系统等；在危险化学品、煤矿和非煤矿山等安全生产重点领域进行了监测预警系统的工程示范应用，有效提高了危险化学品、煤矿和非煤矿山等领域的事故防范水平。总体而言，我国生产安全监测预警技术总体上处于中试阶段，而其在领先国家处于产业化阶段。

在食品安全精准监测检测方面，我国现有的技术水平基本与国际接轨。农药残留确证检测技术覆盖了国内注册农药的64%和有标准农药的90%；兽药多残留确证检测技术可覆盖兽药总数的70%—80%。在体现一个国家检测技术水平的二噁英和多氯联苯超痕量检测上，我国将国际传统方法的检测周期从2—3周缩短到了1天。我国已经建立了食品安全小分子危害物抗体制备技术平台及研发基地，研发的各种快速检测试剂和装备的市场占有率从“十五”末期的不到10%升至目前的80%以上，打破了国外的技术和市场垄断，检测物质基本覆盖当前国家监控的重要食品安全危害物，食品安全市场监管和应对突发事件的能力显著增强。但是，我国目前的监测检测技术仅仅是在检测的目标物质数量上达到或超过了发达国家的检测方法，在样品前处理材料、检测监测理念上并没有明显的创新，还不能有效实现食品危害物的“非定向”监测。

在食品安全溯源预警方面，我国正在构建食源性致病微生物分子分型溯源国家数据库和国家网络，但数据库和网络还未完全成形。我国已经探索了电子监管码、无线射频识别、微量元素、色质谱指纹图谱等技术在食品溯源保真方面的应用，并在一些示范区进行了有效的应用。但相关研究成果较为分散，互不相通，缺乏顶层设计和统一部署，还不足以支撑食品产业的全生命周期安全。有关预警技术还处于起步阶段，仅仅局限于对不合格检测产品的通报警示，还没有开展大数据计算和数据挖掘工作，不能实现深层次的主动预警。

在检验检疫领域，具有现场化、原位、实时、高通量特性的检测手段为突发事件应对及日常监测提供了新的技术途径。例如，微全分析系统是20世纪90年代新出现的“芯片实验室”概念的体现，并迅速形成了具有微型化、全自动、多功能等优势的检测技术，被誉为“影响人类未来15件最重要的发明之一”，其精髓为既“微”又“全”。再如，基于纳米表面增强拉曼散射效应的现场化检测系统可有效应对突发性公共安全事件，并便于远程监管。目前，我国的拉曼快速检测技术及系统的发展与英国、美国等技术领先国家保持一致。

在社会安全监测预测预警技术方面，“十一五”以来，通过国家科技计划以及金盾工程建设项目的实施，我国以法医遗传学、法医人类学、痕迹学、声像学、信息学等学科专业为主线建立了人体个体识别技术体系，以理化分析、法庭毒理学、法医病理学、文件检验、电子物证等学科专业为主线建立了物证溯源技术体系，建设了指纹、DNA 等数据库以及网络虚拟空间身份认证应用系统等，初步构建了社会安全监测预警技术体系。但随着经济的发展，人、财、物流动频繁，检测监测的目标更加复杂，信息的分析、分类、建模、综合研判难度增大，使得传统的预测预警机制越来越有局限性。随着云计算、移动互联网等新型应用的迅速普及，监测目标的规模也迅速变大，数据量增加迅速且体量巨大，使得前置性预警难度明显增大。总体而言，现有个体特征刻画、个体识别与物证溯源、出入口安全检查预警预判、数据分析技术难以快速对社会安全事件的状况、结构、发展趋势做出准确判断和预测突发事件。个体特征刻画的准确度及目标追踪技术的水平、数据分析处理和信息综合研判的能力难以满足社会安全监测预测预警的需要。

卫星地震监测实用化技术主要涉及卫星形变、卫星电磁、卫星红外遥感技术的地震监测业务化应用问题，包括全球导航卫星系统（global navigation satellite system，GNSS）技术、甚长基线干涉测量（very long baseline interferometry，VLBI）技术、干涉合成孔径雷达（interferometric synthetic aperture radar，InSAR）测量技术、机载激光雷达测量（light detection and ranging，LiDAR）技术及卫星遥感和卫星重力测量等。我国在卫星地震监测实用化技术中涉及的有关算法模型已经比较成熟，为构建多源卫星地震监测应用示范系统做了一定的技术储备。与国际先进水平相比，空间对地观测仪器设备分辨率不够高，全球定位系统观测设备全部依赖进口，航空 LiDAR 技术与先进国家的主要差距在于新技术推广和示范应用不足。我国关于海域地震监测技术的实践仅限于近海大陆架水深不超过 200m 的地区，虽然我国已有近海大陆架海域地震或综合海域地球物理观测平台，但整体上仍然处于中试阶段，与大规模实用或产业化的要求尚存差距。在传感器技术方面，我国在宽频带测震仪器等方面处于国际领先水平，并已经实现了产业化。但在海域地震观测仪器、高精度重力仪器、高分辨率空间对地观测仪器等高端地球物理观测仪器方面，我国与国际先进水平有很大差距。我国在高精度、高稳定性、适用于陆地固定与流动观测，以及航空、航海观测的超导重力仪和超导磁力仪制造方面还是空白。新一代的光纤传感技术具有本质无源、抗电磁干扰、抗雷击、耐腐蚀、耐高温高压、便于组网及长距离传输等优势，有利于制造适合井下地球物理观测的多参量综合观测传感器。我国在光纤传感器方面已经具备了一定的研发实力，已经应用于地震监测，但尚无多参量的实用化产品。观测仪器的产品化、产业化和工程化水平还不高。

在震源探测技术方面，人工震源主动探测是进行介质、性质动态监测的发展方向。传统人工震源探测的深度有限，而新型人工震源的出现则使对深部介质进行高精度监测成为可能。在众多的人工震源中，大容量气枪震源具有绿色、环保、高度可重复等优点，是进行主动源重复监测的理想震源。近年来，固定式人工震源监测系统分别在云南省、新疆维吾尔自治区等地成功建立，并取得良好效果。此外，研究穿过断裂带的深井地球物理和地球化学综合观测技术系统是监测断裂带行为的一个基础，为数值地震预报研究提供了基础信息。目前，这方面的成果在一些特殊断裂带已经开始使用，如在山西地震带上的跨断层全球定位系统观测和重力观测。

在地震预测方面，目前，美国在帕克菲尔德地震预报实验场利用高密度的地球物理观测网，正在开展地震数值预测方面的相关研究，力图模拟历史上该区域的地震，再预测后续的地震。近些年针对中国的2008年汶川里氏8.0级地震、2013年芦山里氏7.0级地震及日本2011年里氏9.0级地震等，中国地震工作者在地震孕育过程的数值模拟方面做了大量研究工作。目前，我国的有关研究大都是将全球定位系统观测与钻孔观测介质参数和应力结果作为输入参数进行数值模拟的，这正是目前国内外地震数值模拟的发展趋势。

在地震预警方面，日本、墨西哥、美国、意大利、土耳其、罗马尼亚等国家依托实时地震观测台网建成了现代地震预警系统，并针对重大工程（如高速铁路、城市供气和供电系统等）提供地震紧急处置信息服务。上述国家已形成了相对完整的地震预警、紧急处置的基础理论研究，并取得了产业化关键技术研发成果，在诸如日本“3·11”这样的特大地震中产生了明显的减灾效益。通过“十五”期间“中国数字地震观测网络”项目的实施，我国的地震速报能力明显提高，但测震台网主要配置速度型地震计，大震的近场记录限幅不能满足地震预警的需要。此外，台网平均密度也难以满足地震预警的需求。“十五”期间和“十一五”期间，中国地震局以及相关单位对地震预警等相关技术进行过前期基础性研究，对理论模型和相关算法等关键性技术问题与难点进行了探索，并取得了众多研究成果。然而，面向重大工程的地震预警、紧急处置的理论和方法研究还很不系统，也不够深入。

在过去的20年间，我国的台风、暴雨、强对流和雾-霾的监测预报预警技术不断发展：台风路径预报误差越来越小，达到了国际先进水平；暴雨预报实现了由传统方式（即以天气学方法为基础、以手工分析为支撑、以常规观测分析为主要内容）向现代方式（即以数值预报为基础、以人机交互平台为支撑、以多源观测信息分析为重要内容）的转变；我国初步建立了集监测、分析、预报、检验等于一体的强对流天气专业化业务技术体系；以雾-霾监测预报预警为代表的大气化学模式研发在部分关键技术（如气溶胶-云相互作用和排放源）上达到国际先进水平。但是，与美国、日本等技术先进国家相比，我国还存在需要进一步努力的方面：台风风雨分布及诱发灾害的预报仍然是一个世界性难题，在暴雨定时定点定量预报的关键技术与环节的发展及预报的精准度和可用时效上，我国距国际先进水平仍有较大差距；强对流精细化预报基础较为薄弱，分类监测识别及多源资料融合技术有待加强；在气溶胶观测仪器方面，国内主要靠进口国外先进设备，因而在观测研究上与国际先进水平差距较大。

在重大地质灾害领域，我国广泛开展地质灾害孕灾环境条件的调查与分析，包括对各调查区与成灾地质环境条件有关的地形地貌、地质构造、岩（土）体工程地质、地表水和地下水、环境因素，以及人类工程经济活动等开展调查，并编制了地质环境条件图。美国、日本等技术领先国家已经研发出重大地质灾害高精度调查、探测与识别的空天地一体化技术，并已进入产业化阶段，我国则处于实验室阶段，核心技术落后国外10年，总体技术水平相差较大，总体评分为70分。

在地质灾害监测预测预警与信息实时发布技术方面，我国的发展重点是通过新设备研发来提高监测预测预警的精确性和时效性，并构建多尺度的重点地区和重点致灾因子监测系统，加强突发地质灾害的中、短期趋势预测。美国、日本等技术领先国家在地质灾害监测预测预警与信息实时发布方面的核心技术已经非常成熟，并进入了产业化阶段，我国则处于中试阶段，核心技术落后国外7年，总体技术水平相差较大，总体评分为66分。

在城市暴雨积水监测、预报预警技术方面，美国、欧洲一些国家与日本等发达国家处于领先地位，我国基本处于引进国外先进技术的阶段，自主产品相对落后，基本处于研究阶段。在城市暴雨积水模拟方面，美国、欧洲一些国家等发达国家的模拟模型能很好地考虑地下管网的分布，模拟地表水地下水流的相互交换过程，并能利用先进的多普勒雷达的时空分布降雨预报成果，提高监测预警的精度与预见期。我国的城市暴雨洪水模拟侧重于地表水流过程模拟，对地下管网的模拟主要采用过流能力概化的思路。

在流域洪水预报调度与预警技术方面，美国、欧洲一些国家与日本等发达国家处于领先地位，诸如采用成熟的水文水力学模型，利用针对雷达降雨时空分布预报数据的分布式水文模型、一维和二维水力学洪水分析模型，河道断面测量技术等。遥感技术是水旱灾害的重要监测技术，20 世纪 70 年代中期，美国率先开展了卫星在灾害方面的应用研究，80 年代，洪水遥感监测进入了业务化应用阶段。目前，我国已初步建立了覆盖流域重点防洪区的集信息采集、通信、计算机网络、决策支持等系统于一体的防汛指挥系统，包括覆盖全国的水雨情、工情和灾情信息采集系统，但在技术上仍处于利用国外先进技术的阶段。测雨雷达网基本建立，但流域洪水监测预报还基本处于利用传统的监测预报手段的阶段，预见期与精度有很大的提升空间。

森林地表火蔓延模拟预测技术的历史发展轨迹是从统计模型、经验模型、半物理模型再到物理模型。目前，世界上应用较为成功的森林火灾扑救决策或管理系统，如火区模拟器（fire area simulator，FARSITE），大都采用惠更斯 Rothermel 林火蔓延模型（半物理模型）。我国的扑救决策系统一般采用惠更斯 Rothermel 模型或王正非模型。经验模型或半物理模型在应用中表现出一定的局限性，美国、法国等国家正积极发展森林地表火蔓延的物理模型，如 FIRETEC 模型。与国外技术发展水平相比，我国落后美国、加拿大等发达国家 17 年左右。森林火灾的监测按空间高度可划分为 4 个空间层次，分别为卫星监测、航空巡护、瞭望台观测与地面巡护。发达国家在森林火灾监测技术的开发和研究方面一直处于领先地位，例如，美国的 NOAA 系列气象卫星用于森林火灾探测，法国研制出林火远距离监测系统。目前，我国的林火探测技术相对落后，在林火发现和火场信息探测方面都还不能满足实际工作的需要，落后美国、加拿大等发达国家约 8 年。

在城镇监测预警技术方面，发达国家在生命线监测、基础设施监测、人员监测等方面发展迅速。美国利用海岸飓风监测系统，飓风、龙卷风、雷暴方面的预测预警技术达到了较高的水平。日本作为地震多发国，拥有较高技术水平的地震、海啸预测预警机制，而紧急地震速报系统可以在几十秒内对地震和海啸进行预警。欧洲通过欧盟第七框架计划（7th Framework Programme，FP7）开发了用于危化品、管网泄漏的先进的快速监测、溯源预警技术和系统。当前，监测预警技术的主导发展方向是以高精度监测预警系统为主、其他手段为辅的实时监测预警。我国的城镇监测预警技术水平与美国、日本等发达国家相比还有较大的差距。

生物安全领域的监测预警技术主要包括核生化危险品现场快速检测技术、生物源毒素识别检测技术、化生放核无人探测技术、重大传染病预警与应急决策分析技术、重要目标核生化预警报知网络技术等。核生化危险品现场快速检测技术是以光学、传感、生物技术为核心，融合电子、计算机、机械等多种技术的综合性技术。生物源毒素识别检测技术主要是分子识别、免疫化学及传感器技术。化生放核无人探测技术主要基于无人运动平台，实施远距离、快速、非接触式的化生放核探测。重大传染病预警与应急决策分析技术主要通过建模分析传染病时空传播规律，预测发展态势，评估影响范围和后果，为事件处置提供辅助决策支持。重要目标核生化预警报知网络技术包括组网技术与网络节点传感技术。目前，欧美等发达国家已形成较为完整的技术体系，在基础研究与装备研制方面有较大优势。总体来看，我国在此领域起步晚，材料、工艺技术相对薄弱，技术研发大多处于中试研究阶段，尚未建立完整体系，落后技术领先国家10—15年，特别是在核生化信息网络收集与分发、无人化监测方面差距明显，尚处于实验室探索阶段。

（二）突发事件预警信息发布

1. 国际预警发布技术概况

应对和处置各种类型的突发事件是一项复杂的系统工程，为了应对突发事件，政府必须对应急管理的全过程进行周密的规划和协调，建立健全应急预警系统是其中重要的一环，及时准确地收集、分析、发布相关应急信息是政府科学决策和早期预警的前提。目前，很多国家都建立了预测预警系统，以美国、日本等为代表的发达国家建立的预测预警系统及机制，对我国完善预警机制、建立预测预警系统具有重要借鉴意义。

2. 美国的预警发布系统

美国主要的警报系统——紧急报警系统（emergency alert system，EAS）建立于 1994 年 11 月，可以在紧急状况下向全国公众传送灾害信息。“9・11”事件和卡特里娜飓风后，美国政府开始探索建立效率更高的公共预警系统。FEMA 于 2004 年启动集成公众警报和预警系统（integrated public alert and warning system，IPAWS）项目建设。集成公众警报和预警系统是美国从上到下统一的预警系统，目的是在战争、恐怖袭击、自然灾害和其他危险发生的情况下，能够以多种渠道和方式对尽可能多的美国人发出预警及警示。集成公众警报和预警系统的核心功能主要有：一是预警和警示信息一点接入，多渠道发布；二是采用通用警报协议（common alerting protocol，CAP）作为信息采集、存储和传输标准，该协议可以与多种通信方式进行交换和传输；三是预警信息内容丰富，含有文本、图片、视频、地理数据等；四是系统具有可靠性、安全性、多渠道和通达性的特点。

3. 日本的警报系统

日本依托大专院校、科研院所建立了危机管理研究所，利用先进的监测预警技术系统，实时跟踪和监测天气、地质、海洋、交通等的变化。其在水下 2000m 的海槽上安装检测仪器，通过人造卫星的全球定位系统密切监视海底地壳板块的活动。日本积极研究建立全民危机警报系统，当地震、海啸等自然灾害及其他各类突发事件发生时，日本政府有关方面可以不用通过各级地方政府，而是直接利用全民危机警报系统向国民发出警报。日本的警报系统有以下几个特点：一是日本的防灾信息网络系统十分严密，除了运用计算机网络连接外，还用有线专用线进行连接作为备用，如果以上线路都发生问题，则利用卫星监控的全球定位系统来指挥救灾，力争做到万无一失；二是利用无线射频技术引导灾民向避难场所疏散，显示被埋人员的位置和人员身份信息；三是利用网络技术实现紧急地震迅速预报。具体来说，就是把家庭和办公室的家电产品、房门等和互联网连接起来，由电脑自动控制，当地震计捕捉到震源的纵波以后，可在 3—5s 内发布紧急预报，系统接到紧急地震迅速预报以后，能即刻自动切断火源。

4. 德国的警报系统

德国利用计算机系统、数据库系统、地理信息系统、卫星定位系统、遥感系统和视频系统建立起了信息共享、反应灵敏的现代化应急信息系统。例如，德国的灾害预防信息系统是一个开放的互联网平台，目前有 2200 多个链接，主要包括：①德国危机预防信息系统（German emergency planning information system，deNIS），其集中了互联网上所有可以找到的危机预防措施信息，集中向公众提供各种危机情况下如何采取防护措施的信息，面向全社会开放；②德国危机预防信息系统 2（deNIS2），主要是建立民事保护和灾难防护领域的内部信息网络，支持非同寻常的危险和损失发生时迅速的信息分析；③德国卫星预警系统，于 2001 年 10 月 15 日建立，政府发出的预警通过卫星，可以在几秒钟内通过公立和私人的电台传遍全国。与此同时，政府也通过互联网、移动电话等方式向民众发出预警报告，另外，尚有 4 万支汽笛在一些城镇作为火灾和灾难防护的警报使用。

5. 我国的预警发布技术现状

国家突发公共事件预警信息发布系统是《“十一五”期间国家突发公共事件应急体系建设规划》提出的 10 个重点建设项目之一，是国家应急救援指挥中心唯一的突发公共事件预警信息权威发布系统，是政府应急部门和社会公众及时获取预警信息的主要渠道。该系统建立起了权威、畅通、有效的突发公共事件预警信息发布渠道，形成了覆盖全国的预警信息综合发布系统；充分利用了社会公有资源，利用各种先进的、可靠的技术手段基本解决了预警信息发布的“最后一公里”问题。系统建成后，将建立国务院各部委和国务院应急指挥平台、各级地方政府和相关部门的预警信息传输流程，实现对自然灾害、事故灾难、公共卫生事件、社会安全事件等各类突发公共事件的接收、处理和及时发布，使突发公共事件预警信息实现对各级政府领导、应急联动部门、应急责任人和社会媒体的 100% 覆盖，确保公众在系统发出预警信息后 10min 之内接收到预警信息，确保有关部门和社会公众能够及时获取预警信息，为有效应对各类突发事件、提升各级政府应急管理水平提供强力支撑。

6. 国家突发公共事件预警信息发布体制机制

2006 年，国务院办公厅印发的《“十一五”期间国家突发公共事件应急体系建设规划》（国办发〔2006〕106 号）提出，“依托中国气象局业务系统和气象预报信息发布系统，扩建信息收集、传输渠道及与之配套的业务系统，增加信息发布内容，形成我国突发公共事件预警信息综合发布系统”。2007 年，国务院办公厅再次印发《关于“十一五”期间国家突发公共事件应急体系建设规划的实施意见》（国办函〔2007〕68 号），要求中国气象局“负责预警信息发布系统建设、运行与维护，并为各部门提供预警信息发布服务”。在国务院应急管理办公室、中国气象局党组的高度重视和指导下，国家预警信息发布中心与各部门通力配合，初步建成了国家、省、地市、县四级相互衔接、上下畅通的预警信息发布系统。2015 年 5 月 18 日，国家预警信息发布中心正式启动运行，标志着国家突发事件预警发布业务正式开始业务化运行。同年 6 月，《国家突发事件预警信息发布系统运行管理办法（试行）》（国办秘函〔2015〕32 号）由国务院办公厅秘书局正式印发施行。全国 31 个省（自治区、直辖市）建立了业务运行机构。30 个省（自治区、直辖市）的人民政府出台了突发事件预警信息发布管理办法。其中，北京市、天津市、上海市、广东省、山西省、海南省、广西壮族自治区、新疆维吾尔自治区 8 地成立了省级突发事件预警信息发布中心。

7. 建成纵横贯通的突发事件预警信息发布系统

（1）预警信息发布平台。建设国家、省、地市、县四级预警信息发布平台，并实现各级相关突发公共事件应急指挥平台的连接，实现多部门突发事件预警信息的统一收集、管理和发布。全国共建 1 个国家级预警信息发布管理平台、31 个省级预警信息发布管理平台、342 个地市级预警信息发布管理平台和 2379 个县级预警信息发布管理终端。

（2）预警信息发布手段。主要发布途径包括网站、广播电台插播、电视插播、电话（传真）、手机短信息、农村大喇叭广播、电子显示屏、灾害预警处置终端等，以上发布技术手段是在各级气象机构已有的气象灾害预警发布手段的基础上予以扩充和改造的，使其适应突发公共事件的预警信息发布。

（3）预警信息发布流程和技术标准规范。制定国家突发公共事件预警信息发布管理办法、发布工作流程、预警信息广播电视插播规范；制定业务运行、预警信息审核、系统安全管理等办法；制定预警信息编码与传输标准、预警信息发布接口标准、网站转载预警信息发布标准等技术规范；制定不同预警发布手段的技术、标准规范，以实现预警信息的规范、快速、有效覆盖发布。

（4）安全保障和网络通信系统。利用现有的通信网络，实现国家、省、地市、县四级预警信息发布平台的畅通，以及各级相关突发公共事件应急指挥平台的网络畅通。同时，通过对网络、计算机主机、应用、数据传输等方面进行安全设计，保证预警信息传输、发布全过程的安全可靠性。

8. 国家突发事件预警信息发布系统应急管理的初步效益

（1）促进防灾减灾能力的提高。预警信息发布系统建设，进一步完善了预警信息发布的流程和机制，发布手段更加多样化，各级应急责任人、社会公众可以更加便捷地获取预警信息，这有效地提高了全社会的防灾减灾能力。2010年7月8—14日，安徽省沿江以南地区发生1999年以来最强暴雨，一些乡镇气象信息员收到预警信息后，立即向乡领导做了汇报，乡党委、政府根据预警信息，立即组织人员转移，有效避免了人员伤亡。2012年5月10日，甘肃省岷县发生特大山洪泥石流灾害，距离岷县县城不到10km的茶埠镇是遭受山洪、泥石流灾害最严重的地方之一，由于茶埠村的村主任兼气象信息员在收到气象预警信息后及时组织287户约1186人提前转移，村民无一伤亡。及时的预警信息和应急防范，有效地避免了重大的人员伤亡。

（2）提升部门应急联动的水平。在地方政府的主导协调下，实现了相关部门监测预警信息的实时收集和共享，使突发事件预警信息发布系统成为部门间应急联动的平台和纽带，提升了部门合作水平。山西省将全省34个专项预案和79个省级部门预案所涉及的预警信息发布资源予以整合，改变了预警信息发布渠道单一、各自为政、互不隶属的状况，形成了权威、统一、资源共享的信息发布平台。重庆市永川区构建了由区政府应急办统筹协调管理、区气象局牵头组织实施，以及农业、国土、水利、林业等19个区级部门和23个镇街组成的全区自然灾害预警预防工作体系，实现了多部门、多灾种监测预警信息实时共享和联动。

（3）维护社会秩序的稳定。依托突发事件预警信息发布系统，针对一些社会公众敏感的公共事件及时发布答疑释惑的信息，在维护社会稳定和公共安全秩序中发挥了积极的作用。例如，2009年4月6日晚，安徽省肥东县发生3.5级地震，合肥市区的很多居民纷纷出户聚集到广场等空旷的地区，安徽省人民政府应急管理办公室立即利用突发事件预警信息发布系统向合肥市及地震周边地区的 102 万名手机用户发布了相关信息，保障了社会的安定团结。

推进国家突发公共事件预警信息发布系统建设是一项系统工程，必须坚持各级政府共建、各部门共用、全社会共享，将国家突发公共事件预警信息发布系统建设与提升基层防灾减灾能力建设结合起来，真正把国家突发公共事件预警信息发布系统建设成为开放融合、集约集中、综合权威的平台。《国家应急体系建设“十二五”规划》拟继续把突发事件预警信息发布系统二期建设列为重点项目，着力提高预警信息发布的时效性、科学性和公众的覆盖率。

三、应急处置与救援

随着灾害复杂程度的加剧，事后应对的难度日益增大，应对效果也十分有限。国家、区域和全球应急管理的实践都从“事后应对”转向了“事前准备”。美国应急管理框架体系的演变清晰地反映出这种转变：从早期的联邦响应计划（federal response plan，FRP），过渡到国家响应计划（national response plan，NRP），又更新为国家响应框架（national response framework，NRF），2011 年后升级为国家准备体系（national planning system，NPS），将国家响应框架纳入其中，并建立起与国家准备目标相适应的核心能力体系，特别注重事前准备和危机的早期响应。

美国的国家准备体系是在战略性国家风险评估（strategic national risk assessment，SNRA）的基础上展开的。国家准备体系针对已知的对国土安全造成影响的威胁和危险展开评估，描述了 23 件国家层次的事件，辨识了高风险因素，为发展国家准备目标中的核心能力及其目标奠定了基础。

美国国家准备体系的核心能力面向多种灾难，包括自然类、技术 / 事故类和敌对 / 人为类三种，在国家层次的风险评估中分别描述了 9 项自然类威胁、4 项技术 / 事故类威胁、10 项敌对 / 人为威胁。国家准备的核心能力是针对这些单个灾害类型或复合灾害类型发展起来的。

美国新一轮国家准备体系的建设正式确立了“全社会参与”（whole of community）的理念，将“全社会参与”界定为“包括居民、应急管理组织、实际工作者、社区领导者，以及政府官员能够共同理解和评估各自社区的需求，并决定用最好的方法来组织和保护他们的财产、能力、兴趣”，并建立了一系列鼓励全社会参与的有效机制。

欧盟强调，多灾种灾害风险，不仅包括由自然致灾因子引发的多灾种灾害风险，诸如地震地质、气象水文、海洋、生物、生态环境灾害风险等，还包括由自然致灾因子引发的技术与环境灾害风险，以及相关的人为灾害风险。欧盟民防模块已经认定了森林火灾、洪水、搜救、医疗等方面的 17 项民防模块的通用要求，力求使应急准备和响应适应多灾种应对的需求。

欧盟将协助各国开发风险评估工具作为应急准备与响应的一项重要工作，并在 2010 年编制了《关于国家风险评估与风险图编制的指引》。

欧盟在民防机制的基础上致力于建立成员国之间应急准备和响应的综合协调机制，通过应急响应中心（emergency response center，ERC）快速收集并分析实时风险信息，确保实时监控和即时响应各类突发事件。

德国等欧盟国家拥有志愿者参与应急准备与响应的传统，鼓励非政府组织和志愿者参与应急管理的相关法律也较为健全。尽管在有些欧盟成员国中，志愿者参与应急管理的程度和方式有所差异，但总体上看，欧盟国家具有较为坚实的“全社会参与”的基础。

《2015—2030 年仙台减轻灾害风险框架》充分继承、深化和体现了综合减灾的理念，特别强调“本框架对自然危害或人为危害以及相关环境、技术和生物危害与风险造成的小规模和大规模灾害、常发或偶发灾害、突发或缓发灾害的风险一律适用”。

《2015—2030 年仙台减轻灾害风险框架》将“理解灾害风险”列为 4 项优先行动事项之首，鼓励地方、国家和区域各个层级定期评估灾害风险，将依据灾害风险知识展开的风险评估作为制订灾害准备和响应计划的基础，并努力在全球范围内促进灾害风险监测和评估的国际合作与信息共享。

《2015—2030 年仙台减轻灾害风险框架》在优先事项 2 中明确提出“加强灾害风险治理以管理灾害风险”。这里所讲的“灾害风险治理”既包括部门内部和各个部门之间的整合，也鼓励公私部门、民间社会、专业协会、科学组织等多元主体参与减少灾害风险的活动。在明确利益相关方的作用时，《2015—2030 年仙台减轻灾害风险框架》倡导酌情建立具有复原力的社区和开展具有包容性的、全社会的灾害风险管理，加强各群组之间的协同增效，特别需要关注妇女、儿童和青少年、残疾人以及组织、年长者、移民等人群，与学术相关的机构和组织、企业、专业协会，以及私营部门的金融机构、媒体等应发挥其主要的作用。

《2015—2030年仙台减轻灾害风险框架》的优先事项4提出“加强灾害准备以有效响应，并在恢复、善后和重建中建设得更好”，这实际上是将灾害重建视为新一轮准备活动的开始，通过全面的备灾活动降低风险、减轻暴露度和脆弱性，同样体现了应急准备和响应在整个灾害应对过程中的重要性。

日本在大型复杂工程减隔震与控制技术应用方面走在世界的最前列，隔震技术已被推广应用，并开始在核电厂结构建设中被应用，日本电气协会出版了《核电厂隔震结构设计技术指南》(JEAG 4614—2000)。目前，日本采用各类减隔震和控制技术建造的建筑总数约为5000栋，相当于新建建筑总数的近50%；而我国仅为2000栋左右，相当于近20年来每年新建建筑总数的1/2000。单就技术水平而言，我国以叠层橡胶隔震技术为代表的减隔震技术已经开始进入国际市场，但产品性能指标及应用范围与国际先进水平仍有实质性差距；减振阻尼器从类型到性能指标与国际先进水平也均有相当的差距；振动控制技术应用水平与国际先进水平基本相当，但关键的控制硬件性能指标及精准化程度与国际先进水平存在明显差距。总体上，我国在发展中国家范围内，技术经济竞争优势明显，但尚难以在技术上与发达国家相抗衡。我国的重要生命线工程单体结构和设施设备的抗震技术发展水平与国外差别不大，生命线工程网络系统抗震优化设计技术在供水、交通系统中的研发与应用较多，总体处于技术推广阶段。主要针对燃气系统和高速铁路交通系统的地震紧急处置系统在我国处于示范应用阶段，但与日本等发达国家相比差距较大。而管道共同沟综合抗震技术较为成熟，综合抗震减灾效果好，但共同沟隔震技术、共同沟抗液化技术、共同沟内管道隔震技术等需要深入研究，总体上处于中试阶段。

我国在生产安全的应急处置与救援方面一直追随国际先进技术研究。在危化品事故应急救援技术方面，研发了典型危化品泄漏事故堵漏、洗消、个体防护、现场监测、人员疏散和应急救援辅助决策的成套技术装备，包括：新型液氯、液氨洗消剂及移动式洗消装置；阻燃、防静电和防一定液体化学物质的功能复合技术及高性能危险化学品事故应急防护服；危险化学品泄漏扩散事故模拟及应急疏散软件系统；危险化学品泄漏事故现场应急监测成套装备及应急指挥辅助决策软件系统。这些都提高了典型危化品事故应急处置和应急救援的能力与水平。在煤矿和非煤矿山事故应急救援技术方面，也产生了一批实用技术和成果，包括井下人员精确定位系统、矿井无线救灾通信系统技术与装备、井下移动式救生舱等煤矿紧急避险重大装备及大直径地面救援钻机等。这些技术装备的应用推广，有效提高了我国生产安全事故的应急处置与救援能力。该领域的技术在领先国家处于产业化阶段，而在我国总体上处于中试阶段，还没有形成完善的应急避险及救援体系，在避险与救援技术、装备、管理及整体综合协调能力方面仍存在不少问题。近年来，我国虽然开展了紧急避险技术和装备的研究，但配套设备及设施功能不全，实用性和可靠性差，远远不能满足应急救援的技术要求，总体研究水平相当于国际领先国家2000年的水平。因此，我国的应急救援技术与装备总体上水平较低，难以满足和适应重大事故救灾的要求。

在检验检疫方面，目前，我国的检验检疫信息化系统较为成熟，检验检疫系统均已投入使用；通信资源非常丰富，如重要区域的高清监控、联合抢险时的视频会议等，可为检验检疫技术执法提供有效的决策支持。但由于信息化建设相对于发达国家来说起步较晚，还存在大量的手动记录方式，在数值上存在偏差、时间上存在延误，工作方式上还有很大的空间可以进行优化。如何利用云计算技术的大数据运算能力进行数据共享和信息互通，以实现口岸突发事件的应急联动和日常快速通关成为亟待解决的重大技术问题。

在现场勘查技术方面，经过多年的发展，我国已经建立起现场勘查规范，以及以各地公安机关制定的区域性工作规定为补充的现场勘查工作法律规范体系，且各类常规案件的物证勘查体系已经成熟，现场信息解构技术发展日趋完善，在服务案件 / 事件处置与控制方面发挥了重要作用。但我国的现场勘查技术能力与实战需求仍然存在极大差距。在现场整体勘查技术方面，我国还未建立起完善的现场勘查基础技术体系，对现场关键要素的判定，还停留在开展少量实验、利用统计学发现规律的阶段，未开展基础理论和系统的研究，如缺乏利用动力学模型和特征量化分析等技术解决作用机理、原因分析等的关键技术。在现场重建技术方面，国内开展了一些现场重建技术的研究工作，但处于初级阶段，还停留在简单的平面刻画和现场遗留物运动轨迹人为判定上，这些工作不能真实地反映现场的真实特征和真实现象，计算机快速比对及溯源技术的研究还属于空白。

随着气候变化与人类工程活动的不断加剧，重大和突发性地质灾害导致群死群伤的事故时有发生，应急处置和救援技术面临着很多新的挑战。亟须开展地质灾害应急处置技术的研究，进行应急抢险施工系列关键设备研制与集成示范，力争提高应急反应能力，减轻或避免地质灾害造成的人员与经济损失。国外领先国家，如日本等的地质灾害应急处置与抢险技术已经非常成熟，已经进入产业化阶段，我国则处于中试阶段，核心技术落后国外 9 年，总体技术水平与先进国家相差较大，总体评分为 62 分。

震后及时、准确的应急辅助决策，是震后抢险救灾的重要参考依据，也是目前地震应急领域关键的技术难题之一。2008 年汶川地震前，我国的地震应急辅助决策技术一直处于基于平时的地震应急预案制订、震后辅助决策建议的阶段，科学性和针对性不强。2008 年以后，技术研究的深入强化了对灾情预估的研究，从 2011 年开始，我们已经能够根据灾害预评估的结果，提出有针对性的辅助决策建议，多次地震的应急实践也证明了这种技术相比于以往基于预案的辅助决策的先进性，但由于这种技术主要是基于计算进行评估的，其准确性受制于缺乏对灾区实际情况的了解。相比之下，美国和欧盟具有发达的卫星监控网络，在震后很短的时间（在美国为 15—30min、在欧盟为 60min）即可得到灾区的实时图像，并持续不间断监控，因此可以根据现场的情况及时制订各种救灾方案，并给出处置建议；日本主要依靠部署在各城市的直升机失事获取灾区信息，其效率远高于我国目前的灾情获取。

地震灾情评估是地震应急处置重要的一环，而地震动分布、结构和人口等分布及其地震易损性是地震灾情评估的基础。早期受地震观测仪器性能、数量及其估计的地震动参数精度的限制，灾害评估多基于（如峰值加速度或地震烈度）参数的结构易损性，评估结果具有较大的不确定性，影响了第一时间应急救援指挥决策服务的效果。近年来，随着数字地震观测技术的快速发展，地震观测台站密度、数据传输效率和波形处理能力得到快速提升，已经可以近实时地震精准定位，反演震源机制解和地表破裂过程，估计地震动峰值加速度和反应谱等多种参数。美国发展了结合地震动方程预测、强震仪和其他地震仪记录及场地影响的地震动图（ShakeMap）快速生成技术，极大地提高了灾害评估效率和精度。我国已经开始应用地震动图技术，但产出速度和效率有待提高。同时，亟须发展实时数字地震波形多地震动参数快速反演和全频带地震动图快速估计技术，为灾害估计创造全新的致灾因素输入条件，并推动与之配套的多地震动参数影响结构震害与地震地质灾害评估方法研究和应用，有效提高震害估计的准确性。

在森林火灾阻隔技术方面，我国在生物防火林带技术方面处于国际前列，较早提出了生物防火林带的概念和技术，并开展了广泛的研究和推广工作，取得了较好的效果。火线阻隔技术表现为防火线和生土带的开设技术及装备研发。我国先后开展了生土带开设技术研究、化学除草技术研究、高效泡沫研究和喷洒设备的研制等工作。森林火灾扑救技术包括地面灭火、化学灭火、爆炸灭火、人工降雨灭火、航空灭火等技术，相应配备特种车辆、灭火机具、个人防护等装备。发达国家在扑救技术方面发展较早，在扑火装备方面已经实现了科学化、规范化和标准化。我国在这方面还有很大的差距。在城镇森林火灾控制与应急技术方面，美国、澳大利亚等发达国家设立了专门的研究计划。美国自 1986 年就设立了国家交界域防火规划（national wildland/urban interface fire program），并开展国家火灾计划（the national fire plan），研究降低森林城镇交界域火灾的有效方案。美国国家标准与技术研究院（National Institute of Standards and Technology，NIST）自 2006 年起就在国土安全研究领域制定交界域火灾研究规划。欧盟则设立了火焰星计划（FIRESTAR），致力于提升地中海地区城镇森林交界区域的火灾控制能力。澳大利亚设立了山火研究计划（Bushfire CRC），加拿大设立了火灾风险管理计划（FireSmart）。相比而言，我国在城镇森林火灾防治的研究方面总体上处于相对落后的状态，在相关关键技术的研究方面处于起步阶段，在实际建设城镇森林工程方面尚缺乏科学参考和技术手段。

防汛指挥与应急决策支持技术是流域防洪决策的支撑手段，美国、欧洲一些国家与日本等发达国家在该领域处于领先地位，而国内处于学习利用国外先进技术的阶段，发展很快，与国际技术水平的差距正在缩小。在流域洪水模型方面，国内模型与国外模型相比，计算结果差别不大，在某些方面，国内模型的计算结果更符合实际情况，但在基础资料的获取技术方面还有不小差距。

在面向城镇化的应急处置与救援技术方面，美国十分重视应急处置技术，对各类地质灾害、生产事故、气象灾害及恐怖暴力事件等都进行了深入研究。美国围绕火灾、爆炸与毒气泄漏等重大突发事故，研究了灾害事故监测技术、模拟预测方法，集成互联网、地理信息系统、无线数据传输、无线通信等信息化技术，以分布式的形式整合各独立系统，构建应急处置与救援系统平台。同时，根据各类突发事件的特点，美国等技术先进国家建立了完备、综合的应急预案。随着我国城镇化进程的加快，城镇已成为我国最大的承灾载体。各部门在突发事件发生后信息沟通不畅、协调性相对较差，容易形成“信息孤岛”效应。我国和技术先进国家的城镇应急救援水平相比存在很大的差距。但是，我国在短短的十几年，就在全国很多领域都形成了初具规模的应急响应与救援体系，为我国城镇化综合应急响应系统的建设和应急预案的制定打下了坚实基础。我国的发展重点包括城镇突发事件现场综合协同处置、城镇事故灾难应急救援等关键技术，城镇灾害现场信息获取与应急通信关键技术、大规模数据的快速分析和高效预警技术、城镇现场应急系统云计算架构技术、应急资源及关键设施的物联网防灾、救灾综合集成技术等。

生物安全领域的应急处置与救援技术主要包括：核生化大规模免疫策略优化技术、疫苗与药物快速研制技术、基于城市重要目标的核生化综合防护及应急救援转运技术、核生化防消一体化先进防护材料与装备应用技术、媒介生物预防和控制技术、核生化灾害现场大规模应急洗消技术、突发化生事件毒害云团拦截压制消毒技术、污染场地修复技术。核生化大规模免疫策略优化技术主要是在核生化事件临近或发生中对人员进行免疫预防。疫苗与药物快速研制技术主要针对烈性和新发病原体、核与辐射及化学中毒等快速研制特异性好、安全方便的疫苗药物。基于城市重要目标的核生化综合防护及应急救援转运技术主要包括：核生化广谱污染物防护、密闭空间生命安全和核生化应急救援转运。核生化防消一体化先进防护材料与装备应用技术主要针对核生化公共安全威胁，开发先进的呼吸道和皮肤防消一体化防护材料。媒介生物预防和控制技术主要包括媒介生物快速分类、预警、个体防护及大面积区域生物杀灭等。核生化灾害现场大规模应急洗消技术主要针对核生化灾害受染人员、设施和地域，实施大范围快速现场消除。突发化生事件毒害云团拦截压制消毒技术主要用于对突发事件产生的化生毒害物质云团实施空中压制拦截。污染场地修复技术主要包括土壤和水中污染物清除、自然生态环境恢复等。总体来看，美国、欧洲国家在此研究领域的发展处于领先地位，技术与装备大多处于市场化、产业化阶段。我国主体上处于中试阶段，与国际先进水平差距较为明显，大致落后 10—20 年。

四、综合保障

在生产安全方向综合保障子领域，我国一直跟随国际先进技术研究，但总体上该领域的技术水平与国外有较大差距。该子领域的技术在国内总体上处于实验室阶段，而在领先国家处于产业化阶段。

生物安全领域的综合保障技术主要包括生物安全风险综合评估技术、化生放核危险物标准样品及综合数据库构建技术。生物安全风险综合评估技术包括生物安全溯源追踪技术、环境中生物剂的鉴定技术、疾病的监测和临床诊断技术、生物安全病原评估技术、实验室网络与信息系统建设技术等。化生放核危险物标准样品及综合数据库构建为公共安全中的化生放核危险物预防与应急准备、监测预警、应急处置与救援及恢复重建全过程提供了标准样品与基础数据支撑。我国在该领域的总体水平落后于美国等技术发达国家，技术体系尚不完善，在数据库建设方面还停留在主要借鉴国外的技术，关键技术亟待突破。特别是核生化安全信息资源集成与数据挖掘的研究基础非常薄弱，严重制约了综合保障能力的有效形成。

突发事件中网络舆情信息泛滥，极易形成群体极化现象，对突发事件的演变进程产生极大的影响。公共安全舆情应急管理的综合保障技术是通过互联网信息实时抓取、云数据存储、网页数据抽取与集成、并行计算等方法建立相对完善的公共安全舆情信息基础数据库，为政府应急管理提供案例推演与决策支持技术。核事故应急处置的综合保障技术的发展重点是核设施3D模型构建和基于三维地理空间的核事故应急桌面推演技术，该技术可实现核事故场景仿真模拟、预案制作和推演、应急处置模拟和考核。

地震相关标准是提高我国防震减灾综合能力的重要基础。经过20多年的发展，我国建立、健全了相应管理机构和技术组织，形成了良好的运行机制。截至2014年3月底，已颁布实施的地震标准有100多项，其中，国家标准27项、地震行业标准63项、地方标准15项、企业标准20余项。这些标准被广泛应用于地震监测预报、地震灾害预防、地震应急救援、地震科技进步和防震减灾公共服务等多个领域，取得了良好的社会效益、科技效益和减灾效益。围绕地震标准体系建设，我国开展了标准化战略研究，研究编制了《地震行业标准体系表》《地震应急救援专业标准体系表》《地震监测预报专业标准体系表》，为防震减灾的长远发展奠定了基础。

我国在与地震灾害相关的实验和仿真技术方面发展较为缓慢，具有部分开展小中型岩石物理实验和仿真的能力。但由于尺度效应，这些研究结果很难直接被应用于天然地震尺度的实验和仿真。相比之下，美国地质勘探局已掌握米级大尺度岩石实验技术并使其在地震孕育发生过程研究中发挥重要作用。地震孕育发生过程并行仿真技术在日本、澳大利亚等国家得到了长足的发展，并可以被用于研究地球不同圈层之间的相互作用。在这两方面，国内的技术水平均落后于国际领先水平。

我国在食品生产加工过程标准化及认证关键技术方面，通过研发基于云计算的食品生产过程风险监控预警与企业质量安全认证技术，实现对食品加工过程的标准化监控；通过云计算技术构建适用于企业的评价体系，实现对企业的规范评审，达到对食品生产加工过程的标准化管理。在化学品安全标准化及认证关键技术方面，我国已建立与发达国家接轨的化学品安全国家标准体系和良好实验室规范认证体系。但对化学新材料评价、应用新技术的替代方法及标准化的研究尚处于追踪阶段，且没有研制出用于化学品安全检测能力验证的标准物质和标准样品。针对管制物种资源，发展重点是基于大数据、DNA 条码和组学等方法，建立管制物种资源共享资源库、查验技术和惠益分享模式方法及技术标准体系，突破物种资源评估、鉴定、溯源和处置等关键技术瓶颈，保障生物资源的安全引进，促进生物资源的合理利用和惠益分享。

近几年，我国在与物证检验鉴定有关的质量认证、计量认证、有证标准物质研制方面逐渐加大了政策引导和具体支撑，但总体来看，研究工作起步晚、基础弱，需要进一步建立相关的技术及产品体系，建立和完善相关物证检验鉴定质量管理及量值溯源体系。

在灾害防灾减灾科学普及宣传和教育方面，国外领先国家，如美国、日本等的防灾减灾科普教育已经进入产业化阶段，我国则处于中试阶段，核心技术落后国外领先国家 8 年，总体技术水平相差较大。

公共安全保障是关系国计民生的战略问题，突发事件应急平台体系建设是实现公共安全保障的重要支撑，对突发事件应急平台基础科学问题和基础平台的研究是国家应急管理的重大需求。突发事件应急平台的基础科学研究是跨学科、跨领域的复杂科学问题，是工程科技和学术领域的国际前沿问题与难点。

开展突发事件应急平台体系的基础科学问题研究、提高国家应急平台体系的科学性，能够为国家高效有序应对非常规突发事件提供决策参考。

突发事件应急平台基础科学问题在于研究和构建情景-应对型非常规突发事件应急管理的理论体系与应急管理开放式总集成研究平台，以实现情景-应对型决策的理论创新与方法创新。基础理论研究为非常规突发事件应急的情景感知、情景分析、情景推演、决策应对等提供了基础理论和方法，为提升非常规突发事件应急管理的科学性提供了持续支撑平台。在软件层面建立预案体系-模拟仿真-决策支持总集成平台，如与国家应急平台体系等相融合的开放式总集成平台，直接服务于下一代国家应急平台体系技术更新，为“壳资源”注入科学内涵，进而构建情景-应对型非常规突发事件应急管理的理论体系，增强应急管理科技的自主创新能力和非常规突发事件综合应对能力。

非常规突发事件应急平台基础科学问题研究需要实现以下几个目标。

第一，面向非常规突发事件现实物理世界—虚拟网络空间—心理行为耦合的演化过程，针对非常规突发事件的实时主动监控与应急处置，综合利用信息科学、计算科学、社会科学和管理科学等领域的最新前沿研究成果，研究海量情景信息的实时主动感知、表示、处理和分析方法及实现技术，建立事件受众的认知与情绪反应规律的心理地理信息系统。

第二，研究非常规突发事件应急场景下物理、社会、心理等多粒度、多分辨率信息的综合集成与融合方法；研究基于动态社会群体行为建模与分析的情景态势分析方法；研究基于心理地理信息系统的空间心理行为分析方法；构建基于多源物理、社会、心理信息的情景分析方法。

第三，研究数据-模型-案例-心理驱动的事件链推演方法和综合预测预警模型；研究动态社会群体的组织和行为特征及其在非常规突发事件中的演化规律，分析和评估网络环境中各类舆情信息的传播扩散规律，实现对社会网络舆情的预测预警；构建突发事件应用心理学知识库和基于应用心理学知识的情感推演方法，推演并计算社会群体的情感类型、强度和方向；实现基于人工社会（artificial societies）、计算实验（computational experiments）、平行执行（parallel execution）（即 ACP）方法的事件链-舆情传播-心理行为耦合反馈的非常规突发事件情景推演方法。

第四，研究适合我国国情特征的基于情景-应对的非常规应急管理体系与流程方法；研究适合中国应急管理国情的纵向到底、横向到边、上下贯通、左右衔接的，政府与社会紧密双向互动的综合集成研讨厅模式和多主体群决策与协同会商方法。

第五，构建应用集成方法，在软件层面，建设基于云技术的预案体系-模拟仿真-决策支持非常规突发事件应急管理总集成平台；选择典型灾害作为具体背景，在灾害发生发展演化的过程中，集成应急管理的相关研究成果，采用集成化的应急决策方法，充分体现情景-应对决策方法的综合集成。

在对国家应急平台体系实践对科学研究的需求，以及面向跨学科、跨地域应急管理研究集成的开发式集成平台需求进行调研的基础上，目前，非常规突发事件应急平台基础科学研究进展包括：研究了物理-信息-心理耦合基础上的非常规突发事件情景感知、情景分析、情景推演、应急决策的理论研究与方法；建立了物理-信息-心理三元空间数据、模型、案例等多源服务基础上的总集成平台框架，并完成了物理-信息-心理耦合基础上的集成示例，通过对多学科的观测、实验和理论创新与综合集成，形成了对非常规突发事件应急管理的核心环节——监测预警与应对决策客观规律的深刻科学认识，构建了非常规突发事件应急管理基础科学问题与情景-应对型总集成升华平台。

第三章
公共安全技术典型分析

当前，我国正处在突发事件易发、频发、多发期，维护公共安全的任务重要而艰巨。改革开放以来，中国经济快速、持续、健康发展，人民生活不断改善，政治和社会大局稳定，有效应对了一系列危机和灾难，公共安全形势保持了总体稳定、趋向好转的态势。但是，我国的公共安全形势依然严峻。城镇化是现代化的必由之路，是区域协调发展的有力支撑，中国正经历着人类历史上最大规模的城镇化，“高风险的城市”不断扩张，“不设防的农村”迅速向城市转化，各类灾害风险因素不断累积。

2016 年 5 月 29 日，在中共中央政治局就健全公共安全体系进行第二十三次集体学习时，中共中央总书记习近平强调，公共安全连着千家万户，确保公共安全事关人民群众生命财产安全，事关改革发展稳定大局。要牢固树立安全发展理念，自觉把维护公共安全放在维护最广大人民根本利益中来认识，扎实做好公共安全工作，努力为人民安居乐业、社会安定有序、国家长治久安编织全方位、立体化的公共安全网。

2016 年 7 月 28 日，习近平在河北省唐山市考察时强调，防灾减灾救灾事关人民生命财产安全，事关社会和谐稳定，是衡量执政党领导力、检验政府执行力、评判国家动员力、体现民族凝聚力的一个重要方面。当前和今后一个时期，要着力从加强组织领导、健全体制、完善法律法规、推进重大防灾减灾工程建设、加强灾害监测预警和风险防范能力建设、提高城市建筑和基础设施抗灾能力、提高农村住房设防水平和抗灾能力、加大灾害管理培训力度、建立防灾减灾救灾宣传教育长效机制、引导社会力量有序参与等方面进行努力。

2016 年 10 月 11 日，中央全面深化改革领导小组第二十八次会议审议通过了《关于推进防灾减灾救灾体制机制改革的意见》，会议指出，推进防灾减灾救灾体制机制改革，必须牢固树立灾害风险管理和综合减灾理念，坚持以防为主、防抗救相结合，坚持常态减灾和非常态救灾相统一，努力实现从注重灾后救助向注重灾前预防转变，从减少灾害损失向减轻灾害风险转变，从应对单一灾种向综合减灾转变。要强化灾害风险防范措施，加强灾害风险隐患排查和治理，健全统筹协调体制，落实责任，完善体系，整合资源，统筹力量，全面提高国家综合防灾减灾救灾能力。

《国务院安委会办公室关于实施遏制重特大事故工作指南构建双重预防机制的意见》（安委办〔2016〕11 号）指出，准确把握安全生产的特点和规律，坚持风险预控、关口前移，全面推行安全风险分级管控，进一步强化隐患排查治理，推进事故预防工作科学化、信息化、标准化，实现把风险控制在隐患形成之前、把隐患消灭在事故前面。

2016 年 12 月 9 日，中共中央、国务院正式印发《中共中央国务院关于推进安全生产领域改革发展的意见》（中发〔2016〕32 号），充分体现了以习近平同志为核心的党中央对安全生产工作的高度重视，明确了提升全社会安全生产整体水平的目标任务。

第一节　公共安全应急平台技术

一、技术发展现状和趋势

我国的公共安全形势总体严峻，党中央、国务院高度重视国家应急平台体系建设，明确要求加快建设“统一高效的ERP体系”。美国、英国、德国、日本等发达国家均由国家主导，大力推进ERP体系的研发和建设。美国联邦应急管理署于1990年后着手应急系统研发和建设，“9·11”事件之后，美国发布总统令（homeland security presidential directive 5，HSPD-5），下令建立国家突发事件管理系统（national incident management system，NIMS）和制定国家应急预案（national response plan，NRP）。英国建立了首相负责的内阁紧急应变小组（cabinet office briefing rooms，COBR），2004年开始在全国范围内建立综合应急管理系统（integrated emergency management system，IEM）。由于应急平台涉及国家安全，且关键技术和装备拿不到、买不来，发达国家的方法和经验也不能照搬，因此，我国应急平台体系的核心技术系统与装备的研发必须立足于自主创新。

二、技术水平判断及其依据

在硬件方面，国外发达国家具有较强优势。例如，美国依靠卫星和机载平台可以快速搜集现场信息，其他国家也有移动指挥车等平台和大批配套设备。我国目前主要通过情境导向、数字模拟、集中与分散控制方法，研发出具备机动、安全、高生存能力的手持应急终端、防灾应急套件、复合飞行器应急监测等系列装备，主要将遥感、航空、低空飞艇、定向空投传感器、手持终端设备现场信息获取技术融为一体，以实现多尺度应急现场信息的快速获取，与各级应急平台协同应急。在专业系统方面，我国综合了发达国家应急系统的主要优点，利用“应急一张图”技术实现跨领域、跨层级、跨地域的协同应急，在协同应急方面具有特色。

三、核心技术掌握程度

我国的应急平台体系建设是一项集探索研究和建设于一体的全新国家工程，无成熟经验可循，包含大量技术瓶颈问题和难点，且涉及国家安全，所以我们必须立足于自主研发与创新。为贯彻落实党的十六届六中全会关于“按照预防与应急并重、常态与非常态结合的原则，建立统一高效的应急信息平台”精神，根据《中华人民共和国国民经济和社会发展第十一个五年规划纲要》等有关要求，我国自 2006 年起陆续开展应急平台研发和建设工作。2007 年 4 月，科技部批复同意由国务院应急管理办公室组织实施“十一五”国家科技支撑计划重大项目“国家应急平台体系关键技术研究与应用示范”，这是应急管理体系建设的一项基础性工作。

我国针对公共安全领域的多主体、多目标、多层级、多类型等复杂问题，归纳、提出了突发事件致灾源于能量、物质、信息作用及其在承灾载体失效与破坏后的转化、传递等产生的事件次生行为，考虑针对突发事件或承灾载体两方面采取科学、有效措施的应急管理办法，研究凝练出以突发事件、承灾载体、应急管理为核心要素的公共安全体系理论模型；解析了公共安全领域三个核心要素的关键环节，为研究、设计和构建国家应急平台体系核心要素和关键功能提供了基本依据。

通过科研攻关，提出了多因素耦合的事件链和预案链构造方法，建立了基于事件链的综合预测预警模型；提出了满足平战结合要求的国家应急平台体系关键节点的功能要素，研发出了国家、省、市、县级政府和政府部门及大型企业的应急值守等应用软件系统和数据库系统；建立了跨领域、跨层级、跨时间、跨地域的“应急一张图”协同会商系统；针对应急现场“最后十公里”信息获取难题研制出现场立体监测系统和移动应急平台装备；综合研发出了国家应急平台体系技术原型系统；构建了应急平台标准体系框架，研究制定了应急平台系统设计与开发、信息交换与共享、空间与非空间信息融合等关键技术标准规范。

四、技术的应用及影响

项目成果在国务院、各省市、部门和企业中广泛应用，大大提高了我国政府的应急管理能力，提升了处置突发事件的整体效率。在我国政府应急工作的防范事件风险、缩短决策时间、综合协调应急资源、优化调度救援力量、增强应对科学性等方面发挥了重要作用，在低温雨雪冰冻灾害、汶川地震、北京奥运安保、朝鲜核试验应急监测、三峡库区滑坡、甲型 H1N1 流感和寒潮冻害等重大事件应对中应用效果突出。这些成果为缓解我国公共安全所面临的国际和国内社会的压力，减少和降低突发事件的经济损失和应急行动的经济代价，构建和谐的社会环境，维护公众生命财产安全和社会稳定提供了重要手段。项目取得了重大的社会效益。

项目还培养了一批高素质的专业应急人才，推动了我国的公共安全学科建设。中国、美国、日本、澳大利亚、印度等十多个国家的学者共同发起成立了亚太公共安全科学技术学会，项目候选人当选为首任主席，推动了我国与美国、英国、日本和欧盟国家等在应急领域合作关系的建立，显著提升了我国在国际公共安全学术界的地位和影响力。

第二节　自然灾害监测预警技术

一、气象灾害下的电网安全运行监测预警

电力系统网络是迄今世界上最大的人造工程之一。经过多年的建设，我国的电网目前已发展成为世界上电压等级最高、输送容量最大的电网。为了有效地实现电能的变换、传输和分配，电网系统不仅有大量的一次电力设备，还同时拥有大量的用于控制、保护和调度的二次设备与系统。

气象灾害主要通过以下两种途径对电网安全造成影响。一是各种气象灾害直接干扰、损坏电网基础设施及其重要的辅助设备，造成电网部分功能或全部功能的丧失。例如，寒潮活动带来的大风、冰冻雨雪对输电线路的直接破坏会造成供电系统瘫痪。极端的寒潮活动可能会带来 10 级以上的大风，例如，1993 年 4 月 9 日，11 级寒潮大风袭击北京；2003 年 4 月 8—9 日，10—12 级的寒潮大风袭击了新疆吐鲁番地区，这些强劲的寒潮大风对当地的输电路线及工农业生产各方面均造成了严重的破坏。此外，寒潮活动造成的冰冻雨雪灾害对输电线路的影响也是十分严重的，2008 年 1 月，我国南方大范围的持续性冰冻雨雪灾害给大面积的输变电设施带来了超上限的覆冰，造成输电线路大量倒塌、断线，电力设施大范围损毁，电网结构遭到严重破坏，电网遭受了前所未有的严

重损坏，部分地区的供电被迫中断，对人们的日常生活及工农业生产造成了严重的影响。二是极端气候事件引起电源和用电负荷的变化，加大了对整个电网系统的扰动，从而对电网运行的稳定性和安全性造成影响。例如，持续的高温天气会造成用电负荷急剧增加，如电网已处于临界状态，极易因某个局部事故引发连锁故障，造成大面积停电。

需要强调的是，由于能源资源与电力负荷分布的不均衡，我国建设了一系列的西电东送输电通道。这些输电通道通常跨越多地理条件和多气候复杂环境的地域，且输电距离远、容量大，因而各种气象灾害更容易对这些长距离西电东送工程，尤其是超远距离、超大容量的特高压输电工程造成不利影响。

（1）高温热浪。气温是影响电力需求的最显著变量之一。首先，持续高温会造成电网用电负荷增加、电能供应不足，并因此出现电网局部错峰限电甚至拉闸限电的情况；其次，在持续高温下，导线温度过高会降低输电线路的载流量，从而制约电网的输送容量；最后，由持续高温导致的电力设备持续极限运行还会显著增加电力设备的故障率，例如，持续高温导致的导线弧垂降低会引发导线对地放电。综上所述，温度对电网安全的影响主要体现在持续高温对负荷的影响及负荷激增带来的设备故障和供电可靠性问题。

（2）雷电。雷电对电力系统的影响主要表现在雷击引起的过电压会损坏绝缘或设备。对于输电线路，雷电的反击和绕击会造成线路跳闸；对于变电站 / 换流站，若雷电直击站内母线或其他设备，则会引起设备故障甚至系统断电；此外，雷击变电站附近的输电线路产生的过电压会沿线路侵入站内，严重时也会损坏站内设备，甚至造成大面积的停电事故。

（3）大雾。雾对电网的影响主要表现在由雾引发的雾闪会造成线路跳闸，从而对电网安全造成影响。大雾中的空气湿度大，且含有较多的污染物质，很容易在输变电设备的表层结露，这将大大降低其绝缘的性能和安全系数，严重时会引起雾闪并造成输电线路跳闸。由于雾闪往往同时在多条线路发生且可能连续多次发生，且一旦跳闸后难以通过自动重合闸恢复供电，因此雾闪一旦发生，会给电网安全运行造成严重的危害。

（4）太阳风暴。太阳风暴会对电力系统的安全运行带来不利的影响，且电网的规模越大，越容易受到太阳风暴的攻击。太阳风暴对地基技术系统影响的根源在于太阳风暴的地面效应，即地球磁场的剧烈变化，我们称之为磁暴。太阳风暴引发的地磁暴可以产生 1—10V/km 甚至更高的东西方向电场变化的地磁感应电动势，会在输电线路、中性点接地变压器和大地回路中产生相应的地磁感应电流（geomagnetically induced currents，GIC），从而导致变压器直流偏磁，造成变压器、静止无功补偿器、并联电抗器等电力设备的损坏，甚至引发电网失稳。

（5）沙尘暴。沙尘暴对电网安全的影响表现在电气与机械两个方面。对电气方面的影响主要体现在：风沙引起的空气介质电场变化和沙尘会降低电力设备的外绝缘水平；对机械方面的影响主要体现在：若强沙尘暴的风力超过输电线路杆塔的机械承受能力，则将出现倒塔、倒线及通信光缆断裂等严重危及电网安全的事故。

（6）覆冰。覆冰对电网安全的影响非常大。总的来说，覆冰对电网的危害分为机械性能的危害和电气性能的危害，可能导致以下一系列后果：①引起线路过荷载，严重时可能会使导线外层断裂、钢芯抽出，甚至导致杆塔折断、倒塔；②引发绝缘子串冰闪，造成线路跳闸；③输电导线覆冰后在风力作用下会发生低频（通常是 0.1—3 Hz）、大幅度（振幅为导线直径的 5—300 倍）的振动或舞动，导线舞动时将破坏杆塔、金具、导线及部件等电力设备，从而造成频繁跳闸甚至停电事故。

（7）台风。台风灾害主要影响电网的线路设施，受损的部件主要集中于杆塔、线路、地线、绝缘子等裸露在外部自然环境中的设备上。当台风风力超过线路或杆塔的设计标准时，可能引发断线、倒塔等事故。同时，台风往往伴随着暴雨，这将影响杆塔的基础，可能进一步引发倒塔断线事故，并给故障恢复和抢修带来困难。

（8）山火。在全球气候变暖等气候异常因素的影响下，温度高、湿度小、持续干旱、风速大的高火险天气将会越来越频繁地出现。当输电线路周围区域发生山火时，山火容易蔓延到线路附近，引起线路跳闸，且重合闸不易成功，最终导致区域停电事故。线路因山火而跳闸的原因主要有以下三个方面：①导线对地面（包含树木、建筑物等）放电；②导线对杆塔突出的部位（如塔材、脚钉等）放电；③合成绝缘子在高温下扭曲变形或粘上污秽，使得绝缘性能下降。

（9）洪涝。洪水和雨涝对电力系统的危害主要表现在三个方面：①洪水和雨涝冲刷杆塔基础或引发次生地质灾害，造成线路杆塔倾倒；②暴雨侵害变电站电气设备绝缘，致使设备运行异常或故障；③暴雨引起的城市内涝造成地下（或低洼地带）的配电网开关站、配电室、电缆环网柜等被水淹没，从而导致长时间停电。

二、电网的气象灾害监测预测、电网安全预警一体化防护系统

应建立广义的智能能源网，深度融合气象信息、电源信息与电网运行维护信息和技术，进一步加强对持续高温、雷电、暴雨洪涝、低温雨雪、雾-霾、台风、山火等各类灾害的监测，提升对这些灾害的预警能力。形成电网的气象灾害预测、电网安全预警一体化防护系统。此外，通过加强电网的巡视和维护检修工作，建立电网灾害紧急应急预案，完善相应的应急预警管理机制。

（1）将电网的运行维护与气象信息进行深度融合。例如，可将电网安全与电源安全技术、大数据技术、气象预测技术等相互融合，形成广义的智能电网或广义的智能能源网络，构建气象灾害预测、电网安全预警一体化防护系统，并同时完善应急管理机制。

（2）加强设计规划，优化路径，改进电网抗风、防雨、防冰能力。根据极端气候的区域特征，因地制宜地提高电网设计和建设标准。科学安排电网运行，实行多网联合调度，避免集中负荷区采用单一方式或单一来源供电。

（3）开展气象灾害对电网安全运行影响的连锁传导机制、动态扰动对电网系统稳定性的影响、新型材料、新标准等电网系统、电源系统抵御气象灾害能力的基础研究；开展雷电预测和雷电基础参数监测研究，建立雷害风险评价体系。

（4）高度重视极端气候事件，对可能造成大范围、长时间停电的极端气候事件进行预警和对策研究，并对国内外相应重大案例进行分析。

三、气象灾害下的高速铁路安全运行监测预警

我国对高速铁路运行安全危害较大的气象灾害主要包括大风、暴雨、积雪、雾-霾、低温冰冻等。2013年，我国高速铁路总营业里程达到11 028km，在建高速铁路的规模为12 000km，成为世界上高速铁路投产运营里程最长、在

建规模最大的国家。高速铁路分布在不同地域，气候条件相差悬殊，气候变化对高速铁路建设和运营有很大影响。沿海地区及西北部分山口地段的高速铁路受大风影响较大，秦岭、淮河以北内陆地区高速铁路受大风影响次之，秦岭、淮河以南内陆地区高速铁路受大风影响最小；沿海地区和长江流域高速铁路受暴雨影响较大，并有由东南沿海向西北内陆逐渐减弱的趋势；受低温冰雪影响的高速铁路主要分布在东北地区和长江以南的内陆地区；长江以南至东南地区和南部沿海地区的高速铁路受雷暴影响较大，并有自北向南由弱到强的趋势；由于雾-霾天气主要出现在工业和经济发达的中东部地区，我国运营的高速铁路大多受到雾-霾的影响，影响较大的主要是我国东部地区和西南地区。长期以来，我国铁路沿线因气候引起的灾害事故，严重影响高速铁路的安全运营，减轻气候变化对高速铁路工程的影响具有重大的现实意义。

随着高速铁路建设的快速发展和路网规模的迅速扩大，特别是高速铁路建设向西部地区推进，铁路“走出去”战略的实施，将面临更加复杂的气候环境。因此，积极应对气象灾害，建立高速铁路综合防灾监测预警系统，及时发出预警信息控制列车运行，最大限度地预防和减少各类气象灾害对高速铁路运行的危害，是必须长期重视的重大课题。应积极推进高速铁路沿线气象信息共享，提高气象灾害预警水平，加强高速铁路气象灾害评估研究，提前采取预防措施，完善高速铁路防灾技术标准，深化高速铁路防灾减灾技术研究。

（1）大风。大风严重威胁铁路运输安全，给运输组织带来了极大的干扰。其危害主要包括：大风造成列车脱轨、倾覆，列车晚点或停运。另外，风沙造成的车窗玻璃破损、道床板结、钢轨磨损增大、行车设备寿命减短等现象也十分普遍。我国沿海地区的台风灾害和西北地区的风沙灾害直接威胁铁路行车安全。兰新铁路百里风区和南疆铁路三十里风区，最大风速在 60m/s 以上，以前曾多次发生列车被大风吹翻或脱轨的事故，给铁路运输生产造成了重大损失。2006 年 4 月，兰新铁路百里风区、南疆铁路三十里风区遭遇了强风沙灾害，35 台机车的 208 块玻璃被打碎，8 列客车的 2135 块车辆玻璃破损。高速列车具有速度高、重量轻等特点，受大风危害的影响较普通速度的列车更大，我们必须高度重视，防止行车安全事故的发生。

（2）强降雨。强降雨引起江河水流增大和水位急剧上涨形成洪水，暴雨洪水可能淹没线路甚至冲毁线桥设施，引发滑坡、泥石流等地质灾害，冲毁高速铁路基础设施，直接影响高速列车的运营安全。强降雨及其引发的自然灾害对高速铁路的影响具有明显的季节性，是对铁路运行安全危害最大的自然灾害。1963 年 8 月，河北大暴雨致京广、石太、石德三条铁路被冲断 430 处，冲毁桥涵 64 座，京广线中断行车 48 天；1981 年 7 月，四川大暴雨引发成昆铁路沿线特大泥石流，2 座桥梁被冲垮，2 台机车和 2 节车厢落水被冲走，是中国铁路史上最大的泥石流灾害之一；2010 年 8 月，宝成线石亭江大桥 5 号至 7 号桥墩受洪水冲刷倾倒，造成 K165 次列车 2 节车厢坠落桥下，1 节车厢悬在桥上，由于防护和抢救及时，旅客全部得到安全转移，中断行车 55 天。

（3）低温冰雪。高速铁路受冬季低温冰雪灾害的影响主要集中在我国的北方地区，尤以东北地区最为明显。冬季的严寒伴随着降雪和冰冻，容易造成高速铁路道床积雪、道岔冰冻、接触网和车底结冰等现象，甚至造成线路冻胀、几何尺寸超标，使得高速列车降速运行。

哈大高速铁路在严寒条件下容易出现路基不均匀冻胀、混凝土底座及轨道板裂损等不同程度的冻胀现象。受冬季冰雪灾害的影响，哈大高速铁路实行了冬夏两张运行图，夏季按 300km/h 的速度运行，冬季按 200km/h 的速度运行。国外因严寒引起的行车事故也时有发生，2009 年 12 月，在严寒导致连续 6 列“欧洲之星”高速列车出现电路故障被困英吉利海峡隧道后，“欧洲之星”采取了一些紧急措施，冬季对滤雪装置进行特别检查，对敏感部位采取额外的防雪措施，线路有积雪时列车减速至 170km/h 行驶，以避免产生雪雾等。

（4）雷电。高速铁路高架桥比例很大，以及桥上接触网位置较高和高速铁路电子设备大量应用，所以更易受到雷击危害。我国已经运营的高速铁路由雷害造成牵引供电和通信信号等电子设备故障的现象较普通速度铁路更为常见，影响了列车的正常运行。雷电对高速铁路的主要威胁体现在高速铁路电力设备和信号设备易遭雷击，影响设备的正常使用，危及高速列车安全运营。

（5）雾-霾。雾-霾对高速铁路的影响主要体现在两方面：一是影响行车，雾-霾天气影响行车作业人员的视线，使之难以辨认或根本无法确认各种行车信号的指示及标志灯的显示，构成了对高速列车安全运行的直接性威胁；二是影响设备的使用，雾-霾中大量的悬浮颗粒物附着在高压系统绝缘体上，就会在绝缘材料表面形成一层导电层，27 500V 高压击穿绝缘设备形成接地，我们通常称之为“污闪”，我国高速铁路的多起列车晚点事故就是由雾-霾造成的动车组供电系统故障引起的。

（6）气象灾害综合影响。各种恶劣的气象条件严重影响着高速铁路的运营安全，但不利的气象致灾因素往往相伴产生耦合，这进一步增大了高速铁路防灾的难度，加大了致灾的可能性。例如，夏季雷雨天气时，风雨雷电相伴发生，甚至伴有冰雹、龙卷风灾害；台风来临之际，狂风暴雨还会伴生风暴潮，对我国沿海地区高速铁路的危害更大；北方春季大风常会引发沙尘暴，甚至在西北地区会夹杂着沙石，破坏高速铁路的基础设施和移动设施。我国冬季南北气候差异较大，从北向南气温逐渐增高，哈大高速铁路上冬季从北向南行驶的动车组，积雪可黏附在动车组车体下部或底部冻结成块，往南行驶气温逐渐升高，冻结在车底和车身上的冰雪逐渐融化脱落，会砸坏安全基础设施，甚至有可能导致动车组脱轨。多种气象因素叠加耦合，对高速铁路工程的影响更具威胁性，大大增加了高速铁路防灾的复杂性。

四、高速铁路的灾害监测预警系统

国内外高速铁路应对气象灾害的首要技术措施是建立高速铁路综合防灾预警系统，对沿线气象灾害进行实时监测预警，当监测数据超过警戒值时及时发出预警信息，控制列车运行，避免灾害事故的发生和降低灾害的影响。中国和日本、德国、法国的高速铁路都建立了功能完善的灾害预警系统，并接入高速铁路运行管理系统中，灾害预警系统可以对风、雨、雪等气象信息以及其他列车或线路故障信息进行实时监测，当出现异常情况时自动报警，列车调度员根据实时监测报警指挥列车安全运行。

应加强气象灾害的预防和风险控制，全面提升应急处置能力，最大限度地减轻灾害损失。加强暴风、雨雪、雾等恶劣天气的组织运输，提高铁路各部门在非正常情况下的应急反应能力和应急处置水平，减少恶劣天气对高速铁路运输的影响，努力使灾害造成的损失降到最低程度，确保旅客的生命财产安全。

（1）加强高速铁路沿线气象信息的共享。加强与气象、国土、水利等部门的协调，实现气象信息的共享，提高气象灾害的预警能力，为高速铁路防灾减灾提供支持。充分利用卫星云图、气象雷达等现代气象技术，动态掌握汛期铁路沿线雨情、水情和台风等灾害性天气变化，提前预判可能发生的灾害，及时采取预防措施。

（2）加强高速铁路气象灾害评估研究。加强高速铁路沿线气象灾害信息分析和评判预警技术研究，探索灾害监测信息之间的关联关系以及与行车安全故障之间的依存关系，建立气象灾害安全评判模型，优化气象灾害预警和决策支持分析，实现对大风、强降雨、低温冰雪、雷暴等自然灾害的风险评估，及早采取预防措施，提前防范和减轻气象灾害。

（3）完善高速铁路防灾技术标准。研究建立高速铁路的灾害防治技术标准，完善高速铁路技术标准体系，提高高速铁路的安全管理水平。结合高速铁路建设和运营实践，借鉴国外高速铁路防灾设计标准，根据大风、大雨、雪害、地震、火灾等灾害的特点，围绕高速铁路的系统设计、工程建设、装备制造、运用维修等方面，重点研究高速列车的防灾车体设计、发生灾害时的限速运行标准、桥梁和隧道等大型结构物的防灾设计标准，以及紧急救援站和应急通道等设备的设计标准等，以此建立高速铁路防灾减灾的技术标准，并将其作为我国高速铁路技术标准的子系统，构建完整的高速铁路技术标准体系。

（4）深化高速铁路防灾减灾技术研究。依靠科技进步提高高速铁路防灾减灾技术水平，研发先进可靠的防灾减灾技术装备。一是研究各灾种之间、灾害与生态环境之间的相互关系。在灾害监测、报警技术及设备的研究基础上，研究各种灾害概率的风险分析和评价。二是研究高速铁路设备和设施抵御灾害的安全性及耐久性设计。研究侧风环境下列车运行的气动力，优化列车抗风设计；研究极端气候事件下桥梁、路基等基础设施的破坏特点，加强结构性能的强化设计；研究综合、智能的雷电预警系统，研发和使用先进可靠的防雷技术设备。三是研究高速铁路防灾减灾应急平台技术。充分利用国家公用通信网络资源及电子政务网络平台，结合各种通信和网络技术，研究高速铁路减灾自动化、信息化技术，完善应急通信和信息保障能力，为铁路防灾减灾应急平台提供数据支持。

五、气象灾害下的航空运输安全监测预警

以全球变暖为主要特征的气候变化，直接导致了我国高温、严寒、暴雨、

强对流天气、恶劣能见度、大风等极端气象灾害事件频发，不仅对我国的工农业生产和人民的生命财产造成了巨大损失，也对我国的飞行活动造成了严重影响。据不完全统计，我国航空在 1949—1999 年的 51 年中，由气象因素引发的二等以上的飞行事故有 40 起，约占二等以上飞行事故总数的 31%。据研究，10 种气象灾害均可造成事故和灾害，主要包括冰雹（地面和空中）、积冰、低空风切变、下击暴流（downburst）、大风、雷击、暴风雪、沙尘暴、雾、暴雨和积水。灾害主要发生在机场附近飞机起飞和进近降落的过程中，高空巡航过程中较少发生灾害（如积冰、雷击等），主要造成飞航失控、飞机损伤、发动机熄火、机场关闭等。

气象灾害对航空安全的影响主要包括以下几方面。

（1）冰雹（地面和空中）。1972 年 5 月 3 日 22 时 10—16 分，贵阳磊庄机场遭受冰雹大风袭击，冰雹直径为 3—4cm，最大 8cm，瞬间风速最大达 30m/s，6min 内降水 46.7mm。轰炸航空兵第 50 师飞机 23 架（杜-2 型飞机 21 架、运-5 型飞机 2 架），航空运输机 9 架，空军独立第七大队直-5 飞机 1 架，被冰雹打伤，有的飞机被砸了 1300 多个洞，最大的洞直径达 20cm，机场通信设备遭到严重破坏，房屋倒塌，损失严重。

（2）积冰。在积雨云中水滴呈过冷状态，含水量和水滴半径又较大，所以 0—－20℃等温线的层次内都会产生飞机积冰。飞机积冰会破坏飞机的空气动力学性能；尾翼积冰影响航向；空速管积冰会导致飞机失灵；喷气发动机进口边缘的冰掉入发动机会导致熄火。1990 年，美国就有 10 起由该原因导致的飞行事故。2001 年 1 月，开封空军某部组织飞行训练时，2 架运-8 穿云飞行后平尾积冰，在降落时失事。

（3）低空风切变。低空风切变是指在 600m 以下低空中，风向和风速在短距离内发生剧烈变化，是飞机起飞和进近着陆阶段威胁最大的天气现象。在 30m 厚度的气层中上下风速变化达到 2m/s，即构成了中度以上的低空风切变。据 1964—1985 年美国失事飞机资料统计，低空风切变共造成 26 架飞机失事，3 架发生意外事件，造成约 600 人死亡、200 人受伤。波音公司统计，1979—1989 年美国地区因低空风切变因素发生飞行事故 13 起，死亡人数达 455 人。

（4）下击暴流。低空风切变中有一种特别危险的类型叫作下击暴流，是积雨云种突发的强下降气流，其下降速度不小于 3.6m/s。1982 年 7 月，泛美公司的波音 727 飞机，在新奥尔良国际机场的离地和初始爬升过程中，逆风风速减小 20.6m/s，升力损失飞机下俯，机上 145 名人员和地面 8 名人员死亡。1983 年 4 月 4 日 10 时 47 分，我国租用的法国“空中国王 200 号”在广州白云机场起飞过程中也是因遇到了下击暴流而失事。

（5）雷击。大型喷气式飞机被闪电击中的频次已有增加的趋势；被闪电击中，会发生磁化，发生燃烧和爆炸，球状闪电进入飞机。2002 年 11 月 16 日，新疆航空公司 B757/2859 号机执行哈尔滨—大连航班任务，下降至 1200m 过远台时遭到雷击。1995 年 6 月 29 日发生在广州白云国际机场凤凰山导航雷达站的一次雷击，造成直接经济损失达 12 000 美元，因通信故障导致空中航路关闭 3.5h，120 多架航班无法降落。

（6）暴风雪。2007 年 3 月 3—5 日东北遭遇 56 年来罕见特大暴雪（受温带爆发性气旋影响），辽宁省的平均降雪量为 35mm, 最大降雪量在鞍山，为 78mm，能见度降到 200m，低能见度持续时间超过 12h。辽宁陆地普遍出现了平均 6—7 级、阵风 8—9 级的偏北大风；最大瞬时风速在旅顺口为 32.9 m /s，达 12 级。辽宁的海陆空交通全面受阻，沈阳桃仙国际机场被迫关闭 48h，辽宁境内的 11 条高速公路全线封闭，京沈和沈四等 5 条高速公路封闭了近 60h，沈吉和锦朝等 6 条高速公路封闭了近 6 天。

（7）沙尘暴。沙尘暴对空中交通和航空运输业的危害主要表现在：①恶劣能见度影响航班起降并危及飞行安全，水平和空中能见度差，导致航班被迫返航、备降、延误或取消；②强风易造成风速超标并对停场飞机构成威胁；③沙粒可磨损飞机表皮和机窗玻璃，沙尘进入机体和发动机，会造成机件磨损、油路堵塞、仪表失准，沙粒之间及沙粒与飞机之间易产生静电，可干扰无线电通信和无线电罗盘，进而危及飞行安全；④扬沙和浮尘天气影响航班正常运行，2001 年 4 月 2—9 日的 3 次沙尘暴造成喀什机场浓浮尘（水平能见度小于 1km 的浮尘天气）而关闭；库尔勒机场 4 月 6 日因浮尘、7 日因沙尘暴关闭。

（8）雾。据国际航空资料统计，1978—1990 年，烟雾影响导致能见度恶劣而造成的飞行事故占气象原因造成的事故的 16.9%。2007 年 2 月 21 日，北京突遭平流大雾袭击，能见度为 0—50m，机场被迫关闭，共取消进出港航班 234 架次，返航备降 82 架次，滞留旅客 3 万多名。2004 年 12 月 1—4 日，首都机场连续出现 4 天的大雾天气，能见度在 1km 以下，极值能见度为 50m，仅中国国际航空公司就有 834 架次航班受到不同程度的影响。

（9）暴雨和积水。2006 年 7 月 31 日，首都机场降雨从 00：40（世界时，下同）开始，持续到 6：13，过程总降水量达 88.2mm，最初的 1 个小时降水量就多达 60mm。

短时雨强大导致机场高速公路部分路段及周边辅路路段被雨水淹没。南机坪 L 号滑行桥下积水达 1.2m，致使进出候机楼的所有车辆无法通行，时间长达 5h，机场高速拥堵 8h；滑行西桥积水 2m；机场货运路拥堵 8h；开通专机坪疏导社会车辆；临时封闭迎宾桥；5：50，机场高速路双方向恢复通车，但通行缓慢，直到当日 14 时道路交通状况才基本恢复正常。首都机场全天出港的 500 多架次航班中有 452 架次延误，并造成了大量航班的不正常起降。

六、航空气象灾害监测预警业务保障

应面对气象服务全球化和区域化趋势、全球空中交通管理对短期和“即时”服务的能力以及国内低空空域的服务需求，加强国家级气象业务指导能力建设，建成国家级气象监测预报指导产品中心。主要任务是在数值天气预报、临近预报、概率预报等方面大力发展气象预报技术，立足气象专业化技术和系统研发，探索低空空域、航站进近区域、指定空域等重点区域的起飞、着陆、航班延误影响预报等业务；在航空等行业部门推广应用气象预报技术和指导产品，在行业用户中逐步推广基于 Web 的气象监测预报指导产品服务平台和基于气象信息综合分析处理系统的气象制作发布平台。研发基于中尺度数值模式的航路危险天气预报指导产品、全国气象要素格点化预报指导产品以及分层急流预报产品；发展基于风廓线雷达的低空风场监测预报技术。研发集合预报在气象中的应用技术，发布机场和航路危险天气概率预报、风切变预警、积雨云监测预报等业务服务产品。

七、台风精细化监测分析与预报技术

1. 技术发展现状和趋势

21 世纪以来，台风路径预报误差越来越小，台风强度预报水平也在不断提高，但是台风风雨分布预报仍然是一个世界难题。研究结果表明，台风风雨分布与台风精细结构变化关系密切，因此，精细化结构研究及精细化监测分析与预报关键技术已经成为国际台风研究最为关注的新领域。

台风精细结构特征及其演变机理是国际研究的热点。目前，世界气象组织（World Meteorological Organization，WMO）正把台风精细结构作为重点研究，涉及其精细结构的动力过程和可预报性，以及相关的观测新技术、对流尺度资料同化、高分辨率区域数值模式和灾害评估等。

台风精细结构的观测取得了进展。近年来，针对台风的观测手段日益丰富，诸如基于海岛或海岸铁塔和基于陆基多普勒雷达的边界层观测以及登陆台风移动观测；利用飞机获取台风精细结构的详细观测资料成为观测台风的又一重要手段，其中，美国具有成熟的飞机探测台风技术与手段；最近，无人（遥控）飞机开始被应用于台风观测；以获取台风精细结构为重点目标的观测外场科学观测试验计划正逐步成为一种有效的手段。

台风精细结构的研究也已取得初步进展。相关研究成果主要集中在以下几个方面：①通过引进涡旋 Rossby 波的概念，在台风动力学和理解台风强度变化方面获得新的认识；②环境气流垂直切变可以影响台风强度并由此制约台风的发展；③在台风登陆过程中台风路径和强度对台风结构的影响；④台风与季风的相互作用对台风结构的影响。

台风大风、降水强度和分布演变与台风精细结构的联系正成为研究重点。环境条件对台风降水起着重要作用，其中，水汽及其输送作用尤为关键；中纬度西风带系统同台风相互作用可使得台风发生变性，不同强度及空间位置的中高纬度系统会造成台风在变性阶段的降水强度和空间分布呈现出明显差异；下垫面也会对台风降雨产生影响；围绕如何提升台风降水的预报水平，台风精细化的降水强度和分布演变机理与预报技术研究正成为新的研究热点。

高分辨率台风数值模式关键技术研究是国际台风研究的重点方向。发展高分辨率台风数值模式已成为提高台风预报能力，尤其是精细结构预报能力的重要手段和趋势。数值模式的发展特征主要体现在动力框架、模式网格 / 谱分辨率、资料同化和台风初始化、物理过程参数化等方面。美国在该领域的研究中处于领先地位。

2. 技术水平判断及其依据

随着探测技术的发展，探测的时空分辨率越来越高，特别是高分辨率的卫星及雷达观测，人们发现台风内部也充满了各种中小尺度系统。台风带来的强风暴雨通常表现出局地分布不均和快速演变的特征，这些特征与台风内部的这些系统的发生发展关系密切。

（1）台风的精细结构复杂，人们对其知之甚少。目前，人们对台风精细结构的特征和演变规律存在许多盲区，缺乏针对性的观测和分析是台风精细结构研究不足的主要原因。当前我国对台风精细结构的观测和分析尚待突破，台风精细结构的观测需要点面结合、固定和移动结合，以及常规和加密结合的协同观测布局，观测对象也需突破传统观测需求。例如，要更加注重对雨滴谱、湍能、云微物理过程等与台风精细结构演变紧密联系的物理量的观测和分析。

（2）台风风雨分布取决于台风内部精细结构的演变，要提高台风风雨分布预报及其影响评估能力，必须掌握台风精细化结构演变规律，必须更加关注内部热力过程。风、雨是台风致灾的主要因子，台风精细化结构的演变能够通过多种方式影响台风风雨的分布和变化，但台风结构如何单独或协同影响台风风雨分布及其演变目前仍不清楚，这是导致当前局地强风降雨的精细化预报和预警能力不强的重要原因。

（3）影响台风精细结构变化的机理仍然不清楚。台风内部动力学过程作用和环境因子影响，以及各因素之间的相互作用，都可能导致台风精细结构发生变化。当前对影响台风精细结构变化物理过程的研究，无论是观测事实分析还是机制研究都鲜有突破性进展。例如，水平尺度只有几十至一两百米，生命期为几分钟至几十分钟的边界层滚涡能够使得地面大风突然急剧增强，带来突发性风灾。但当前我们关于滚涡对台风结构和能量转化的作用知之甚少，台风内部动力学过程（尤其是边界层过程）以及周围环境系统对滚涡的发生和演变的影响机制仍然属于研究的全新领域。

（4）数值天气预报是现代天气预报的基础，但是现有的台风数值预报模式不能刻画台风的精细结构演变过程，在模式框架、物理过程、资料同化等关键技术方面必须要有新突破。

因此，对台风精细结构及其演变的认识是当前台风研究领域的重点和难点，深入认识精细结构的演变规律，是提高台风风雨精细化预报和影响评估水平的重要提前。

3. 核心技术掌握程度

登陆台风的外场科学试验取得了明显进展。我国登陆台风的外场科学试验（T-LANPEX）于 2009—2013 年在华东、华南两个观测试验区开展，共对 16 个台风的边界层结构进行了成功观测，建立了丰富的台风登陆过程外场科学试验数据库，揭示了一些重要的登陆台风边界层特征。

台风多源观测资料综合分析理论和方法成果有所创新。改进的雷达风场反演技术改善了径向风观测范围较小的限制，减小了因主观设定搜索区域和回波结构均匀造成的误差，并可准确分离台风近中心的环境风和主环流；采取了适应台风环流特征的雷达风场同化方法，发展了三维变分和复合云分析技术；基于风云静止卫星瞬时跟踪和连续累积的降水反演技术，提高了降水反演的精度，能够较合理地估计台风附近的降雨分布和强度。

登陆台风路径异常、结构和强度变化异常以及风雨分布特征等物理机制研究方面取得了进展。研究发现，东海附近突然转向东北行的台风在转向前，天气尺度环流起了关键作用；台风路径北折通常与准两周以及 MJO 尺度的气旋性涡旋的合并有关；西行路径发生转向异常前也会与准两周尺度的气旋性涡旋合并，超强台风的登陆过程亦会产生类似洋面上的“趋暖运动”。

登陆台风降水强度突然增幅及其非对称变化方面有了新的认识。大尺度环境场对登陆台风降雨的影响作用除了垂直风切变、远距离暴雨等，典型的还包括台风与西风带系统以及季风涌等相互作用造成的降雨变化；下垫面状况对登陆台风降水作用明显，如水体下垫面能增加边界层水汽、感热和潜热通量，并可能改变垂直风切变，从而影响中尺度对流系统和强降雨的发生发展；此外，螺旋雨带、涡旋合并及重力波等中尺度系统过程也能够显著影响台风的降雨分布。

台风登陆过程数值预报关键技术研究取得了进展。台风涡旋初始场技术主要发展了重定位循环同化技术、海面风的三维变分同化及湿度松弛逼近技术；改进了积云对流方案和辐射参数化方案，这两种新的辐射传输参数化方案在准确性和计算效率方面均呈现出明显优势；建立了台风区域的海-气-浪耦合模式系统，试验结果表明，建立的海-气-浪耦合模式具有良好应用前景。

此外，一些新的研究方向也受到关注并取得了进展。例如，双台风相互作用及高空冷涡对台风的迅速加强的机制研究、台风登陆前在远离台风环流中心位置触发其他系统活动的研究、台风登陆前内核结构变化及机理研究、混合涡旋 Rossby-重力波理论及其影响研究、台风登陆后再发展的原因和机理等。

4. 技术的应用及影响

上述技术的进步得到了及时应用并发挥了重要作用。

在台风监测方面，我国已初步建成了以气象卫星、多普勒天气雷达、地面自动气象观测站及移动气象台等为基础的对台风进行全方位实时监测的立体探测体系。过去 20 多年来，我国在提高台风的监测能力方面取得了长足的进步，基本达到当前世界先进水平。

在台风预报方面，我国建立了考虑海浪、海洋飞沫、潮汐作用的区域台风海气耦合模式，实现了台风数值预报关键技术的新突破。台风初始化、物理过程参数化等多种新技术提高了我国台风数值预报研究领域的国际影响力。基于上述技术的业务应用，热带气旋路径数值模式等台风区域模式的台风路径预报水平明显提升，与国际先进水平（如日本）相当。近年来，路径预报的平均正确率有了显著提高，2013 年，我国 24h 路径预报误差仅为 84km。

初步建立的台风业务平台集台风路径显示检索、预报制作、预警信息发布等业务功能模块于一体，目前已经能够给国家气象中心、华东区域气象中心、华南区域气象中心等业务单位提供种类丰富、精度高的台风路径（登陆点）、强度、风雨的确定性和集合预报产品，为沿海地区政府部门防台风决策提供了重要依据和参考，在减轻气象灾害损失上发挥了重要作用。

近 20 年来，国内外各大预报中心在台风强度业务预报方面进展缓慢，目前各国台风强度综合预报误差基本处在同一水平，24h、48h 和 72h 强度综合预报误差一般在 6m/s、8m/s 和 10m/s。而且用于台风强度业务预报的客观方法基本是统计方法，预报精度较低，业务预报几乎是经验外推预报，带有相当大的主观因素，台风强度的数值预报技术研发缓慢，还不具备业务能力，因此台风强度的预报已不能适应防台、抗台、对台风强度预报的精细化要求。

台风精细化风雨预报，目前主要致力于借助卫星、雷达等遥感手段对台风风雨的观测估计研究，在天气形势判断的基础上，利用诊断统计方法开展业务预报，尚缺乏有效的、定量的客观预报方法，利用数值模式进行台风风雨定量预报尚处于起步阶段。在业务预报中缺乏客观预报产品的指导，尤其缺乏客观精细化的台风定量风雨预报产品，经验外推预报仍然是业务预报中的主要方法，预报时空精度差，对登陆台风诱发的特大暴雨基本没有预报能力。台风精细化监测分析与预报关键技术有待于进一步研究和发展。

改革开放以来，随着我国社会经济的发展和综合国力的提升，我国在国家电网、高速铁路、航空运输等基础工程建设方面也发展迅速，并且随着今后 10—20 年我国经济稳定增长，我国的国家电网、高速铁路、航空运输等是国家基础工程建设的快速增长领域，并且逐步“走出国门”，向其他发展中国家进行技术输出。

目前，这些重大基础工程的设计与施工已经根据相关技术标准考虑了多种风险要素，但随着全球气候变化、极端气候事件突发，以及工程的设计建造年代逐渐久远，气象灾害给这些重大工程的工程技术标准等带来了新的挑战。因此，充分认识气象灾害对这些基础工程建设的影响，建立健全气象灾害监测预警与工程安全运行预警和应急机制，是保障人民生命财产安全和国家经济建设稳定发展不可缺失的环节。

第三节　食品安全监测检测技术

一、危害物快速识别技术

（一）技术发展现状和趋势

目前，我国基本掌握了食品中危害物的定向监测检测技术，技术水平达到了国际先进水平，但检测的目标化合物还不能完全满足对发达国家等出口贸易的要求。在应对食品非法添加、环境污染物、食品新材料带来的食品污染、食物恐怖等问题方面还没有有效的应对措施。国际上食品安全监测检测的理念正在从定向检测向非定向检测转变，强化利用现代色质谱技术、数据库和信息技术的融合，发展可标准化的食品中潜在危害物的识别技术是目前各国研究的重点。基于以上理念，欧洲食品安全局于 2013 年发布了食品中潜在危害物识别的技术规则，目前正在开展相关的研究工作。美国食品药品监督管理局针对目前的非法添加现象正在开展筛查数据库建设和检测技术研究。

抗体是食品安全快速检测技术的核心。抗体筛选技术已经经历了多克隆抗血清、单克隆抗体、基因工程抗体 3 个发展阶段。以杂交瘤细胞为基础的单克隆抗体和多克隆抗体制备技术及其产品已经被广泛应用于食品安全残留分析，是目前工业抗体制备技术的主流技术。基因重组技术以分子生物学技术为基础，完全在体外制备抗体，突破了传统抗体技术在高通量功能性筛选方面的技术瓶颈，使得抗体的体外亲和力成熟和特异性定向改造成为现实。目前，国际上已通过该技术制备获得了多种高质量的基因重组抗体，研发起了超高灵敏度的高通量快速筛选检测技术。我国在该技术领域尚处于起步阶段，在快速检测领域仍以传统抗体为基础，无法满足当前快速检测技术在灵敏度和多组分识别等方面的需求。在近 30 年的发展过程中，基因重组技术由初期的抗体结构改造发展至目前抗体快速制备和功能改造的阶段，并推动抗体制备技术朝着高稳定性、超高亲和力、特异性精确控制的方向快速发展，成为抗体制备技术的发展方向。核酸适配体是一类能够牢固结合蛋白质、有机染料及其他核酸分子的 RNA 和 DNA，由于具有体外筛选、体外合成、稳定性高、易于保存和修饰、比抗体拥有更大的应用空间等特点，筛选能够特异性地识别药物的核酸适配体及其应用已成为未来药物残留检测研究的新技术和新方向。国际上越来越多的科研机构展开了对核酸适配体的研究与探索。而我国对核酸适配体的筛选，特别是识别药物或其他小分子的核酸适配体的筛选才刚起步，在筛选技术探索及该类核酸适配体的应用方面仍处于摸索阶段，与国际上该领域的研究仍有较大差距。

食源性致病菌全基因测序具有短时间内获得检测结果、检测过程全自动化、分辨率高、信息量大、数据可靠，并可以提供菌株致病相关基因（如致病毒力基因、耐药基因等）的详细信息等特点，已成为未来食源性致病菌检测、鉴定、溯源的新技术。2008 年，美国食品药品监督管理局、加利福尼亚大学戴维斯分校、安捷伦科技有限公司、美国疾病控制与预防中心联合宣布启动“10 万基因组计划”项目，旨在合作创建一个包含 10 万种食源性致病菌全基因组的公共数据库。欧盟也启动了基因组流行病学研究项目，旨在通过测序建立基于细菌全基因序列的庞大标准数据分析软件，以便全球共享和比对。我国在食源性致病菌鉴定、溯源技术领域还刚起步，数据库和网络体系尚未成形，与国际相比，至少有15年的差距，尤其是在基于全基因组的测序溯源技术方面，差距更大。

（二）技术水平判断及其依据

进行非定向筛查数据库的构建是实现食品危害物非定向检测的关键，当前，世界发达国家正在为实现食品中化学危害物的非定向监测检测进行技术上的准备。美国药典委员会（The United States Pharmacopieial Convention，USP）针对膳食补充剂的掺假问题，正在构建基于光谱（紫外、红外、核磁、拉曼）的数据库，并研发相应的检测设备和标准物质，同时也正在与中国开展相应的合作研究。欧洲食品安全局于2014年发布了食品中潜在化学危害识别技术框架，目前正在开展相关的研究。

基因重组抗体技术主要包括噬菌体展示技术、核糖体展示技术、信使RNA（mRNA）展示技术和酵母展示技术等。与传统抗体技术相比，该技术能够摆脱对实验动物的依赖，在体外环境中快速制备抗体，并能够对抗体进行稳定性、亲和力和特异性等性能改造，已被广泛应用于快速检测技术领域。芬兰科学家运用该技术获得了高灵敏度的喹诺酮类和磺胺类药物广谱特异性抗体，分别能够在欧盟标准下同时检测18种磺胺类药物和8种氟喹诺酮类药物，大大提高了检测效率。日本科学家则通过噬菌体展示技术制备了高质量的17-β雌二醇特异性抗体，其亲和力提高了约15倍，特异性也得到了加强，体现了重组抗体在灵敏度和特异性方面的优越性。因此，基因重组抗体技术是未来高亲和力和特异性抗体制备技术的发展方向。

核酸适配体的筛选技术即指数富集的配体系统进化技术（systematic evolution of ligands by exponential enrichment，SELEX），利用该技术可从大容量的随机DNA文库中高效地分离到能特异性地识别靶分子的核酸适配体。2002年，我国的科学家建立的消减SELEX可通过扣除筛选文库中能与已知或未知的其他目标物结合的核酸适配体，高效地获得对靶分子高度特异的核酸适配体。2008年，德国科学家建立的FluMag-SELEX则利用以磁性微球作为载体进行筛选的SELEX技术，成功地筛选出能特异性地识别乙醇胺的核酸适配体。因此，综合上述两项技术建立的 SELEX 筛选体系，为高效地筛选能特异性地识别小分子的核酸适配体提供了最重要的技术支持，该体系的研究与建立也是目前小分子核酸适配体筛选研究的重要发展方向。

与传统的微生物分子分型数据分析、核糖体分型等食源性致病菌溯源技术相比，全基因组测序（whole genome sequencing，WGS）可获得高质量的全基因组序列数据，加强数据库的来源追踪查询能力，已被广泛用于多种食源性疾病暴发病原种属的确定和食品污染源的追溯。2011 年德国暴发高致病性大肠埃希氏菌人体感染，利用 WGS 平台，短时间内完成了疫情样品以及近似菌株的全基因测序和数据分析，并获得了菌株的毒力和耐药特征，为及时控制疫情提供了科学依据。2013 年的新西兰浓缩乳清蛋白粉肉毒梭菌污染事件，也是通过全基因组核酸测序证实了污染的厌氧微生物是生孢梭菌而非高致病性肉毒梭菌，因此 WGS 技术是未来食源性致病菌鉴定的重要发展方向。

（三）核心技术掌握程度

在非定向检测技术方面，我国已经开始了相关的实践，构建了基于症状查询的毒物数据库和基于化学结构特征的毒理学质谱库，能够同时对食品和生物样品中的 2000 多种化学物质进行非定向筛查，并在多起公共卫生事件中证明了其有效性。但数据库的容量和可推广性与实际需求还有很大差距，不能实现数据的自动收集和危害的评估。

目前，基因重组抗体技术已从初期的抗体结构改造发展至性能改造，继动物抗血清、单克隆抗体后，形成了完整的第三代抗体制备技术。该技术的快速发展，使抗体在制备周期、均一性、稳定性及亲和力等方面获得了显著提高。当前，国际上针对多种食品中的有害物质均开展了持续而深入的抗体研究。这些研究均以蛋白质晶体结构解析为基础，结合计算机辅助蛋白质结构预测、受体-配体对接计算和分子动力学模拟等技术，指导抗体的体外改造，不断提升抗体的检测性能。欧盟“BioCop-食品污染物多残留检测新技术”等项目均以基因重组抗体技术为重点，推动了高质量抗体的制备及快速检测技术的发展。我国也在该领域开展了初步研究，但多以既有的单克隆抗体为基础制备基因重组抗体，并通过随机突变等技术对抗体进行性能改良，虽已获得部分成果，但尚停留在初步探索阶段，缺乏针对抗原与抗体相互作用等分子水平的深入研究以及以此为指导的抗体定向改造，亟待开展该领域的持续深入研究。

筛选能够特异性地识别化学物的核酸适配体及其应用是未来食品危害物残留检测研究的新方向。美国科学家 Tuerk Craig 和 Larry Gold 建立的 SELEX 技术，不仅证明了单链核苷酸分子能通过自我折叠与靶物质发生特异性结合，更重要的是为体外筛选核酸适配体提供了技术支持。为了快速有效地筛选出具有高特异性的核酸适配体，国外的科学家已设计出多种改良的 SELEX 技术，例如，加尾 SELEX、毛细管电泳 SELEX、FluMag-SELEX、多目标物 SELEX 和消减 SELEX 等。而目前美国、德国、韩国、日本和比利时等国家已开展了对兽药核酸适配体的筛选，成功得到了四环素、氯霉素、卡那霉素等药物的核酸适配体，并已用于食品中兽药残留的检测。虽然目前已得到的核酸适配体的种类不多，但随着筛选技术的不断完善以及越来越多的研究团队的参与，药物核酸适配体的筛选正蓬勃发展，而我国对药物核酸适配体的研究才刚刚起步，且只有极少数的科学研究开展了对链霉素和某些农药的核酸适配体的研究。因此，我们有必要在食品安全检测领域继续开展核酸适配体的筛选及应用研究。

高通量测序技术的发展使测序技术在经历了一代测序、二代测序之后，在短短的几年内已经进入以单分子为基础的三代测序。目前，世界上全基因组测序技术日臻成熟，尤其是规模宏大、跨国、跨学科的人类基因组计划项目推动了该技术在食源性致病菌领域中的应用，世界发达国家已将其用于细菌（如阪崎肠杆菌、锌苯杆菌、肉毒梭菌、生孢梭菌等）、真菌（如食品工业用黑曲霉菌）等重要食源性微生物的鉴定溯源。美国食品药品监督管理局启动了食源性致病菌 WGS 鉴定技术研究，欧盟“地平线 2020”项目也将食源性致病细菌、病毒、寄生虫、立克次氏体等病原生物的 WGS 研究项目列为重点。虽然国际上 WGS 技术在食源性微生物鉴定溯源中的应用已日臻成熟，但我国在这方面的研究刚刚起步，且多是在跨国食源性疾病事件中与发达国家合作，在真正意义上独立开展的工作极少。甚至一些专门从事测序的大公司也未掌握全套的 WGS 技术，即使开展了研究，也多用于不同物种之间基因的对比，极少用于同一物种但来源不同的样本的比较，在食源性致病菌鉴定溯源领域的研究更是罕见，我国亟须开展这方面的研究。

（四）技术的应用及影响

食品中化学危害物的非定向检测监测技术是食品安全监测检测技术的努力方向，通过技术方法的建立，可以实现一次上万种危害物的高通量、高灵敏快速筛查确证和危害评价，为实现食品危害物的早发现、早预警、早控制提供技术支持。

基因重组抗体技术完全突破了传统抗体技术在分子结构、功能、亲和力、特异性等方面的可塑性瓶颈，为高质量抗体的制备提供了崭新的技术途径。该技术不依赖于实验动物，显著缩减了抗体的制备周期和成本，针对食品安全突发事件能够实现抗体的快速制备；同时，针对多种传统技术无法获得抗体的小分子，可以运用基因重组抗体技术在体外筛选制备特异性抗体，有效地克服了传统体内制备抗体的技术缺陷。以该技术为基础，可将抗体对目标物质的亲和力提高至 pmol/L 级别，同时，其特异性可以实现显著提升或精确的调整，以满足高特异性和多组分检测的不同需求。该技术还能够应用于抗体的结构和功能改造，制备多特异性、多功能的多价抗体，实现抗体与多种功能性单元（如酶、亲和素、反应活性基团和特异性生物标签）的融合制备，满足多种新型检测技术的需求，实现抗体的“深度定制”。作为第三代抗体制备技术，基因重组抗体技术的建立反映了抗体由整体水平、细胞水平到分子水平的发展。基因重组抗体技术使抗体的制备更加快速、高效，并且能够实现抗体的多方面性能改善，展示出广阔的应用前景。自 20 世纪末核酸适配体被发现以来，越来越多的科研机构展开了对核酸适配体的研究与探索，它也一直被用于与同样作为分子识别工具的抗体（蛋白）相比较。但是，许多学者相信，核酸适配体绝对有可能成为抗体的替代物，并且 21 世纪将是核酸的时代。与抗体相比，核酸适配体具有多项优势。首先，核酸适配体的筛选为体外筛选。核酸适配体的筛选技术不需要涉及实验动物或细胞培养等过程。其次，核酸适配体非常稳定，易于修饰。核酸适配体即有结合能力的核苷酸序列，并且核酸序列能耐高温。通过化学合成的核酸适配体修饰种类也非常多，如荧光素、甲基、间隔臂、生物素、蛋白标记等。各式各样的修饰也促进了核酸适配体在应用上的多样化，核酸适配体与抗体一样，同样具有高亲和力和高特异性。因此，核酸适配体的出现为分析检测领域开创了一个新的局面。

传统的分子分型技术缺乏区分亲缘关系相近的细菌分离株的分辨率，且对某些菌株的区分能力有限。WGS 技术可以给致病微生物提供详细而准确的亚型和聚类分析，在鉴定亲缘关系相近的细菌分离株方面优势明显。与目前已有的其他致病菌分子分型方法相比，WGS 具有短时间内获得检测结果、检测过程全自动化、分辨率高、信息量大、数据可靠，并可以提供菌株致病相关基因（如致病毒力基因、耐药基因等）的详细信息等特点，已成为未来食源性致病菌检测、鉴定、溯源的新技术。目前，WGS 测序的高成本及测序技术、设备、后续分析软件的匮乏或滞后，以及从事 WGS 研究人员的匮乏等，导致 WGS 技术在我国食源性致病菌鉴定、溯源领域尚未广泛普及，制约了我国食源性致病菌诊断技术的发展和应急事故的处置，因此发展快速、流程简单、分辨率高、准确性强、针对同种食源性致病菌不同耐药菌株、不同致病菌株的 WGS 技术是未来食源性病原体鉴定和溯源技术的理想选择与必然趋势。此外，致病微生物仍然是目前引起我国食源性疾病的最重要病原。随着现代化工业的发展，人类的各种行为及经济发展带来了环境污染，气候变化带来了生态环境改变，因此食品中的微生态系统也发生了相应的变化。由此导致新发、高致病性或超级耐药食源性致病菌所致食源性疾病暴发的风险增加，迫切需要快速、灵敏、高通量、全方位食源性致病菌检测鉴定溯源技术。因此，食源性致病菌的 WGS 技术在我国食源性致病菌及其代谢产物污染、溯源和预警中具有重要作用。

二、公共卫生拉曼光谱技术

（一）技术发展现状和趋势

针对重大突发性食品公共卫生事件，如不能快速检测和及时处置，将引发极其严重的安全风险和不良后果。具有高灵敏、现场化、自动化、快速、无损等优势的快速检测仪与技术应运而生，并处于快速发展时期。

1928 年，拉曼发现光波在散射后频率发生变化（非弹性散射），频率变化取决于散射物质的特性，即拉曼效应。基于拉曼效应，结合分子振动能级进行物质表征和测量，便发展出了拉曼光谱散射光谱分析技术。自 20 世纪 60 年代激光被用来作为拉曼光谱仪的激发光源后，拉曼光谱技术进入了崭新的发展时期。因拉曼散射信号直接反映了物质分子的特征，所以该技术通常被用作物质结构鉴别和测量的有力手段。1974 年，英国皇家学会院士弗莱施曼（Fleischmann）等发现了表面增强拉曼散射，可大幅度提高拉曼散射信号。20 世纪 90 年代后期，拉曼光谱研究取得一些突破性的进展，最为重要的进展当属将 SERS 发展为单分子科学的研究手段之一；另一重要进展是在一系列纯过渡金属体系观察到 SERS 效应。随着纳米技术的发展，纳米工程技术已使得产生强烈的表面增强拉曼散射效应成为可能，从而获取表面特征分子的信息，实现对金属、化学、生物分子的无标签、超灵敏（甚至达到单个分子）实时、高通量检测。

表面增强拉曼对样品的前处理要求不高，且灵敏度好，其稳定性和重现性有了质的飞跃。美国已经有人设计并研发出纳米天线阵列、嵌段共聚物纳米光刻法、硅纳米柱六氟化硫刻蚀法和自组装纳米孔洞法，得到了重复性好的表面拉曼增强基底，将表面增强拉曼技术用于疾病探测。然而，可用于重大疫病检测的拉曼增强体系较有限；基于表面增强拉曼开展 DNA 检测研究，国际上还刚起步。我国的吴大猷先生在 1939 年出版的专著《多原子分子的振动光谱和结构》，是世界上首次全面总结拉曼光谱学研究的成果。玻恩和黄昆于 1954 年合著的《晶格动力学理论》，有人将其喻为“圣经”。20 世纪 70 年代后期，我国开始研制并少量引进了以激光为光源、由光栅单色器组成的拉曼光谱仪器，80 年代开始较大量地引进这类仪器，相关研究也较大规模地展开。厦门大学的田中群院士领衔的团队，在 2010 年发表于《自然》上的论文中采用自己制备的核壳结构 SERS 基底测定鲜橙表面的痕量杀虫剂对硫磷，为 SERS 方法检测低含量农药残留提供了新途径。最近几年，鉴于拉曼光谱具有现场、快速、无损检测等优势，结合表面增强技术的拉曼光谱分析技术逐渐被用于食品安全快速分析，成为一个研究热点，正孕育着巨大的发展空间。针对我国突发性食品安全快速检测需求，经过研究者的不懈努力，我国在拉曼检测应用技术方面的水平与先进国家的差距正在缩小，在某些实际应用研究领域已达到国际先进水平。

（二）技术水平判断及其依据

拉曼光谱在最近这些年发展较快，主要受益于两个方面的因素：一方面是激光技术的发展，现在基于超快激光的非线性拉曼光谱技术已经越来越成熟了；另一方面是纳米科技的迅猛发展，它使得基于纳米结构的表面增强拉曼光谱和针尖增强拉曼光谱（tip-enhanced Raman spectroscopy，TERS）在超高灵敏度检测方面取得了长足的进步，推动拉曼光谱成为迄今很少的、可达到单分子检测水平的技术。共振拉曼、表面增强拉曼和非线性拉曼光谱以及它们的联用将成为生命科学前沿领域具有重要价值的研究方法。21 世纪是生命科学的世纪，也是纳米技术和激光技术的世纪。

20 世纪 90 年代后期，拉曼光谱研究取得了一些突破性的进展。最为重要的进展当属将 SERS 发展为单分子科学的研究手段之一。另一重要进展是在一系列纯过渡金属体系观察到 SERS 效应。近年来，各国科学家对拉曼光谱的研究热情高涨，新的研究成果不断涌现，当前处于一个高速发展时期，随着新技术的不断出现，拉曼光谱的发展也将越来越成熟。目前，我国的拉曼检测技术发展水平与国外先进国家基本持平。

拉曼光谱结合表面增强可实现微痕量物质的快速灵敏检测，便携式仪器及多功能软件为检测提供了方便。拉曼光谱可被应用于众多领域，特别是在应对突发事件时发挥着越来越重要的作用。

（三）核心技术掌握程度

便携式拉曼光谱仪及多功能软件，实现了半导体激光器光栅选频线宽压窄、无光纤光机一体化耦合、嵌入式人机智能化交互，发现了液相基底表面增强拉曼效应新途径，其采用基质内标比值法克服了复杂基质干扰，有效地解决了微痕量危害因子拉曼光谱定量分析重现性等方法学问题，建立了微痕量危害物快速检测新体系并实现了标准化。便携式拉曼光谱仪与国内外同类产品相比，性能价格比较高，使三聚氰胺检测由几小时缩短为几分钟，前处理极其简便，适合于现场批量应用。

（四）技术的应用及影响

2008 年 8 月的突发性“三鹿奶粉”恶性食品安全事件，险些演化为引起公众不安与恐慌的社会问题，甚至损毁政府公信力，使我国食品安全形势空前严峻。因缺乏现场快速检测手段，曾一度引起“倒奶”“杀牛”，如处理不当，则有可能引发社会危机，因此，针对乳品三聚氰胺检测，国家紧急征集快速检测技术。

便携式拉曼光谱仪及液相纳米表面增强试剂等关键技术，解决了微痕量危害因子拉曼定量分析重现性等方法学问题，建立了快速检测新体系，其历经 4 次盲样测试大比武，名列全国第一。该技术已被成功应用于西藏自治区的食品安全监督管理，在海拔 4500m 以上极端高原环境下测试，性能稳定，检测结果准确可靠。该食品违禁添加物快速检测技术，有效地为食品安全技术执法提供了技术支撑，随着其应用推广的不断深入，进一步扩大了社会影响，增加了消费者信心，产生了良好的社会效益与经济效益。

第四节 煤矿开采安全保障技术

一、技术发展现状和趋势

在我国已探明的煤炭资源中，约有 50% 的煤炭埋深超过千米。随着能源需求量的增加和开发强度的不断加大，我国的煤炭开采逐步转向深部，煤矿开采深度以 8—12m/a 的速度增加。据国家煤矿安全监察局初步统计，我国已有 300 多座矿井的开采深度超过 600m，逐步进入深部开采的范畴，近 200 座矿井的开采深度超过 800m，而开采深度超过 1000m 的矿井全国有 47 座，目前全国最深的矿井新汶孙村煤矿的开采深度已达到 1501m。煤矿进入深部开采后，高地应力、高瓦斯、高地温、高水压等现象普遍存在，这为矿井围岩控制、突涌水治理、防灭火、热害治理等带来了新的挑战。特别是随着矿井开采强度及生产规模的不断加大，矿井所面临的技术难题更为严峻，对当前煤矿生产和今后矿井建设的影响日趋严重。

我国自 20 世纪 80 年代末开始对深部资源开采的理论和技术进行研究，取得了大量具有价值的研究成果。目前，预防煤矿瓦斯灾害技术的研究已经从局部短兵相接的单项技术向区域性的以建立安全型矿井为目的的包括瓦斯灾害易发区的预测、高效瓦斯抽采及抽采效果评价、瓦斯灾害监测预警等综合技术方向发展，逐步形成了由基础理论、工艺技术、仪器仪表、专用装备构成的瓦斯灾害防治技术体系。我国根据煤矿特殊的地质及水文地质条件，提出了一系列防治水的理论，积累了丰富的防治水实际经验，包括水文地质条件综合探测技术、突水机理理论和突水预测技术、水害防治技术。我国在煤矿火灾防治技术领域形成了以自然发火早期预测预报、阻化剂防火、氮气防灭火、凝胶防灭火、黄泥灌浆防灭火技术为主体的内因火灾防治技术体系，形成了以胶带机火灾预测与自动灭火技术、惰气灭火、泡沫灭火、燃气惰泡灭火技术为主体的外因火灾防治技术体系。我国自1976年开始系统研究冲击地压，在冲击地压发生机理、冲击倾向性测定、冲击地压监测仪器与设备、冲击地压治理技术等多方面取得了一定的成果。

近年来，我国在深部开采方面取得了较大的技术进展，在提高我国深部开采技术装备水平、保证我国东部矿区能源资源的安全高效开发方面发挥了重要作用。但是，如何安全、高效、低成本地开采深部煤炭资源，将其转换为经济建设有力的能源保障，仍是我国煤炭行业亟须寻求突破的重大技术难题。今后应在煤矿致灾地质因素动态智能探测技术、煤矿重大灾害灾变判识及监测预警技术、深部矿井煤岩耦合动力灾害防治技术、煤矿瓦斯煤尘爆炸主动隔抑爆技术、煤层瓦斯高效抽采利用技术与装备、煤矿突水水源快速判别与注浆加固顶底板的智能注浆系统、煤矿隐蔽火区探测技术体系与装备、深部矿井热害预警技术与装备、煤矿灾变时期井下通信定位及救灾技术、煤矿地面井下联合应急救援技术与装备等方面进一步加大研发力度。

二、技术水平判断及其依据

总体来看，我国的煤矿深部开采技术水平大幅度提升，对保障煤矿安全生产发挥了重要的科技支撑作用。我国的煤矿深部开采技术水平总体紧跟国际先进水平，部分技术达到国际先进水平，部分技术与国际先进水平具有一定差距，还需进一步提高技术装备的成熟度、稳定性和可靠性。以上判断来自国内外技术发展情况的对比。

煤矿深部开采是世界上大多数主要采煤国家目前和将来要面临的问题。在主要的采煤国家中，美国、澳大利亚、德国、英国、波兰、俄罗斯等国家的采矿业较为发达，早前，联邦德国和苏联较早开始深部开采。1960年，联邦德国的煤炭平均开采深度已经达650m，1987年已将近900m；苏联在20世纪80年代末就有一半以上的煤炭产量来自600m以下深部，并且早在20世纪80年代初，在科技方面开始注意对深井问题进行研究。1983 年，苏联的权威学者就提出对甚至超过 1600m 的深（煤）矿井开采进行专题研究。当时的联邦德国还建立了特大型模拟试验台，专门对 1600m 深矿井的三维矿压问题进行模拟试验研究。由此可见，随着浅部煤炭资源的大规模开采，以及资源储量的日渐减少，向深部要资源已成为国际潮流，对深部资源开发的研究工作也越来越受到重视。

在煤矿瓦斯高效抽采利用技术与装备方面，煤矿井下千米定向瓦斯抽采技术及装备填补了国内的空白，钻孔长度达 1212m，创造了国内新纪录。适合于突出松软煤层的顺层钻机在坚固性系数 $f\leqslant 0.5$ 的条件下，煤层钻孔长度达到 168m，创造了突出松软煤层钻孔的最新深度。

在煤矿瓦斯煤尘爆炸主动隔抑爆技术方面，主动隔抑爆是瓦斯煤尘爆炸防治技术的主要发展方向，南非、俄罗斯已广泛应用该技术，国内主要用于低浓度瓦斯输送管道安全保障，煤矿井下采掘工作面和巷道中的主动抑爆技术尚处于研发和试用阶段。

在煤矿突水水源快速判别与注浆加固顶底板的智能注浆系统方面，国外勘探设备智能化程度与精度高，速度快（一般约 1h），而国内在实验室需要 4h 以上，现场快速分析仪器智能化程度低，需要 2—4h，且分析精度低，影响水源快速甄别；国外注浆站为集成化一体式快速移动注浆系统，国内则多为临时注浆系统。

在煤矿隐蔽火区探测技术与装备方面，现阶段国内外隐蔽火区探测技术主要是以红外遥感法、测氡法及普通钻探法等为主，这些方法的测量精度及准确度距安全生产要求有较大差距，有必要建立以综合物探正演模型为核心的探测技术体系，开发火灾探测专用电磁装备及解释系统，形成对 200m 以内浅的煤矿隐蔽火区探测技术体系与装备。

在煤矿灾变时期井下通信定位及救灾技术方面，国外穿透不同岩性地层的透地通信距离可达 300m，国内研究的透地通信技术目前仅能在同岩性的岩层中进行，尚未形成成熟技术。国内刚刚开始井下矿山救援机器人和远距离侦测系统试验应用，遇险人员区域定位误差在 10m 左右。研制集井下环境与生命自动探测、灾害与次生灾害预报防止、智能通信通道与救援通道自动化构建及医疗救护于一体的综合性救灾技术与装备，已成为煤矿灾害处置应尽快突破的技术难题。

在煤矿地面井下联合应急救援技术与装备方面，从地面施工直达井下受灾地点所需要的大口径车载钻机，国际上已研制成功 150T 车载钻机，国内正在开发 90T 车载钻机，井下救援钻机仅能实现 60m（Φ600mm）钻孔施工，尚满足不了煤矿救援的需求，因此要加快地面、井下应急救援技术与装备研发，能够保障被困人员生命安全及快速升井。

三、核心技术掌握程度

针对深部煤炭资源安全高效开发面临的科技问题，煤炭行业的相关科研单位、高等院校、煤炭企业等优势科技资源注重加强科技合作，强化产学研用相结合，广泛开展科技创新活动，一系列共性、关键性技术难题取得了突破性进展，涌现出一大批具有先进性和创新性的优秀科技成果，为煤矿安全生产形势的稳定好转提供了重要的技术装备支撑。

煤矿灾害预测预警及防治技术取得了新进展。瓦斯含量快速准确测定技术解决了硬煤压风取样温升加速瓦斯解吸、松软煤层取不到样或取样时间过长、损失量估算误差大的难题，实现了 120m 长钻孔定点取样，8h 内快速测定瓦斯含量，测定误差＜7%，在 100 多个矿井推广应用，为瓦斯治理提供了依据。研发出红外甲烷传感器，误差≤真值的 ±10%，响应时间≤12s，工作稳定性≥12 个月，寿命≥5 年；研发出红外二氧化碳传感器，解决了设计、温度补偿、防尘防水结构等难题；研发出激光甲烷传感器，测量精度 ±0.05%，响应时间＜12s，工作稳定性≥6—12 个月，寿命≥5 年；研发出激光一氧化碳传感器，检测范围为 0—2000ppm，测量误差≤真值的 ±5%，稳定性≥12 个月，响应时间＜30s，寿命≥5 年，已进入工业性试验阶段。上述技术的突破促进了煤矿气体测定技术的升级，提高了量值的准确性，为安全生产提供了基础保障。安全综合监控技术实现升级换代，井下易爆环境用以太环网 + 现场总线、宽带接入设备、大容量本安电源设备、异常联动控制等技术取得突破。开发了集地质测量、生产技术、通风安全、办公自动化和数字化矿山、安全生产监控于一体的预警平台，实现了隐患联动控制和动态预警，为信息化和智能化矿井建设奠定了基础。

我国在煤矿瓦斯抽采技术与装备方面取得重大进展。在煤矿井下千米定向钻进技术与装备方面，研发了煤矿井下千米定向水平钻机及配套的随钻测量系统和专用钻具，用于抽放瓦斯等钻孔作业。在中硬煤层条件下，最大钻孔深度达到1212m，最多可打24个分支孔，创造了国内条件下的新纪录，大幅度提高了瓦斯抽采量。研究成果得到了中央领导的好评。在松软突出煤层顺层钻井技术装备方面，研制出了适合于突出松软煤层（$f \leqslant 0.5$）的顺层钻机，孔深达到168m，创造了突出松软煤层钻孔的最新深度。现已推广至重庆、河南、淮南等具有煤与瓦斯突出危险的50多个矿区。在远距离自动控制钻进装备方面，成功研发出地面远控操作钻机，解决了自动移机、固定、钻杆自动装卸、远程精确控制等难题，实现了煤与瓦斯突出工作面钻孔施工现场无人化。在松藻煤电公司石壕煤矿进行了工业性试验，钻孔15个，最深进尺121.5m，累计孔深1202.5m；钻进效率可达20m/h，单班进尺可达50m/班，为危险区域施工钻孔实现无人化创造了条件。

煤矿灾害应急救援技术及装备取得新进展。开发了人员精确定位技术，在井下目标移动速度不大于1m/s的条件下，定位精度达4m。研制出了采用无线传输和无线中继技术的矿井无线救灾通信系统技术与装备，实现井下指挥基地与救援现场之间的灾区图像、语音、环境参数（一氧化碳浓度、氧气浓度、甲烷浓度、温度等）三位一体的实时并行传输，井下无线传输距离达到2km。建立了移动式矿井重大灾害应急救援指挥系统，可完成气体采集、监测、危险性判别等信息、救援方案制定以及应急措施执行等。研发了井下移动式救生舱，采用分段组装式结构，在没有外界动力条件下可提供8人4天的生存环境；采用二氧化碳、一氧化碳等有毒有害气体吸收清除技术，保障了救生舱安全的生存环境；研制了救生舱专用蓄冷空调，解决了制冷除湿问题。但是，部分核心技术尚待攻关。

在煤矿灾害隐蔽致灾因素探查方面，煤矿隐蔽致灾因素的探测技术多样，但落差小于5m的断层、直径小于20m的陷落柱等小构造探测精度较低，瓦斯富集区、富水区等主要隐蔽致灾因素的探测准确率较低，远距离超前探测距离不够，及时解释技术有待攻克。在深井煤岩耦合动力灾害防治方面，煤矿开采深度不断增加，目前最深的矿井超过1500m，千米深井达47座。高地应力、高瓦斯、高承压水、高地温等问题不断涌现，煤岩耦合动力灾害及热动力灾害加剧，缺乏有效的防治手段。亟须对以高地应力为主导因素的动力灾害、冲击地压与煤矿瓦斯突出灾害的耦合机理、影响因素等开展研究，寻求辨识、预测该类灾害的预报技术和相应的监测系统。我国的热害矿井逐年增加，局部降温技术已不能解决热害的威胁，亟须研发高效、经济的降温技术及系统。在煤矿灾害预警技术方面，近年来，煤矿灾害参数快速测定及预警技术取得了一定进展，但主要是宏观单因素预警，预警准确率较低。有必要建立海量数据动态、快速存取分布式综合数据库，建立灾害监测预警指标、模型及准则，构建监测预警、智能管理平台，实现煤矿灾害全方位、在线监测及实时预警。在救灾通信及人员精确定位方面，目前，井下无线传输距离为1000m左右，但仍满足不了现场需求，通信距离、通信效果和稳定性仍需继续提高，实现高质量通信距离在2000m以上，透地通信在600m以上。已开发人员定位技术，在井下目标移动速度不大于1m/s的条件下，定位精度达4m。但定位精度仍然不够，尤其是在目标移动速度大于1m/s的条件下，定位更为困难，亟须攻关以满足应急救援的需要。在大功率救灾钻机方面，地面大口径快速钻进钻机，最大钻孔直径为711mm，最大钻孔深度700m。但高精度电液控制技术、低速大扭矩动力头结构、大扭矩卸扣装置、应急救援孔口装置等需要进一步研发，救灾能力有待提升。此外，缺少井下松散冒落区钻机技术与装备。

四、技术的应用及影响

随着煤矿开采深度增加而面临的高地应力、高瓦斯、高承压水、高地温等状况，这些因素成为新致灾因子的现象日趋严重。为促进煤矿安全生产形势的好转，国家加大了煤矿安全科技投入，促进一批共性、关键性技术难题得到突破，提高了煤矿重大灾害防治的技术装备水平，为我国煤矿安全生产形势的稳定好转提供了科技支撑。

以瓦斯抽放为例，随着瓦斯抽放技术和装备水平的不断提高，抽放瓦斯的力度加大，促进了我国煤矿瓦斯抽放量逐年提高。2012年，全国煤层气（煤矿瓦斯）抽采量为141亿m^3，利用量为58亿m^3，同比分别增长23.2%和20.2%；井下瓦斯抽采量为114亿m^3，利用量为38亿m^3，同比分别增长25.3%和24.1%；地面煤层气产量为27亿m^3，利用量为20亿m^3，同比分别增长14.7%和13.4%，为国家提供了新清洁能源和原料。由于瓦斯抽采量的增加，井下瓦斯涌出量减少，有效地减少了温室气体排放，保护了环境。矿井瓦斯涌出量的减少，促进了井下瓦斯超限次数的下降，提高了煤矿安全生产的水平，煤矿瓦斯事故逐年减少。2012 年，发生煤矿瓦斯事故 72 起，死亡 350 人，比 2005 年减少 342 起、1821 人，分别下降 82.6% 和 83.9%。煤矿“第一杀手”瓦斯事故的有效控制，促进了煤矿安全生产形势的稳定好转。

总体来看，近年来，煤矿事故总量、较大事故量、重特大事故量均大幅下降，煤矿安全生产形势持续稳定好转。2013 年，全国煤矿共发生死亡事故 604 起、死亡 1067 人，同比减少 175 起、死亡人数减少 317 人，分别下降 22.5% 和 22.9%；全国煤矿百万吨死亡率为 0.288，历史上首次降到 0.3 以下，同比下降 23.0%。与此同时，我们必须清醒地看到，虽然我国煤矿安全生产形势呈稳步好转趋势，但形势依然严峻，事故总量仍然偏高，重特大事故时有发生，2013 年煤炭百万吨死亡率为 0.288，仍远高于欧美主要产煤国家百万吨死亡率 0.03 的水平。

第五节　法医 DNA 检测技术

一、技术发展现状和趋势

随着科技的发展，法医 DNA 检测技术在公安一线已成为个体识别、打击犯罪不可或缺的科学利器。自 1986 年 DNA 检测技术在英国首次被应用于刑事案件以来，DNA 检测技术经历了多位点 DNA 指纹图、单位点可变数目串联重复（variable number of tandem repeats，VNTR）、在法庭科学 DNA 检验领域广泛使用的短串联重复（short tandem repeats，STR）3 个阶段，目前，DNA 检测技术已经成为公安机关法医实验室日常采用的支柱技术。

法医 DNA 检测平台作为开展 DNA 实验不可或缺的平台，其发展大致经历了两个阶段。第一代法医 DNA 检测平台产生于 20 世纪 80 年代，其技术手段为平板凝胶电泳，电泳通路由包含许多小孔的固态介质（琼脂糖凝胶和聚丙烯酰胺凝胶）和缓冲液组成，DNA 分子在凝胶中完成电泳过程，电泳分离后，采用 UV 光源和照相机对已染色的 DNA 分子进行荧光激发及拍照分析。早期的多位点 DNA 指纹图和扩增片段长度多态性分析、短串联重复等位基因等均采用平板凝胶电泳进行检测，检测效率低，需要大量的技术人员参与。第二代法医 DNA 检测平台产生于 20 世纪 90 年代，其技术手段为毛细管电泳。1995 年，美国 AB 公司推出 310 型遗传分析仪，用单通道毛细管电泳技术进行 DNA 检测，实现 DNA 测序、STR 片段大小分析功能，而且灌胶、进样和 DNA 数据采集实现了自动化。其后，1999 年、2004 年、2009 年美国 AB 公司先后推出了 AB3100、ABI3130、ABI3500 系列遗传分析仪，仪器平台往智能化、小型化、网络化、专用化方向发展，DNA 检测数据质量更高、检测功能更丰富。

二、技术水平判断及其依据

法医 DNA 专用检测平台是一个基于激光诱导-荧光检测和 STR 复合扩增技术的全自动毛细管电泳测序平台，涉及光学、精密机械、自动控制、生物化学、计算机技术和法医物证众多学科领域，方法体系复杂、系统集成度高、时序控制与关键零部件加工困难，其分析结果作为司法审判的依据又具有不同于其他科学仪器和检测设备的独特要求，必须保证检测结果绝对可靠。

GA118-16A 型法医 DNA 专用检测平台从满足公安实战业务出发，结合我国法医 DNA 实验室的 DNA 分析具体需要而研制，是我国第一台用于法医 DNA 检测、个体识别及亲子鉴定的全自动多通道的基因操作平台。其特别针对法医 DNA 鉴定应用的 STR 片段分析进行了专门设计，其开放式仪器平台可兼容国外和国内主流厂商试剂盒，优化的数据质量、简单易用的系统操作与维护、24h 无人监守自动运行、与 DNA 数据库的无缝衔接和长期运行的高可靠性设计，极大地提高了法医鉴定的工作效率，降低了 DNA 检案和 DNA 建库成本。GA118-16A 型法医 DNA 专用检测平台在 DNA 片段长度 <500bp 时可实现每小时检测通量 $N>16$ 个样品，自动进样器定位精度小于 0.3mm，兼容 96/384 标准样品盘，一次运行可完成多达 192 个样品的分析；精确的温度控制使电泳环境温度误差不超过 ±0.1℃，保证了分析数据的一致性。

2012 年 10 月 19 日，科技部社会发展科技司、科研条件与财务司组织专家对国家科技支撑计划“法医 DNA 专用检测平台关键技术研究”(2008BAK45B00)进行验收，验收专家组听取了项目组的汇报，审阅了项目材料，现场观看了样机演示并进行了质询，形成如下意见：项目突破了法医 DNA 专用检测平台各项关键技术，开发了我国自主的法医 DNA 专用检测设备、法医 DNA 数据预处理和法医 DNA 片段长度多态性分析软件、法医 DNA 分型消耗品和标准物质，形成了我国法医 DNA 专用检测分析系统的仪器、软件和耗材、试剂的全面配套，是我国精密分析仪器制造领域的一项重大突破，填补了国内空白，为实现法医 DNA 检测技术的国产化奠定了坚实基础。经严格测试和实际应用，项目研制的 GA118-16A 型法医 DNA 专用检测平台运行稳定可靠，检测结果正确，打破了国外企业对技术和产品的垄断，满足了公安法医 DNA 检测和数据库建设等工作的需要，达到国外先进水平。

三、核心技术掌握程度

在研究过程中，法医 DNA 专用检测平台关键技术立足国产化，坚持自主创新，取得了一大批技术成果，解决了一系列关键技术问题，完成了法医 DNA 专用检测硬件平台、法医 DNA 数据预处理、法医 DNA 片段分析软件、系列消耗品和标准物质等重要科技成品的研制，最终实现了法医 DNA 检测仪器、软件和试剂耗材的全面配套，其技术核心掌握情况如下。

（1）荧光激发技术。通过对石英基质毛细管阵列的激光束传递特性进行研究，采用正交型毛细管阵列激发形式，掌握了荧光激发光路设计的关键技术，采用氩离子激光器作为激发光源，通过在样机上测试，其激发效果达到国外同类产品水平。同时，采用 488nm 和 515nm 固体激光器做了大量荧光激发试验，掌握了两类激光器对不同荧光波长染料的激发特性，积累了宝贵的实验数据，为采用新型固体激发光源打下了基础。

（2）高灵敏光电检测系统。通过采用反射式光栅，设计了高灵敏度分光检测系统，该系统完全能够满足检测平台对微弱荧光信号采集的要求，其关键部件，如反射式光栅、准直和成像镜头以及适应特定激发波长的长波通滤光片均实现国产，该系统全部自主研发，与国外同类产品相比，在色散度、光谱谱线位置可调性、光谱分辨力、像面上信号能量值、系统信噪比方面均高于国外系统水平。

（3）注胶泵设计和加工工艺。经过多次试制和改进，掌握了聚甲基丙烯酸甲酯（polymethyl methacrylate，PMMA）和指聚醚酰亚胺（polyetherimide，PEI）材料精密加工工艺与内壁抛光技术，掌握了液体进样技术和高电压、高压强条件下的密封技术，注胶泵经国家分析仪器质量监督检验中心测试，已达到国外先进水平，在国内处于领先地位，该模块使用的精密分配泵已经申请国家专利。

（4）自动进样器制造和控制技术。经过多次设计和实验，项目研制的自动进样器平台各轴定位精度达到 0.3mm，创新性地采用“直线电机 + 滑动丝杠 + 滚珠”导轨结构形式，避免了国外同类产品采用同步带传动产生的回差和老化变形。同时在进样方式上，采用 X/Y 轴联动进样方式，优于国外同类产品采用的单轴运动方式。

（5）DNA 荧光光谱数据预处理技术。根据硬件平台以及选用的荧光染料、内标、电泳等，设计了一套具有自主知识产权的 DNA 荧光光谱数据预处理方法，这套技术方法被综合应用到染料峰识别、光谱校正矩阵获取、STR 光谱数据处理等关键环节，实现了与国外同类产品相同的处理效果，并且由于国产仪器、试剂和耗材的特性，其比国外技术具有更强的兼容性。

（6）空间校正、光谱校正和校正效果评价技术。充分研究荧光染料化学特性、荧光光谱特性，结合光学设计，研发了空间校正、光谱校正方法，解决了毛细管阵列在电荷耦合元件（CCD）成像的有效区间选择问题，解决了光谱谱带内的荧光重叠问题，应用光谱校正获得的光谱校正矩阵，实现了四色、五色 DNA 荧光从光谱空间到染料集空间的映射；为进一步控制 STR 荧光光谱质量，综合面阵 CCD 空间尺寸、光栅、激发光路和毛细管阵列设计，给出了空间校正和光谱校正标准，从根本上掌握了空间校正和光谱校正机理，不仅解决了荧光光谱处理关键问题，还为国产法医 DNA 试剂、耗材的优化提供了技术指导。

（7）法医 DNA 片段长度多态性分析技术。DNA 片段长度多态性分析包括 DNA 片段分子量定值及 DNA 片段分型两个部分，其最终有效打破了多种因素的制约，考虑不同分析方法、不同内标、引物对 DNA 分析结果的影响，建立了支持 DNA 片段长度分析技术的完整技术体系框架，研究并掌握了内标分子量匹配、曲线拟合、DNA 片段谱峰识别、DNA 片段分型等 DNA 片段长度分析核心算法。

（8）DNA 片段分子量定值和等位基因分型技术。DNA 片段分子量定值是法医 DNA 分析软件的核心之一，考虑不同实验条件、不同试剂对数据结果的影响，设计了分子量匹配算法，包括最小二乘、三次样条插值、局部印迹杂交和全局印迹杂交方法；以等位基因分型标准物为基准，设计了等位基因识别和匹配方法。

（9）聚合物分子量精确控制技术。通过精确控制凝胶主体线性聚合物分子量大小，可以获得最佳分离效果，以控制产品质量，保持不同批次产品的稳定性，聚合物分子量会影响后期溶胀后的凝胶性能，对 DNA 分子迁移特性、分离度、读出长度、重现性以及注入时间、注入压力等有直接影响，经过大量实验和技术参数摸索，成功掌握了聚合物分子量精确控制技术。

（10）缓冲液体系构建关键技术。电泳缓冲液的体系构建是电泳缓冲液研制的关键，选择不同的缓冲液成分，能直接影响电泳所承受的电压及电泳电流大小，从而进一步影响电泳发热量，对电泳结果产生影响，研究解决问题的缓冲体系构建技术，选择了能够承受高电压且保持平稳的三羟甲基甲胺基丙磺酸（TAPS）作为主要成分，成功实现长时间稳定电泳。

（11）甲酰胺纯化技术。超纯甲酰胺是电泳变性上样过程中所需要的溶解 DNA 扩增样本的载体，市场上所生产的工业用甲酰胺含有大量杂质，离子含量高，电导率高，通过研究去离子纯化技术，选取了合理的纯化技术和纯化树脂，掌握了溶液电导率小于 100μS/cm 的超纯甲酰胺生产技术。

（12）DNA 标准品研制。DNA 标准物分型筛选是 DNA 标准品研制的首要工作，通过筛选合适的 DNA 分型标准物，研究分型在中国人群中的遗传分布，使所选择的标准物质适合中国人群，不出现稀有型等难以判断的表现型，才能够实现标准比对 DNA 分型物的目的。在日常安检和检验中作为阳性对照标准物应用，筛选并研制了适合中国人群遗传分布的分型组合，获得了各基因座表现型均符合中国人群常见分型的 GA118S1 和 GA118S2 细胞株。

四、技术的应用及影响

2012 年 12 月 3 日，公安部 GA118-16A 型法医 DNA 检测平台应用示范工作部署会在福州召开，标志着由公安部第一研究所和物证鉴定中心共同承担的 GA118-16A 型法医 DNA 检测平台完成大规模试用，正式投入使用，实现了 DNA 检测国产仪器、软件和试剂、耗材全面配套，填补了国内空白，达到国际先进水平，终结了这一领域长期依赖国外产品的历史。

GA118-16A 型法医 DNA 检测平台的成功研制社会效益显著。GA118-16A 型法医 DNA 检测平台是我国首个自主研制的 DNA 检测平台，可直接服务于公安一线，能够促进我国的法医 DNA 实验室和 DNA 数据库建设，从根本上提供了我国法医 DNA 专用检测平台系统建设、产品维护及使用方面的综合解决方案。GA118-16A 型法医 DNA 检测平台性能完全能够满足我国法医 DNA 检测的应用需求，整体性能达到国外同类先进技术产品水平，可以替代国外同类进口产品，其投入使用将有效增强我国预防和打击刑事犯罪的快速反应、犯罪证据认定以及物质条件保障的自给能力，缩短办案周期，减少国家资金投入。目前，GA118-16A 型法医 DNA 检测平台已经实际应用于 DNA 案件样本检测和 DNA 数据库样本检测，北京市公安局法医检验鉴定中心已经累计检测 DNA 样本 10 万余份；公安部物证鉴定中心、上海市公安局、贵阳市公安局、苏州市公安局、商丘市公安局等单位均已有部署，正在或准备开始应用 GA118-16A 型法医 DNA 检测平台进行 DNA 案件样本检测和 DNA 数据库样本检测。

截至 2010 年年底，全国公安机关已经建立了 320 多家 DNA 实验室，购置超过 500 台 DNA 遗传分析仪，年检测 DNA 样本超过 1000 万份。已建成的 DNA 实验室主要分布在中东部发达的省会城市和地级市，由于国家财政经费短缺，全国 34 个省级、334 个地级行政区、2876 个县级行政区仅覆盖到一小部分。鉴于 DNA 检测技术手段是刑事案件侦查的制胜法宝之一，各地方都非常希望发挥 DNA 在实际办案中的巨大作用。未来一定时期内，各级公安机关将积极建设 DNA 实验室，仪器部分潜在市场容量超过 2000 台，以国外同类设备售价 250 万元一台（套）计算，国家财政将支付 50 亿元作为设备购置费用，而如果采用国产 GA118-16A 型法医 DNA 检测平台替代，以国产设备价格为国外设备的 1/2 计，将直接节约国家经费 25 亿元。

GA118-16A 型法医 DNA 检测平台项目中还研制了凝胶、毛细管阵列、缓冲液、DNA 标准品，这类消耗品属于 DNA 检测消耗品，每份样本使用国外同类产品约消耗 10 元。目前每年的消耗量超过 1000 万份，如果采用国产消耗品替代，以国产消耗品价格为其 1/2 计，每年可直接节约国家经费 5000 万元，随着每年检测量的不断扩大，加上我国有近 13.9 亿的人口基数，逐年累积这部分节约出来的费用也十分惊人。

第六节 应急管理集成平台

一、应急管理

非常规突发事件应急管理的研究已经成为现代社会关注的一个重点，合理利用应急管理的研究成果能够保证大量人员的安全，避免巨大的经济损失。然而，面对纷繁复杂的社会系统和形形色色的突发事件，如何设计一种合适的研究思路和方法来解决复杂社会系统中的管理控制问题，成为应急管理领域专家认真思考的问题。

在 2009 年国家自然科学基金委员会启动的重大研究计划“非常规突发事件应急管理研究”中，面向非常规突发事件应急管理的动态模拟仿真系统与计算实验方法是关键的科学目标之一。其研究针对应急全过程动态情景生成演化和计算实验两大核心科学问题，以人工社会、计算实验与平行控制相结合的 ACP 方法为指导，面向非常规突发事件应急响应的平行应急管理理论、方法与技术，建立人工社会建模与计算实验方法体系，设计开放式、可扩展、可定制、可视化的非常规突发事件动态模拟仿真与计算实验平台。在该计算实验平台中，一个重要的关键技术就是针对非常规突发事件应急管理的需要，设计出能够提升问题描述能力的系统性建模方法。一方面，这种方法要丰富应急全过程情景的模型描述手段；另一方面，要针对突发事件和应急管理的计算实验提供开放的、可定制的多领域建模支撑。

针对非常规突发事件应急管理建模，我们需要探索新的方法，面向应急管理的人工社会元建模方法，尝试利用元模型描述人工社会基本要素，利用领域建模方法刻画应急管理领域模型，采用模型变换和代码生成支持计算实验。以公共卫生突发事件应急管理研究为案例，利用人工社会元建模方法构造人工社会元模型、突发事件模型、应急管理模型，并采用仿真模型代码生成技术直接产生计算实验模型代码框架。案例的构造过程表明，面向应急管理的人工社会元建模方法是一种自洽的、贴近应急管理问题研究的建模方法，可以在应急平台的集成工作中发挥重要的作用。

公共安全三角形理论指出，突发事件、承灾载体和应急管理代表了公共安全研究框架的主要内容。对非常规突发事件应急管理问题进行研究，就要紧紧抓住这三个方面。从另一个角度来说，突发事件、承灾载体和应急管理即基于ACP的人工社会建模与计算实验体系关注的核心内容（图 3-1）。而 ACP 中的 A（人工社会）就是“针对某些特定领域，基于建模与仿真建立的、与真实系统对应的虚拟世界”。因此，如何采用一套完善的模型描述方法建立公共安全三角形的模型体系，构造与真实社会应急管理对应的虚拟人工社会，是应急管理问题研究的首要工作。

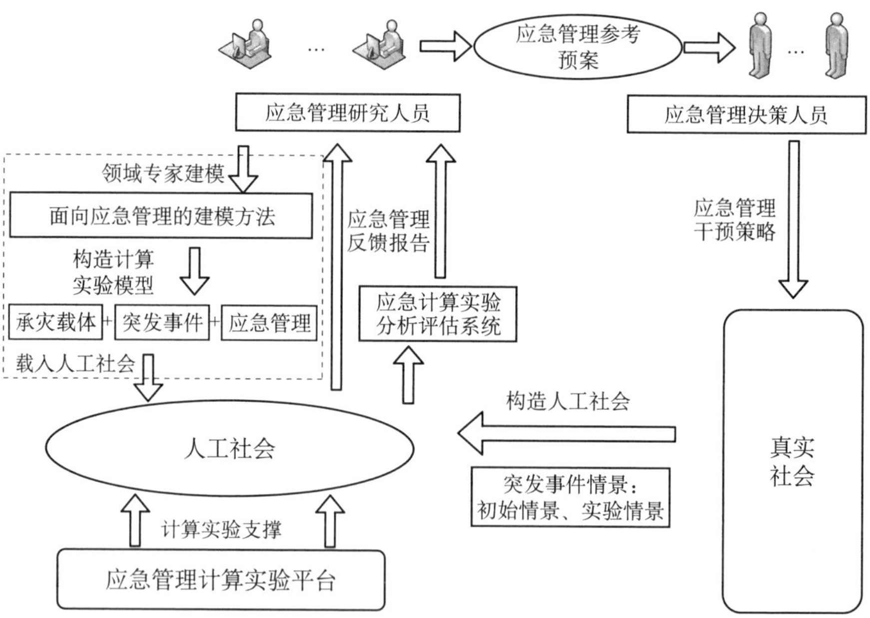

图 3-1　人工社会建模与计算实验体系

由于非常规突发事件的作用机理模式多变、涉及面广，且有很强的社会化倾向，所以公共安全三角形的模型体系建立面临以下困难和挑战。

（1）多学科建模问题。模型体系的建立涉及自然、人口、社会系统、社会组织和个体心理、行为等许多方面，层次多、节点多、关系复杂，难以用单一的形式化方法去描述。需要研究协调一致的多学科、多领域建模方法，解决动态不确定性关系的建模问题。

（2）多层次异质模型综合集成问题。非常规突发事件复杂多变，具有明显的多层次、非线性、变尺度特征。需要研究多层次、异质模型的集成方法，集成研发公共卫生、社会安全、自然灾害和事故灾难等类型的突发事件模型。

国内外应急管理和建模仿真的研究人员已经针对人工社会的构造展开了大量的研究工作。例如，以美国圣塔菲研究所开发的多 Agent 软件平台 SWARM 为基础，衍生了大量的 WARM-LIKE 的多 Agent 建模与仿真平台，如 REPAST、MASON、NetLogo 等。但是这些多 Agent 平台对人工社会中各类模型的描述单一，对具体突发事件问题的研究过于抽象，忽略了突发事件和应急管理措施的多领域特性。此外，还有许多关注应急管理领域研究的平台，如美国卡内基·梅隆大学的 BioWar、美国洛斯·阿拉莫斯国家实验室的 EpiSimS，以及研究全球范围 65 亿人规模流感传播的 GASM 等。但是它们过于专业，不具备一般性，只在特定领域内起作用，不能对其他类型的突发事件进行建模。

因此，目前面向应急管理研究的建模方法存在两个主要问题：首先，是没有统一的理论体系指导对公共安全三角形的模型体系进行研究；其次，是没有形成通用的建模方法和工具以解决模型体系构造中的多学科、多领域、多层次问题。针对这两个问题，研究提出了面向应急管理的人工社会元建模方法，尝试利用元建模方法结合领域问题的研究需要为应急管理问题研究提出一种解决方案。

（一）人工社会元建模方法

针对应急管理问题研究的需要，人工社会元建模方法是复杂社会系统建模用于构造人工社会的一种方法拓展（图 3-2）。在以平行应急管理方法为理论框架时，人工社会元建模方法利用元模型将一般性建模问题具体化到领域应急管理模型的描述中。该方法的最终目标是为应急管理的具体科学问题研究提供极具针对性的建模手段，从而构造领域模型。利用领域模型，即可基于人工社会计算实验体系展开应急管理研究。

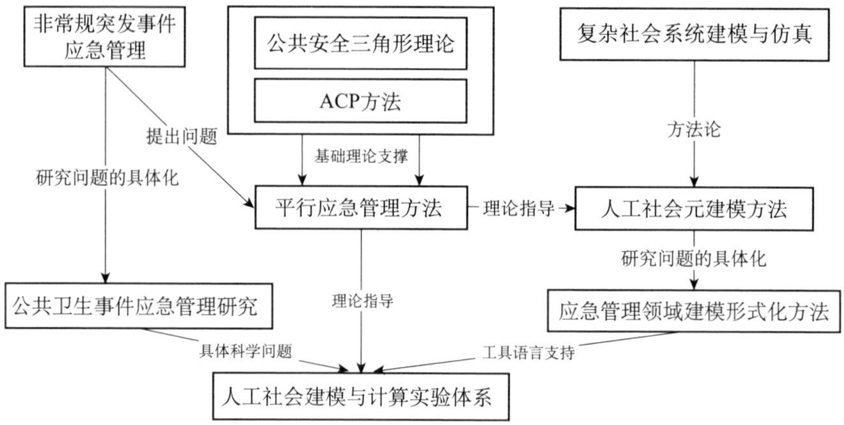

图 3-2　人工社会元建模方法在应急管理研究中的作用

（二）元建模及人工社会元模型

元建模的定义为“建立用以刻画某种建模语言的元模型，并提供支持该建模语言的建模工具”。元建模的核心思想是由领域专家按需定制领域建模语言，然后通过代码生成技术自动获得支持该领域建模语言的建模工具。大量的工程实践表明，基于元建模的领域建模要比基于统一建模语言（unified modeling language，UML）的效率高出10倍。因此，利用元建模技术来完成对人工社会的刻画，一方面，可以满足贴近问题域的要求，对于领域研究人员而言，领域建模语言更容易学习和使用；另一方面，领域建模语言被限定于特定领域，所以由领域模型自动生成仿真模型在统一的计算实验框架下运行相对容易。总之，元模型是用来刻画建模语言的。建模语言包括抽象语法、具体语法（表示法）和语义。抽象语法一般包括构造块和通用规则，构造块可以通过元模型构造块表示，通用规则通常由某种约束语言表达，例如模型驱动架构（model driven architecture，MDA）的对象约束语言（object constraint language，OCL）；具体语法一般采用图形化的表示方法；而语义的表示方法则通过模型变换来实现。

表3-1是目前主流的几个元建模工具的描述能力的比较。在面向应急管理的人工社会元建模方法中，选择通用建模环境（generic modeling environment，GME）作为元建模工具。该元建模工具由美国范德堡大学的软件集成系统实验室（Institute for Software Integrated System，ISIS）开发，其

提供了多种技术以支持大规模、复杂模型的设计，如层次化建模、多视图、冲突检测、集合等。GME 具有以下优点：①提供了完整的元建模能力，即抽象语法的表达（building blocks and generic rules）、具体语法的表达（表示法，显现的属性与关联）、语义；②提供了所见即所得的元模型编辑器，MetaEdit+ 则只提供了对话框性质的界面，不直观；③具有规则和语义描述机制，使得其生成的建模工具有模型检查和模型转换的能力。GME 的缺点是显示内容无法与元素的属性相绑定。

表 3-1 元建模工具的描述能力总结

元建模工具	抽象语法	具体语法	语义
MetaEdit+	端与连线约束	专用 GUI 定制	报告生成语言
GME	扩展 OCL	位图	图形变换
EMF	无	无	无
GMF	OCL	GEF	无

由于 Agent 是人工社会最基本的元素，所以人工社会元模型的构造是以 Agent 为核心构建的。元模型由代理（agent）、环境（environment）、社会关系网络（social relationship networks）、行为活动安排（activity schedule），以及活动模式（agent activity）、通信交互（communication）和交通流（transportation）构成。

（1）代理：人工社会中最核心的元素，是真实社会中人口个体在人工社会中的代理。在不同的人工社会应用中，代理的层次、粒度、智能程度均不同，在元模型中起到集成公共交互模式集成的作用。

（2）环境：为代理的行为和思维提供空间的环境实体，即各类代理的容器。在元模型中，其是地理信息的承载体，代理之间的交互也是在该模型中完成的。

（3）社会关系网络：代理之间的社会关系网络，基于复杂系统网络构造，是元模型中建立的代理之间的静态和动态连接关系。

（4）行为活动安排：代理的行为活动模式，在元模型用于构造代理的行为。正是在微观上每个代理基于活动日志进行活动，构成了宏观上整个人工社会的运转。

（5）活动模式：一个以上代理在环境中产生的活动模式，如学生在课堂中上课、患者在医院中就诊等。

（6）通信交互：代理之间的公共交互模式，值得注意的是，突发事件在微观上也是在通信交互中体现的，例如在公共卫生事件中代理接触后产生的传染式交互。需要注意的是，突发事件和应急干预措施属于应急管理人工社会中特殊的通信交互公共交互模式。

（7）交通流：代理在不同环境之间运动所产生的交通流模式。交通流的承载体是环境之间的连接路网，主体是在路网上运动的代理集合。

（三）模型变换

在面向应急管理的人工社会元建模框架中，语义建模和形式化方法统一采用模型变换的方法实现，具体来说，就是采用模型到模型（model to model，M2M）的模型变换方法。M2M 通过建立由领域模型到典型建模范式的模型变换规则实现领域模型的语义信息表达，不同的领域模型适合于向不同的典型建模范式变换，以降低范式选择不合适带来的误差，只留下建模抽象过程本身的误差。具有明显有限状态性质的领域模型则一般向有限状态机模型变换，如气候模型向有限状态机（finite state machine，FSM）的变换、智能体行为日志服务模型向有限状态机的变换等，而具有明显离散事件性质的领域模型则向离散事件系统规范（discrete event system specification，DEVS）变换，如智能体模型、环境实体模型，公共卫生事件应急管理模型等。

（四）基本人工社会建模

人工社会 Agent 建模只向用户公开其行为调度模型的构建过程，也就是说，用户只需要通过 Agent 行为元模型的装配，实现 Agent 的行为调度即可，无须关心 Agent 的其他状态计算过程。在建模过程中，用户首先需要确定人工社会中将含有哪几类人口，并从 GME 左侧语法元素中拖入相关的人工人口类型。然后，用户需要决定每一类人工人口的行为模式，也就是指定该类 Agent 一天的行为。

例如，对于学生 Agent 来讲，可以设计其行为模式为睡觉→吃饭→上课→吃饭→实验室→运动→吃饭→睡觉，每一个具体的行为可以被任意设置起始时间，同样，在任意时间段，人工人口可以有多种选择去执行不同的行为，如早上 8 : 00—12 : 00，指定 90% 的学生个体在学校上课，5% 的学生个体在睡懒觉，5% 的个体在干其他事情。

对于个体来说，社会关系网络建模是人工社会中体现的另一个基本要素。社会关系网络建模采用层次化模型，如图 3-3 所示。在面向疾病传播研究的人工社会中，将 Agent 的社会关系建模成 Agent 个体的属性，这样做的优点是节约 Agent 社会关系查询所损耗的时间，这在需要频繁查询社会关系的疾病传播研究中非常重要。基于这一思想，社会关系网络的元模型就是 Agent 元模型的一个子元素，当用户研究问题需要用到社会关系网络时，拖入该元素，并指定社会关系网络的数据文件。

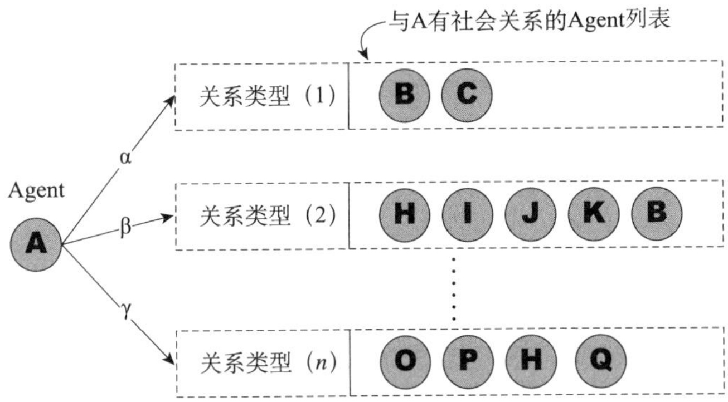

图 3-3 公共卫生事件应急管理领域中的 Agent 的社会关系网络模型

（五）突发事件建模

公共卫生突发事件的建模主要是围绕传染病的病程模型进行的。在传统的 SEIR 模型的基础上，对疾病的病程进行了持续的时间和传染性的异质化。以甲型 H1N1 流感为例，已有研究指出，甲型 H1N1 流感患者在由易感状态到染病状态时，首先会有一段时间的潜伏期，在这个阶段内，患者没有症状，也不具有传染性。根据文献，甲型 H1N1 流感的潜伏期持续时间服从参数为形状参数为 1.8、尺度参数为 1.21 的韦布尔分布；在潜伏期之后，患者进入具有传染性的凸显期，甲型 H1N1 流感的凸显期持续时间服从参数为平均数为 1.9、方差为 0.31 的对数正态分布；甲型 H1N1 流感凸显期的传染性是染病时间的指数函数，因此采用指数分布描述；在凸显期后，患者进入康复期，康复期参数和凸显期设置为一样的。

（六）应急管理建模

我们在应急管理模型的构造中抽取了各类突发公共卫生事件防控措施的共同模式，对其进行元建模。这些共同模式包括：触发条件、作用人口、作用环境对象、效果延迟、效果比例、对 Agent 状态的影响等。每个模式抽象成元模型的一个语法元素，模式之间的关联耦合关系抽象成元模型中的抽象语法。基于这样的应急管理元模型，我们可以构造任何常见的突发公共卫生事件防控措施模型，结合用户输入的措施数据（防控的数据模型），便可以构成一个仿真模型，加入计算实验链路中。

（七）仿真模型代码生成

当然，应急领域专家在特定领域建模中构造出的人工社会仍然是一种表述模式，属于平台无关模型（platform independent model，PIM），不能直接被用于计算。因此，根据多范式建模理论的指导，还需要完成从领域模型到仿真模型的变换。

变换分为三个部分：一般形式化方法的变换、领域特定模型的语义变换及模型框架代码生成。其中，一般形式化方法的变换指的是将领域模型中用多种形式化方法描述的模型统一变换到通用仿真形式化方法中，例如，离散事件系统规范（discrete event system specification，DEVS）用于一致性的仿真引擎驱动；而领域特定模型的语义变换则是将专门用于该领域的形式化模型变换到通用仿真形式化方法中，例如，将人工社会中的 Agent Schedule 模型变换为 DEVS 模型；模型框架代码生成则是将通用仿真形式化方法的仿真模型变换为实际可解算的代码实现。

经过以上三个方面的工作，最终可以得到人工社会实现代码，包括 Agent 模型代码、Environment 模型代码、突发事件模型代码（疾病模型代码）、应急管理措施模型代码等。值得注意的是，这些模型均是由人工社会元模型派生出来的，所以模型代码可以挂载到人工社会元模型的代码框架中，由并行仿真引擎（parallel engine）驱动。选择 DEVS 作为通用仿真形式化方法，初步实现了模型变换和代码生成的工作模型代码符合 DEVS 的规范，能够直接由并行仿真引擎驱动。

综上所述，通过对应急管理研究中建模问题的分析，我们在对元建模技术总结的基础上提出了面向应急管理的人工社会元建模方法。该方法的特点包括：①提出了面向应急管理的人工社会元模型，实现了对人工社会基本特征的支持；②基于元模型，设计了应急管理模型的构造方法，既考虑了计算实验模型一般性的要求，又考虑了应急管理领域模型的需求；③基于人工社会元模型建立了从构造领域模型、领域模型到仿真模型变换、人工社会模型代码生成的完整过程。

总之，在非常规突发事件模拟仿真与计算实验集成升华平台的背景下，研究提出了一种针对应急管理人工社会建模的思路，并以 GME 为支持完成了公共卫生事件的用例。针对计算实验平台的集成需要，该方法的多领域特性体现出了特殊的意义。人工社会的元模型为集成工作提出了统一的接口标准，模型变换为不同应急管理研究领域的专家关注视角的统一提供了可能性，而模型代码框架生成机制则为计算实验铺平了道路。

二、系统集成平台

非常规突发事件应急管理基础科学问题与情景-应对型总集成升华平台研究的重点是，围绕突发事件应急管理核心科学目标和总集成。一方面，加强非常规突发事件应急管理创新能力的基础科学研究，非常规突发事件应急管理过程首先需要对物理和社会空间进行实时情景态势感知，进而分析以获取当前态势的总体描述，然后进行态势的推演，最后进行综合研判和决策并实施，这些过程毫无疑问都应考虑心理因素的影响，只有制定合理的、考虑中国国情特征的应急管理体系与流程，才能实现高效的非常规突发事件应急管理；另一方面，加强面向非常规突发事件应急管理的开放式总集成平台研究，非常规突发事件具有典型的复杂系统特征，其科学问题研究与实际应急决策都需要多学科、多部门、多环节的复杂交互与协同，需要多类型科学方法和技术手段的协作，需要不同地域和学科领域的研究成果的高度集成。这就需要加强面向情景-心理-决策的非常规突发事件应急管理开放式集成研究平台的设计与构建。

基于上述两方面需求，非常规突发事件应急管理基础科学问题与情景-应对型总集成升华平台研究从以两个方面开展研究。

（1）加强非常规突发事件应急管理创新能力的基础科学研究：①突发事件应急场景下的物理-社会-心理空间的实时情景感知方法研究；②多粒度信息综合集成与融合的情景分析方法研究；③事件链-舆情传播-心理行为耦合反馈的情景推演方法研究；④基于中国国情的应急体系和流程的多主体应急决策方法研究。

（2）加强面向非常规突发事件应急管理的预案体系-模拟仿真-决策支持总集成平台研究：①情景-应对型预案体系-模拟仿真-决策支持总集成平台设计与构建；②基于总集成平台的突发事件情景-应对过程仿真与集成应用示例。

突发事件应急管理总集成平台系统经历了从决策支持方案的制订、完善到实施的各个阶段，最终实现了集成平台的应用。总集成平台系统的实现工作主要包括三个方面：总集成平台决策支持方案的设计和实施、多平台间集成和集成平台的应用示例。

（一）总集成平台决策支持方案的设计和实施

总集成平台是应急平台体系的基础平台、应急预案体系的基础平台和事件动态模拟仿真系统三个平台的综合集成（图 3-4）。

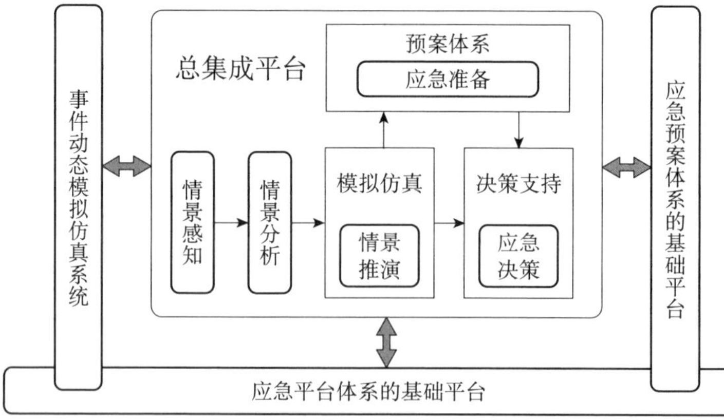

图 3-4　三个平台的集成思路

三个集成平台的建设和总集成平台系统的设计综合考虑了三个集成平台的资源、成果、集成思路，制订了基于本体的决策支持方案（图 3-5）。本体构建包括四部分：事件本体、任务本体、数据本体、模型本体。应急预案平台中的预案引擎对事件本体进行加工，形成任务本体。应急模拟仿真平台提供了模型管理与运行服务及模型本体构建。信息集成平台实现基于物理-信息-心理数据集成的数据本体构建。事件本体、任务本体经推理引擎加工与数据本体和模型本体结合，再通过解释引擎得到解决方案，最终通过应急决策平台得以展现，为突发事件提供决策支持。

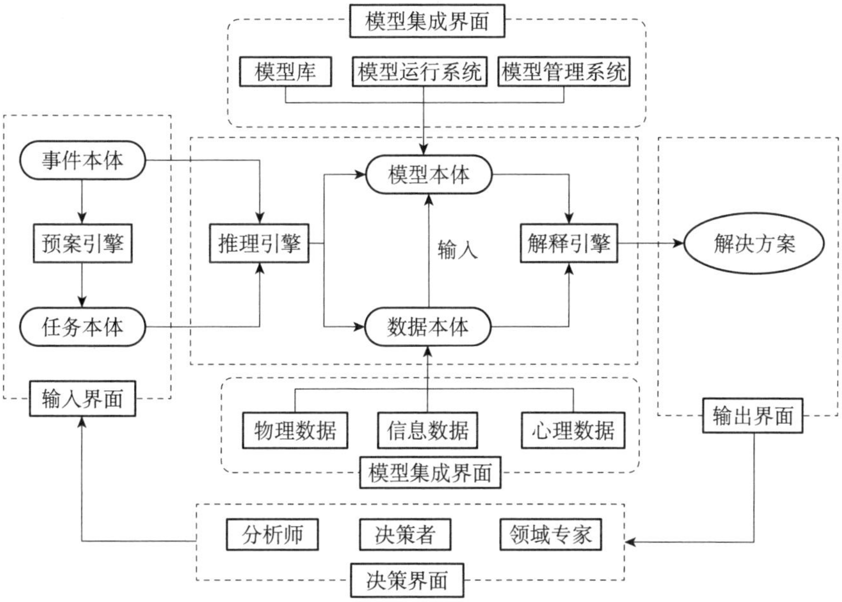

图 3-5　总集成平台决策支持方案

总集成平台的技术方案和实施步骤分为五个层次，由下至上分别是：数据基础平台、模型与工具集、服务、服务集成、模型应用。数据集成平台是总集成平台的基础，通过物联网技术、云应用技术等先进技术手段为三个基础数据平台集成提供平台基础，并为之后的模型、服务和应用集成做支撑。具体在实施上也根据技术和应用过程，按照数据集成、服务集成、应用集成的步骤进行，以数据集成的标准要求实现平台功能级的应用集成与共享。

根据集成平台的设计结构，自下向上逐步完成物联网和舆情相关数据的收集接入、云计算、云存储和空间数据的管理与服务、数据集成框架的设计、数据的计算、存储管理以及典型案例的服务应用等工作。实施步骤如图 3-6 所示。

图 3-6　总集成平台实施步骤

首先，搭建应急管理的基础平台，在云计算的支持下，提供运行支撑所需要的计算、存储环境。其次，实现应急资源、模型与工具的感知接入，支持各种软硬资源及服务请求的接入、访问和调用，实现模型与工具的动态采集、存储与预处理等。再次，服务化的封装与集成，针对各种数据、模型、工具，实现服务虚拟化，实现各个专业领域、资源能力的服务集成运行。主要运用虚拟化等方法将各种服务接入，实现服务的发布、组织与聚合、管理与调度以及服务流程监管等综合管理操作。最后，模型的应用，接入的数据、资源、工具、服务等可以在平台中按需个性化定制，以实现应急需求的实时响应。实施形式采用专项分工制，由各个专业具有专项特长的专家学者完成相应的技术方案。

我们在数据集成方面对应急管理中的舆情分析、数据流监控、传播机制分析，以及数据流挖掘类的已有成果进行了集成，为应急管理决策平台提供面向多突发事件的全程多维度数据获取与数据分析支持。在模型集成方面，应急平台基于本地集成的紧密集成模式和基于分布式系统的松散集成模式对各自开发的相对独立且具有分布式、跨平台、异构性、不确定性等特点的各类突发事件监测预警与应急决策模型进行集成。在集成平台应用系统集成方面，研究采用主动模拟建立异构环境的方式，并结合面向服务的架构（SOA）、Web Service 技术、服务链等技术确定解决问题的办法，同时基于云计算和云服务等搭建总体环境。

在集成架构方面，面向突发事件的不同场景，深入研究突发事件的演进过程，建立特定事件的应急管理本体，从政策方面提出数据共享协议，从技术上将中国科学院数据云（VDBCloud）作为数据共享和调用标准，实现多个应急管理相关部门的内部模型和数据共享，同时支持跨部门的数据调用。

（二）涉及关键集成技术

开放集成平台针对突发事件应急管理中的海量、多源、异构数据，以云计算技术为基础进行技术研发，实现数据的集成与共享。在基于物理和社会空间的情景分析方法上，针对非常规突发事件物理空间感知信息的多源、异构特性，采用模式匹配的技术路线对跨领域、异构多源数据进行集成分析，建立配置说明文件，为实现半结构化、无结构化的数据源向结构化数据集的转换和领域知识推理奠定了基础。针对海量社会传感网络数据，通过研究支持实例和属性值冲突的高效融合函数、多源数据的在线融合技术、协同记录链接的融合技术等，实现海量现实视觉数据与大规模网络非结构化数据的增量式融合。建立的应急管理集成框架如下，将应急管理数据集成框架分为数据源层、数据集成层、数据分析层和数据应用层。

物理空间、信息空间和心理空间的数据通过数据集成方法集成，传统数据可以通过 VDBCloud 进行集成，而空间数据可以通过 EM-Map 进行集成。在数据集成之后，通过数据分析方法，可以直接进行数据应用或为后续分析提供数据支持。

在实际硬件方面，需要构建应急管理公共云服务环境，将其部署在高性能物理机上，按需提供虚拟机服务，为集成平台提供云计算和云存储服务，完成虚拟计算资源管理，包括管理申请、创建、重启、挂起、撤销等虚拟计算资源的整个生命周期。并且，计算能力能够弹性扩展，能快速、灵活地为应急管理应用提供虚拟计算资源，包括物理计算资源的管理、集成大数据处理框架、云计算资源的全面监控与动态调度等与应急管理相关的云计算关键技术。

针对不同类型的数据，采用不同的方式进行集成管理。具体包括以下内容。

（1）在物联网数据上，应急物联网技术服务于集成平台目标的物联网数据集成接口技术与服务系统。从信息环节上看，任务覆盖了数据输入、数据处理及集成输出接口，其核心是将原始传感器采样数据以某种模型组织起来，表征为集成场景中所能理解与接受的时空主体，为应急事件演化过程提供立体全面的数据访问服务接口，最终以实际可用的方式集成在统一的总集成平台上。物联网数据有针对性地为最终的平台集成提供了数据溯源、态势分析、异常事件主动感知、智能决策等立体全面的物联网数据集成接口与服务系统。

（2）在社会舆情态势感知上，构建社会传感网络体系。运用舆情数据实时感知分析的分布式感知、数据感知节点间的通信协议与同步机制、深度网发现、查询接口模式抽取、查询自动生成等技术，结合领域知识，统计海量社会数据，设计多层次的语义表示与模型；同时，根据社会感知数据的摘要与叙事方法，建立网络舆情信息的智能展示；应用社会感知数据的事件检测技术，从社会媒体中获取时间、地点、损坏程度等事件要素，实现非常规突发事件的早期检测；并采用多源数据的在线融合技术及协同记录链接的融合技术，实现海量网络非结构化数据的增量式融合。

（3）在空间数据服务上，国家各级应急平台采用了大量的空间数据、空间处理服务和空间分析服务等。目前采用的是集中式存储和部署模式，该模式无法适应空间数据和空间模型本身具有分散性与动态性的事实，因此，集成平台建立了一个开放式的空间数据与服务集成框架，为各级应急平台提供开放式空间数据共享服务、开放式应用集成框架、开放式空间数据处理和分析服务。该开放式集成框架将空间数据和服务及模型从应急平台烦琐的业务当中剥离出来，从而使得应急平台更好地专注于各种应急业务的处理。该开放式集成框架利用现有的云计算和存储技术，采用 GIS 为应急平台提供开放式的空间数据共享和服务。

在应急平台中的云计算应用以云计算在线聚集系统为目标应用，结合云计算环境下数据存储和处理的特点，针对云计算中实现在线聚集的若干关键性问题，重点实现以下技术。

第一，云计算中查询进程估计。在云计算环境中，查询被分解成多个子任务并行执行，并且每个任务的执行速度也不断变化。除此之外，云计算中的节点异构特性和高出错特性给查询进程估计也带来了很大困难。为了解决上述挑战性问题，提出了“执行时间-出错率”的任务表示模型，并将查询过程转化到计划评估和审查技术（program evaluation and review technique，PERT）上。将查询进程估计问题转化成计算 PERT 网的关键路径问题，并提出了在异构环境下计算 PERT 网关键路径的算法和出错情况下的快速恢复方法。

第二，云计算中单表在线聚集。在云计算环境中，数据以块为单位进行组织和存储，导致简单随机采样的效率不高。针对单表在线聚集，系统采用了以块为单位的整群采样方法，以在保证估计结果统计意义的前提下提高采样效率，并证明了该采样方法的有效性。基于整群采样方法，系统采用了聚集结果估计算法和置信区间计算方法，并给出了基于面向大数据并行处理的计算模型、框架和平台（MapReduce）的具体实现算法。

第三，云计算中多表连接在线聚集。针对多表连接的在线聚集，提出了重分区连接和波纹连接相结合的在线查询处理算法，以支持连接聚集结果的增量、连续性计算，同时最小化估计结果的产生时间。为解决连接聚集过程中的收敛速度慢和数据倾斜问题，提出了两阶段的分层采样算法，并基于该算法给出了置信区间计算方法和在 MapReduce 框架上的实现方法。

第四，基于云数据的直方图估计。查询处理的速度会直接影响在线聚集的效率和准确性，因此对在线查询处理进行优化非常重要，而直方图为查询优化提供了必不可少的数据分布统计信息。云计算中数据的海量性使得构建完全精确的直方图耗时太多而不具有实际意义。结合在线查询优化的需求及云计算环境下数据存储的特点，系统给出了在给定估计误差情况下等宽直方图和等深直方图的估计算法。

三、多平台间集成

（一）总集成平台与模拟仿真平台的集成

与模拟仿真平台的集成的思路主要包括三个方面（图 3-7）：一是计算实验设计和部署工具，主要包括计算实验方案设计和硬件设备的部署；二是动态数

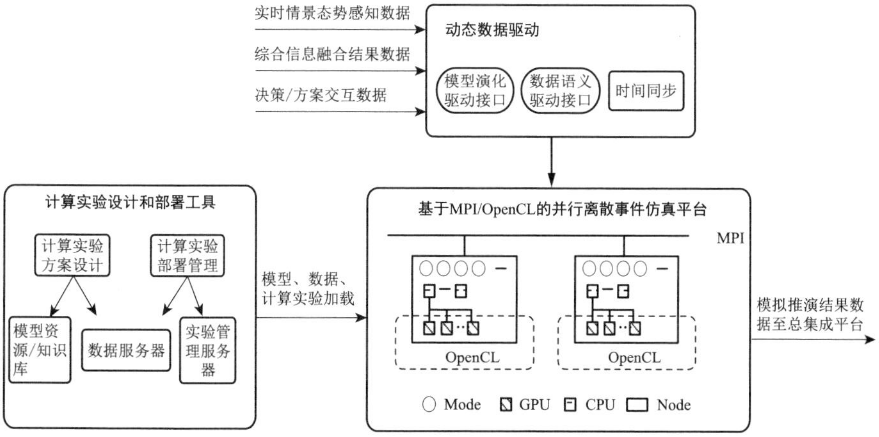

图 3-7　与模拟仿真平台的集成的思路

据驱动，指各种数据的输入，主要包括实时情景态势感知数据、综合信息融合结果数据以及决策 / 方案交互数据；三是离散事件仿真平台，在计算方案设计的基础上构建仿真平台，并将各种数据输入仿真平台，将模拟推演的结果数据输出到总平台。

应急仿真平台主要是基于对一些系列案例的模拟仿真，并将这些案例统一集成到总平台上（图 3-8）。这些案例主要包括气体扩散案例、舆情案例、疏散案例和疫情案例等。下面主要对疏散案例和舆情案例进行详细说明。

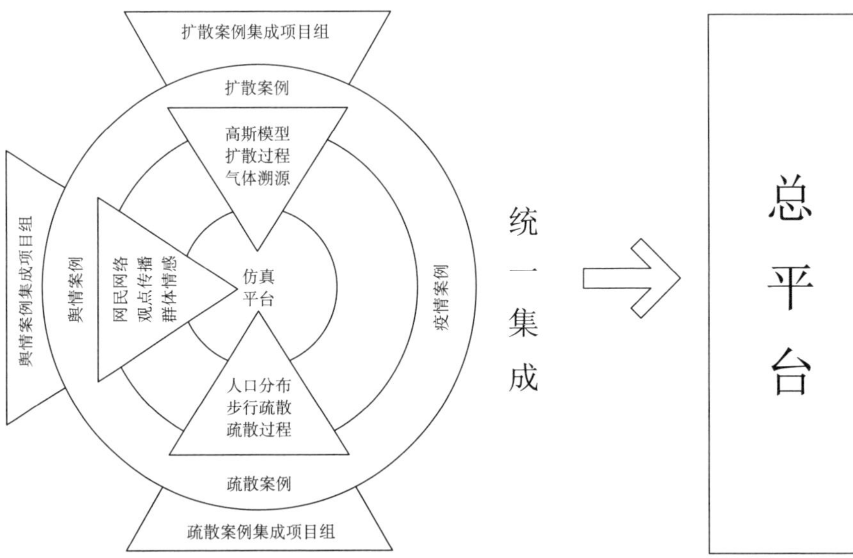

图 3-8　应急仿真平台与总集成平台的实施方案

应急疏散以一个真实场景为例进行集成方案的实现。图 3-9 为面向应急管理的人群疏散建模仿真总体框架。框架中不仅体现了人群疏散模型的主要要素，还提供了面向应急管理的控制接口。人群疏散模型主要体现为以下方面。

（1）环境模型。为了真实体现人群在实际环境中的运动特点，采用视频采集等手段，通过数据整理获得了长沙市火车站的地形图。我们通过 CAD 等软件对火车站的地形进行了格式化标定，使得程序能够读取实际的地形信息（图 3-10）。

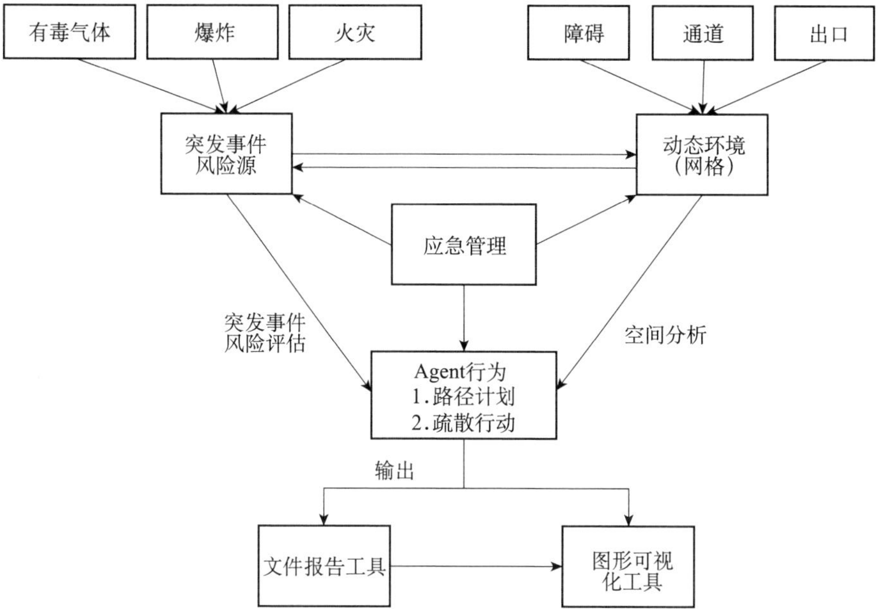

图 3-9 人群疏散建模仿真总体框架

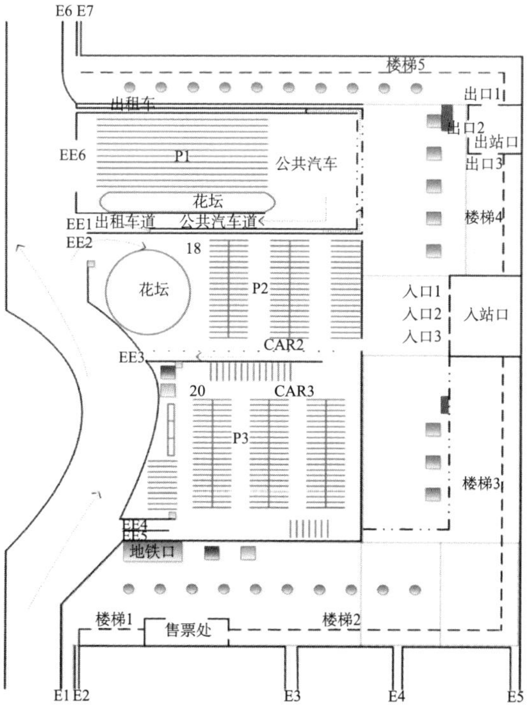

图 3-10 地物标定

（2）人口数据生成。使用交通网络动态起点-迄点矩阵（origin-destination，OD）对火车站的行人运动起点和终点进行建模，OD矩阵的横纵坐标分别是出发地点和目的地，称为出入口。若将火车站视为一个相对封闭的系统，则火车站通过这些出入口与外界环境交换人员。通过实验中拍摄的照片及视频，结合生活经验，对某个出入口对其他出入口的吸引力进行了定性分析，得到了OD矩阵，a_{ij}表明i出口到j出口的人流量，即j出口对i出口的人流吸引量。OD矩阵是对人流流向的定性比较分析，建模时，从出入口i进入车站广场的个体以概率p_{ij}流向j出入口。

$$\mathrm{OD}=\left(a_{ij}\right)_{n\times n},\quad a_{ij}\in\left[0,1\right], n\text{为出入口的数量}$$

$$p_{ij}=a_{ij}\Big/\sum_{j=1}^{n}a_{ij}$$

首先根据环境的可通行性对环境进行分类（表3-2）。

表3-2 环境可通行性分类

通行性分级	描述	举例
0	可通行	普通路面
1	减速通行	台阶、广场减速带
2	紧急情形可通行	低矮栅栏
3	不可通行	围墙、高的栅栏、花坛、值班亭、车辆临时执勤点

（3）人群仿真模型初始化属性。疏散仿真模型的初始化属性包括疏散情景人群的初始化分布、个体属性信息等。通过对火车站的实际人群分布情况进行采集，模拟人群的初始化情况如图3-11所示，个体属性如表3-3所示。

面向应急管理的仿真支持决策平台的主要流程应包括以下几个方面：①确定执行疏散程序；②确定疏散具体方案；③疏散任务的执行、研判和事后总结。

（1）确定执行疏散程序。涉及从突发事件发生（或将要发生）到决策者确定执行疏散程序的过程。决策者需要根据突发事件的严重程度、影响范围内的关键设施和人口分布做出初步决定，确定是否考虑实施疏散任务（图3-12）。

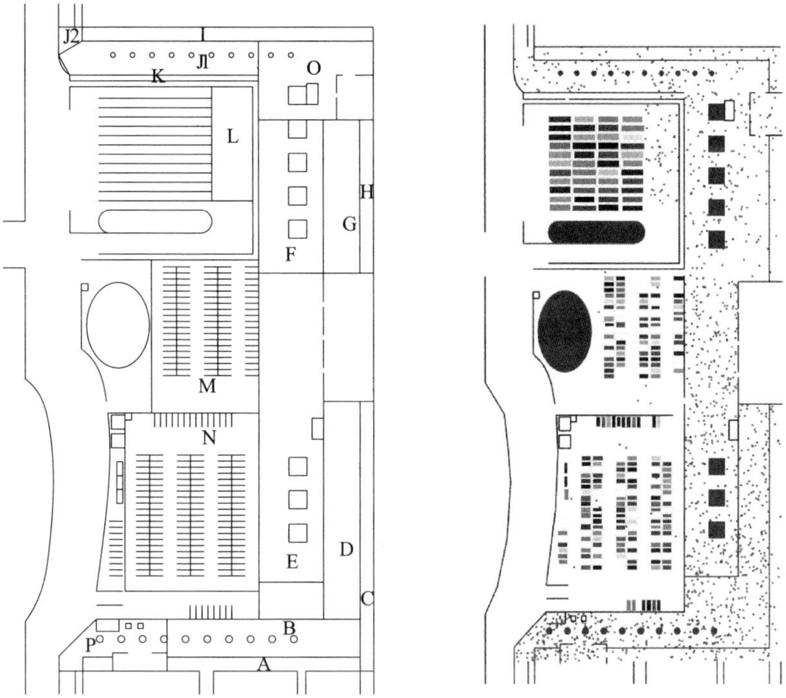

(a)　　　　　　(b)

图 3-11　初始人口分布

表 3-3　个体属性表

类别	属性名称	数据类型	取值范围	意义
基本属性	位置	向量		当前位置
	最大速度	向量	$v_{\max} \sim N\left(\mu, \sigma^2\right)$	最大速度限制
	速度	向量	$v \leqslant v_{\max}$	当前速度
	加速度	向量		当前加速度
	目标点	出入口	广场所有出入口	当前目标出口
	视角	浮点	[0,2π]	个体视角范围
	视距	浮点	[10,100]	个体目力最大所及
心理属性	恐慌度	浮点型	[0,1]	对环境的适应性
	愿望	枚举型	{normal,emergency}	总的精神状态
	记忆	出入口集合	出入口集合	对出入口的记忆
社会关系	跟随的个体	指向个体的指针		指引个体行动的其他个体
	跟随者	指向个体的指针列表		跟随个体行动的其他个体

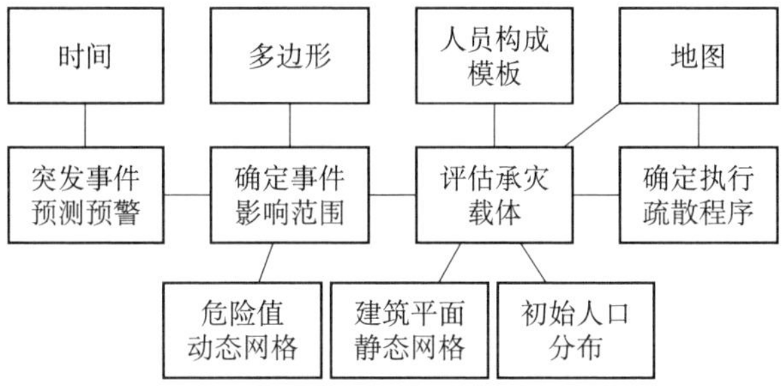

图 3-12 应急管理仿真应用评估流程

（2）确定疏散方案。涉及从决策者确定需要疏散到决策者得到具体疏散方案的过程。根据事件的严重程度，决策者通常需要对某些候选方案进行评估，以确定哪种方案更加有效。疏散仿真和推演是常用方法之一。决策者经过评估和几次方案的改进后，将确定具体的疏散方案（图 3-13）。

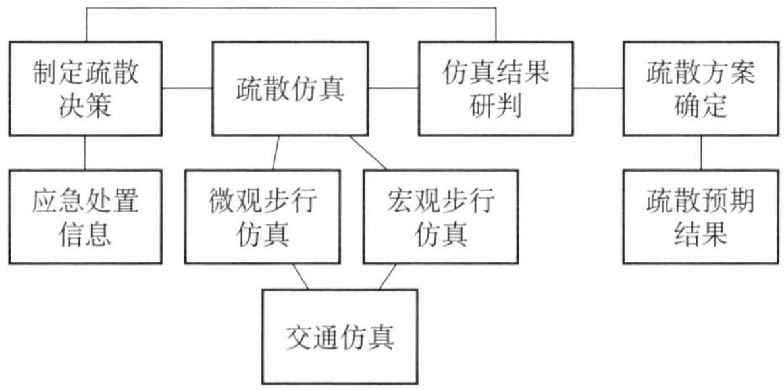

图 3-13 基于仿真决策支持的疏散方案制订

（3）疏散任务的执行、研判和事后总结。涉及从疏散方案确定到疏散实施完成的过程，是疏散的实施阶段。在这一阶段中，决策者将疏散指挥任务分解下发到各级负责人，各级负责人各司其职，完成所有子任务。在疏散过程中，决策者通常会对关键的疏散任务节点进行研判和跟踪，与疏散方案的预期结果进行比较。若出现较大差异，决策者可能会修正疏散方案（图 3-14）。

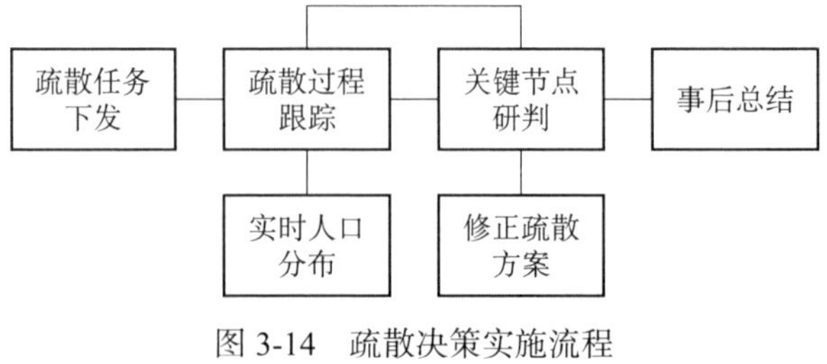

图 3-14 疏散决策实施流程

首先获取真实街区（如长沙火车站）的人群数据，同时将真实场景作为原始情景，作为人工街区的初始情景，再根据情景演化及真实场景的动态数据变化进行实时校正，人工社会计算实验生成应急处置方案。

在集成平台中，数据、模型均有不同的来源，不同模型对输入、输出数据的格式及尺度的要求均不相同，这给数据模型的交互带来了巨大的挑战。因此，定义疏散集成中的模型、数据交互的格式和梳理疏散仿真流程至关重要，图3-15是双方模型数据交互图。宏观步行仿真模型为基于元胞自动机的疏散模型，可以支持数十万规模人口的疏散要求。应急处置信息包括安全区域、临时安置点、步行与交通疏散人口比例和引导员对恐慌人群的影响。总平台还为微观步行仿真提供微观疏散的建筑物编号和其中的人口分布情况两类数据。

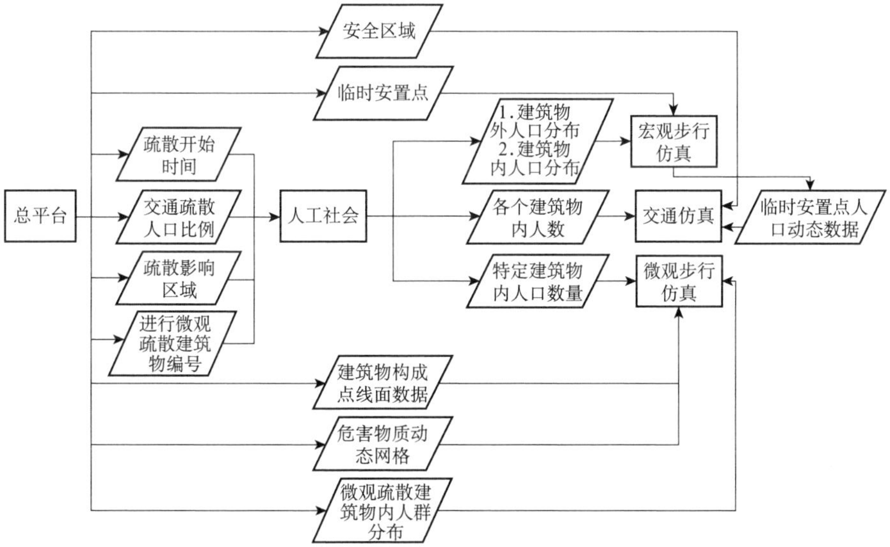

图 3-15　模型数据交互图

舆情集成工作主要基于数据和模型展开（图 3-16）。舆情监测系统对各种突发事件进行实时和在线监测、分析和预警，获取事件的实时数据，分析得到事件话题趋势、主要传播路径及参与主体属性等，这些数据均作为舆情仿真系统的数据被输入。基于信息传播的演化规律、复杂网络模型、个体行为建模等理论基础研究信息传播规律、网络结构、网民个体行为对舆情的影响，构建舆情仿真系统中的子模型，这众多子模型共同构成了舆情仿真系统。通过仿真系统对输入数据进行模拟仿真，为相关部门提供舆情引导方案与应急决策支持。

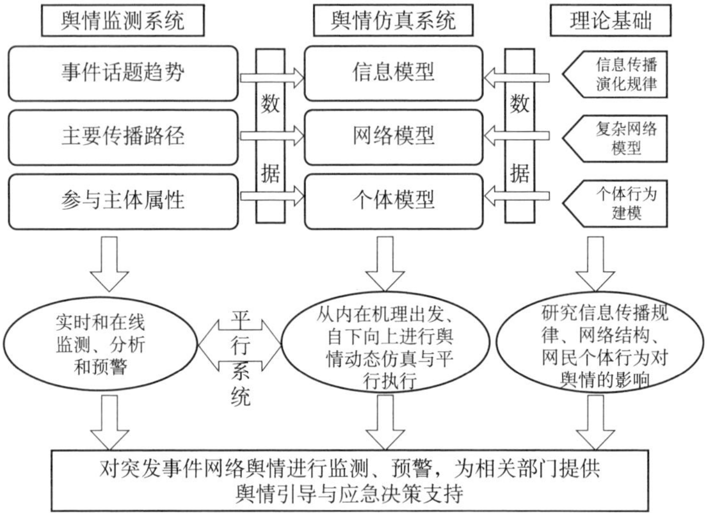

图 3-16　舆情集成方案

根据集成升华平台的本体建模方法和数据集成方法，面向非常规突发事件的舆情分析系统也包括数据层、模型层、服务层和应用层四大部分。舆情集成系统的系统架构如图 3-17 所示。

从图 3-17 可以看出，首先，各种 Web 数据源通过统一的配置文件，形成统一数据集成系统；其次，在此基础上，对舆情数据进行实体抽取、数据融合、数据清洗和关联挖掘，形成舆情数据集，为应急管理提供数据支撑；最后，通过对舆情数据集进行分析，对数量走势、情感走势、事件发展进行分析，进而进行管理决策。

以公共卫生事件为例的舆情分析如下。国家卫生和计划生育委员会于 2013 年 3 月 31 日证实人感染 H7N9 禽流感病毒，这是人类第一次被证实感染该类病毒。截至 2013 年 5 月 14 日，共有 130 例实验室证实 H7N9 病例出现在 8 个省和 2 个直辖市。随着最初 3 例 H7N9 病例于 3 月 31 日被官方宣布，详细的疾病信息在国家卫生和计划生育委员会网站上每天被更新，至 4 月 24 日开始每周进行更新。平台相关人员手动收集了这些详细的 H7N9 病例信息，并在测试中使用了位置、时间和数量信息进行预测。

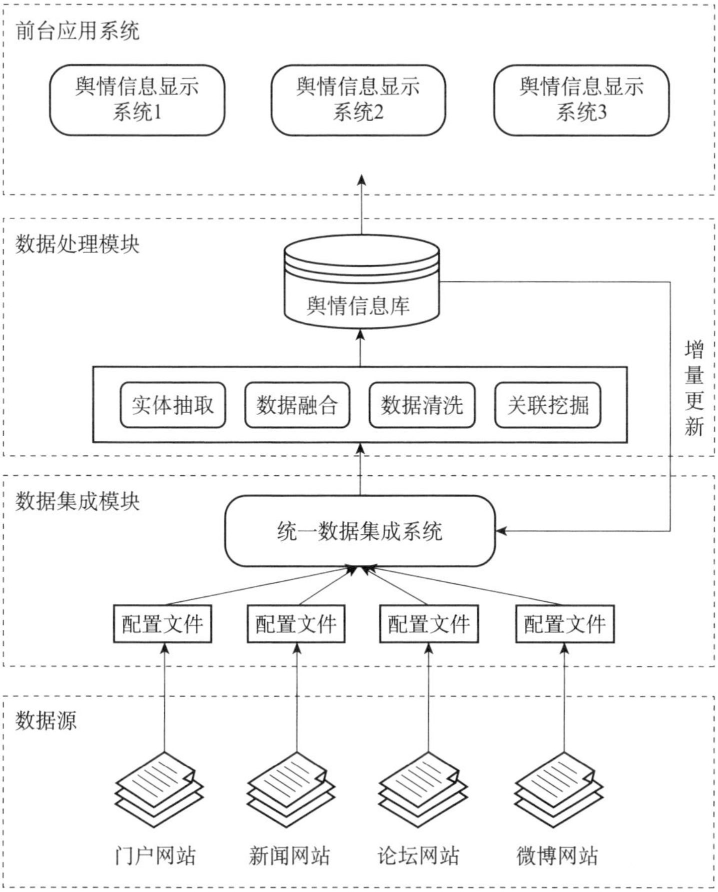

图 3-17　面向应急管理的 Web 数据集成系统架构

新浪微博在中国拥有 5 亿以上的注册用户和 4620 万以上的日活跃用户，是中国最大的微博系统。H7N9 事件出现之后，许多相关的微博被发布和转发。热词指数是新浪微博系统根据每天产生的海量微博数据计算得到的事件热度指数，它反映了一个关键词在微博系统中原创和被转发的次数（图 3-18）。基于自主研发的网络舆情系统，系统从微博、网站或 BBS 中监测并获取了与 H7N9 相关的文本内容。由于微博系统用户和微博条目数量巨大，监测整个系统是不可能完成的任务，因此该平台重点关注网络名人、意见领袖、新闻机构和公共健康等相关账号，最终筛选出包含“H7N9”标签的微博。与推特（Twitter）不同，微博包含转发和评论数量的统计信息，原始微博的这些信息可以轻松获得，因此删去了数据集中所有转发微博。2013 年 3 月 31 日—5 月 14

日，共收集到来自 105 721 名用户的 146 684 条原始微博。此外，系统在 8 月 7 日对这些用户的相关信息进行了更新，包括粉丝数、关注数、微博数和注册地等。

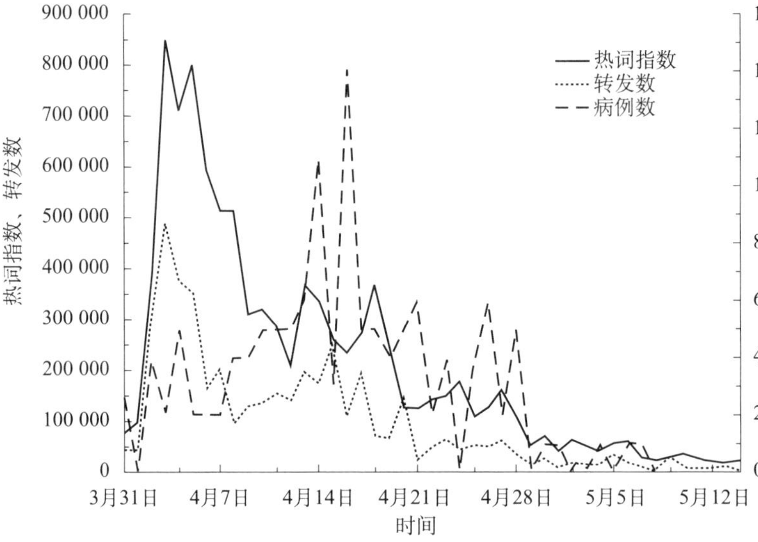

图 3-18 热词指数、转发数和病例数的时间分布

面向社会舆情的微信大数据分析方法为利用 6 个 H5 网页进行舆情传播分析，对地域交互活动网络进行探测发现舆情传播过程中出现 8 个较大的社团，其中最大的是以北京、天津为首的北方城市社团，其城市数量约占总城市数量的 24.56%，而以广州、深圳、东莞、长沙等城市组成的南方城市社团的城市数量占了总城市数量的 16.23%，以西安、兰州、郑州为首的城市社团的城市数量也占到了接近 1/6。

H5 在微信中传播的地域交互活动网络是存在明显的社团划分的，并且社团划分存在一定的规律性，同属于一个社团的城市节点在地理位置上也呈现聚集的现象，并且社团的划分从效果上看基本是在地理位置上分成了一个个的地理区域。一个区域内的城市同属于一个城市社团，没有两个社团的城市在地理上交叉分布的情况（表 3-4）。

表 3-4　城市社团划分结果

社团	城市比例 /%	代表城市
1	24.56	北京、天津、哈尔滨、沈阳
2	16.23	广州、深圳、东莞、长沙
3	13.38	绵阳、西宁、昆明、成都
4	9.21	南京、盐城、苏州、上海
5	15.79	渭南、兰州、郑州、西安
6	7.89	福州、九江、上饶、南昌
7	6.36	宜昌、荆州、恩施、武汉
8	4.82	重庆、泰州、温州、杭州
9	—	其他城市

（二）与应急预案平台的集成

总集成平台与应急预案平台的集成的思路主要包括六个方面，包括真实事件、事件情景、辅助决策工具、应急预案、形成方案、处置或演练。首先，将真实事件抽象为事件情景，基于情景匹配并借助各种辅助决策工具生成应急预案，并通过真实事件对应急预案进行修改与完善，形成实际处置方案，最终指导应急处置或模拟演练。

应急预案和准备体系主要为集成平台提供理论方法和技术支撑，如图 3-19 所示。

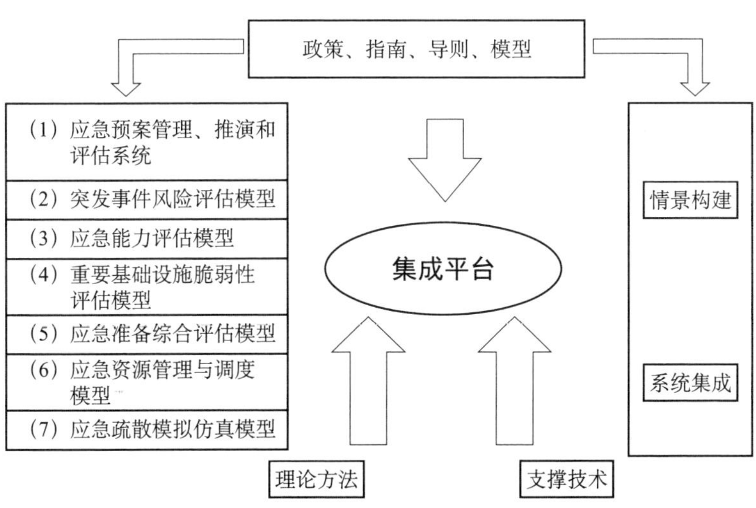

图 3-19　应急预案和准备体系与集成平台的关系

集成系统平台的主体功能是集成和展示风险评估、应急准备体系、应急预案系统和预案运行基础等相关研究成果，为应急预案管理与应用提供信息技术平台，并实现与模拟仿真、决策支持等集成平台的对接和相互支撑。集成系统平台的主要功能框架如图3-20所示，主要功能包括应急情景构建与管理、应急预案数字化管理、应急模拟演练与评估、应急辅助支持、平台对外信息发布和平台安全管控等。

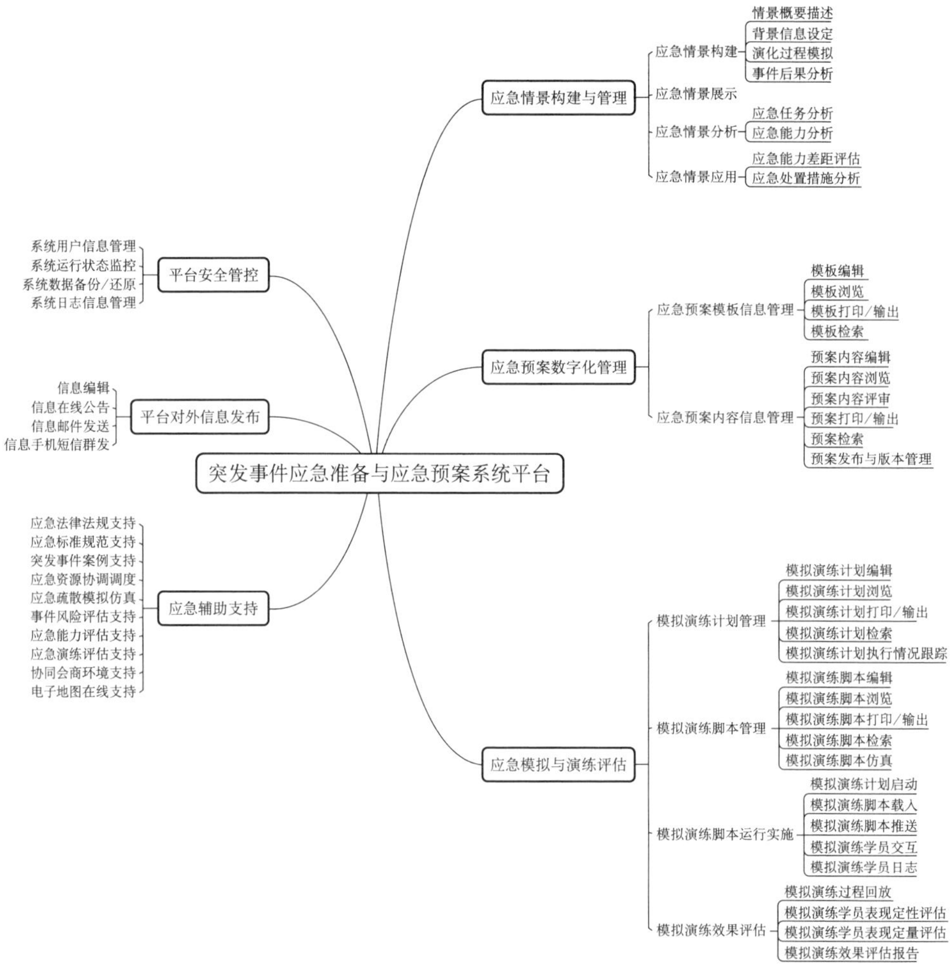

图3-20 应急准备与应急预案系统平台基本功能

应急情景构建与管理功能模块为情景构建过程的事件动态演化过程模拟、

事件后果模拟分析、应急任务与应急能力分析评估等提供工具，并为情景的存储和应用提供数据库、模型库、知识库、案例库等信息化手段。应急预案数字化管理功能模块为应急预案的存储、编制、评审、发布、管理等提供信息化手段和工具。应急模拟演练与评估功能模块通过将情景与预案相结合，形成演练脚本，并通过多人角色扮演和自动推演等方式，对各项应急功能、任务、过程进行检验，提供对演练效果进行评估的工具。应急辅助支持功能模块集成各种常用的应急准备相关知识、模型、案例和信息等方面的支持，例如，法律法规数据库、标准规范数据库、突发事件案例库，风险评估、应急能力评估、应急资源调配、应急疏散模拟等模型，以及地质地图、协同会商、系统互联、信息分布与共享等基础环境。

应急演练与评估系统和应急情景构建与管理系统、数字化应急预案构建与管理系统共同构成了应急预案与应急准备集成平台的核心部分，向上通过信息门户网站实现信息的发布与共享，向下有由应急辅助支持系统统一管理的应急知识库、应急专业模型库和应急专业工具库提供支持。而在平台核心的三个业务系统中，应急演练与评估系统的演练目标和演练规则来自应急情景构建与管理系统和数字化应急预案构建与管理系统，演练评估结果又被进一步反馈给相应的情景和预案，为进一步提高情景构建的合理性以及应急预案的科学性、完整性和可操作性提供支持。应急预案与应急准备集成平台主要分为四个模块：情景构建模块、数字化预案构建模块、演练评估模块和辅助决策模块（图3-21）。情景构建模块与数字化预案构建模块负责对案例情景和预案进行构建及管理，并通过演练评估不断修改与完善，再通过与总平台的信息交互，实时更新情景和预案，最终形成较完善和科学可行的应急预案，进而为突发事件提供决策支持。

（三）集成平台的应用示例

集成平台的应用以台风为例进行详细说明。两个案例均采用三元空间分析的方法（图3-22）。突发事件发生后，通过对事件的相关数据进行获取和分析，了解公众对事件现象和各种政策、法规、相关部门的响应等的态度、意见、情感等，进而有针对性地做出相应的管理决策。

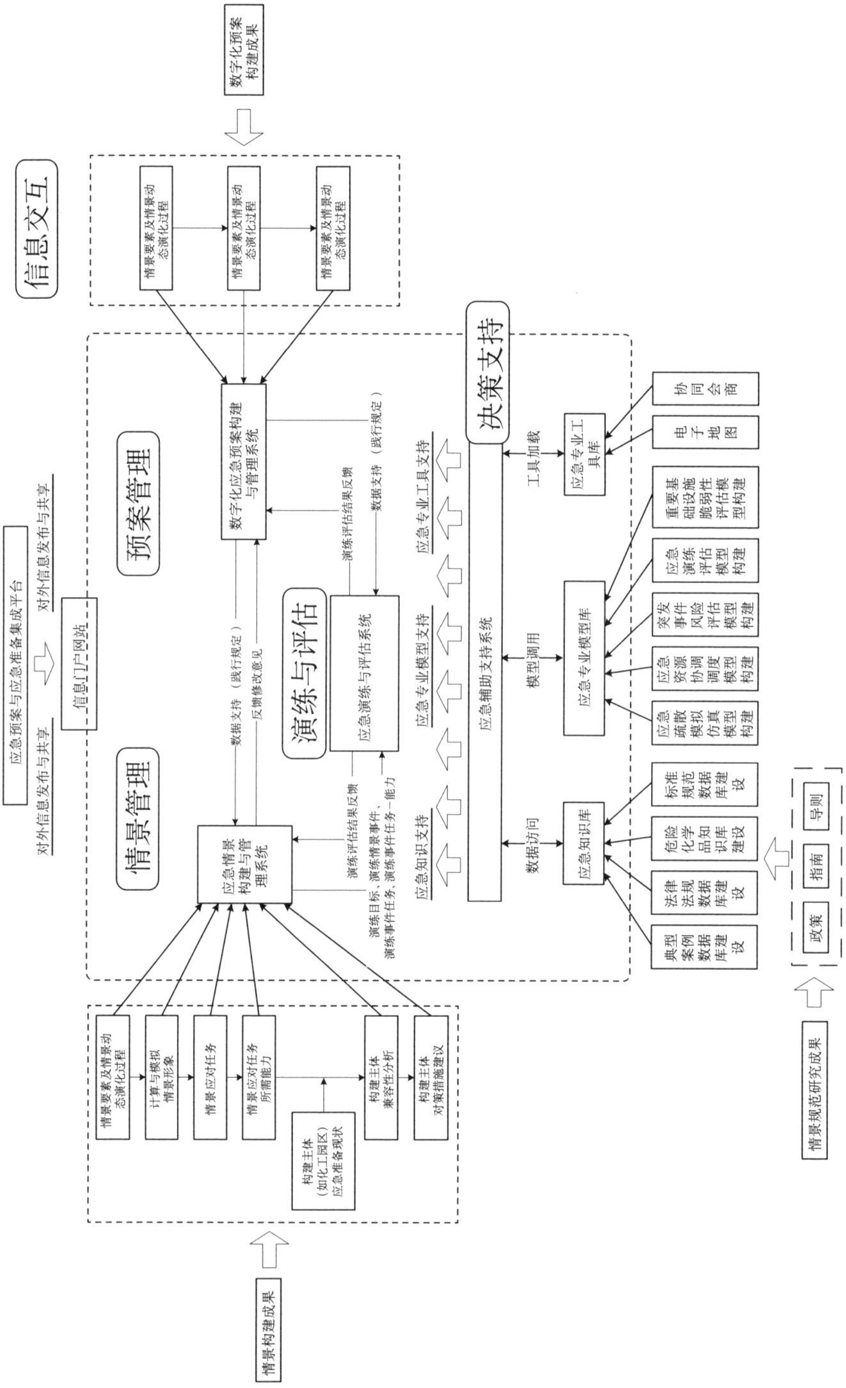

图 3-21 应急预案与准备体系决策支持过程

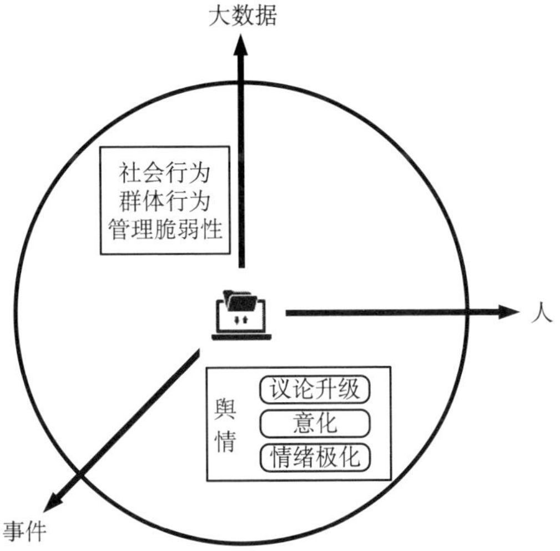

图 3-22　三元空间分析框架

自然灾害以台风为例，探讨其应急响应。从物理-信息-社会管理三元空间开展了“黑格比”台风的专题研究（图 3-23）。因“黑格比”台风与 2013 年发生的“海燕”台风的路径相似，遂开展二者的对比研究。

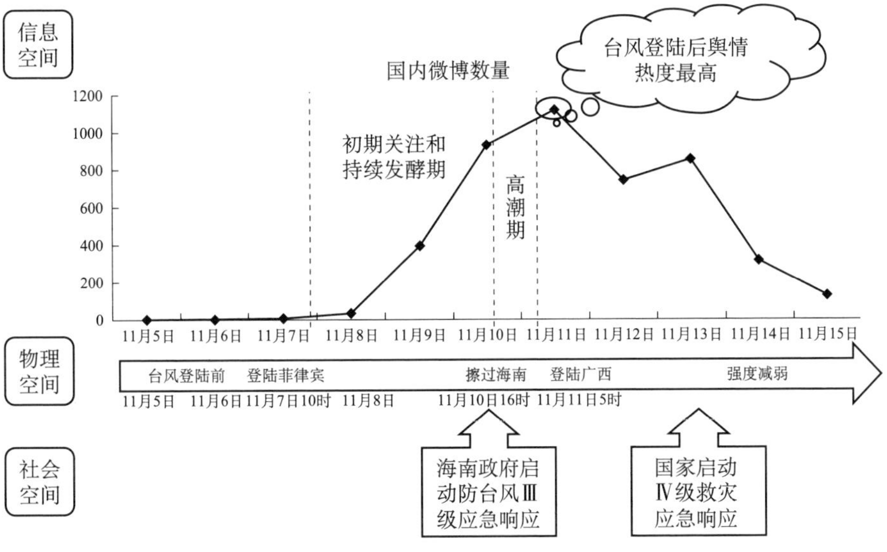

图 3-23　物理-信息-社会管理三元空间的台风应急响应

我们首先从物理空间的灾害链来分析台风，构建的台风灾害链如图3-24所示。

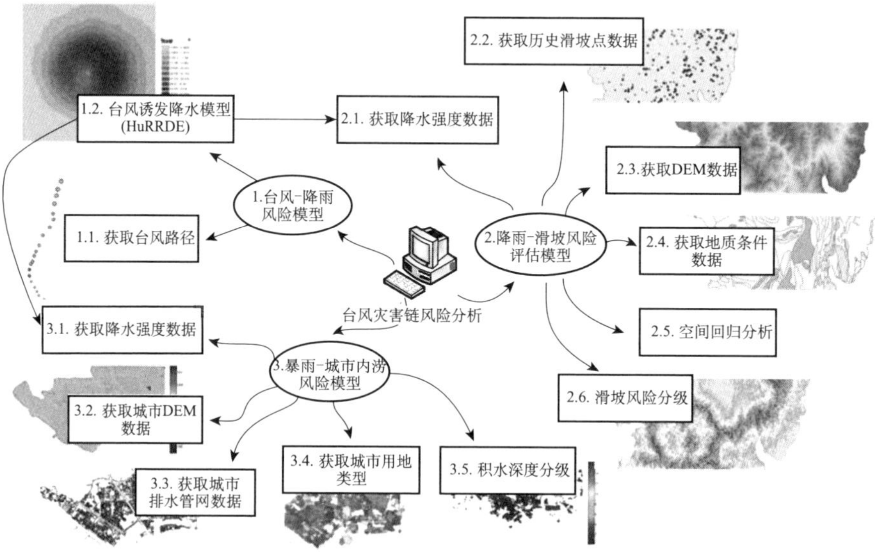

图3-24 以台风灾害链为例的集成实例图

以台风-暴雨-城市内涝为例，建立了灾害链集成框架，研究了灾害链风险评估中分布式数据传输方式和模型链集成技术，实现了台风灾害链风险评估模型（图3-25）。

接下来，从网络空间来分析舆情信息。通过信息空间的数据分析和处理获取信息，进行辅助决策。以“海燕”台风为例，对其影响最大的广西壮族自治区和海南省展开分析，分析网民在不同地域的关注点的分布。台风登陆后，广西壮族自治区和海南省的微博词频统计如表3-5所示。

海南省的民众主要关注生命线破坏情况（电力、食物、水、气、路网等）、受灾区域和救援任务；广西壮族自治区的民众主要关注风暴和灾后恢复。通过民众的关注点的差异，我们可以分析出海南省比广西壮族自治区受灾更严重。

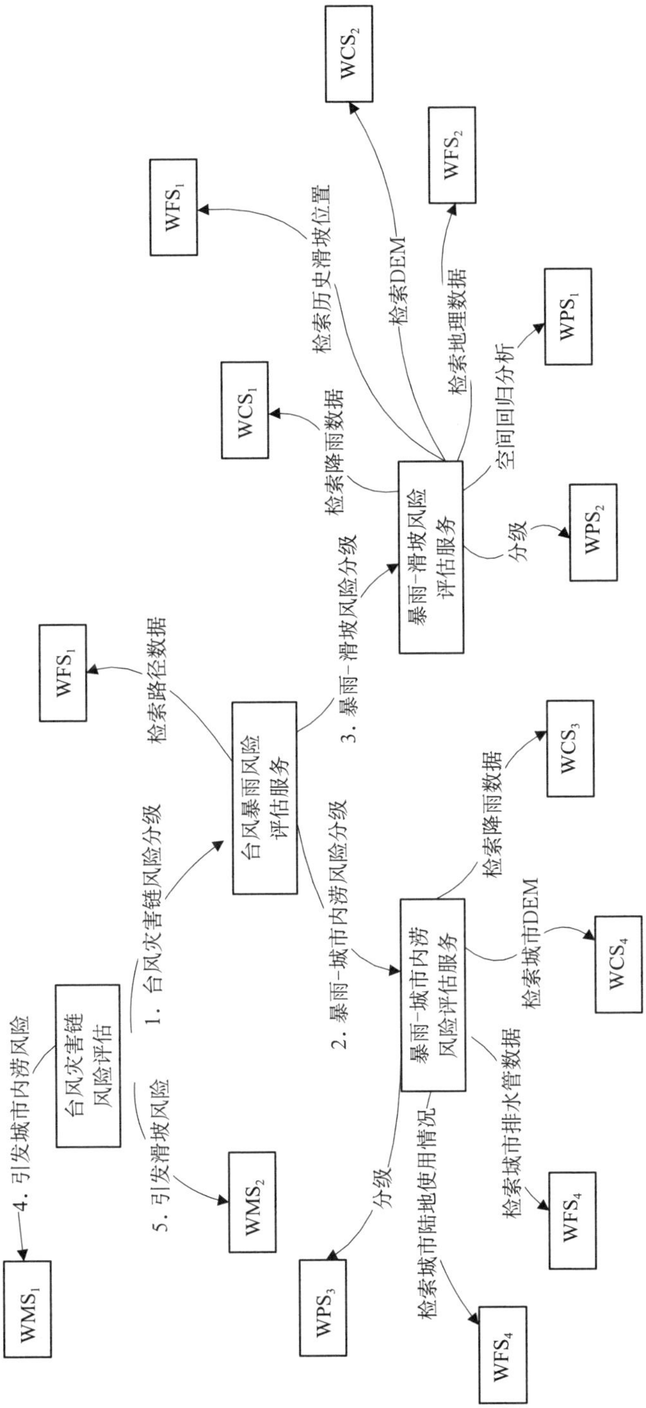

图 3-25　台风-暴雨-城市内涝灾害链

表 3-5　台风登陆后广西壮族自治区和海南省的微博词频统计

关键词	频次	关键词	频次
海燕	31	海燕	111
强台风	18	台风	86
断电	8	头条新闻	51
海南	7	广西	47
头条新闻	7	早晨	43
距离	7	境内	41
你	7	外出	14
乐东黎族自治县	6	暴雨	11
中央电视台	6	乐东黎族自治县	10
16 时	6	上课	10
大约	6	上班	7
千米	6	吃惊	6
哭	5	蜡烛	6
困住	4	雨伞	6
万泉河	4	恢复	6
雨、风	4	袭击	4
村庄	4	供电恢复	4
救援	4	受灾	4
缺水	2	轮渡	4

我们可以从时间维度分析舆情信息，通过“黑格比”台风登陆菲律宾前后 Twitter 的词频（表 3-6）分析不同时间民众的关注点的分布。

表 3-6　“黑格比”台风登陆菲律宾前后 Twitter 的词频统计

关键词	频次	关键词	频次
菲律宾	2670	菲律宾	5692
黑格比	2112	黑格比	4655
RubyPH	1468	台风	2320
台风	682	马尼拉	1268
马尼拉	610	RubyPH	840
12 月	278	洪水	502
着陆	206	恐吓	502
萨马岛	204	滑坡	468
疏散	174	席卷	466
风	164	美国有线电视新闻网	440
甲米地	148	疏散	276
停课	136	百万	164
暴风雪	128	雨	142
轨迹	112	居民	122
途径	98	救灾	122
美国联合台风警报中心	96	恐慌	108
突发事件	54	受损	94
准备	34	萨马岛	80
家庭	34	猛烈	72
洪水	34	食物	34

台风登陆前，网民主要关注台风最可能登陆的地点、疏散、停课、准备情况和国际权威组织（如联合台风警报中心）。台风登陆后，网民主要关注台风次生衍生灾害、疏散、应急资源保障和灾害损失。

通过物理空间的路径跟踪和对相关数据进行模拟仿真，获取淹没范围和淹没深度，最后进行应急决策，如疏散方案规划和危机预警等。

第七节　基础科学研究

应急平台基础科学问题研究包括如下几方面。

一、突发事件下物理-社会-心理空间的实时情景感知方法研究

物理-社会-心理三元空间数据融合与实时情景感知的研究内容包括 4 个方面：①多源异构数据的实时获取（针对多元数据）；②基于物联网的综合集成技术研究与突发事件情景感知物联网模型的构建（针对物理空间数据）；③实时主动感知的社会传感网络构建（针对社会空间数据）；④实现心理数据集成的“一统两库”的建设、全国幸福感的调查和心理脆弱性的研究（针对心理空间数据）。

在物联网的综合集成技术与系统方面：第一，针对传感器组网与海量数据获取方法，通过 M2M 终端和各种传感器网关获取海量数据；第二，针对海量物联网感知数据存储、传输与处理技术展开研究，提出了分层协同的数据处理架构，来应对密集数据处理需求与海量存储挑战，并研究了基于图（graph）结构的多维数据检索机制；第三，提出了基于分布式内存的统一缓存机制，以提高数据检索效率；第四，提出了针对物理空间和物联网信息空间的关联模型；第五，实现对突发事件实时情景的可视化表达，为突发事件的应急处置提供决策支持（图 3-26）。

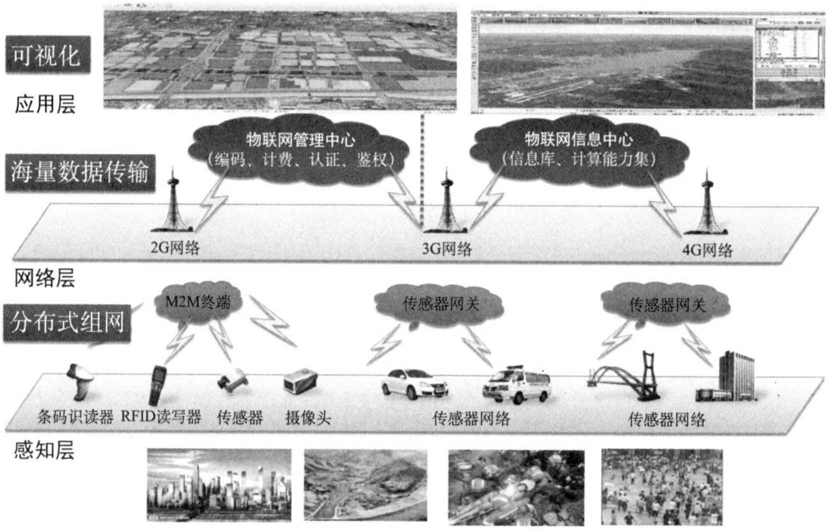

图 3-26　基于物联网的综合集成

原型系统开发方面主要包括以下内容：第一，物联网数据集，生成标准集成用数据集及其规范描述；第二，集成服务子系统，建成物联网数据集成服务平台原型系统，构建“一个平台、三类主体、五层接口”的“一三五”框架（图 3-27），此原型系统以服务子系统形式与集成平台进行对接；第三，仿真验证工具，研究开发了物联网数据注入器及时空载体在灾害前后的参数仿真调节器，获得群体行为特征数据，以对大集成平台提供支持。

实时主动感知的社会传感网络构建方面的研究包括两个方面：第一，非常规突发事件中的个体认知-情感-行为的应对过程（图 3-28）。在地理集成分类心理特征的典型水平研究和心理地理信息系统的基础上，针对情绪过程和认知过程从初期、中期、后期展开研究。地理分类主要基于地理特征、经济发展、教育程度和宗教信仰四个方面。第二，复杂社会传感网络模型的构建，构建了 5 种网络模型——ER 网络、WS 网络、BA 网络、BBV 网络和社区结构网络模型；实现了 6 种网络结构特征指标计算——度分布、模块度、平均度、平均度路径长度、网络直径、平均聚类系数，实现了上述网络模型和网络特征的仿真展示。

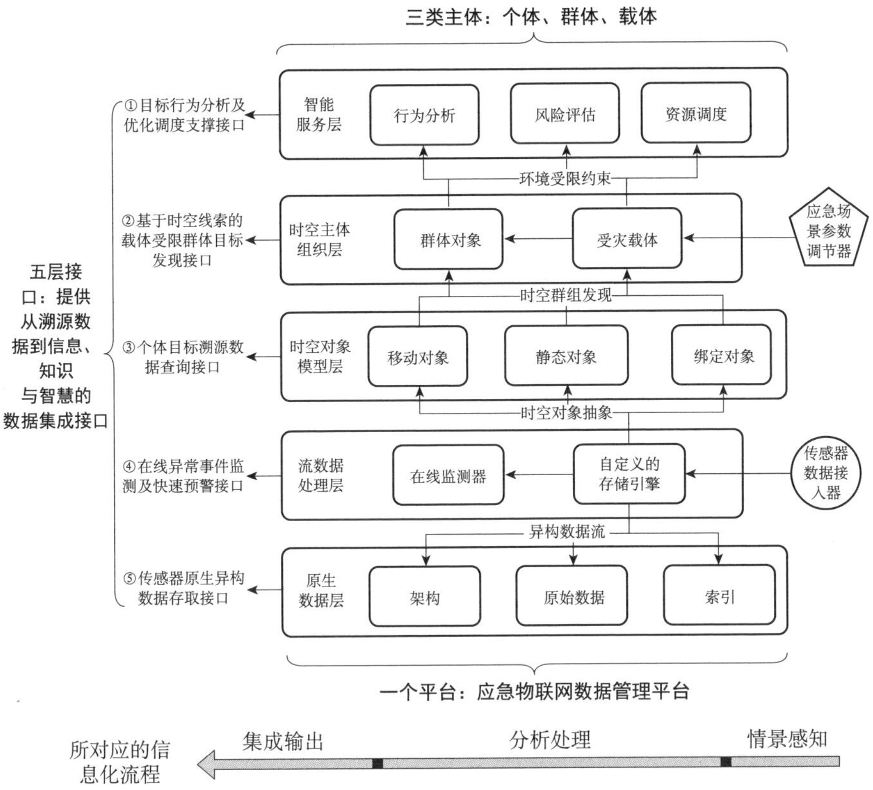

图 3-27 物联网数据集成服务平台原型系统

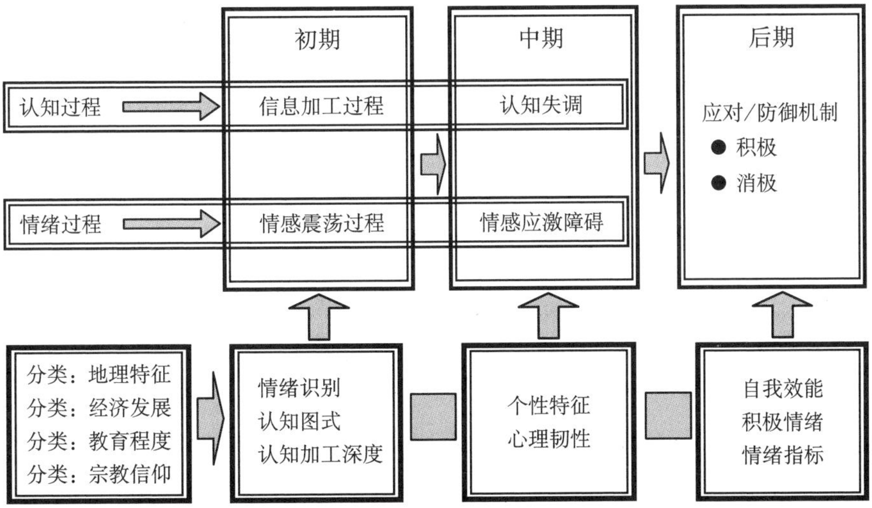

图 3-28 非常规突发事件中的个体认知-情感-行为的应对过程

“一统两库”即心理地理信息系统、非常规管理心理知识库、非常规管理案例库。心理地理信息系统建设方面完成了基础数据的收集与运作工作，完成了基于多项心理指标的地理分布研究，包括开放性、外向性、情绪稳定性、宜人性和责任心；非常规管理心理知识库旨在收集国内外针对非常规突发事件的心理学研究成果，特别是针对美国心理学会（American Psychological Association，APA）和美国管理学会（Academy of Management，AOM）旗下主要的学术期刊，对与非常规突发管理事件有关的研究成果进行收集整理，目前入库信息接近 10 000 条；非常规管理案例库主要收录以下事件类型：国内恐怖袭击事件、国内医疗卫生事件、国内食品安全事件、国内自然灾害事件和国外恐怖袭击事件，目前已针对部分案例事件进行了分析。

在全国范围内进行社会安全感与幸福感的调查，旨在了解各民族心理与行为的主要特点。调查最终回收样本 2486 份，其中，东北地区 309 份、华北地区 265 份、华东地区 350 份、华南地区 405 份、华中地区 300 份、西北地区 344 份、西南地区 513 份。参与调查的人群除汉族 1689 人外，还包括壮族 110 人、满族 137 人、回族 113 人、苗族 108 人、维吾尔族 106 人、蒙古族 109 人、藏族 114 人。我们通过数据分析结果发现：①全国 8 个地区中，西北地区民众的安全感最低，其他安全感从高到低的地区依次为华东、华中、华北、东北、华南、西南（图 3-29）；②在经济相对发达的华南、华东、华中地区，经济收入更容易影响民众的安全感，而在西北、西南地区，当地民众会比其他地区更关注社会治安对其造成的影响；③大部分地区的民众都认为其收入可以满足日常生活支出，但在西北

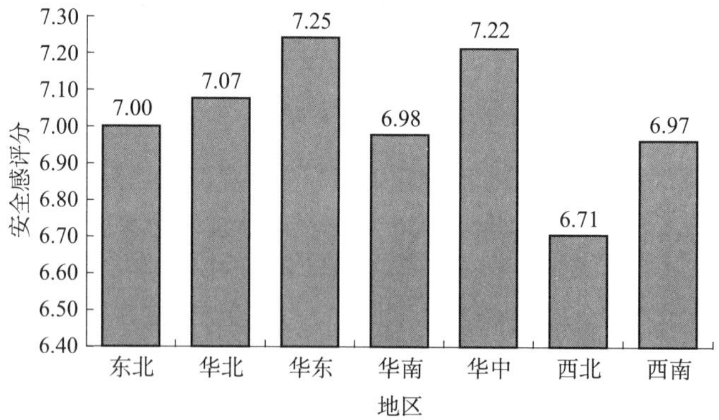

图 3-29　各地区民众的总体安全感状况

地区，仍有近两成的民众认为其收入不能满足日常生活支出；④所有地区的民众都认为其居住地存在污染问题，其中，华东、华北地区的民众认为其所在地的环境污染问题相对比较严重，而且华东地区的民众认为在过去 5 年中环境污染问题的改善程度相对较低（图 3-30）；⑤各地区居民对自然灾害都有一定程度的担心，其中，西北地区的民众对自然灾害最为担心（图 3-31）。

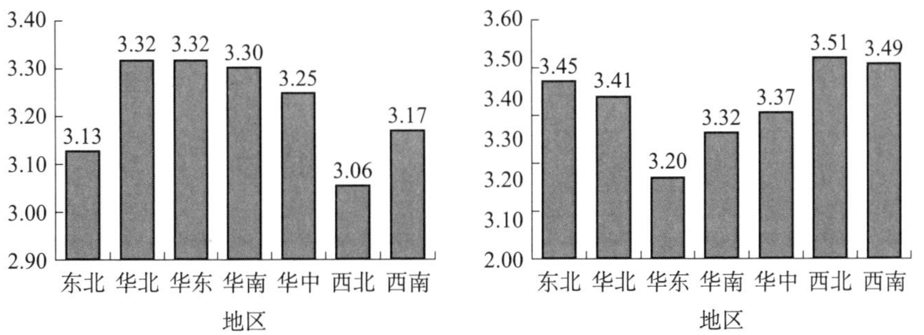

（a）如何看待当地的环境污染问题的严重程度　（b）与过去 5 年相比，今年环境污染问题是否得到改善

图 3-30 各地区民众对环境污染的关注程度

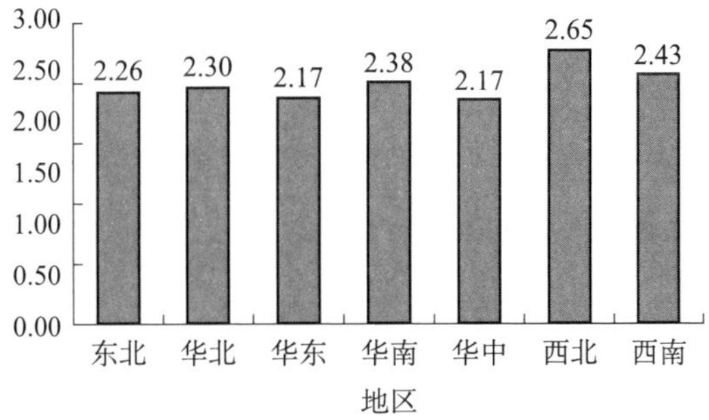

图 3-31 各地区民众对自然灾害的担忧程度

在突发事件中人员的心理脆弱性研究方面，灾后心理干预与心理重建的最终目的是安抚受灾人员的情绪，帮助他们进行心理康复，并能在较短的时间内得到较好的效果，这样不仅可以大大减少受灾人员的痛苦，降低一些不必要犯罪的发生，也有助于灾后重建工作的展开。当灾害发生时，我们要从三个阶段进行考虑：其一，灾前的防灾工作要进行到位；其二，灾中应对方式要正确；其三，灾后救援与灾后重建要正确且高效（图 3-32）。

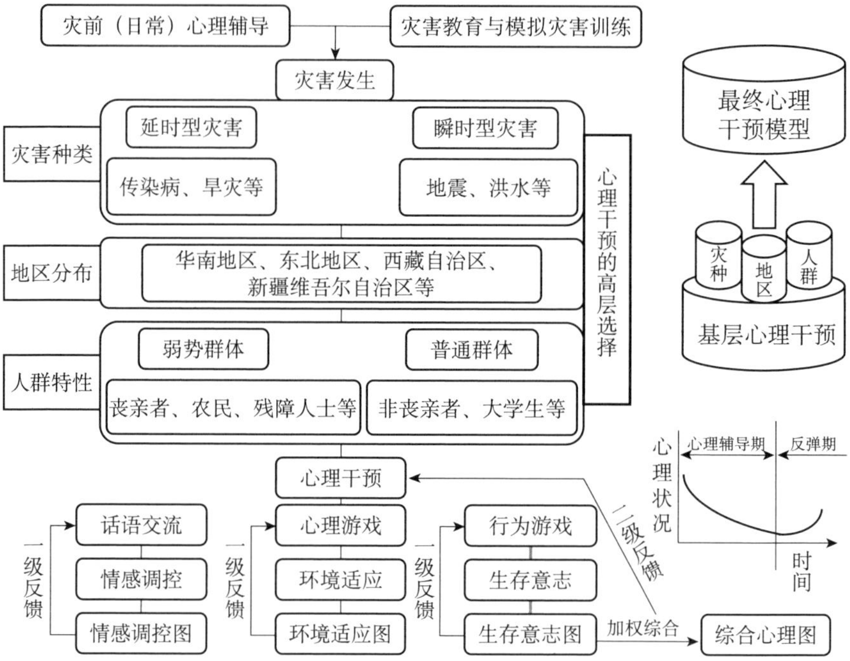

图 3-32　灾害发生的心理干预与心理重建机制关系图

根据一些可变因素，制订出针对不同灾种、不同地区、不同人群的各种心理预案，当灾害发生时，可以根据已知条件，筛选出最适合该人群的方案，进行正确高效的心理干预。当然，这只是其中比较重要的组成部分，灾后生活环境的变化也会带来极大的心理问题，导致心理疾病。那么，该如何进行心理干预呢？根据现有的理论方法，可以采用三种方法进行相应的心理干预，即话语交流、心理游戏和行为游戏。根据不同的情况，所进行的交流、游戏也是不同的。

灾后，可以采用调查问卷等方法定时对受灾人员进行后继的追踪调查，从而测试他们心中的恢复情况，最终绘制时间、心理状况情况图（图 3-33）。

以调查问卷为例，根据受灾人员的调查问卷回复情况，我们可以知道其每一项心理活动的得分（如心理压力、情感调控、生存欲望、乐观程度等）。根据现有的发展，已经有比较成熟的方法可以得到所需的结果，例如，个人生存欲望可以通过结合 GPH 的 HOPES 方法 [Nunn K P]，对受灾人员进行时间追踪的调查，最终确定每个人生存欲望的程度。将每一项得分按相应的重要程度计算出该项所对应的权重，最终得到综合心理状况得分，从而可以画出综合心理得

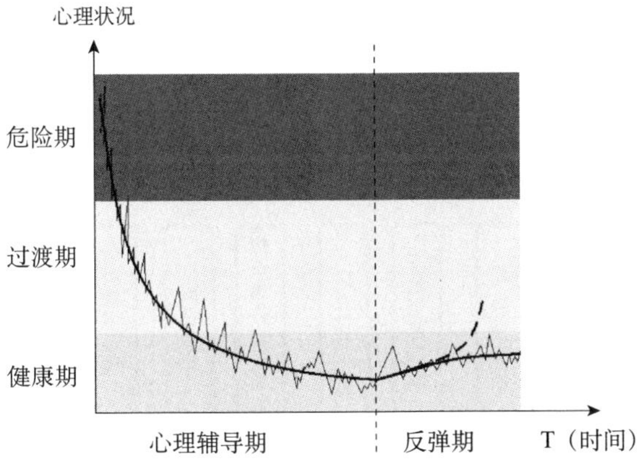

图 3-33　综合心理得分分析图

注：粗曲线为理想曲线，但是心理活动与很多因素有关，所以通常显示为一条不断波动的曲线

分分析图，这有助于得知这些灾后的心理干预与心理重建对某个人特定心理活动的影响。这项工作的主要目的在于实时观察受灾人员的灾后心理变化情况，以及可以通过分析图不断对原有方法进行反馈，从而更好地修改原有方法，使得心理状况曲线下降更快，让受灾人员尽早从事发当时可能处于的危险期达到健康期，并且努力做到灾后无反弹，或者反弹很小的情况。最终，可以根据此图的下降速率，不断进行单项反馈与总反馈，将灾后心理干预与心理重建方法做到最好，大幅度降低灾后人员因心理状况导致的风险。

二、多粒度信息综合集成与融合的情景分析方法研究

物理-信息-人类社会三元空间是目前解决突发事件较为系统的方法。

突发事件在物理空间的规律是目前研究较为成熟的领域。主要基于现场监测和采集到的各种数据，经过数据分析和融合进行事件的态势评估与综合研判，最终实现突发事件的早期预警和应急处置。

大数据挖掘技术为突发事件在信息空间中传播的研究提供了技术支撑，也为大数据支持的应急决策提供了契机。突发事件在各种媒体（包括新闻、论坛、博客、微博、社交平台等）上广泛地传播和引发激烈的讨论，通过对这些媒体进行实时监测和分析，以实现突发事件舆情态势的实时感知，最终为应急管理决策提供决策支持（图 3-34）。

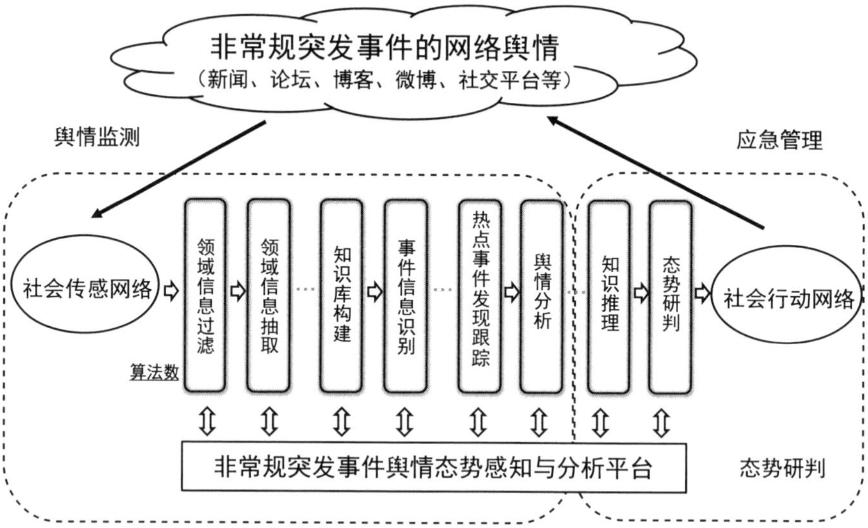

图 3-34 信息空间

在舆情和网络行为分析方面，基于大数据时代网络大数据中与在线用户行为相关的数据，例如，在线点击数据、通信记录、电子商务交易记录等，来深度挖掘人类行为。基于中国互联网络信息中心（China Internet Network Information Center，CNNIC）的志愿者用户在线行为数据，在社会计算跨学科研究范式应用的基础上，我们研究了人类兴趣及在线集体用户注意力流的演化规律，取得了以下几个方面的创新性成果。第一，在线用户兴趣的长程演化。在线用户行为是一个复杂过程，常常依赖于人的兴趣，迄今，人们对于人类兴趣动力学的本质规律还知之甚少。我们基于熵理论对在线用户行为进行了分类研究，通过信息论分析方法，结合熵增曲线的离散导数和离散积分理论，分析在线用户点击行为的随机性和记忆性特征。研究表明，与常见的假设不同，互联网用户的行为并不是一个简单的马尔可夫过程，而是一个符合幂律的非周期无限长程记忆过程。进一步研究还发现，用户在线连续点击 7 个兴趣点，其行为的平均预测增益就可在 95.3% 以上，可为大数据时代的在线用户兴趣精准预测提供数据长度的理论下界。第二，在线集体用户注意力流。如果把互联网看作一个虚拟生命组织，站点的影响力可以被看作新陈代谢，在线用户的集体注意力流可以被看作互联网站点发展演化所需的“能量”，那么就可以建立起注意力流网络。关于集体注意力在不同站点间的分布与流动及互联网的新陈代谢规律，研究发现，一个站点的影响力与注意力在该站点上的停留时间呈亚线性关系，亦即互联网版的克莱伯定律，这与人们的常识“用户停留的时间越多，则站点的影响力就越大”不相符。进一步研究发现，站点的影响力与流经该站点的注意力流的强度呈超线性关系。研究还发现，互联网站点的发展可分为三个阶段：不确定生长相、部分加速生长相和全加速生长相。将提出的注意力流模型与广泛应用的超链接模型做了对比分析，我们发现，注意力流网络是一个有效的站点评估和排名工具。第三，在线集体注意力流的普适模式。为了凝练集体用户注意力流在不同互联网站点间的分布及其普适模式，基于在线集体用户冲浪数据构建加权注意力流网络，定义了多个与互联网站点权重相关的基本变量，包括注意力流的强度、集体用户在一个站点上的停留总时间、注意力流的耗散量等。研究发现，基本变量的异质性可以用有序离散通用 Beta 分布（DGBD）曲线刻画；互联网站点间注意力流演化的异速标度律和耗散律；在注意力流网络中发现了引力律，引力律是经济学、生态学乃至整个宇宙中广泛存在的普遍现象；在注意力流中还发现了 Heaps 律——自然语言中常见的一种普适模式。

在新媒体时代的公众角色研究方面，在传统媒体时代，公众只是信息的接收者；然而，在新媒体时代，公众既是信息的接收者也是信息的发布者（图 3-35）。这种角色的改变为应急管理决策带来了巨大的挑战。公众通过在新媒体上的热烈讨论，无论是利益相关者还是无关者，均表达着自身的需求、意见和价值判断，也实时监督着突发事件的走势，他们的意见表达为突发事件的处置提供了决策支持。

在非常规突发事件中从微观到宏观群体行为的研究方面，宏观群体事件现象基于微观个体行为而发生，个体在参与群体事件时存在背叛行为，这种行为对群体事件的发起构成了极大伤害，因此在群体事件的发起过程中，声望模拟是很好的抵御个体不参与（背叛）诱惑的机制设计。首先，研究群体事件过程中的个体选择与声望分布。宏观群体事件现象基于微观个体行为而发生，个体在参与群体事件时存在背叛行为，这种行为对群体事件的发起构成极大伤害。声望模仿与推断机制被提出用于抵消和防御这种背叛行为给群体事件带来的影响。通过构建一个基于网格空间博弈、包含三种主体的复杂行为系统，来研究声誉的分布进而解释微观个体是如何做决定的，即参与还是不参与群体事件。

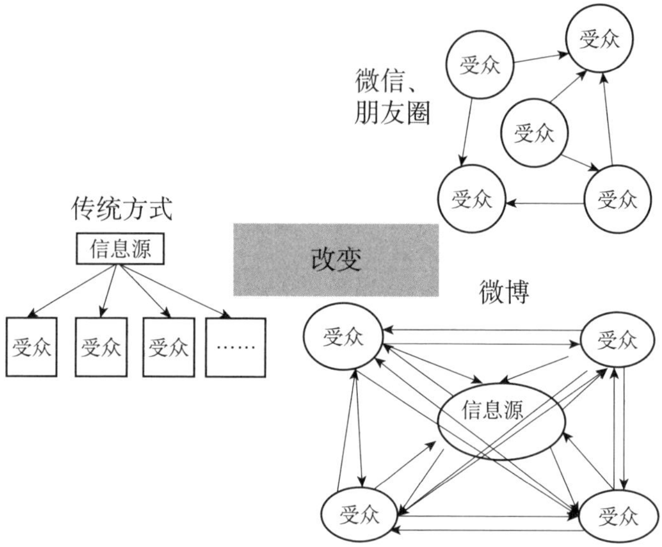

图 3-35　人类社会空间

其次，研究群体行为中个体声望推断异质性。在群体事件的发起过程中，声望模拟是很好的抵御个体不参与（背叛）诱惑的机制设计。基于空间网格的囚徒困境博弈，我们分析了这种声望模拟与推断的异质性效应。

同时，针对非常规突发事件应急管理团队中的特殊个体，探讨了领导在非常规管理团队中的作用，并基于团队动力学研究了非常规突发事件应急管理团队。具体研究内容主要包括以下5个方面。第一，基于大规模Web文本的事件关键信息识别。社会空间和心理空间的情景分析经常需要对大量的Web文本信息进行收集和计算，为了实现实时感知，提高计算量与计算时间，研究提出3种策略对大规模Web文本时序信息集合中的不同事件信息进行识别与分类：标题精简策略、分而治之策略、逐步求精策略。将基于3种策略的语义分析模型应用于公共卫生事件和网络舆情事件的关键信息识别，并与K均值聚类–聚类算法、文档主题生成模型（latent dirichlet allocation，LDA）进行对比实验，实验结果发现语义分析模型方法接近并超过LDA在人工干预（事件数目需要指定并需要学习）下最佳的效果。第二，网民情感状态挖掘算法研究。相对而言，事件内容是一种客观事实，而事件的评论与表达的情感是一种主观表达，因此仅仅对事件信息内容的语义进行分析，不能准确、直接地反映现实社会群体对舆情事件的情感状态。因此，在语义分析研究的基础上，针对特定的事件，利用事件的大量客观内容与评论的关系，提取客观内容与主观情感之间的关系，实现了对事件可能引发的社会情感的预测。第三，基于社会网络的信息传播。研究构建了 5 种典型的传播动力学模型，即传染病基本 SI 模型（susceptible-infective model）、传染病 SIS 模型（susceptible-infective-susceptible model，SIS）、传染病经典 SIR 模型（susceptible-infective-removal model）、传染病 SIRS 模型（systemic inflammatory response syndrome）和传染病 SEIR 模型（seir epidemic model）。在这个过程中，根据用户设定的网络模型参数，动态生成各种网络模型，然后根据用户设定的网络动力学模型和相应的参数，如传播概率、传播次数等，就可以动态演示传播过程。第四，基于社会计算方法的事件态势感知（图 3-36）。基于社会动力学、认知心理学和组织行为学等社会学方法实现对社会群体建模、事件演化规律的分析，进而对事件态势进行感知和分析预警。第五，情景-应对的应急决策方法，即基于态势感知实现事件的应急响应、组织协作和社会动员等。

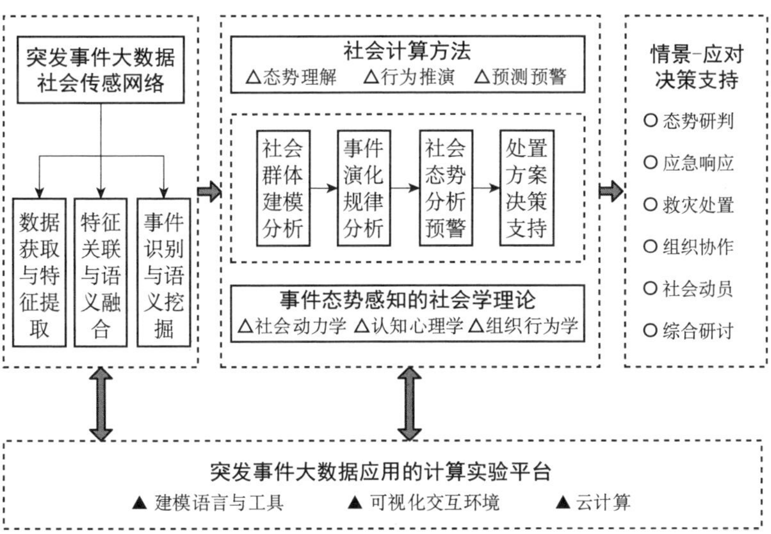

图 3-36　基于社会计算方法的事件态势感知方法

在社会脆弱性的研究方面，社会脆弱性是一种灾害下损失的可能性，用个人特征（年龄、民族、健康度、收入、住房类型、职业等）表示，因为它们反映了社会的不平等性。这些损失随地域、时间和不同的社会人群而变化。社会脆弱性可以被分为 4 个部分，即人口脆弱性、职业脆弱性、经济脆弱性和基础设施脆弱性。结合北京市的城市特点和一些相关研究，笔者列出了 26 个二级指标及其权重（人口密度、少数民族比例、文盲比例、失业率、社会福利业比例、人均收入等）（图 3-37）。

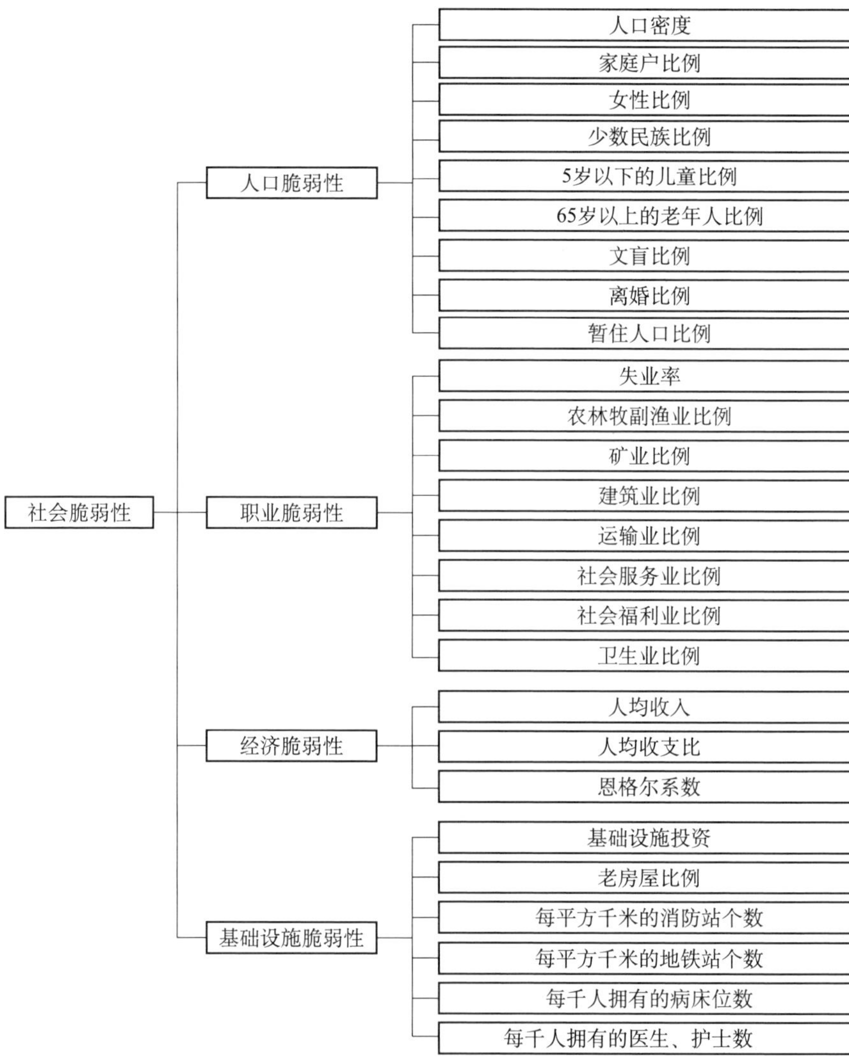

图 3-37　社会脆弱性指标体系

在物理-信息-人类社会三元空间信息集成的基础上，多粒度信息综合集成与融合的情景分析旨在通过不同粒度的信息，实现突发事件发生时的关键要素识别，并对事件初始过程进行综合分析，为之后的情景推演与决策分析奠定基础。研究中的多粒度信息主要是指通过宏观、中观、微观信息，通过这种多粒度信息的综合集成，实现突发事件的管理决策（图 3-38）。

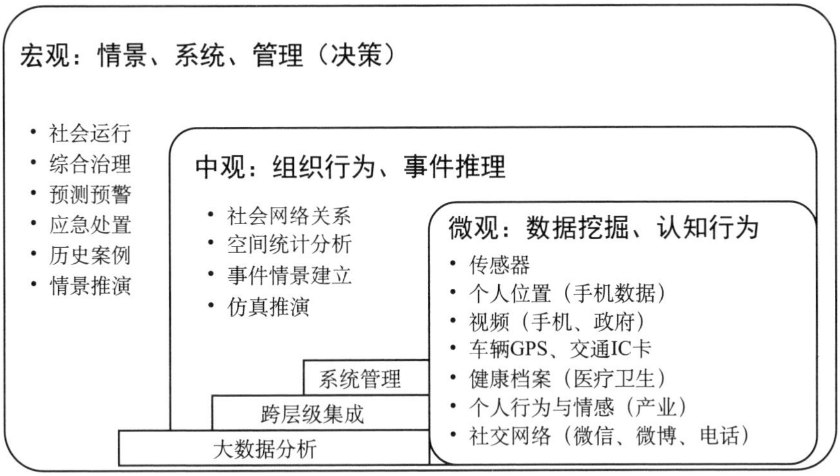

图 3-38　多粒度信息融合框架

三、事件链-舆情传播-心理行为耦合反馈的情景推演方法研究

事件链-舆情传播-心理行为耦合反馈的情景推演方法研究是情景-应对型决策理论的核心，主要研究内容包括 6 个方面。

1. 基于服务链的灾害链集成思路

突发事件发生时往往伴生次生衍生事件，在特定环境和条件下，这些次生衍生事件会进一步导致新的事件。如何表达这种事件之间的链生关系并通过数学语言进行形式化的描述，对于复杂灾害场景分析及其预防、响应具有重要的理论和实际意义。突发事件链就是用来描述突发事件发展的不同阶段、不同过程可能造成的次生衍生事件的一种突发事件的链。事件之间不仅存在次生衍生的关系，有些事件之间还存在着耦合的关系；事件之间不仅互相联结，而且相互影响，形成一个网络结构。每一个突发事件都构成事件链的一个节点，两个突发事件之间相互依赖的关系构成事件链的边。突发事件链是描绘多种突发事件的次生、衍生、耦合等各种相互依赖关系的总称。

应急平台中对具体应急业务的分析往往需要使用到各种模型和数据，如何将各种灾害模型和数据链接起来形成最终的分析，需要采用灾害链集成的思路，灾害链集成思路如图 3-39 所示。

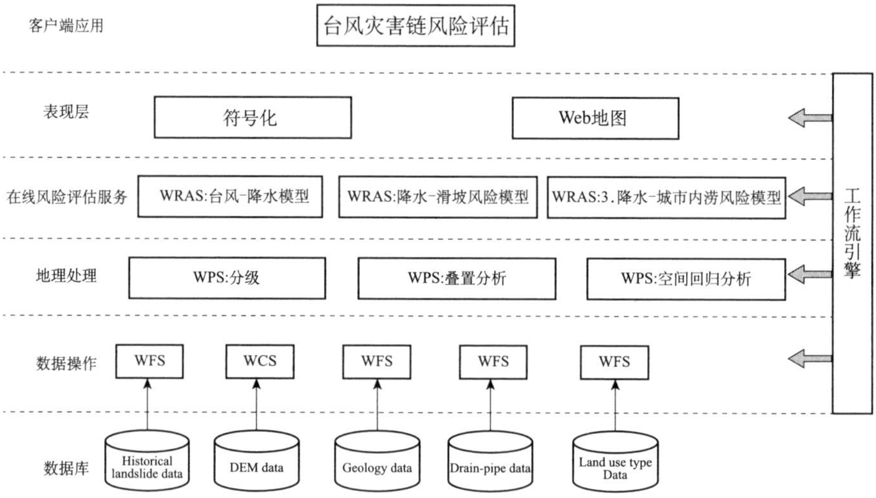

图 3-39 灾害链集成框架

数据操作：分布式数据源通过开放地理空间信息联盟（open geospatial consortium，OGC）服务，Web 要素服务（web feature service，WFS，矢量数据）和网络覆盖服务（web coverage service，WCS，栅格数据）访问，矢量数据采用地理标记语言（geography markup language，GML），栅格数据采用标签图像文件格式（tag image file format，TIFF）。

地理处理（web sphere progress server，WPS）：主要包括常见的、通用的地理处理服务，比如重分类、叠置分析、缓冲区分析等，基本地理处理服务以 Web 处理服务（WPS）的形式出现。

在线风险评估服务：主要是各类灾害领域的通用服务模型，此类服务模型可以直接为最终开发客户端所使用。

表现层：对各类灾害应用模型生成的结果进行表达展现，栅格数据可以通过 WMS 接口表达，GML 可以通过客户端可缩放矢量图形（Scalable Vector Graphics，SVG）接口表达。

客户端应用：使用 Web 服务的开发人员，可以直接使用灾害风险评估应用模型，也可以组合更多的模型为自己的特定应用服务。

工作流引擎：在工作流建模后通过工作流控制实现整个应用的运行。

以台风灾害链为例的集成实例如图 3-40 所示。

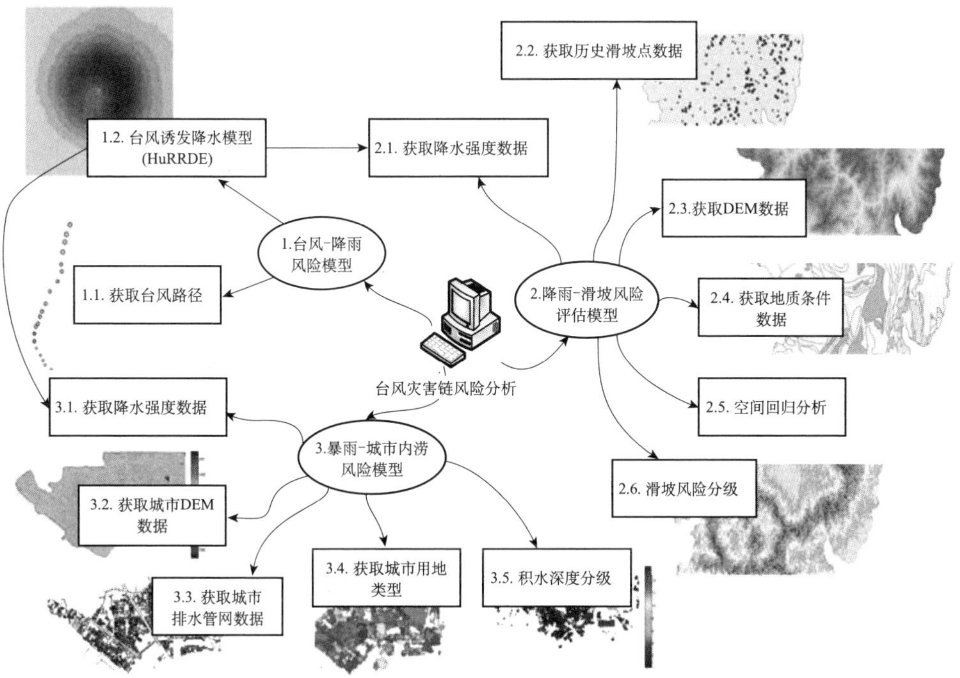

图 3-40　灾害链集成概念

2. 基于交叉影响分析法的舆情-心理-事件的传播演化与预测模型

利用交叉影响分析法（cross-impact analysis，CIA）生成情景，情景的基本要素由一系列事件表达［初始事件（initial event，IE）、动态事件（dynamic event，DE）、结果事件（outcome events，OE）］，通过交叉影响分析确定某一事件发生概率变化时对其他事件的影响，通过改变某一事件或某几个事件的概率模拟情景的演化过程，对结果事件进行预测，图 3-41 是一个情景推演流程的示例。

3. 基于多维情景的案例推理研究

在案例结构化模型与量化方法的基础上，根据案例结构化表示规则，完成了对油罐火灾的结构化拆分。以问题驱动为例的案例重构如图 3-42 所示。

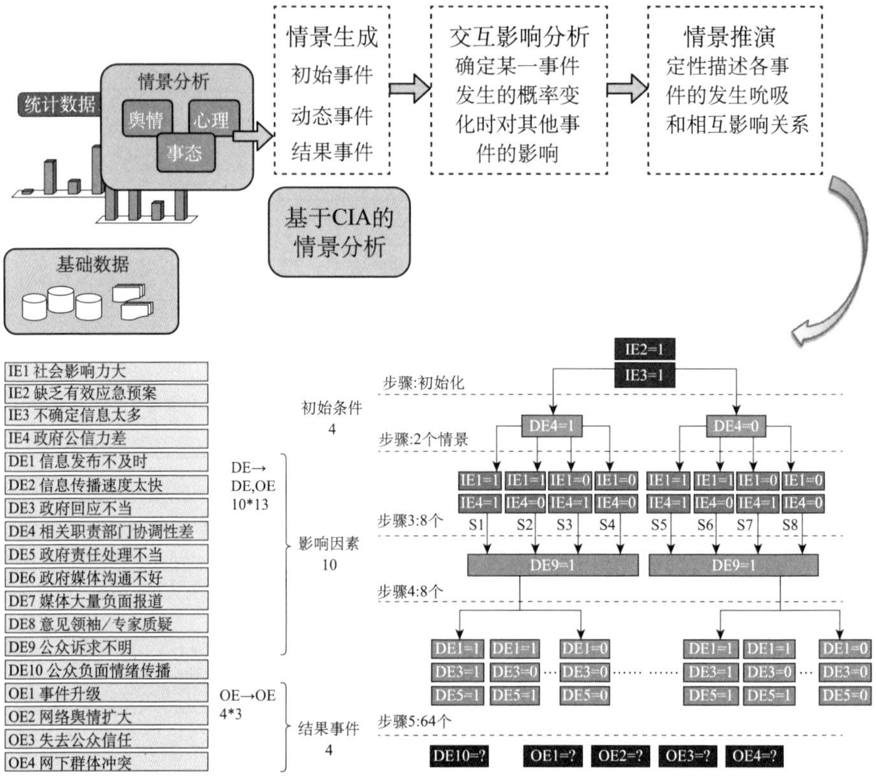

图 3-41　基于 CIA 的情景推演流程示例

构建了基于情景-应对的应急救援案例库架构模式（图 3-43）。

根据情景-应对推理技术的需要，在分析指挥员决策过程的基础上，综合了传统的知识库构建原理，创新性地提出了五位一体的知识库系统，包括规则库、数据库、算法库、情景库、战例库，其中，规则库又包括索引字典库、规则前提库、规则结论库。将基本数据内容存放在数据库中，将战例情景存放在情景库中，将规则性内容存放在规则库中，将算法性的内容存放在算法库中，将战例信息存放在战例库中（图 3-44）。通过这些不同类型的知识库的协调作用，可以得到指挥员需要的处置方案。通过知识库管理系统可以实现对知识库的浏览、添加、修改、删除、索引等功能。

情景库是支撑情景-应对推理模式的核心数据库，是以情景矩阵为基本数据的存储容器，以历史战例中关键情景的数字化表示为依托，利用关系型数据库

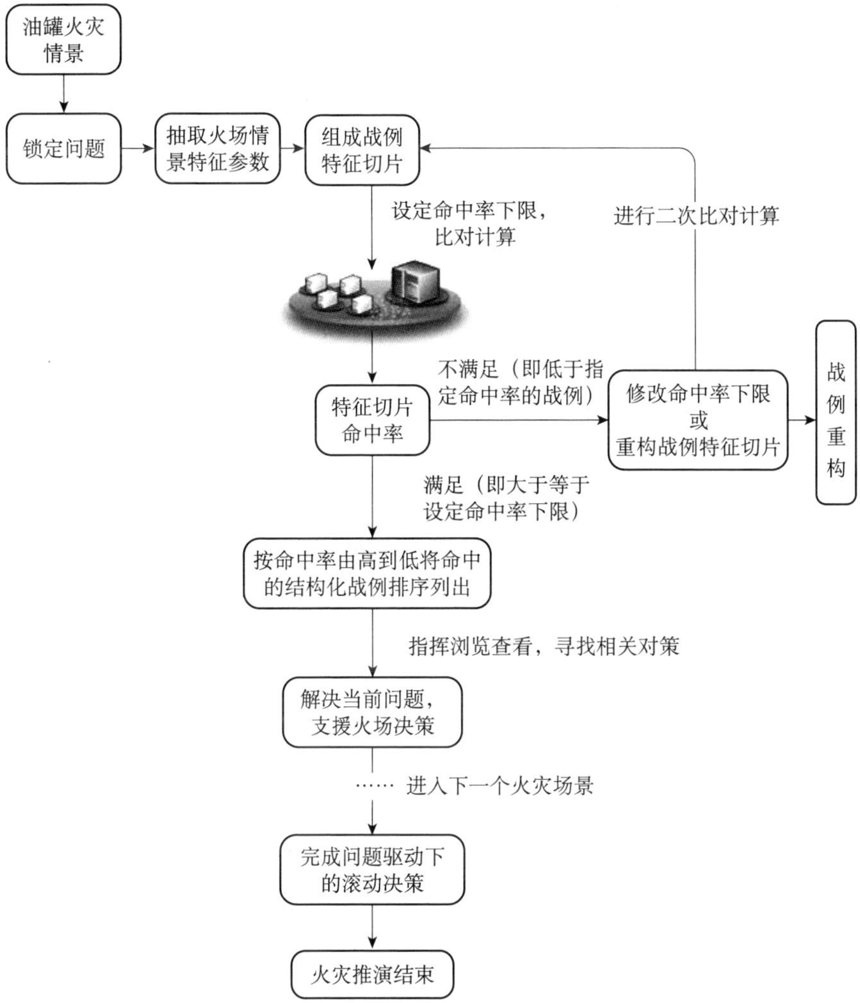

图 3-42　问题驱动模式下情景-应对推演与战例重构流程图（以油罐火灾为研究对象）

实现情景的矩阵表示与存储，为当前情景矩阵和历史情景矩阵的数字化比对与推理，打下了坚实的基础。

案例库主要包括案例基本情况、力量出动、战斗进程、处置时间、人员伤亡、经济损失、战斗评定等内容，配以文字、图片、视频、录音、动画、CAD 图纸、PPT 等数据文件进行内容的丰富，以便对情景推演的结果进行辅助支撑。

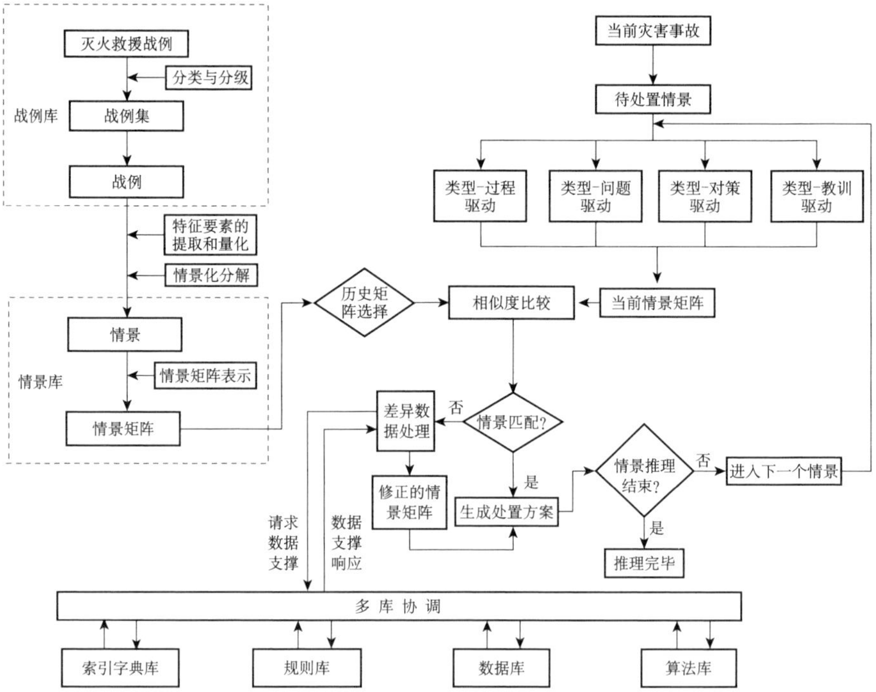

图 3-43　案例库架构模式

图 3-44　案例库系统

4. 基于数据-模型-任务引擎的应急决策方法

它是包括情景分析-任务本体-模型组合-数据交互-解决方案的应急决策。首先，将复杂突发事件分解为一个一个的子情景；其次，通过规划引擎，使子情景形成任务网络；最后，在任务需求的基础上，调用相应的模型和数据进行推理，得到事件的解决方案，推演流程如图 3-45 所示。

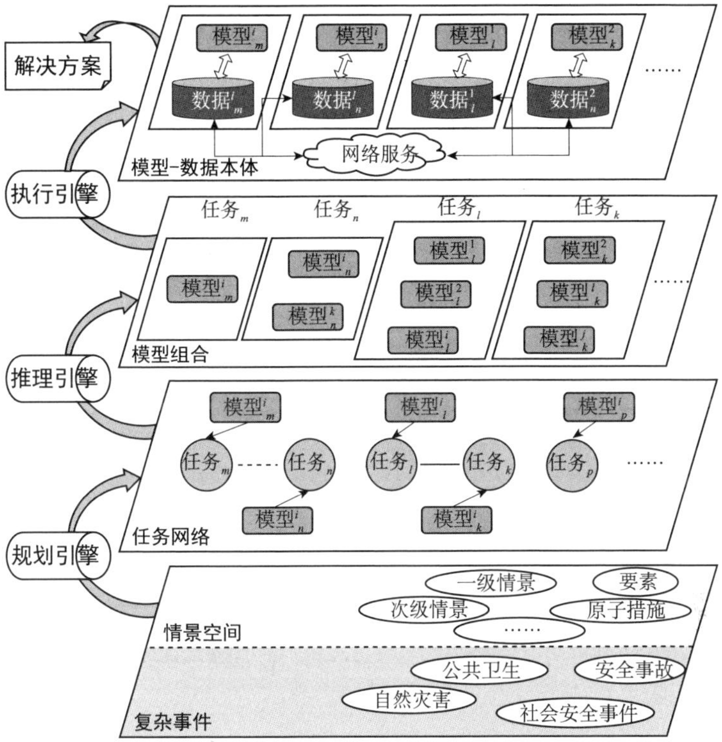

图 3-45 事件链-舆情传播-心理行为耦合反馈的情景推演方法

5. 异构模型的集成

来源不同、类型不同的模型因为其数据格式、传输标准、接口等的相同，导致异构模型的集成面临很大的挑战。研究构建了基于目标层、博弈层、行为层和反馈层的四层异构模型的集成体系，实现了真实空间和仿真系统的交互与反馈［图 3-46（a）］，还将该体系应用到了交通系统中个体疏散行为的研究中［图 3-46（b）］。

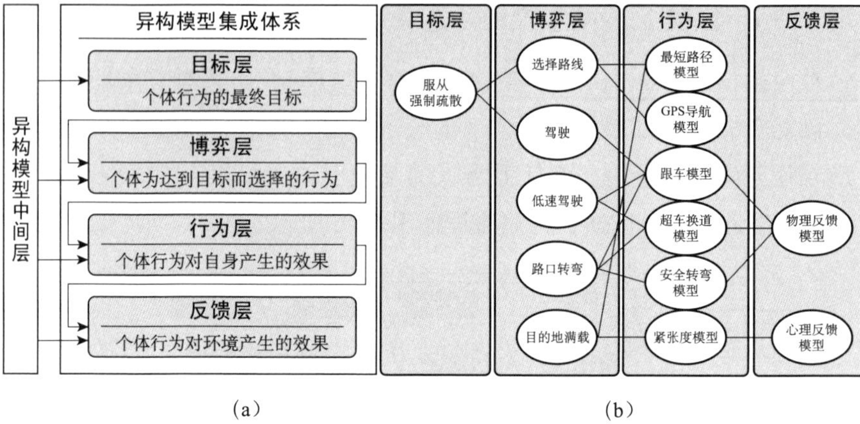

图 3-46 异构模型的集成体系及其在交通系统个体疏散行为中的应用

6. 系统分析方法集成

系统分析方法集成的形式化描述可以用图 3-47 表示。

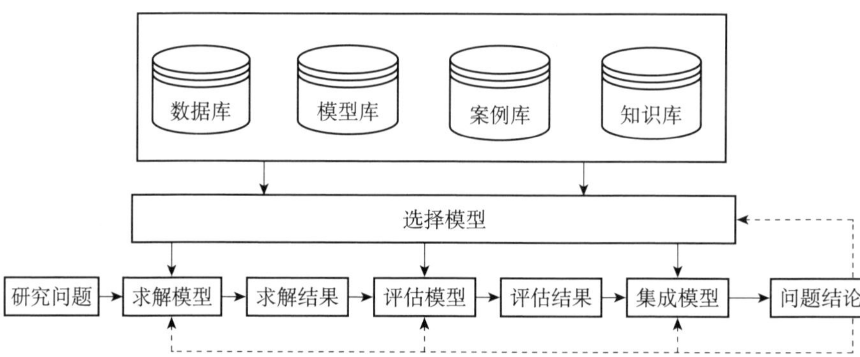

图 3-47 系统分析方法集成的形式化描述示意图

从图 3-47 可以看出，当研究问题确定时，首先，利用模型库和知识库中的选择模型，通过案例库，选择出适合问题的求解模型，同时，选择数据库中的数据资料进行问题求解，得到不同方法的求解结果。其次，通过选择模型，选择出适合的评估模型，对问题的结果进行评估，确定可行的求解结果。最后，通过选择模型，确定出适合的集成模型，进行不同模型结果的集成，得到满意的结论。

一般而言，在系统分析方法集成的研究框架下，在构造具体方法的过程中，常用的构造方式为串联、并联及由串联、并联组成的混联构造方式。根据上述对系统分析方法集成的形式化定义，我们可以更好地把握系统分析方法。

四、基于中国国情的应急体系和流程的多主体应急决策方法研究

基于中国国情的应急体系和流程的多主体应急决策方法研究主要从5方面展开：顶层设计、底层创新、决策模式、组织体系、应急流程优化。第一，在顶层设计方面，研究重点包括政府-市场-社会的互动关系（理念问题）、政府内部的纵向和横向关系（体制问题）、应急体系的运行效率（机制问题）、政策工具的选择（工具问题）。研究采用问卷调研和现场访谈的形式，向省会城市发放问卷27份，向地、县级城市发放问卷25份，并对应急管理人员和一线指挥人员进行现场访谈，结合对国际上主要国家的应急管理体制机制的比较，对中外政府应急管理的顶层设计进行探讨。根据北京市、东京市、首尔市三市市民的调查数据，对东亚三个特大城市所处的风险社会阶段及其特征开展了比较研究。此次调查的18种风险涉及自然、公共卫生、生产安全、环境、经济、社会、道德和技术等多种类型，研究成果已出版专著《中外政府应急管理比较》。第二，在底层创新方面，对社会资源和社会力量现状、社会力量参与应急管理困境，以及公众应对突发事件的态度和能力进行了研究。城市规划通过城市用地布局和人工环境建设塑造城市空间结构，并影响人们的行为，这对于保障人们的基本人身安全、维持经济社会的平稳持续运行具有重要意义。通过梳理风险的时代特征、发生机制及影响因素等理论，对传统城市安全规划进行反思。在此基础上，借鉴“突发事件-承灾载体-应急管理”风险发生机制分析框架，提出突发事件的类型从自然灾害走向人为灾害、承灾载体的破坏方式从本体破坏走向功能破坏、应急管理从静态防范走向动态防范的城市安全规划范式转型的思路。进而以高密度地块规划、城市基础设施系统规划和灾后应急规划为例，对新时期城市安全规划的若干重要议题加以分析。第三，在决策模式方面，研究了三种决策模式在不同突发事件情景下的适用性，包括不确定条件下的公共决策模式（规则和自由裁量权）、直觉决策模式（基于专家经验的心理应对）和综合会商模式（基于情景推演的多主体决策）。研究归纳总结了我国城市社区治理政府主导、市场主导、社会自治和专家参与的四种模式，从而提出统筹多种社会资源、激发多元社会活力、创新居民参与机制等社会治理创新的关键环节。以社区调研为基础，从社会学关于政府、市场与社会三大机制的理论视角出发，对多种类型的社区治理模式进行分析、归纳和总结，提出城市社区治理创新的四种模式：政府主导模式、市场主导模式、社会自治模式和专家参与模式。政府主导模式是主流模式，其制度优势明显，不足

在于社会被动、居民参与不足、社区缺少活力；市场主导模式的资源配置能力强，发展潜力较大，但也存在着市场失灵等问题；社会自治模式最符合居民自治原理，但缺少资源支持、最难操作、遇到的困难最多；专家参与模式由于有专家的外力支持，其在制度设计、顶层设计等方面有优势，但容易产生外部依赖性，需要探索专家撤出后也能自我运营的模式。因此，统筹多种社会资源、激发多元社会活力、创新居民参与机制是社区治理创新的关键环节，政府可以通过发挥多元力量的作用，完善相应的制度设计和政策约束，进一步形成多元共治、共建共享的社区治理新格局。第四，在组织体系方面，对现有的应急管理组织体系进行了调研，主要包括应急管理办公室的综合协调能力和应急管理组织运行机制两个方面的调研，发现了现有组织体系存在的一些不足（图 3-48）。第五，在应急流程优化方面，对现有应急专业小组的工作流程进行了改进（图 3-49）。

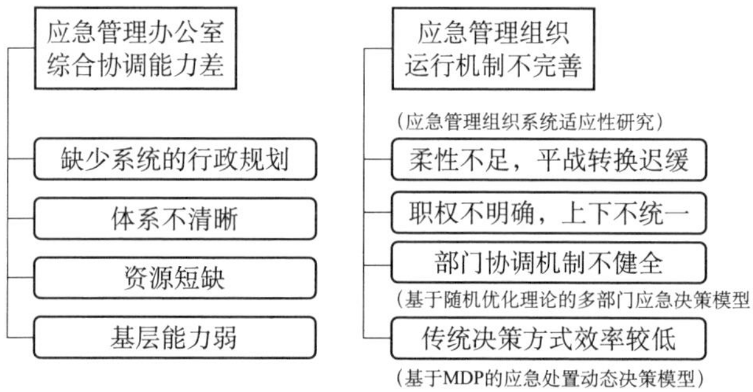

图 3-48　现有组织体系存在的不足

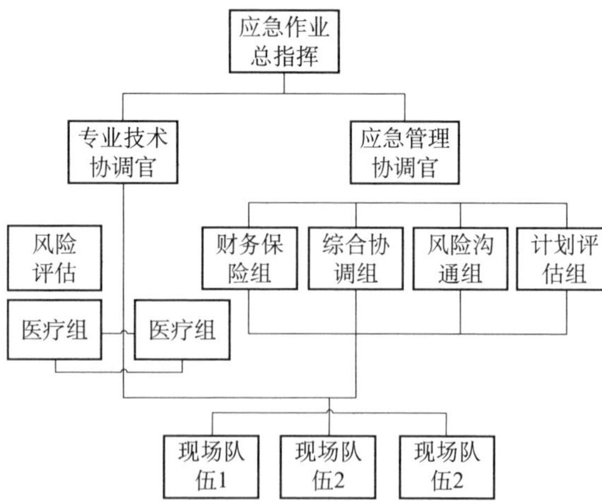

图 3-49　新的应急组织体系应急专业小组

基于中国国情的应急体系和流程的研究具体表现在以下四个方面。

1. 基于情景–应对的非常规应急管理体系与流程方法研究

首先，提出了情景–应对认知过程的概念模型，模型按照在决策认知过程中决策者决策认知从具体到抽象、认知粒度从小到大的顺序，将决策认知过程划分为 4 个层次：应急认知操作层、应急认知函数层、认知过程操作层、认知过程原子操作层。其次，构建了应急共享心智模型的概念模型：以 ABC 本体模型为基础扩展事件感知相关概念，提出事件感知元本体模型作为上位本体；在此基础上，扩展应急领域事件感知相关概念，建立应急事件感知本体模型作为中位本体；之后针对应急领域决策制定知识表示的需要，提出应急态势、应急资源、应急案例、应急预案和应急组织等应用层本体模型。再次，设计了情景–应对强相关逻辑模型，包含逻辑推理模块和逻辑表示模块两个组成部分。最后，基于进化论决策范式，构建了通用的情景–应对描述性模型。

2. 结构–功能视角下的我国非常规应急管理体系框架和模式创新研究

首先，基于结构–功能分析方法，提出了一个四维的国家应急管理体制分析框架，兼顾实现了应急管理系统的静态结构及动态运行分析。对西方典型国家应急管理体系进行比较研究并揭示其共性特征，为分析国外应急管理顶层设计及其经验创造了可能。在借鉴国外应急管理体系发展经验的基础上，提出我国未来应急管理体系的发展思路。其次，制度变迁视角下的应急管理模式创新：基于制度变迁的视角提炼形成了当前中国的应急管理模式及运作规律，为国内应急管理模式的理论概化及实践创新奠定了基础；通过实证调研系统呈现了我国应急管理体系发展的现状及存在问题，为下一步的改革和创新提供了可能；提出了职能定位–行政体制–资源配置相互联动的现代国家运行体制的分析框架，为民防体系与应急管理体系的整合提供了思路。最后，我国各地方政府在制度变迁视角下对应急管理模式进行了改革创新，形成了社会治理 + 应急联动模式、政府应急办模式及独立综合应急模式。社会治理 + 应急联动模式侧重于在常态社会治理体系建设平台之中加入应急管理职能，能够在较大程度上解决基层应急管理机构、资源方面的不足，具有代表性的如上海闵行区城市综合管理和应急联动中心。

3. 基于情景-应对的非常规应急管理流程再造及实现路径

首先，非常规应急管理流程再造是指综合运用系统论、现代组织理论和制度变迁理论，在对新时期中国突发事件冲击情景和应急管理体系演变规律研究的基础上，构建复杂情景-系统功能-制度演进的分析框架，全面总结和反思国内外应急管理的经验和教训，通过有效的顶层设计和模式重构来化解不确定性极高的应急管理需求与较为确定的组织模式之间的矛盾，从根本上推动我国当前的应急管理体系向开放、协同和有弹性的规范体系转型，全面提升我国应急管理的能力和效率；根据结构-功能的四维应急管理体制基本分析框架，结合欧盟第七框架计划资助项目欧洲民事安全体系分析（Analysis of Civil Security Systems in Europe，ANVIL）项目对欧洲 22 个国家和 8 个次区域组织的应急管理体系的研究成果，对美国、德国、日本、俄罗斯及欧盟等典型国家和国际组织的比较分析发现，受一国历史文化传统、政府行政体制、自然地理环境、突发事件特点等因素的影响，不同国家在应急管理体制的国家层面组织模式（静态）、中央与地方关系（纵向）、地方与地方关系（横向）、政府与社会关系（内外）四个维度既有共性也存在差异。其次，非常规应急管理实现路径包括：应急组织体系一元化的体系设计；明确权责对等、统筹协调原则的组织架构；目标建设定量化的能力建设；强化风险管理与调查学习的职能定位；推进规范化和标准化建设的运行机制；加强技术研发和理论研究的管理手段；实施全民安全文化建设工程；技术手段和规范成为应急管理体系的有机组成内容；志愿人员的专业化。

4. 基于情景-应对的非常规应急管理体系重构及治理方案

首先，构建政府与社会组织应急管理体系，具体包括：实现政府与社会组织应急管理全过程合作，明确社会组织在应急管理各阶段的角色与功能；建立我国政府与社会组织应急合作网络平台，构建合作网络核心运行机制；推进以完善现代社会组织制度为核心的社会治理体系建设。其次，确立国内外安全风险兼顾的“大综合国家安全”价值理念，具体包括：确定最高级别协调及战略咨询的职能定位；采取小核心、大外围的分类运行模式；构建首长决策及机构部门决策相结合的治理结构。再次，强化应急管理基础，提高重特大突发事件处置能力，具体包括：在主体上逐步树立“多元主体的责任意识”，建立一种全社会高度共识的安全文化和多元主体共同负责的社会文化，让政府部门和企事业单位、社会团体及个人等社会力量积极主动、自发自觉，而不是消极被动、响应号召式地参与应急管理工作；在程序上从经验性响应到制度化响应；在阶段上从注重处置到全过程应对；全面提升应对复杂公共安全形势的能力。最后，从中央总动员到地方负责，具体包括：明确地方组织领导责任；增强地方资金使用自主权；充分发挥中央和地方的积极性。

第四章
2035 年公共安全工程科技发展展望

第一节　国际先进水平与前沿问题

我国正处在公共安全事件易发、频发阶段，公共安全事件总量居高不下，公共安全问题复杂性加剧，潜在风险和新隐患增多，突发事件防控与处置救援难度不断加大。我国的公共安全四大核心技术——风险评估与预防、监测预测预警、应急处置与救援、综合保障的总体水平与国际领先水平之间的差距整体在缩小，但与国际领先水平仍有约 10 年的差距。相对于国际领先水平，我国的公共安全技术水平已形成领跑、并跑、跟跑“三跑”并行的基本格局，但绝大部分还处于跟跑状态。与领先国家相比，我国的基础研究成果向优势技术转化的能力较弱，技术竞争还处于劣势；引领和支撑国家公共安全治理体系与治理能力的现代化科技创新体系尚待健全。

全球范围内各类突发事件的破坏尺度和复杂程度日趋严重，灾害的发生从单一灾种向复合灾种发展，其发展趋势给突发事件的风险评估、监测预测预警、应急救援和综合保障带来了极大的挑战。

公共安全科技的发展将更加重视预防、应对和韧性理念，公共安全保障向风险可控化、预测智能化、应对高效化和保障一体化发展。

一、突出强调非常规、未知风险识别和评估

对非常规、未知风险识别和评估是实现公共安全风险预防、主动管理的前提与基础。一方面，风险识别和评估是实现预防为主、关口前移的主动管理型公共安全保障的重要前提与基础，针对已知和可预测的风险，从突发事件、承灾载体、应对能力三方面进行综合分析，推动风险评估的定量化和规范化，将已知灾害或风险的危险性和潜在致灾程度控制在最低限度；另一方面，针对未来新材料、新工艺、新技术的革命性发展，基于物联网、大数据、云计算、人工智能、模拟仿真、情景推演等技术构建风险预测预判工具，在产业规划、工艺设计、政策发布、技术推广之前引入安全风险评估，考虑其与人类、环境、社会进行碰撞融合所产生的未知、模糊风险，进行理念颠覆性的预先性风险评估与预防管理，确保新产业、新材料、新政策、新技术等不给人类带来无法承受或未认知到的风险和灾难，实现对未知风险的预判及灾难发生前的先兆事件的研究和关注，提高对非常规风险和未知风险的综合控制能力。

公共风险评估科技发展的前沿及方向有：①风险评估的定量化和标准化，即不同数学方法及模型被应用于风险评估定量化和规范化的广泛认可度，以及现有的管理体系的进一步标准化和实用化；②基于多灾种的综合化和系统化风险评估；③基于不同尺度场、多物理场的多灾害耦合致灾过程的模拟和情景构建；④大型安全系统、装备的全生命周期风险评估管理，涉及跨领域、跨行业的全链条风险评估管理；⑤考虑到未来的新材料、新工艺、新技术发生颠覆性和革命性变化所带来的潜在、未知、模糊风险的预评估技术。

二、监测预警向主动感知、智能预测和预警应急联动发展

信息化、网络化、智能化成为国际公共安全监测预测预警技术发展的主要特征。遥感卫星、网络信息技术、移动通信、大数据分析等天-空-地一体化信息技术的飞速发展，为气象、洪旱、地震、海啸等自然灾害以及公共卫生、危化品、交通、反恐、舆情等社会安全的监测预测提供了新的技术手段。监测预

测开始从安全事件发生阶段向孕育和事后恢复全过程延伸，开展交通、水利、通信、卫生、社会舆情等多行业领域协同的系统化监测预警成为常态。公共安全监测预警的内涵和外延不断扩展，手段不断丰富。从监测预警手段来看，伴随着现代信息技术的迅猛发展，智能化、网络化的监测预警技术和信息发布技术不断发展完善，公共安全监测预警科技将在信息技术的支持下向自动化监测辨识、预警应急联动方向发展；从工程科技的发展趋势来看，近年来，国际上公共安全监测预警科技发展的前沿方向是公共安全监测大数据应用、监测预警模式、突发事件诱导因子识别，以及预警应急联动模式形成。数据分析和计算技术的提升推动公共安全监测预测预警向主动感知、智能预测预警应急联动方向发展，构建基于大数据分析和大规模快速计算的预警应急联动体系成为国际趋势。

三、突发事件应对由单一化向多元协同和高效化发展

随着全球化和区域合作的发展，面向国家重点战略部署，特别是“一带一路”倡议的提出和推进，公共安全的国际化、地区化趋势日益明显。亟须建立“一带一路”沿线国家安全与公共安全耦合的立体化保障机制，统筹多元力量促进“一带一路”沿线国家在信息化领域的深度合作，形成利益、责任、命运共同体，实现资源深度共享，建立“一带一路”沿线国家安全与公共安全耦合的信息策略库、应急资源库、快速远程应急响应与救援平台体系。以“一带一路”倡议为突破和示范，形成面向重大国家战略的系统化风险识别、分析与预警技术，形成技术与政策耦合优化的推进模式，保障国家战略的高效实施。

人工智能等新技术的发展，以及万物互联、人机合一、信息泛在、无限带宽等技术前景为实现政府-社会-公众高度协同、社区-城市-国家-区域间的高度协同提供了有效的技术手段。突发事件应对技术的发展将打破原有参与主体单线和垂直联系的传统模式，使其向多元协同模式发展，推动形成网络化的突发事件高效协同应对体系。多源异构公共安全大数据的获取、挖掘、识别和分析，以及城镇多灾种耦合实验与仿真等技术将有效促使我国公共安全综合保障体系的完善，最大限度地保障人民群众的生命及财产安全。

广泛采用物联网、大规模计算、人工智能、数据挖掘、虚拟现实等技术，

整合多行业资源，实现多元化、智能化、一体化的信息获取与共享、运行监测和联防联控、智能决策与高效应对，以及准确的事后勘验与事故重构等，全面提升公共安全一体化保障能力。

四、公共安全与应急管理向系统性和协同性发展

国外安全威胁因互联互通变得更加隐蔽和便捷，如国际恐怖主义、政治分离主义势力等成为中国国家安全面临的严峻挑战；恐怖主义问题与种族、民族、宗教和领土争端等问题相互混杂、交织联动，使国防安全、边境防控及灾害防范等方面面临各种风险。共同安全、合作安全等新理念越来越成为当今世界安全观的主旋律。

随着人工智能等新技术的发展，未来的智能终端将为人类塑造万物互联、人机合一、全景式的数字化生活，以实现人、机、云端无缝交互和全面情景感知，公共安全需求的重心将由建立连接和实现语音沟通转变为实时获取各种形式的信息内容和服务；信息泛在和无限带宽能够实现政府-社会-公众的高度协同，引导公共安全向创新活跃、协同发展、联动融合、开放共治转变。通过整合协同组织平台、日常公共安全信息监测分析和预警平台、信息发布和危机处理指挥平台、以物联网为基础的重点区域管控平台、恢复与评价发展平台、公共安全教育培训与公众参与平台，将打破原有的公共安全参与主体传统单线和垂直联系的模式，从而形成全新的网络化公共安全服务模式，最终实现公共安全的系统性和协同性。

五、公共安全与应急管理向多行业大整合、高共享、深应用发展

随着网络信息技术日新月异，“互联网 +”促使我国打破“信息孤岛”和“数据烟囱”，加速推进了互联网与各行业的深度融合，特别是在当前的信息化和国际化快速推进时期，物联网、大数据、云计算等新技术能够助力公共安全科技的发展，但同时也催生了新的风险隐患，给公共安全科技工作提出了新的挑战。在此背景下，公共安全单打独斗难以满足跨界融合形势下的安全需求。应通过广泛采用物联网、云计算、人工智能、数据挖掘、虚拟现实等技术，整合交通、

电力、水利、通信、危化品、生命线、社会舆情等行业资源，实现多元化、智能化、一体化的生活、交通、卫生、医疗、灾害等信息实时获取和共享；在交通安全、危化品安全、水安全、电网安全等方面实现应急联动和防控，最终实现公共安全电力、水利、通信、危化品、生命线、社会舆情等行业资源大整合、行业信息高共享和行业保障深化应用。

第二节　2035 年公共安全工程科技发展愿景

实现 2035 年我国公共安全的美好发展愿景，包括实现强有力的国防安全、海洋安全、网络空间安全，建成公共安全强韧工程和全方位一体化智能应急管理体系。

一、需要解决的重大问题

（1）在国际公共安全方面，我国对外贸易和人员往来规模不断扩大，在与中国有重大关系的国际危机、冲突和全球公共安全事件的处理中，我国该如何强有力地确保民众安全、保障国家权益、树立大国形象、拥有重要话语权并发挥关键作用，是必须要考虑的问题。

（2）在城镇化进程中的公共安全保障方面，随着城镇的人口密度增加，流动人口也快速增加，城镇公共安全形势将日趋严峻。各种极端灾害往往不是单一灾害的作用，而是伴随着多种灾害的次生或耦合。另外，科技发展和应用加速了城镇新的安全问题的产生，城镇经济发展迅速和不平衡使社会不安定因素增多，各种人为破坏事件多发。城镇公共安全的规划、评估、建设、运行、监测、再发展各阶段紧密相关，韧性、抗灾力、应急处置能力密不可分，因此亟须开展城镇全生命周期的安全保障共性技术研究。同时，我国城市的许多基础设施接近最大设计寿命，脆弱性加大，这增加了巨灾后果风险，而巨灾发生在大型城市的后果尚未被充分认知。另外，巨灾与国情、民众心理耦合，易触发连锁反应，成为触发国家安全问题的导火索。城镇化进程中的公共安全保障任务会愈加复杂和困难，如何迅速反应并应对城镇化进程中催生的公共安全问题、保障居民安全，是必须要考虑的问题。

（3）在应急平台方面，进一步提高国家公共安全应急平台技术体系的数字化、智能化、一体化水平以及对突发事件的响应与应对效率仍任重道远。尤其是要提高基于物联网技术的突发事件数据获取与快速分析能力，提高各级应急平台对突发事件的快速有效应对能力，提高对突发事件及其应急的科学预测与评估能力，提高国家公共安全应急平台体系的决策与指挥能力。随着物联网、云计算等信息技术，以及公共安全相关技术的进步，并将之应用于应急平台核心技术的研发，应急平台技术体系在突发事件应对方面的作用将得到进一步提高。

（4）在安全生产方面，面向产业转型升级和更加激烈的国际竞争，我国的安全生产整体水平面临着严峻的挑战，国家经济社会发展对能源、原材料等需求居高不下，矿井深部开采、化工园区规模化发展、城市地下管网施工运行等方面的安全问题凸显，安全保障面临严峻考验，特别是瓦斯突出、冲击地压、热害等矿井灾害的特点都呈现出新的变化，出现了多种灾害耦合的情况，增大了灾害的复杂性，其防治难度更大。伴随安全问题的不断凸显，职业健康形势依然严峻，我国职业病危害的接触人数、职业病新发病例数、累计病例数和死亡病例数均居世界首位，并且呈现出越来越严重的趋势。核与辐射安全问题日趋严重，且危害和社会影响极大，核恐慌情绪极易在普通民众中蔓延，需要强化核与辐射事故的剂量、类型和时间的快速检测技术，以及事故不同阶段的公众心理干预技术等方面的研究。高水平制造业应实现智能化，制造产业的绿色制造、清洁生产和循环化生产普及程度必须逐步提高，这需要考虑物联网的安全性问题。重大工业装备有了新的特点：向超大型化、高参数和服役条件苛刻化等方向发展，因此为保障新特点下的重大工业装备的安全，需有针对性地、系统而全面地开展重大工业装备安全保障关键技术研究，以实现长周期运行和全寿命的动态安全管理。

（5）在农业与食品安全方面，2035 年我国的农产品生产能力趋于稳定，绿色农产品的生产总量占农产品生产总量的 70%，要统筹国内、国际两个市场，大部分农业生产实现机械化。结合新形势下的民生科技需求，大力发展食品安全关键技术和进行设备研发，提升食品安全保障能力。

（6）在社会安全方面，恐怖活动日益突出，群体性事件的社会影响趋增，易引发社会危机，关系到社会稳定，亟须建立社会安全治理与反恐技术体系。物联网、大数据、云计算等新技术的发展能够助力公共安全科技的发展，但也催生了新的犯罪形式和特点。传统的社会安全问题催生了新的变化和挑战，例如，网络犯罪侦查、国家的网络安全保卫、新兴技术给侦查带来的新挑战，视频监控信息大量增加并深度应用于司法领域和交通领域。我国超大城市和密集人口地区的形成和城镇化建设迅速推进对社会安全提出的迫切需求等。

（7）在自然灾害方面，随着人口、财富和生产力日益向重大自然灾害多发地区集中，公众遭受巨灾的风险大大增加。地震、台风、暴雨、洪水、干旱、地质灾害、森林火灾等仍是我国面临的主要自然灾害，巨灾应对成为紧迫的国家战略需求。国家已建或正在规划建设的城市群，多数面临7级以上大地震、强烈台风、流域大洪水和巨型滑坡、泥石流的直接威胁。气候变化导致的超强台风对东部沿海地区城市群也构成了严重威胁。西部新城镇化建设区域在历史上就是重大地质灾害频发地区。当前存在的问题有：重大自然灾害的危险性和风险性评估、风险和灾害实时监测、自然灾害可操行预测预报技术研究不足；应对大城市和城市群重大灾害性事件的应急准备相关技术、应急救援技术不足；大城市与城市群地区大型地震断裂带抗干扰综合深井观测技术亟待发展；关键仪器装备进口依赖程度较高。自然灾害的监测预报预警、危险性分析和风险评估以及应急处置技术水平仍需不断提升。特别是当今对大地震、强台风和流域大洪水等极端自然灾害事件的预测水平仍然很低，自主创新能力有待于进一步提高。另外，随着城镇化进程的加快，自然灾害次生衍生灾害总体形势日趋严峻，堰塞湖、溃坝、决堤险情等重大灾害的监测预警技术仍需重点研发。

（8）在科技安全方面，国家的科技安全态势从四个方面体现了国家的能力：一是国家利益免受国外科技优势威胁和敌对势力、破坏势力以技术手段相威胁的能力；二是国家利益免受科技发展自身的负面影响的能力；三是国家以科技手段维护国家安全的能力；四是国家在所面临的国际、国内环境中保障科学技术健康发展以及依靠科学技术提高综合国力的能力。面向2035年，与国计民生相关的重大装备、核心关键技术及装备需要实现自主可控，在部分领域，具有自主知识产权的先进技术力争达到世界领先水平。科学技术不仅是世界整合与调整的强劲动力，也是国家利益格局变动的深层动因以及国家安全的基本保障，无论是传统安全威胁还是全球化背景下产生的诸如资源衰竭、生态恶化、金融危机等非传统安全威胁的治理和消除，都难以离开科学技术的发展、创新及应用，科技安全成为国家战略的重要命题而逐渐兴起。随着全球化浪潮席卷全球和信息技术的快速发展，信息的跨国传播速度明显加快，一方面，加快传播的信息可以实现更大范围的利益共享；另一方面，信息的自由开放也对国家安全造成了强烈冲击。随着全球化的深入推进，科技安全作为国家战略的重大命题日益突出，黑客、计算机病毒、网上恐怖活动等正在给国家安全带来新的挑战。在科技系统在国家安全中的重要性与日俱增的背景下，如何维护我国的科技安全是必须考虑的重大问题。

（9）在交通安全方面，在新形势下，我国的道路交通事故预防、城市缓堵疏堵、服务群众等技术手段相对滞后于工作需要，应开展从主动安全的角度通过实时防控措施来防止交通事故的发生及提高运行效率的研究。与国外发达国家相比，我国在交通安全工程的整体科技水平上还存在一定的差距，主要体现在交通风险评估和预防技术、交通事故安全防控与应急处置水平、交通监测预测预警技术和交通安全综合保障技术等方面。为保障交通安全，需研发各类交通安全的风险评估和预防技术、交通安全态势监测预测预警的理论和技术，构建基于人工智能和信息融合处理技术的一体化交通运输安全智能集成监控系统。为健全我国的公共安全体系，需提高交通事故安全防控与应急处置水平，实现各类救援信息与资源的高效整合，并形成比较完善的交通安全综合保障管理机制。随着网联化、协同化、智慧化交通系统技术的发展，交通安全的影响要素逐渐向系统安全性与可靠性方向发展，促使交通安全技术、事故处理方法和应急模式发生变化，如何在人机协同安全运行方面为各类交通运输方式提供安全保障，是需要考虑的问题。

二、全面实现公共安全强韧工程

当前，我国正处于经济和社会发展的重要机遇期，是实施我国现代化建设第三步战略部署的关键时期，与此同时，我国已进入公共安全事故的多发期，公共安全面临着严峻的挑战。良好的公共安全环境是小康社会的重要标志，保持长期和谐稳定的社会环境与安定团结的局面是我国面临的重要任务。

2035年的中国，将是安全的中国，全方位、立体化的社会公共安全网络构建形成，食品安全得到全面保障，人民生活更加幸福安康；应急管理能力全面提升，基于大数据、人工智能、云计算等技术的全方位一体化智能应急管理体系基本实现。实现公共安全风险预防主动管理、关口前移，实现在信息技术的支持下向自动化监测判识、预警应急联动；形成公共安全监测大数据应用、监测评估预警模式开发（突发事件诱导因子识别预警）以及预警应急联动模式；应用物联网和互联网技术，实现公共安全应急管理流程（风险评估与预防、监测监控预警、应急处置与救援和安全综合保障）与全生命周期管理（生产、进口、储存、运输、销售、使用和废弃）深度融合，实现城市危化品、重要能源和关键设施潜在致灾因子和运行状态全面准确监测预测预警；实现事故现场危险要素快速监测检验和救援以及事故后的勘验与事故重构；采用全生命周期管理模式对城市危化品、重要能源和关键设施进行管控，实现公共安全的关联诊断、自动反应、自主保护、主动服务和快速恢复，实现从个人到国家诸多层面安全韧性的“强韧工程”。

韧性城市是国家公共安全韧性工程的重要一环，到2035年，我国将建成一批韧性城市，将实现城市感知实时化、集成空间化、表达动态化、决策科学化、管理智慧化和运行安全化。不断拓展传感技术网络，到2035年，将实现对大气、园林、湖泊等自然环境，道路、地面设施、地下管网等城市基础设施以及汽车、食品、药品等流动物品进行实时管控，对城市人口进行实时管理和服务，同时使城市中的安全基础设施形成网络，全面实现城市人、物、信息三元空间的统一与融合。城市各类信息可通过城市泛在感知网络被实时动态感知与汇聚。在全面感知的基础上，综合利用互联网、物联网、大数据、云计算、空间地理信息等现代信息技术手段，以及可感知、可控制、高智能的管理手段，对各种资源信息进行高度整合，实现城市建设运行虚拟仿真与智能决策，为城市提供精细化的管理治理与精准化的民生服务；公共服务人性化，资源管理自动化，食品安全可追溯，建筑、交通、医疗等全面智慧化。城市运行将更加高效、安全、通畅，人类生活质量和生活水平将达到前所未有的新高度。

到2035年，我国将实现国家治理体系和治理能力的现代化，拥有科学的管理体制和先进公共安全科技的综合保障。复杂的内部、外部环境以及各类自然、人为的灾害威胁，尤其是近年经历的一些特别重大的突发事件，反映出我国的公共安全治理仍存在不足。公共安全科技发展将紧密结合国家公共安全的重大需求，从顶层设计入手，从体系性问题入手，大力发展公共安全技术，建立国家公共安全治理体系，实现我国公共安全保障由被动应付型向主动保障型的战略转变，成为安全技术与产业强国，实现综合国力大幅提升。

第三节　2035 年公共安全工程科技发展需求

一、风险评估与预防——构建综合风险评估与预防系统

新兴技术如人工智能、增材制造、新型交通方式、万物互联等的发展，在为人类生活提供了大量便利和优势的同时，也给公共安全带来了新的安全风险；经济全球一体化、社会老龄化、自然灾害的强度和频次显著增加、恐怖主义等新形势也给未来公共安全综合风险评估提出了新的挑战和要求。

在应急过程与能力评估方面，综合考虑面临的各种灾害，研发城市综合风险评估系统，为政府应急管理提供全面风险认识和决策依据，是风险评估技术发展的重要需求。

在城镇风险评估方面，城镇风险隐患识别技术正朝着空间动态、智能识别、耦合分析的方向发展。加强开展风险隐患排查、监测、判定及应急资源调查、管理等工作，并加快与国际接轨的相关研究。研究城镇化进程中的风险隐患动态识别与规避技术，研究城镇多源动态实时风险隐患排查及监测技术，研发基于物联网和互联网全覆盖的城镇动态风险隐患识别技术、基于大数据挖掘的危险源识别技术等，为今后全面的风险隐患识别做好技术准备。

重点发展国家基础设施仿真技术、社会动力系统仿真技术、核生化物质大规模传播仿真技术、微气象场数值模拟技术、复杂地形污染物扩散模拟技术、虚拟环境仿真技术等。

在风险预防方面，需开展精细化、高速化、智能化、系统化、动态化的下

一代安检技术研究。①精细化：进一步提高传统成像技术的分辨率，增强图像的可识读性，大力发展质谱检测技术、替代离子迁移谱技术，对爆炸物和毒品进行更准确的检测，开发小型大功率 X 射线源，提升基于 X 射线成像检测设备的密度和材料分辨精度，提升对新型危险品的检测能力；②高速化：进一步提高传统检测手段的检测分析速度，开发多排高速电子计算机断层扫描（computed tomography，CT），研究不完备 CT 断层解析技术，研究电子束扫描 CT 的关键技术，探索多种技术联用，以提升危险品检测效率；③智能化：研究基于图像分析的危险品智能识别技术，研究人机互动智能监控技术，提升危险品检出效率和安检质量，研究基于多种生物识别技术的危险人物及行为、意图的识别、评估和预警技术；④系统化：针对安检对象（物品、人、车辆、场地），研究多种安检技术的综合部署机制，降低重大活动和重点场所的安全风险，研究基于现代网络技术的安检装备联网技术，提升多层级安检的检测效率、管理效率，研究区域性安检网络的接入技术，研究构建地域性综合安检网，并进一步研究安检风险评估、预警、管控系统；⑤动态化：研究现有检测技术的小型化移动便携使用，利用安检技术和物联网技术的融合，研究对已知危险品的运输进行全面跟踪、管控的技术，研究跨区域的全国性危险品运输监控系统。

城镇风险防范与控制技术的发展趋势是，从单一灾害风险防范与控制发展到综合灾害风险防范与控制，从区域灾害风险防范与控制发展到全球灾害风险防范与控制。从区域尺度到全球尺度，全面理解灾害风险的形成与扩散过程，构建考虑不同空间尺度的综合灾害风险防范与控制体系；从政府、企业与社区多个角度，系统整合各方面的减灾资源，完善利益相关者共同参与的综合灾害风险防范与控制系统。形成集综合灾害防范与控制体系和系统于一体的地方、区域与全球综合灾害风险防范模式。通过对风险进行控制、减轻、转移和适应等多种综合灾害风险防范与控制技术，促进主要高风险行业和地区的综合灾害风险防范体系建设。

未来，在充分理解风险表现行为的基础上，捕捉非常规突发事件风险孕育的各种信号，整合并优化备灾、应急、恢复与重建措施，建立风险防范与控制的数字化系统。与此同时，建立综合多种数据管理的灾害风险防范与控制数据库。把涉及自然灾害、事故灾难、公共卫生和社会安全的多种数据整合在一起，通过大数据理论，运用数据挖掘，建立地面观测数据库、灾害事故统计数据库、遥感图像信息数据库、地理信息数据库等。同时，针对高脆弱性的城乡接合部，开展城乡接合部与城中村安全保障技术研究；针对城镇的社区单元，开展立体化数字社区风险治理技术研究，结合智慧城市、智慧社区建设的推进，提高社区的风险治理能力。

二、监测预测预警——构建国际领先的监测预测预警系统

我国不仅自然灾害频发，而且随着社会的转型，各种影响国家安定、公共安全与社会秩序的不确定、不稳定因素日益增多，自然灾害、事故灾难、公共卫生、社会安全等突发事件的发生频率更高、危害程度更大、影响范围更广。突发事件易发、多发，维护公共安全任务繁重，我们要不断提高维护公共安全的能力水平，有效防范、化解、管控各类风险。突发事件一旦发生，如果处理不当，有可能使危害程度扩大，给社会带来巨大危害，从而演化成公共危机。促进监测预测预警技术，需要发展以下几个方面。

在公共安全监测监控技术方面，生产安全领域的监测预警技术、系统与装备在危险化学品、煤矿和非煤矿山等领域取得一系列研究成果的同时，与技术领先国家相比，系统装备的实用性、可靠性和安全性亟待加强。

在食源性疾病监测溯源方面，采用 DNA 芯片比较基因组杂交技术，辅助以大规模位点特异性聚合酶链式反应（polymerase chain reaction，PCR），揭示该致病菌在自然种群中的遗传多态性，制定物种特异性和种下多样性的 DNA 标识序列，全基因组测序技术和新一代测序技术的应用将是未来公共安全发展的需求。

在口岸安全检测方面，需要深入研究高通量测序等技术在有害生物防控领域的应用，利用微全分析技术建立稳定高效的芯片制作工艺，实现大体积样品分析等。发展微全分析技术，力争做到现场、原位、实时、高通量地检测与监测。

在城镇突发事件监测监控方面，未来城镇公共安全监测监控技术应该向着精准、广泛、可靠、共享的方向发展。应研究城镇化进程中的多灾害综合监测监控技术、动态多点源城镇灾害实时监测技术、监测数据实时挖掘分析技术、多媒体和多目标信息平台共享与发布技术等。针对城镇生命线系统安全保障，

应研究城镇化进程中的生命线系统安全运行关键技术、动态脆弱性分析与综合风险评估技术、动态监测和反演预警技术、城镇生命线系统重大灾害事故情景构建技术等。针对老龄化、空巢化及基层社区治理的新需求，应研究社区重点人群居家安全监测及防护关键技术，以及重点人群行为特征采集、异常辨别、危险行为预警及远程监控技术等。

在核生化危险品现场快速检测技术方面，需要提高基于序列、结构、化学、功能等的检测技术能力，包括PCR技术、生物芯片技术、生物质谱技术等，缩短检测时间，提高实验室检测、现场自动监测的灵敏度、特异性和自动化能力水平，实现烈性病原体6h鉴别能力，采用新技术、新方法，提高远程核辐射探测灵敏度和核素识别速度，减小检测体积，降低重量和功耗，提高核辐射探测智能化水平。

在气象灾害监测方面，鉴于气象事业对国家安全的重大影响，需要从国家安全的高度制定国家和军队气象事业发展规划，大力提升国家整体气象保障服务能力。军队气象事业的发展始终是与不同历史时期军队建设的战略需求和使命任务相适应的。当前的突出需求是适应国家战略利益拓展和军队建设转型（区域防卫→全域机动；近海防御→远海防卫；国土防空→攻防兼备、空天一体；核常兼备、有效慑战）的需要，着力发展支撑无缝隙、精细化、一体化的气象水文保障技术和手段，以具备全领域、大范围、长时效、高精度、多要素、智能化的联合气象保障能力。气象灾害监测预测预警需求包括以下内容。

（1）综合气象监测。进一步优化与完善由陆基固定监测和机动监测、空基监测、海基监测等构成的立体综合监测网组网的应用功能，重点发展天基监测手段，实现军地优势互补、资源共享、全域覆盖。地方以调整和完善气象区域监测体系为重点，加大在边境、周边国家和地区的境外气象监测站点部署力度；军队以调整和完善局地实时气象监测体系、升级改造监测手段为重点，加强机场、导弹阵地、军事基地和边海防气象监测站点部署力度；在高原、近海地区统一构建联合监测体系，加大自动气象站和海洋气象站点部署力度，消除观测盲点。

（2）预报预警。按照通专结合、优势互补原则，针对军民气象保障需求差异和特点，建立与任务职能相适应的预报警报系统。通用预报系统的建立要充分发挥技术优势，依靠自主创新，加强基础信息融合和应用，提升总体预报能力；专用预报系统的建立要紧贴任务需求，解决好产品类型和格式的规范化与标准化问题，确保预报、警报产品的充分利用和相互支持。持续改进和完善全球中期数值天气预报、短期气候预测、边界层大气环境分析预报、重点地区高分辨率数值预报等系统，着力加强利用来自卫星、雷达等设备的观探测资料在数值天气预报系统中的应用、敏感气象要素预报、核生化污染物扩散和传输分析预测、极端天气气候事件预报预测、局地灾害性和转折性天气预报以及贫信息条件下气象预报预警等方法及手段的建设。全球中期数值天气预报水平分辨率优于 10km、模式大气基本覆盖中层大气，战区、目标区等重点地区的水平分辨率达到千米或百米级。

（3）将气象服务纳入城市“网格化”管理平台，提高城市安全运行气象服务保障水平。推动气象服务融入“智慧城市”建设，为城镇居民提供基于位置的精细、贴身、互动的智能气象服务。加强城市气候效应研究，为“宜居城市”建设提供气象保障服务。将气象服务主动融入“国家新型城镇化”“京津冀协同发展”“长江经济带”等区域发展战略。围绕国家“一带一路”倡议，开展伴随式、全球式气象服务。适应现代农业发展方式的转变，创新气象为农服务机制，推动其融入农业社会化服务体系，完成全国精细化农业气候资源区划，大力开展面向新型农业经营主体的“直通式”气象服务，为保障国家粮食安全和新农村建设提供有力支撑。

（4）切实增强安全气象意识。气象问题已不仅仅是气象自身的科学问题和环境问题，而是与粮食安全、水资源安全、生态安全、环境安全、能源安全、卫生安全、经济安全、国防安全等国家安全利益密切关联的重要战略问题，我们必须树立安全气象理念，把气象事业的发展纳入国家安全战略范畴，在信息获取、信息管理、信息共享服务、信息容灾备份、关键技术自主创新、军民融合等方面建立科学、有效、可行的运行管理和保障服务机制，切实维护国家的安全战略利益。

（5）构建军民一体化气象保障体系。科学统筹军民气象保障能力建设，在组织开展国家气象保障军民融合工程建设的基础上，构建“综合监测科学集约、信息资源融合共享、预报预警联合互补、应急保障协同高效”的军民兼容、平战结合的一体化气象保障体系，全面提升国家气象灾害监测预警能力和综合气象保障服务能力。

在地震预测预报方面，传统人工震源探测深度有限，新型人工震源的出现则使对深部介质进行高精度监测成为可能。穿过活动断裂带的深井地球物理和地球化学综合观测技术系统、深井宽频带测震技术系统、深井应力连续观测系统、孔隙压力连续观测系统、跨断层温度梯度连续监测系统、深部地球化学组分直接测量系统是地震预测预报的重要基础保障。

在台风、暴雨、强对流和雾-霾的监测预报预警方面，需加强台风监测、资料应用及精细化结构研究，加强对不同地域中尺度对流系统发生发展规律及其机理的认识，研发基于高分辨率探测资料的中尺度对流天气监测识别和诊断分析技术，等等。需建立化学天气预报系统，通过监测和实验，优化大气成分数值模式和预报系统中的物理、化学过程，以实现更准确地描述大气成分的输送和转化过程。

在流域突发性洪水的监测、预报技术方面，需要建立或更新覆盖流域的、利用高新技术达到较高精准度与快速响应的、功能齐全的洪水监测预报预警系统，主要包括：①发展水文水力学耦合洪水预报模型的实时校正技术；②在洪水预报系统中实时反馈防洪工程体系的调度信息；③应用气象雷达、GIS、遥感（remote sensing，RS）等高新技术快速更新洪水预报模型所需的初始条件与边界条件，以完善防洪决策支持系统，提高防洪工程体系的科学调度水平，增强流域突发性洪水的应急响应能力。

在地质灾害预警与发布方面，应加强高新监测方法和技术的研发及应用，并形成产业化和行业标准；应提高监测数据质量标准，包括数据可靠性、精度和传输的实时性；应建立研究部门与机构之间的原始数据共享机制，提高早期预警精度；应加强既有数据和关键数据的融合，提高近实时数据的利用率和分析效率；应加强重大地质灾害发生时关键性数据的收集，以及灾后处置关键技术的研发；应建立快速新型的地质灾害响应机制；完善监测数据系统是预警预报的关键，需包含更强的监测网络、更广的监测覆盖面；应研发新的地质灾害危险性评价预警预报系统，保证其准确性、及时性和沟通性；应加强地质灾害管理部门的协调合作，包括多部门数据、研究和地理空间的共享。

在城市暴雨预警与发布方面，为了应对城市型水灾，我们需要综合运用各种防洪工程手段，采取雨水蓄滞、渗透等抑制产汇流的措施，集成应用高新技术来增强城市水灾预警与应急响应能力，发展城市建筑与重要设施的耐淹技术，加强城市排水管网与河湖水系水力的联系；全面整合和综合处理城市防洪工作所需的水文信息、气象信息、防洪工程信息、经济社会信息、洪涝灾害信息、抢险救灾信息和地理信息，建立城市暴雨监测预报预警应急平台。

在城镇突发事件预警与发布方面，亟待研究城镇化进程中的安全运行监测与预警发布关键技术；研究城市生命线、基础设施、环境等物理运行体征监测网、虚拟网络监测网和人员行为监测网三网融合的城市安全运行实时监测关键技术，实现基于大数据的城镇安全运行态势异兆自动分析；研究“体征突变-网络舆情-人员行为”耦合的城镇安全运行态势预测与快速预警技术；研究基于多种社交媒体的预警信息发布技术等。

三、应急处置与救援

自然灾害和恐怖袭击都会给人类带来不可估量的损失，直接威胁着人类未来的安全。应紧密围绕监测、预警、救援、处置四个重要方面，全面加强基础研究、科技创新、技术体系建设及管理落实，构建风险评估与风险防控技术体系，加快发展防恐装置与装备，提升应急处置与救援效率，促进超大城市安全运行保障技术、城市及重大基础设施主动减灾技术、公共聚集场所风险评估与检测预警技术、暴力恐怖事件监测预警与快速处置技术、食品安全应急重要实物基体标准物质研制关键技术、救灾救援类服务机器人技术研发，对灾害进行有效的抗灾抢险，以减少人员伤亡和财产损失。

在案事件调查检测检验鉴定技术方面，需要研究复杂条件下疑难物证的多专业、高灵敏度检验关键技术，多元物证信息融合关键技术，实现对涉案人员生理、生活特征的科学刻画与研判；研究基于视频的目标测量等技术与设备，实现对关注目标的追踪与检索；研究理化、毒物、毒品等物证的多专业检测和数据处理分析等技术与设备，实现物品种类、来源判定；研究致死、致伤原因与死亡时间鉴定，以及爆炸残留物、助燃剂残留物、射击残留物等鉴定关键技术，为热点案事件性质的准确甄别提供技术支撑等。

四、综合保障

（一）支撑国家总体安全重大战略规划

面向 2035 年，按照《国家新型城镇化规划（2014—2020 年）》，中国城镇化率到 2020 年达到 60%，到 2035 年超过 70%，基本完成城镇化进程。根据预测，到 2035 年，我国的城市人口将达到 11 亿，城市也将出现许多新的景象，例如，城市地下空间开发进入快轨道，开发利用地下空间是解决城市发展矛盾的重要途径，城市及城市间的交通进入高速化和智能化阶段，高铁时速超过 1000km，无人驾驶广泛应用。2035 年，我国将进入超老龄社会，其中，80 岁以上人口超过 1 亿，可能还有 5000 万是失能或失智老人。同时，新的能源格局也将出现。以上未来情景势必带来新的公共安全问题。此外，各类传统灾害风险依然对人类构成巨大威胁，恐怖活动和恐怖主义的现实危害上升，面向突发事件的公共安全综合保障依然是安全保障的重要内容。科技进步在带来更加便捷和舒适的生活的同时，也始终伴随着风险，给人类带来了更多的潜在风险。交通方式的革新使交通运输效能大大提高，社会接触网络发生翻天覆地的变化，流行性传染病的传播速度和范围急剧扩大，防控手段已经成为世界性的关注点；信息技术的发展使信息沟通与传递方式发生了前所未有的变化，信息交流量和信息传递效率猛增，真实与谎言常常相伴而生，公众的心理和情绪与社会秩序的稳定之间从未像今天这样联系得如此紧密。

公共安全综合保障作为国家公共安全系统的重要组成部分，面向 2035 年，自然灾害、事故灾难、公共卫生、社会安全等传统风险威胁依然严峻。同时，在信息技术的驱动下，新能源和新材料可能会产生变革，各类资源的集聚程度加大，新型的生产、生活模式势必衍生出新的公共安全综合保障需求。

在城镇化高度发展的过程中，人口老龄化日益严重，在网联化、智能化、一体化的生产、生活方式不断深化的未来，脆弱性也在不断加大。应利用技术、管理手段，不断提升公共安全综合保障水平，有效减少各类风险，强化公共安全综合保障理论和基础研究，加强公共安全知识的科普和基层应急能力建设。

为满足城市化进程中城市居民不断提升的公共服务和公共空间需求，城市中心区功能提升与再开发将向多学科深度结合的集约化、立体化、协同化、智能化、一体化、绿色化方向发展。针对经济社会活动的复杂性以及公共交往方式全面数字化的趋势，我们需要在土地集约高效利用、空间立体开发、综合安全保障、先进数字化的复合协同管理、智慧综合体、建筑交通一体化、绿色低碳的物理环境全面优化等方面取得技术突破。

在公共安全标准化及认证认可技术方面，适应司法体制改革和《中华人民共和国刑事诉讼法》对物证鉴定提出的新要求，系统开展与物证检验鉴定有关的质量认证、计量认证、有证标准物质研制等活动，建立物证检验鉴定质量控制量值溯源技术体系，与国际主流鉴定技术接轨，是我国公共安全标准化及认证认可技术的发展的需求。

在物证检验鉴定质量控制方面，要重点从物证检验鉴定的质量控制流程入手，从样本物证链的角度来建立质量控制体系，建立物证取样规则、样本送检及保存规则等；开展物证前处理和高通量筛查检测方法的研究，建立物证样本前处理方法、标准化分析方法、含量测定结果的不确定度评定方法等。在物证检验鉴定量值溯源方面，重点建立标准物质的制备方法，建立各标准物质的纯度测定方法，建立各标准物质的结构确证、水分测定、无机元素测定、盐型测定、灰分测定及元素分析方法等。在案件缉获现场与实验室鉴定结论的链接方面，重点建立缴获样品中共存有机杂质的分析方法；通过现场特征缴获物成分及杂质成分推断可能采用的合成原料及合成路径；建立生物样本中新精神活性物质及其代谢物的定性定量检测方法；建立生物样本中新精神活性物质及其代谢物的定量检测结果的不确定度评定方法等。

在公共安全实验试验与仿真方面，地震波传播规律是地震学研究的基础。在室内建立大型地震波模拟实验系统，可研究特定条件下地震波传播规律、发展地震探测（监测）新技术。例如，模拟研究地震波沿断层带的传播规律、发展高精度 4D 动态监测技术、为地震科学研究提供实验技术平台，对发展地震物理预报新技术、为防震减灾提供支撑具有重要意义。

城镇多种灾害共同作用的实验可以探索各种灾害相互作用的机理，验证理论或数值模型。未来应该建设多领域、大尺度、多灾种综合作用的实验平台与装置，改变设备落后的现状，追赶先进国家，提升城镇多灾种耦合研究能力。应研究大型综合性多灾种耦合实验技术，研究耦合灾害和灾害链的实验室模拟方法以及承灾载体破坏定量测量方法等。实验平台与装置取得的研究成果最终可以提高综合防灾减灾能力。应基于风险的安全规划技术，研究多灾害综合风险识别与评估技术及方法；研究基于多源数据智能分析的人员密集场所动态监控预警和异常行为研判技术，研发定向式应急警报通知系统及装备；研究典型事故后果高精度快速模拟技术与系统；研究复杂区域环境下大规模人群疏散模拟技术与系统；研究重大事故公众疏散与就地避险评估技术与标准、典型巨灾情景构建技术、基于数字化情景的模拟应急演练系统；研发轨道交通防灾系统安全性能综合检测技术和装备，研发地下油气管网安全监控预警技术与装备；研究突发事件应急处置救援关键技术，研发现场保障、个体防护、生命救护、抢险救援等成套化装备。

针对城镇化进程中应急处置要求模拟速度快、实时而精度无须很高的需求特点，未来需要研究如何抓住主要因素，简化模型结构，提高实用性。在这方面还需要结合最新的计算机技术，如云计算等，以提高计算效率。另外，面向 2035 年，还需结合我国实际情况对模型进行自主创新，加大研究深度，提高数值仿真模型的通用性，以大规模投入使用；需要增加与计算机仿真相关的理论研究和实验验证，以提高结果的说服力。定性仿真力求非数字化，应以非数字手段处理信息输入、建模、分析和结果输出，通过定性模型推导系统定性行为描述。

公共安全问题具有典型的复杂系统特征，如动态性、多样性、不确定性等，而复杂系统的分析和预测是极具挑战的难题。基于“大数据 + 大计算”的情景计算方法，通过建立“数据一模型”混合驱动的分析和预测方法，建立人工系统与真实系统之间的动态交互和融合分析，实现实时动态建模、多样性分析、交互验证与主动学习，从而对具有高度不确定性和多样性的公共安全问题复杂系统的给予尽可能准确的分析预测。实时动态建模是基于已有模型和历史数据，结合实时信息的补充，实现快速高效的动态建模；多样性分析是指通过建立多样性的模型、模型参量及环境变量，基于快速大规模计算，结合真实系统表现，实现对未来多样化可能性的分析和预测；交互验证与主动学习是基于“数据一计算”的高度交互与融合，建立人工计算系统与真实客观系统之间的有效匹配和对接，并在交互验证的同时，建立计算系统的主动学习与自学习能力。情景计算有望为公共安全问题提供有效的方法和技术手段。

无论是公共安全实验还是仿真技术，都需要翔实、完备的基础数据的支持，才能得到符合实际情况的和具有应用价值的结果，因此，面向 2035 年，我们需要结合大数据技术，综合各种不同来源、不同结构的数据，对城镇化进程中的突发事件、承灾载体和应急管理的全过程进行综合、全流程的实验模拟与仿真分析。

在突发事件情景构建与推演方面，未来应该结合城镇化进程中各种灾害的特点以及它们之间的相互作用，更加深入地研究城镇重大综合灾害情景构建与推演技术、城市重大综合灾害风险情景感知技术、城市承灾载体脆弱性分析技术、城市重大综合灾害情景构建与推演技术，构建城市重大综合灾害情景推演实验与仿真系统，以更好地支持突发事件应急管理。

鉴于情景分析在城镇非常规突发事件应急决策中的重要地位和作用，针对非常规突发事件影响因素呈现的多样性、复杂性和不确定性，迫切需要更加灵活、更能应对不确定环境的动态情景分析与推演技术，对非常规突发事件的发展态势和未来可能的情景进行详细、严密的推理和描述。针对城镇非常规突发事件的情景依赖性，在分析其系统特征与应急决策机理的基础上，采用复杂系统科学理论研究通用的非常规突发事件的发生机理分析模型与预警方法，利用基于数据的定量模型研究非常规突发事件的情景分析方法，以情景分析的输出结果为基础，实现有效的案例推理应急决策方法，构建非常规突发事件的智能决策平台，是实现情景-应对型非常规突发事件应急决策模式的重要途径，也是预防和控制非常规突发事件进一步发展、实现有效应急决策与管理的必然选择。在情景-应对模式下，城镇非常规突发事件应急决策方法如何生成等问题还有待于被进一步研究。从城镇化进程中非常规突发事件的演化规律来看，未来需要开展非常规突发事件演化过程对情景的动态需求研究、情景异常数据获取及其与突发事件演化关系研究、基于情景与事件演化规律的非常规突发事件演化规律研究和非常规突发事件次生衍生及耦合作用的动力学规律研究。最重要的是，未来需要构建足够多的符合城镇化特点的典型情景，将突发事件情景构建与推演技术在应用中落到实处，然后可以将相关技术和模型等集成进入应急平台。面向情景-应对型决策，与国家应急平台体系相融合，构建非常规突发事件应急管理的整体集成平台，并进一步基于该平台，形成考虑非常规突发事件情景演变与主体决策过程的模拟仿真与集成应用示例。

在虚拟现实和增强现实方面，由于描述城镇物理场景需要相当复杂的集成运算，无法满足虚拟场景对实时性的要求，所以未来的研究方向是建立各种简化的物理模型。另外，情景构建与推演和虚拟现实、增强现实技术的耦合应用也是未来发展的趋势，在城镇突发事件应用决策方面前景广阔。

（二）发展智能型计算系统

我国公共安全领域需要实施从个人到国家诸多层面安全韧性增强的“强韧工程”，坚持问题导向和需求导向，以雄安新区和“一带一路”为靶场，着力突破特大城市圈发展面临的应急难题，突破国家和地区间的协同化应急难题。应着力将“一元化-多元化-系统化”的应急管理模式转变为建立智能化、全方位、立体化的公共安全网，实现应急管理以事件驱动转变为以数据驱动，以物为中心变为以人为中心，从主观决策转变为应急计算支持的决策，从被动应急转变为主动保障。

创新应急管理制度和模式的内涵为将应急管理的触发机制由传统的突发事件驱动发展为（大）数据驱动，将风险评估从事件发生再往前推进一个阶段；重视应急管理的复杂性，把基层作为公共安全主战场；应急管理关注的核心对象由客观事件的发生发展过程转变为个体，凸显个体在突发事件应急管理中的作用；顺应网络信息时代的虚拟特征，利用互联网、云计算、物联网等技术将应急决策由政府决策发展为定性、定量相结合的基于数据和计算支持的决策；将传统的公共安全综合保障由注重灾后救助转变为注重防、抗、救相结合应急主动保障机制。

21 世纪以来，计算能力的突飞猛进，新型机器学习技术处理特定领域、特定任务的计算能力逐步增强。未来将建设发展韧性城市，建设主动智能化的公共安全网，使其面对未来的社会、经济、技术系统和基础设施的冲击与压力，仍能基本维持相同的功能结构、系统和身份，同时发展一套支持韧性社会的智能计算理论体系、方法和系统。

以智能计算系统为支撑的韧性城市，需要以连接万物、融合个体与设施和信息的公共安全网为基础，设计基于边缘计算的主动感知机制、基于数据同化的灾害预警机制、基于观测的基础设施设计机制、基于万物互联的信息采集机制和基于软件定义的结构抗毁机制。应提高基础设施的灾情感知、预测和抗打击能力，加强个体的主动承灾能力，实现主体韧性；利用设施设备连接本身的抗毁性、信息流本身的安全性、万物互联带来的连接多样性、边缘计算带来的主动连接，实现城市的连接韧性；保证法规、规范、组织结构功能的延续性，提高公共安全网络结构的鲁棒性，实现结构韧性，以此构建起具有主体韧性、链接韧性与结构韧性的主动智能型城市。

发展智能型计算系统，建立主动智能公共安全网，应结合物联网、第五代移动通信技术、大数据与边缘计算等前沿技术，同时使计算拥有多灾种综合应用能力、多领域行业深度融合的特性，以实现基础设施和数据软件服务完美结合的线上线下双向监控与管理。从物理信息社会和网络信息社会两个维度建设公共安全综合保障一体化平台，自下而上保障个体防护、重点设施和场所安全、社区安全、特大城市圈和区域的安全。

发展智能型计算系统应实现以下三个目标。

（1）实现信息泛在化与万物互联形式下的韧性社会构造。无限数据、无限存储、无限带宽将成为未来趋势，应努力实现万物互联（Internet of thing，IoT）、人机交互，数据获取-处理-分析高度集成化与个性化，政府-机构-公众的高度交互与协同，决策结构与流程的扁平化，从连接和结构入手保证韧性社会的强度。

（2）实现数据-计算-推理深度融合的韧性社会推演。应基于数据-计算-推理深度融合的未来推演理论和方法，实现重点场所和设施、重要能源与储备、重大工程等全生命周期的监测预测预警；能够预测未来新技术革命、全球格局变化等对公共安全形势的影响；推动构建面向未来的公共安全应对体系，利用推演手段和技术保证韧性社会的鲁棒性。

（3）实现对未知风险主动评估的预测型韧性社会。基于万物互联、边缘计算、数据同化、软件定义社会等技术构建风险预测预判工具，分析新技术、新材料、新产业、新政策等是否存在无法承受或未认知到的潜在风险，以实现对未知风险的预判以及对灾害先兆事件的研究和关注，达到韧性社会主动预测的目标。

应在韧性城市应急理论体系、智能型计算系统和主动智能的公共安全网的支撑下，完善个体和社区级别的万物互联 IOT 应急管理基础设施；建立基于公共安全立体化网络的国际应急标准体系；突破一案三制的应急管理模式，建立特大城市圈的应急管理体系；设计跨地域、跨国界、多部门交叉的区域化协同应急管理合作与共享模式，构建公共安全综合保障一体化平台，实现基于多行业资源深度融合和多领域技术集成应用的公共安全主动保障。

第四节　公共安全其他子领域

一、交通安全系统安全性与可靠性提升

在新信息技术的带动下，随着智能化、一体化的交通运输系统的不断完善，各类交通安全管理技术和政策仍需进一步地升级和完善。美国的《2050年远景：国家综合运输系统》指出，交通运输工作者的最终目标是最大限度地增强交通运输的安全性，并且制定了一系列综合性发展政策和研发了先进的交通管理技术；《智能交通系统战略规划2015—2019》提出，通过推进车联网技术和智能化车载系统的研发，打造更加安全的车辆与道路，来迎合未来的交通需求。从交通安全的工程应用角度考虑，有关人为因素的研究还有待于进一步深入，量化分析方面还有待于完善。

交通安全作为国家公共安全系统的重要组成部分，面对2035年，在网联和自动驾驶技术的驱动下，新型的载运工具与交通运输模式势必衍生出新的交通安全问题。

发达国家对交通系统风险评估与预防体系的构建研发了相应的安全性系列政策与管理技术，而我国目前各类交通安全评估与预防体系尚处于阶段性研究中。因此，研发各类交通安全的风险评估和预防技术是交通管理的重要内容，与之相应的交通风险综合评估技术是未来交通安全风险评估与预防系统向信息化、精准化、实时化发展的技术保障。研究重点为如何让其有效融合监测、管理、气象等多源信息，实现对驾驶安全的有效管理及服务；如何实现各类救援信息与资源的高效整合，以及如何有效建立各类安全管理系统，使安全管理水平与效率得以提高，确保我国综合交通系统安全稳定运行。

在自动驾驶技术逐步走向应用，网联化、智能化、一体化的交通系统成为现实的未来。在道路交通方面，需要形成网络化的道路交通状态感知体系，突破车路状态感知与信息交互等技术，提高交通信息资源利用能力，保障道路交

通安全的综合水平；在轨道交通方面，需要促进轨道交通发展的安全、高速，同时实现全面的电气化和更高的智能化，促进行业技术创新，实现行业整体协调发展和经济共赢；在航空方面，需要通过技术、管理手段不断提升航空交通安全水平，研发全时空、全链条的运行状态监控技术，研发地面、空中一体化的协同管控技术，以此来有效预防重特大航空交通事故；在水运方面，需要应对复杂恶劣的水运环境，实现船舶通航安全实时监测与预警，研究水下多目标快速探测定位技术，制定重大水运事故人员紧急疏散与转运策略，提高水运事故安全防控与应急处置水平。

随着经济社会的发展，人们对高效、便捷、舒适的运输工具的需求也大幅增加。这就需要增加航空运输的便捷性，提升高满意度客运服务能力；需要发展高品质的先进汽车技术体系，以超低碳、零排放、智能化、网联化为汽车技术创新的突破方向，力争抢占清洁汽车、智能网联汽车等未来国际竞争前沿高地，满足国家经济与环境发展的需求。同时，还要推动船舶向绿色化和智能化方向发展，开发满足国家最新公约、标准、规范的散货船、油船、集装箱船等绿色化船舶，实现船舶智能设计建造和智能安全运营；进一步构建世界领先的轨道交通技术体系，发展运营速度在 400 km/h 及以上的轮轨高速铁路成套技术及相关装备，提升轨道交通全生命周期运营安全保障与能力。

大力发展空间衔接和功能统一的综合交通规划与设计技术，建设若干国家级枢纽和区域级枢纽集群，全面提升交通网络的服务能力与服务水平；发展复杂环境下的机场、轨道、公路、航道和管道建设及养护技术，建立绿色、节能、多功能交通建设和养护装备体系；发展和完善面向服务的综合交通信息集成与共享平台，构建综合交通一体化运行服务基础设施；完善民用航空、铁路、公路、水运和城市交通智能调度、指挥、运营系统，发展载运工具与基础设施协同式安全监控及应急管理技术，建立安全和高效的综合交通运输协同运行平台。

二、危化品全生命周期安全管理

在能源化工行业需求居高不下、人民群众对生产企业安全环保和清洁可靠的需求不断提升的背景下，我们需要结合网络化、智能化、信息化的时代背景，综合利用技术、管理等多种手段，避免危化品重特大事故的发生，保障国民经济的平稳顺利发展。

面向 2035 年的危化品安全保障，对危化品安全问题的研究要关注其全生命周期各环节。要对不同类型和规模的化工园区的风险、跨区域和跨流域甚至跨海域运输环节的风险，以及化工生产新工艺及新物质生产的未知安全风险进行定量评估；要对引发危化品燃烧爆炸的外界致灾因素，生产、储存、运输的关键环节和设施，以及灾难事故现场有害因素等进行全面准确的监测预测预警；发生事故后，要有高效有序的应急指挥决策与信息分发系统，要具备对事故现场危险要素进行快速监测和检验的能力，要研究开发新的应急救援装备和应急处置人员个体防护措施，并对释放的化学毒物进行捕集与洗消，开展事故后的勘验与事故重构等。

从技术层面进行需求分析，包括以下几点。

（1）在化学品及化学反应过程安全技术方面，高危险或未知化学品的危险性预测技术、失控反应机理的数值模拟等都需要更加精确的数学模型和量子计算模型的研发，特别是物质结构与物理化学特性的定量化关系计算等工具成为活性反应危险性预测技术的重点需求；智能化识别系统、异常工况诊断和预警、报警的管理都日益受到重视，成为石化装置信息化、数字化的重要需求。

（2）在设备安全技术方面，需要综合工艺运行和设备管理的一体化生产管理系统。其中，设备状况在线监测仪器和技术、设备历史数据管理和利用、综合工艺运行和设备数据的预防性维修策略等是发展较为迅速的领域，其依托设备完整性管理体系建设，加快积累设备状态在线数据和工艺运行数据，研发综合工艺运行和设备数据的预防性维修策略。

（3）在安全控制技术方面，针对以城市型炼油厂、大型油品储罐区、油气管道为代表的高风险对象，开发系统化整体解决方案是未来发展的必然需求；针对工业控制系统更为安全的通信协议及规范将得到广泛应用，通信协议的异常性检测能力将得到加强；工业控制网络的违规操作、越权访问等行为需进一步得到有效监管。

（4）在事故与应急救援技术方面，针对“黑天鹅”事件的相关研究需要深入开展；石化过程大型燃爆实验场的建立和燃爆过程动态表征设备的开发，为大尺度下燃爆事故机理的研究提供了基础数据，可被用来研究石化燃爆事故过程和防控措施；新能源的开发过程对事故防控技术的研发提出了新的要求；事故现场数据快速收集整合表征技术将在智能化应急决策系统中得到应用，大型应急救援装备和高性能事故现场侦检设备的开发将是今后事故与应急救援技术发展的重点。

（5）在安全信息化技术方面，需要进一步推广物联网、云计算等信息化技术在石化安全领域的应用，建设智慧工厂和智慧企业，建立石化过程全流程的智能化安全监控系统，实现对人的不安全行为、物的不安全状态、环境的不安全条件进行有效监测和预警，实现企业安全生产信息的采集、处理和智能化分析；相关技术逐步向提前感知、超前防范、早期化解风险、智能化方向发展，可以运用人工智慧和信息化技术，通过专家控制系统，解决安全控制中的复杂问题；建立、整合、共享 HSE（health, safety, environment, management system）管理体系相关大数据，研究数据挖掘技术，建立先进的事故预测预警技术。

三、舆情安全提升为国家战略

网络信息时代加大了舆情安全控制难度。基于网络虚拟社区，各类网络信息得以快速发布，并传播扩散形成社会化舆情，形成热点话题、公众情绪等，直接作用于现实社会，网络信息的发展大幅度削弱了国家舆情的管控力度，带来的权力分散化特质进一步减弱了国家信息的引领作用。社交网络、博客、聊天软件等新型媒体工具的出现与发展使用户拥有了更多元化的互动方式，成为当今社会舆情传播的主导方式，网络信息传播的广泛性及影响力度非常强。以人际关系为基础进行的信息传播更是极大程度地创新了动员方式，使得“蝴蝶效应”越来越快形成，由此构成舆情势力。从国家舆情安全的角度来看，网络信息的发展扩大了舆情安全的危害程度，损害了政府的公信力和维稳力。

舆情安全已经成为公共安全亟待解决的核心问题。针对未来 20 年网络发展及网络舆情管理的重大需求，应完善公共安全网络舆情监测系统。网络舆论的发生发展具有极大的不确定性，面向 2035 年，实现国家公共安全，必须正确认识互联网将对人们的生活产生的影响，及时对网络动态信息进行监控、分析、预测、化解。应完善网络舆情监测系统，研究互联网群体聚集、信息传播、行为演化等方面的基础理论与模型、机理与规律，以及关键技术与方法；探索网络舆情管理与网络信息传播的研究方法学，以及其在国家网络舆情监控与社会应用发展方面的示范应用；为互联网信息传播的管控、安全利用等提供理论、技术和应用基础支撑。对热点问题和重要领域实施监控，通过人际交互建立舆情监控的知识库，研究基于传统、向量空间的特征分析技术，对爬取的内容进行聚类；研究在监控知识库的指导下基于舆情的语义分析，实现网络舆情分析。

应加强公共安全网络舆情预警机制研究。网络舆情的最终目的是保障公共安全，通过对网络舆情的分析，挖掘焦点舆情是否有转化为公共安全事件的可能，是网络舆情中公共安全预警研究的任务。当代互联网技术的发展和网络舆情监控以及舆情分析技术的发展，为以网络舆情为基础的公共安全预警提供了可能性。公共安全网络舆情预警机制需要实现多维度实时监测网络舆情，全面和准确地采集网络信息，自动发现网络舆情热点，准确量化舆情的发展趋势预测，等等。

应开展公共安全网络舆情管理研究，从当前到 2035 年，中国社会处于经济快速发展、社会结构调整、思想文化多样、社会矛盾复杂多变的发展期，开展网络舆情管理的基础研究，将有助于解决国家安全、社会发展等多方面存在的问题，包括未来网络舆情管理的理论体系、方法和技术，重点研究不单单依靠国家信息关防和行政手段的舆情处置方法等。

基于互联网的公共安全舆情信息基础数据库是开展公共安全舆情信息挖掘分析的基础，应建立公共安全信息化基础平台，提供社会公共安全服务的基础数据平台，主要包括人口数据库、车辆数据库等公共安全八大信息库，以及“金盾工程”等。

四、防恐反恐科技综合发展

新形势下的国际恐怖主义比传统恐怖主义呈现出更复杂的背景、更隐秘的行动、更高的科技含量、更大的破坏性、更强的突发性和多样化威胁来源等高危特征。为了保障国家公共安全，亟须开展防恐反恐科技研究。国内的防恐反恐风险感知与防控大数据研究工作还处于技术探索阶段，与美国拥有大量的国家级社会安全大数据研究中心相比，国内在该领域的大数据研究机构较少，研究领域相对分散，尚未对防恐反恐风险感知与防控方法进行系统化研究，很多技术还处于实验室研究阶段，尚未深入防恐反恐风险感知与防控产业化阶段。

防恐反恐风险感知与防控体系、虚实空间的大数据信息深度感知探测技术、多源异构防恐反恐信息融合理解技术、海量多维信息数据关联分析技术、面向风险防控的大数据预测预警与决策支持技术等方面亟须加强研究。

同时，随着网络空间的发展，恐怖主义也开始运用互联网进行着为达到自己政治、宗教目的的活动。相较于传统恐怖主义，网络恐怖主义具有运用成本更低、制造破坏性更大、影响力更广泛的特点。网络在人们的日常生活中占有越来越重要的地位，维护好网络空间安全是保障国家公共安全、实现防恐反恐的艰巨任务。面向2035年公共安全发展愿景，需在网络科技领域增强国际反恐合作，包括发展国家间打击网络恐怖主义科技系统、提升技术侦查的能力、提高网络空间反恐司法的效率。

针对暴力恐怖袭击事件的综合管控是防恐反恐的重要一环。需要搭建重点人员管理应用平台，包括建立全国统一模式的管理平台，将重点关注人员纳入平台管理，深度研发日常管理、预警核查、分析研判等应用功能，切实形成基础数据信息化、日常管理实时化、预警分析平台化、情报研判科学化的工作模式；加强网上虚拟阵地监控，包括运用科技信息手段，加强对宗教极端思想网站、涉恐网站、论坛和社交软件等的监控；反恐部门专项协查多源异构信息的汇聚融合；等等。

防恐反恐、维稳与社会安全信息采集及分析技术将重点研究具有我国特色的人员心理模型、犯罪心理模型和人员行为模式特征库，社交网络和社会活动大数据采集与管理平台，社会安全信息深度挖掘（关联、网络、聚类、时序、空间及流分析）与异常行为预警系统，网络社会个体行为特征识别与追踪系统，基于重点人员、事件对象关联特征的社会安全预警系统，具有我国特色的和自主创新的社会安全情报分析系统等。

五、全链条、大尺度水安全管理及智能水网构建

发达国家在洪旱灾害的孕灾-成灾机理、仿真模拟、预报预警、联合调配及风险管理、洪水保险，突发水污染监测、评估、模拟、预测预警、系统决策技术，高效节水、非常规水开发与安全控制、智能水系统建设与管理技术，水利工程的综合调度、安全运行及风险管理方面优势显著。极端洪旱事件预测与适

应性对策、源头-过程-末端全链条污染防控与管理体系、大尺度智能水网体系、大型水利工程群的联合多目标调度、大型跨流域调水工程风险调控等是当前人类面临的世界性难题，这些方向将是未来水安全领域发展的重点和趋势。

从我国公共安全保障的角度出发，水安全取决于充足的水源保障、智能的供水网络系统、健康达标的水质和稳定的供水保证率四大方面，反映到技术层面，即旱涝减灾技术、安全供水保障技术、突发水污染应对技术和水利工程安全保障技术，这也是国内外面临的共同技术难题。

水安全问题的预防与评估涉及洪旱灾害预防与评价、水污染程度评估及预防、水利工程安全可靠性评估等多个方面。不论是灾害后果严重的流域性大洪水，还是频繁发生且影响重大的城市洪水，抑或是极易造成人员伤亡的山洪灾害，我们都需对其风险进行合理评估，为减灾决策提供技术支撑，这样才能有效减轻洪水灾害对人类生产和生活的影响。水安全风险评估与预防包括洪涝灾害风险评估与预防、突发水污染风险评估与预防、水利工程风险评估与预防。

在洪涝灾害风险评估与预防方面，需要构建与社会经济发展需求相适应的减灾体系，因地制宜地制定灾害防治规划，以及适应性的、从全方位和多环节寻求可持续的减灾措施，包括气候变化、降雨分析、水文分析、水力学模拟、后果评估（经济、社会、环境、生态）、洪灾恢复力分析、效益评估等。

突发水污染风险评估与预防目前已从早期的定性描述向定量评估研究转变，从少量污染物向多种污染物评估过程转变，从常规污染物风险评估向新兴污染物的分布及危害评估研究转变，从建立单一的风险评估指标体系向建立多指标综合评估体系研究转变，从结构单一的传统评估模型评估研究向多重耦合模型评估研究转变，以实现对流域突发水污染事故的时间和空间动态模拟与预警，从某一次或某一特定区域的突发水污染评估研究向流域多灾种综合风险评估研究转变。在工程应用方面，需要依据突发水污染事件风险分析，建立综合评估指标体系和耦合评估模型，对突发水污染风险源进行定量评价，准确量化突发水污染的风险程度，分级、分类应对和处置突发水污染事故。

水利工程风险评估与预防主要包括梯级水库群这一特殊体系中存在的风险链识别、致灾机理研究、溃坝概率和后果计算、大坝风险评估与决策支持、大坝风险评估方法与风险管理等。

在洪涝灾害监测预警预测方面，随着“十二五”期间、“十三五”期间等的一些重大水利专项完成，洪涝灾害监测的基础设施也将逐步完善，在洪涝的仿真模拟技术方面将逐步赶上发达国家的水平。面向 2035 年中国公共安全内的水安全，我国将重点研究洪涝灾害监测预测预警，发展集成天地一体、多数据源同化、全数字化的流域洪水情景模拟推演与灾害预测预警技术，山丘区局地强降雨精准监测预报与小流域洪水的动态预测预警技术，基于城市暴雨监测与邻近预报及城市智能物联网的雨洪快速灵敏感知，结合城市洪涝仿真模拟与城市灾害链快速分析评估的城市洪涝灾害监测预警技术等。

目前，旱情监测正逐渐由单指标监测向多指标综合监测发展，由地面站点监测向天空地一体化监测发展。一方面，需加强对干旱影响因素的研究，抓住影响干旱的主要物理成因，才能更好地对干旱进行预测；另一方面，需要立足于现有的预测水平，在充分评价各类传统预报方法与现代方法的基础上，对各种现有方法进行深入研究，根据各自的优点，将其应用于干旱的预测研究，以提高预测精度，将其更好地应用于抗旱减灾决策中。

建立完善、先进的水质污染连续监测系统，从传统水质自动监测系统向生物自动监测预警系统转变，借助 3S 技术（GIS、RS、GPS），连续监控水体污染状况变化及生态环境变化。结合不同类型的先进的水质模型软件，预测预报未来的水环境质量，以保证突发水污染事故监测预测预警的实时性、连续性和完整性。

对于水利工程而言，最现实的危险来源于两个方面：一是超标洪水带来的工程失事风险，二是工程本身渗漏或者失稳带来的失事风险。对于第一类风险，监测预警的核心在于洪水预报，面向 2035 年中国水安全，需要解决以下问题：①尺度转换问题，因降雨预报的时间和空间尺度不能满足水文模型的需要，所以如何实现气象模式同分布式水文模型耦合的尺度转换是气象水文耦合预报亟待解决的现实问题；②模型参数的率定，降雨预报过程十分复杂，受测量技术的限制，一些气象过程和边界条件并不确定，水文气象模型相关参数的率定及模式的改进存在困难。对于第二类风险，监测预警的核心在于预警指标及其阈值的确定。根据土石坝失事模式，土石坝预警指标可分为洪水漫顶预警指标、渗流预警指标以及变形预警指标。土石坝变形预警指标及其阈值的确定不仅要对监测资料进行全面分析，还要对应力场或变形场进行复杂的耦合，通过强度与稳定计算才能确定，目前国内外这方面的研究成果并不多见。如何根据实测资料和规范给出划分变形预警指标的力学定义和标准，利用力学知识拟定变形预警指标是土石坝安全预警未来的主要研究内容之一。

在洪水灾害的应急处置与救援的管理方面，我国有较健全的组织体系，但在洪水灾害的应急处置与救援决策、洪水灾害特性研究、应急救援的模拟仿真等技术支撑研究方面与国际相比还有差距，这也是面向2035年中国水安全主要的发展需求。例如，研究洪水演进特征对涉水人员、车辆及建筑物等不同受灾对象的洪水影响特点，研究能够模拟仿真四维时空与人工智能行为模型的洪水避难撤退转移全过程的仿真模拟技术等。

在突发水污染应急处置与管理方面，突发水污染应急处置技术包括水污染事故发生后受污染水体应急处置技术和饮用水处理厂应急处置技术两个方面，突发水污染应急治理设备正向移动化、模块化、系列化、自动化需求发展。应建立监督检查水质数据库，研究污染物的时空演变规律，实现水质异常的快速识别及应对管理；应基于云计算、海量数据分析等大量现代信息技术的应用，实现各个组织之间的信息及时沟通、更新和共享，信息技术与现代监测设备的结合，实现对突发污染的及时监测、预警和评估，为应急行动提供信息保障。

在水利工程失事应急处置与救援方面，应急处置的核心是阻断灾害链，应急联合调度、工程抢险加固和制定应急预案是其主要举措。应急联合调度可有效改变洪水特性，从而降低工程溃决失事的风险；采用工程措施及时修复、加固受损工程、处置地质环境风险，能确保工程安全性能；制定有效应急处置预案，可在事故发生后减小灾害损失。

在洪旱灾害防治与综合管理方面，世界发达国家普遍形成了综合的安全保障体系，在保障公共安全发面发挥了重要的作用。洪水灾害的防治体系作为综合防灾救灾体系的有机组成部分，有效地预防和减轻了洪水灾害的影响。我国的综合防灾救灾体系建设仍需要进一步完善。在防洪安全保障体系的建设与技术发展方面，除防洪工程措施的继续完善外，有关制度政策的进一步研究与制定、综合防灾行政管理体系建设、预案体系的完善与编制、应急保障体系建设、全面减灾教育宣传和培训，以及社区防灾减灾能力的提高都将是防洪安全保障体系建设的重点。

六、构建完备的大电网安全防御体系

我国的电力发展存在的需求与挑战主要表现在大电网离线安全、大电网在线安全防御和大电网应急处理技术三个方面。为应对挑战，我国需要建立统一的电网资产管理体制，且设备的全寿命周期资产管理需要信息化系统的支撑；需采用先进的传感器技术，提高数据处理技术，采用先进的通信技术，建立在线监测综合信息平台，提高在线监测智能化水平，建立并不断完善在线监测技术相关标准，以解决电力设备的在线监测问题；需完善突破对抗持续高温、雷电、大雾、太阳风暴、沙尘暴、台风、覆冰、山火、洪涝、地震等恶劣自然灾害的电力安全技术措施，实现电网本质安全；需建立大电网应急处理技术体系，提高电网预防重大事故产生的能力和发生事故后及时解决问题的能力。

第五章
公共安全技术预见与发展能力分析

第一节　意义与目的

工程科技中长期发展战略研究是一项认识不断深化、论证不断深入的长期任务。本书旨在通过分析未来20年世界工程科技的发展趋势以及我国经济社会发展的重大战略需求，提出面向2035年的我国工程科技的发展目标、重点发展领域、需突破的关键核心技术、需开展的重大工程，以及需要优先开展的基础研究方向，为国家工程科技及相关领域基础研究的系统谋划和前瞻部署提供支撑。

为提高战略研究的前瞻性、科学性和规范性，研究引入了技术预见方法。2035年工程科学技术预见工作是该战略研究的重要组成部分，该项工作充分发挥了各领域院士、专家的作用。技术预见活动是将技术发展放在经济社会大系统中，对未来较长时期技术发展趋势的预测与选择。技术预见工作主要面向2035年我国工程科技的发展，进行技术趋势判断和技术选择。其总体目标是，把握世界工程科技发展趋势，根据我国2035年经济和社会发展的实际需求，提出工程科技的重点发展领域，对关键技术选择达成基本共识，并对2035年我国工程科技各领域的能力水平进行预判，为研究提出重点领域工程科技的未来发展路径提供依据和支撑。

公共安全领域技术预见工作正是在这样的背景下，基于德尔菲调查的技术预见过程，系统梳理了公共安全领域的技术层析和结构，依据我国目前的科学、技术、经济和社会基础，立足未来科技发展和国家重大战略的需求，确定可系统代表整个公共安全领域的技术课题，从而挖掘出对经济和社会利益具有最大贡献的技术群或技术项。

第二节　应用流程设计

技术预见工作的总流程包括前期研究、确定备选技术清单、专家问卷调查以及集成分析论证四个阶段。

第一阶段：前期研究。该阶段是技术预见工作的准备阶段，主要任务是形成适合该项目特点的技术预见与需求分析方案，调查研究、搜集相关背景资料、前期技术预见成果等，作为技术预见工作的基础。

第二阶段：确定备选技术清单。这是技术预见工作的关键环节之一，备选技术清单是未来技术项目选择的基础，清单要尽可能反映未来具有发展前景的技术方向，尤其是初见端倪的方向，以及基于我国需求提出需要发展的技术方向等。这次技术预见备选技术清单选择的主要原则如下：①备选技术既要符合我国经济、社会发展的战略需求，也能代表国际前沿发展方向；②备选技术在未来 20 年有望取得重大突破或得到大规模推广应用，且在国内一般应具有一定的基础和竞争力；③备选技术应包含未来可能具有重大颠覆性或具有重大潜在应用性的技术；④备选技术要体现面向 2035 年的前瞻性，近期可取得突破和应用的技术不再列入。

第三阶段：专家问卷调查。形成备选技术清单后，设计调查问卷，选定参与调查的专家，组织开展两轮次的技术预见调查。主要基于所提出的备选技术清单，面向更广泛范围的院士、领域专家、企业人士开展问卷调查，对备选技术清单进行评判，参与调查的专家也可以提出新的技术方向建议。

第四阶段：集成分析论证。基于调查结果的统计分析，开展技术方向评价，提出未来可能的工程科技发展关键技术和重大技术群，形成技术预见报告，为后续工程科技战略深化论证和发展路径研究提供基础。

一、问卷调查

问卷调查是技术预见的主要环节之一，旨在广泛征集专家意见，汇聚专家智慧，对未来重点技术方向做出选择判断。调查问卷面向院士、领域专家、政府、企业人士等专家、群体发放，搜集各界人士对技术清单中所列技术项目的全方位评价。基于对问卷调查结果的统计和分析，进一步筛选提炼出未来工程科技发展的重点领域、关键技术项目和重大技术群，为 2035 年工程科技发展战略的制定提供支撑。

（一）问卷设计思路

调查问卷包括三类问题。第一类是一般性问题。请专家勾选对备选技术的熟悉程度，主要针对自己熟悉的领域的技术方向给出判断。第二类是主题调查问题。问卷调查的目的是获得专家对备选技术项目的五大判断，包括技术的重要性、技术应用的重要性、技术基础与优势、预期实现时间，以及技术发展的制约因素，问题按照这五大方面进行设计：①技术本身的重要性主要从该技术的核心性、通用性、带动性、非连续性等角度判断；②技术应用的重要性主要从该技术对经济、社会及国家安全的作用三个角度判断；③技术基础与优势主要从我国当前的研发水平和目前国际领先国家的研发水平两个角度判断；④预期实现时间主要从技术实现时间和社会实现时间两个角度判断；⑤技术发展的制约因素主要从人才、法律法规政策和标准、研发投入、基础设施以及协调与合作五个角度判断。第三类是开放性问题。为避免遗漏重大技术方向，在对备选技术清单进行调查的同时，开展重大技术方向征集，参与调查的专家可对每个子领域补充其认为十分重要且未被列在第一轮备选技术清单中的关键技术项目，数目不超过 3 项。根据第一轮技术预见统计分析结果，可以在第二轮调查中列入该调查内容。

（二）问卷实施流程

（1）调查方式。这次调查采用网上在线填报和纸质问卷填报两种方式，以网上问卷调查作答为主，对于不便上网操作的专家可采取纸质问卷作答。

（2）调查流程。首先，第一轮问卷调查。参调专家登录系统填写问卷，调查在三周内完成，之后是第一轮统计分析与反馈。根据调查统计结果会议及问卷调查中专家新提出的技术方向等，进一步深化分析，并对技术清单进行修订，形成并更新第二轮调查的备选技术预见清单。其次，第二轮问卷调查。形成第二轮调查问卷，组织开展第二轮专家调查；进行第二轮统计分析，形成技术预见报告初稿；完成问卷统计分析，形成技术预见分析报告初稿。最后，专家研讨。组织领域内的院士、专家等针对技术预见报告初稿进行多轮深入研讨，形成最终版技术分析报告。

二、公共安全技术清单

工程科技 2035 年技术预见德尔菲问卷调查，公共安全领域共设立 8 个子领域，共 80 个技术方向（图 5-1）。

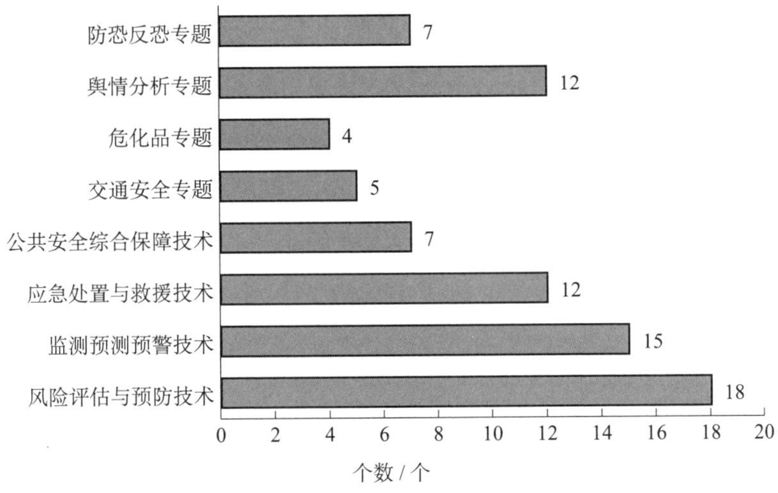

图 5-1　各子领域技术方向个数

三、统计分析方法与内容

（一）技术预见统计分析内容

基于专家调查问卷，我们从以下几个方面进行统计分析。

1. 单因素分析

1）重要性指数

重要性指数包括技术核心性指数、技术通用性指数、技术带动性指数、技术非连续性指数、经济发展重要性指数、社会发展重要性指数、保障国家安全重要性指数。以技术核心性指数为例，可以针对以上各项指数，进行以下分析：技术核心性指数最高的前 *N* 项技术；技术核心性指数最高的前 *N* 项技术的领域 / 子领域分布；领域 / 子领域的技术核心性指数平均值；领域 / 子领域的技术重要性指数排序等。

2）技术发展能力与约束条件

技术发展能力与约束条件主要包括研发水平指数、技术领先国家、技术发展的主要制约因素等。可以按照总体、领域、子领域等进行如下分析：我国目前领先 / 接近国际水平和落后于国际水平的前 *N* 项技术项目，以及其领域 / 子领域分布；领域 / 子领域的技术整体发展情况；领域 / 子领域各技术项目的技术领先国家；领域 / 子领域的首要技术发展制约因素、制约因素排序等。

3）实现时间

实现时间包括该项技术在世界范围内的技术实现时间、中国范围内的技术实现时间，以及中国范围内的社会实现时间等。

上述统计结果可帮助领域专家对技术发展路径进行分析判断，支撑技术路线图的绘制。

2. 综合分析

综合分析是综合多个单项因素进行技术筛选，主要包括以下方面。

1）筛选重要技术项目

技术项目的重要程度从技术本身的重要性和技术应用的重要性两方面综合考虑。技术本身的重要性综合技术核心性和带动性两方面因素得出；技术应用的重要性综合经济发展重要性指数、社会发展重要性指数、保障国家安全重要性指数的加权结果得出。

进一步地，综合技术本身的重要性和技术应用的重要性，得到技术重要性的综合指数。基于该指数，可以对各技术项进行排序分析等。同时，也可以对经济、社会、国防每一类应用分别进行重要性分析，即分别从综合技术重要性和经济重要性、社会重要性、国防重要性等，筛选出对经济、社会、国防具有重要意义的技术项目。

2）筛选重要共性技术项目

综合技术通用性指数、技术应用重要性指数可以得到共性技术重要性指数，作为分析重要共性技术的指标。

3）筛选重要颠覆性技术方向

综合技术非连续性指数、技术应用重要性指数，得到颠覆性技术重要性指数。

3. 相关性分析

基于上述统计分析结果，还可根据研究分析需要进一步进行多维度相关性分析。例如，将技术重要性与我国当前技术水平、约束条件进行综合分析，可筛选出重要性高但技术水平低、约束条件多的技术，重点研究其实现的可能性、必要性和促进措施等。还可将重要性与非连续性进行比较分析，对不同类别的技术采取不同的针对性措施，例如对重要性高、非连续性低的技术，采取长期持续推进的措施等。

（二）技术预见调查统计分析方法

这次调查统计分析建立在以下基本假设之上。

假设 1：“很熟悉”技术专题的专家对技术课题重要程度的判断要比“熟悉”技术课题的专家的判断更优，“不熟悉”技术课题的专家的判断几乎可以忽略。

假设 2：在处理调查问卷中，“很熟悉”“熟悉”“较熟悉”“不熟悉”四类专家，分别被赋予权重 4、3、2、1。

采用加权回函专家人数取代实际回函专家人数，在指标统计中，该方法有助于使判断更趋向于“熟悉”专家的判断。

基础统计分析方法如下。

1. 单因素重要性指数

“技术核心性”“技术通用性”“技术带动性”“技术非连续性”“对经济发展的重要性”“对社会发展的重要性”“对保障国家安全的重要性”等问题的统计方法类似，下面以“技术核心性”等为例进行详细说明。

技术核心性指数的统计分析方法具体操作过程如下。

输入：问卷中问题 2 的专家作答情况。

计算方法：

首先，赋予作答选项“高”“较高”“中”“低”权重分别为 100、50、25、0；选项“非常有利”“有利”“比较有利”“影响不大”权重分别为 100、50、25、0（表 5-1）。

表 5-1 问卷问题的权重表格

项目	该技术的核心性				对促进社会发展的作用			
	高	较高	中	低	非常有利	有利	比较有利	影响不大
该技术的核心性	100	50	25	0				
对促进社会发展的作用					100	50	25	0

其次，假设 N_i 代表该技术项目中第 i 种熟悉程度的专家人数，i=1, 2, 3, 4；N_1、N_2、N_3、N_4 分别代表选择“高”“较高”“中”“低”的专家人数，且 N_i=N_1+N_2+N_3+N_4。

那么，第 ii 种熟悉程度专家统计得到的技术核心性指数计算公式为

$$I_i = (N_{i1} \times 100 + N_{i2} \times 50 + N_{i3} \times 25 + N_{i4} \times 0) / N_i$$

根据上式，得出技术核心性指数 I_{jh} 的计算公式为

$$I_{jh} = (I_1 \times N_1 \times 4 + I_2 \times N_2 \times 3 + I_3 \times N_3 \times 2 + I_4 \times N_4 \times 1) / (N_1 \times 4 + N_2 \times 3 + N_3 \times 2 + N_4 \times 1)$$

计算过程：

第一步，统计问卷作答情况。收集问卷并统计，得到“很熟悉”的专家分别选择 4 个选项的人数 N_{11}、N_{12}、N_{13}、N_{14}。同理，可统计出熟悉程度为“熟悉”“较熟悉”“不熟悉”的专家分别选择不同选项的人数 N_{ij}，i 表示第 i 种熟悉程度。

第二步，统计不同熟悉程度专家问卷的技术核心性指数。输入第一步中的专家作答的统计数据，“很熟悉”的专家问卷的技术核心性指数为

$$I_1 = (N_{11} \times 100 + N_{12} \times 50 + N_{13} \times 25 + N_{14} \times 0) / N_1$$

同理，可以得到其他熟悉程度专家问卷的技术核心性指数 I_2、I_3、I_4。

第三步，技术核心性指数 I_{jh}。输入第二步得到的不同熟悉程度专家问卷的技术核心性指数 I_2　I_3　I_4 计算 I_{jh}，公式为

$$I_{jh} = (I_1 \times N_1 \times 4 + I_2 \times N_2 \times 3 + I_3 \times N_3 \times 2 + I_4 \times N_4 \times 1) / (N_1 \times 4 + N_2 \times 3 + N_3 \times 2 + N_4 \times 1)$$

输出：

该技术项目的技术核心性指数 $I_{jh}I_{jh}$；

第 ii 种专家群体认为该技术项目的技术核心性指数 I_iI_i；

技术核心性指数最高的前 N 项技术；

技术核心性指数最高的前 N 项技术的领域 / 子领域分布；

领域 / 子领域的技术核心性指数平均值。

同理，按照此计算方法，可以计算得出技术通用性指数、技术带动性指数、技术非连续性指数、经济发展重要性指数、社会发展重要性指数、保障国家安全重要性指数。

2. 技术项研发水平指数

输入： 问卷中问题 9 的专家作答情况。

计算思路与方法：

该研究中将技术项目目前的研发水平指数定义为

$$RI = \frac{R_{LX} + 0.5R_{JJ}}{R_{LX} + R_{JJ} + R_{LH}}$$

其中，RI 为技术项目的我国目前研发水平指数；R_{LX} 为“国际领先”选项专家选择人数；R_{JJ} 为“接近国际水平”选项专家选择人数；R_{LH} 为“落后于国际水平”选项专家选择人数。

按照专家的熟悉程度不同，可以分别得到 4 类专家认为的该技术项目的研发水平指数 RI_1、RI_2、RI_3、RI_4。

综合得到该技术项目的研发水平为

$$RI = (RI_1 \times N_1 \times 4 + RI_2 \times N_2 \times 3 + RI_3 \times N_3 \times 2 + RI_4 \times N_4 \times 1) / (N_1 \times 4 + N_2 \times 3 + N_3 \times 2 + N_4 \times 1)$$

输出：

该技术项目目前的研发水平指数 R_I；

我国目前领先 / 接近国际水平和落后于国际水平的前 N 项技术项目及领域 / 子领域分布；

领域 / 子领域的技术整体发展情况。

（三）技术项目的技术实现时间和社会实现时间

输入：问卷中问题 11、12 和 13 的专家作答情况。

计算思路与方法：

收集问卷并统计，得到“很熟悉”的专家分别选择 5 个选项的人数 N_{11}、N_{12}、N_{13}、N_{14}、N_{15}。同理，可统计出熟悉程度为“熟悉”“较熟悉”“不熟悉”的专家分别选择不同选项的人数 N_{ij}，i 表示第 i 种技术熟悉程度。$N_i=N_1+N_2+N_3+N_4+N_5$。

把所有专家对某个技术项目选择的结果整理后的资料如表 5-2 所示。

表 5-2 预计实现时间的模型参数表

项目	2020 年之前	2021—2030 年	2031—2035 年	2035 年之后	无法预见	总人数 / 人
很熟悉（4）	N_{11}	N_{12}	N_{13}	N_{14}	N_{15}	N_1
熟悉（2）	N_{21}	N_{22}	N_{23}	N_{24}	N_{25}	N_2
较熟悉（1）	N_{31}	N_{32}	N_{33}	N_{34}	N_{35}	N_3
不熟悉（0）	N_{41}	N_{42}	N_{43}	N_{44}	N_{45}	N_4

将每个时间段取中位数，其中“2020 年之前”设为 2016—2020 年，“2035 年之后”简化为 2036—2040 年，“无法预见”简化为 2041—2050 年。

计算在不同时间区间作答的标准人数占总标准人数的百分比的公式为

$$P_i = (4 \times N_{1i} + 3 \times N_{2i} + 2 \times N_{3i} + 1 \times N_{4i}) / (4 \times N_1 + 3 \times N_2 + 2 \times N_3 + 1 \times N_4),$$

$i = 1, 2, 3, 4, 5$

进一步得到加权时间为

$$D = 2015 + 3 \times p_1 + 10 \times p_2 + 18 \times p_3 + 23 \times p_4 + 30 \times p_5$$

输出结果为

$$T = \begin{cases} D, D \leqslant 2040 \\ \text{无法预测，} D > 2040 \end{cases}$$

（四）技术领先国家、技术发展的制约因素

输入：问卷中问题 10 和 14 的专家作答情况。

计算思路与方法：

考虑专家的熟悉程度的加权专家人数，对各项目的技术领先国家和技术发展的制约因素进行统计，每个技术项目可以分析其技术领先国家、发展的制约因素。

采用“目前技术领先国家”可计算专家对美国、欧盟国家、日本、俄罗斯、其他国家和地区领先的技术项目的认同度，确定各国和地区在哪些技术项目和子领域处于领先地位、各国在哪些领域的发展差距明显、在哪些领域的竞争较为激烈。

采用“该技术发展的制约因素”可衡量技术项目的发展制约因素，对各领域的制约因素进行统计，有助于未来集中解决领域、技术的发展问题。

输出：

领域 / 子领域各技术项目的技术领先国家；

领域 / 子领域首要技术发展制约因素、制约因素排序；

各国研究关注领域中的专家认同度。

综合性分析如下。

1. 筛选重要技术项目

输入：技术核心性指数、技术带动性指数、经济发展重要性指数、社会发展重要性指数、保障国家安全重要性指数。

计算思路与方法：

技术项目的重要程度应该从技术本身重要性和技术应用重要性两方面综合考虑。

技术本身重要指数采用技术核心性指数和技术带动性指数进行衡量，表示该技术自身的核心重要程度，即 $I_j=\sqrt{{I_{jh}}^2+{I_{jd}}^2}$

$I_j'=\dfrac{I_j-I_{jmin}}{I_{jmax}-I_{jmin}}$ 技术应用重要性指数 I_yI_y 是经济发展重要性指数、社会发展重要性指数、保障国家安全重要性指数的加权结果，计算公式如下：$I_y=\sqrt{{I_{yj}}^2+{I_{ys}}^2+{I_{yb}}^2}$。同样，将技术应用重要性指数 I_y 进行归一化，即 I_y'

$\in$ [$I_y'\in 0,1$]。

综合技术本身重要性以及技术应用重要性指数，得到技术重要性综合指数的计算公式为 $I_{\text{zhong}}=\sqrt{I_j'^2+I_y'^2}$

根据计算得到的技术重要性综合指数进行排序，筛选重要技术项目。

输出：

技术本身重要性指数 I_j；

技术应用重要性指数 I_y；

技术本身重要性最高的前 N 项技术项目；

技术应用重要性最高的前 N 项技术项目；

技术重要性最高的前 N 项技术项目；

重要技术项目的领域 / 子领域分布。

2. 筛选重要共性技术项目

输入：技术通用性指数、技术应用重要性指数。

计算思路和方法：

共性技术不仅要注重技术本身的通用性，主要的技术核心内容被其他技术广泛地加以应用和开发，还要强调该技术在技术应用中的示范作用。因此，该研究中的共性技术筛选综合考虑“技术通用性”和“技术应用重要性”的相关指标。将技术的共性指数 I_{gong} 定义为技术通用性指数 I_{jt} 和技术应用重要性指数 I_y 的乘积，公式为

$$I_{\mathrm{gong}} = I_{jt} \times I_y$$

根据计算得到的共性指数进行排序，筛选共性技术项目。

输出：

技术项目的共性指数 I_{gong}；

共性指数最高的前 N 项技术项目；

共性技术项目的领域 / 子领域分布。

3. 筛选重要颠覆性技术方向

输入：技术非连续性指数、技术应用重要性指数。

计算思路和方法：

颠覆性技术不仅要强调该技术的独创性，其核心技术理念目前未曾被其他技术涵盖，还要强调其对未来经济社会发展的推动作用。因此，该研究中的颠覆性技术筛选综合考虑“技术非连续性”和“技术应用重要性”的相关指标。将技术颠覆性指数 I_{dian} 定义为技术非连续性指数 I_{jt} 和技术应用重要性指数 I_y 的乘积，公式为

$$I_{\mathrm{dian}} = I_{jf} \times I_y$$

根据计算得到的颠覆性技术重要性指数进行排序，筛选出颠覆性技术项目。

输出：

技术项目的颠覆性指数 I_{dian}；

颠覆性技术重要性指数最高的前 N 项技术项目；

重要颠覆性技术项目的领域 / 子领域分布。

第三节 问卷调查结果

一、问卷回收情况

公共安全领域第一轮问卷调查，邀请人数875人，填写问卷人数113人，专家参与度为12.9%，共回收问卷1300份，平均每项技术约有25位专家作答。第二轮问卷调查，邀请人数2322人，填报人数307人，专家参与度为13.22%，共回收问卷2498份，平均每项技术约有31位专家作答（表5-3）。

表5-3 公共安全领域问卷调查反馈情况

子领域	邀请人数/人	填报人数/人	参与度/%	问卷数/份	技术项平均问卷数
风险评估与预防技术	536	76	14.18	594	33.0
监测预测预警技术	697	94	13.48	441	29.4
应急处置与救援技术	646	88	13.62	380	31.7
公共安全综合保障技术	684	62	9.06	284	40.6
交通安全专题	543	63	11.60	170	34.0
危化品专题	545	42	7.70	86	21.5
舆情分析专题	455	45	9.89	334	27.8
防恐反恐专题	269	48	17.84	209	29.9
填写问卷总人数	2322	307	13.22	2498	31.2

在回收的问卷中，对所有填报的技术项，51%的回函专家选择“很熟悉”与“熟悉”，仅2%的专家选择“不熟悉”，总体来看，回函具有一定的专业性，统计分析有较高的参考价值（图5-2）。

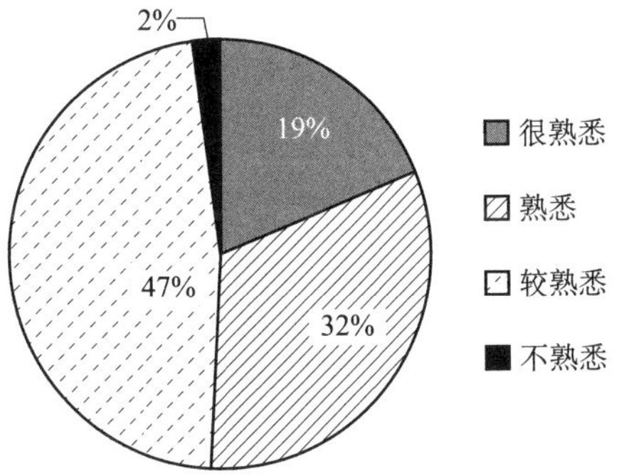

图 5-2 回函专家熟悉程度分布

二、技术实现时间预测

（一）预期实现时间分布

公共安全领域技术的世界技术实现时间、中国技术实现时间和中国社会实现时间分别如图 5-3 所示。世界技术预期实现时间为 2019—2023 年，主要集中在 2020—2022 年，有 72 项，约占全部技术的 90%；中国技术预期实现时间为 2020—2026 年，主要集中在 2022—2024 年，有 59 项，约占全部技术的 74%；中国社会预期实现时间为 2022—2030 年，主要集中在 2022—2026 年，有 64 项，约占全部技术的 80%。总体上来看，公共安全领域技术实现时间中国平均晚于世界 2—3 年，中国社会实现时间晚于技术实现时间 2—4 年。

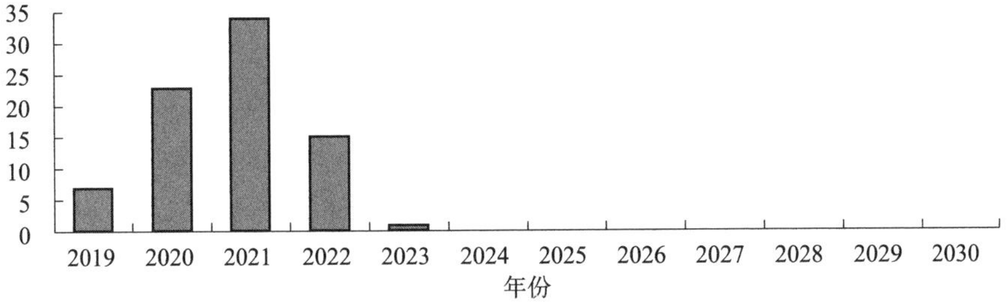

(a) 技术实现时间（世界）

图 5-3 三类预期实现时间的比较分析

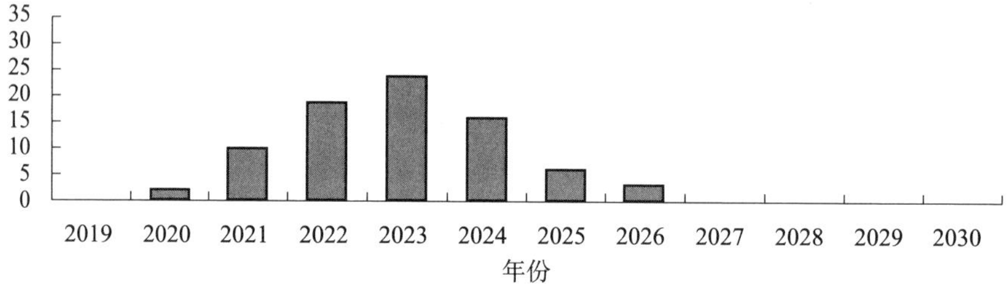

(b) 技术实现时间（中国）

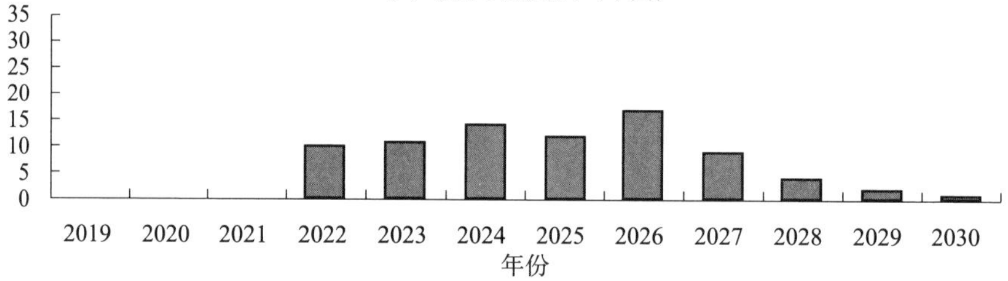

(c) 社会实现时间（中国）

图 5-3　三类预期实现时间的比较分析（续）

（二）中国技术实现时间与世界技术实现时间跨度分析

在 80 项技术中，中国技术实现时间早于世界或同步实现的有 2 项。可见，公共安全领域的绝大多数技术在中国的技术实现时间均晚于世界技术实现时间，平均为 2.15 年，相差时间以 1—3 年的技术为主，占 80 项技术的 90%（72/80）（图 5-4）。

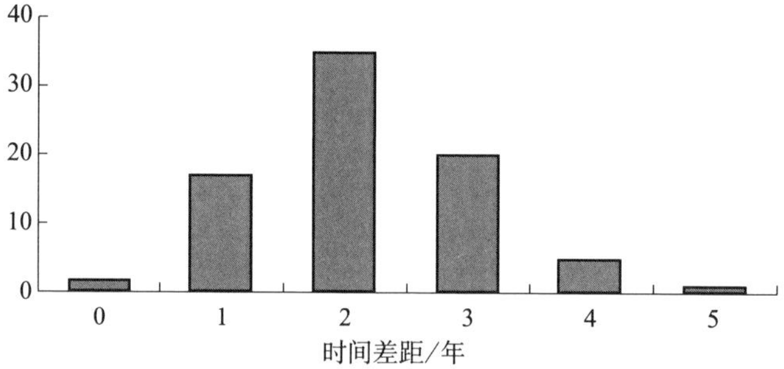

图 5-4　中国技术实现时间与世界技术实现时间差距

监测预测预警技术子领域的“突发事件网络舆论传播特征与应对技术”预计在 2020 年中国将与世界同步实现，舆情分析专题的“影响力最大化技术”预计在 2021 年左右中国将与世界同步实现。

“基于大数据的食品安全风险预警关键技术”中国的技术实现时间为 2025 年，比世界技术实现时间约晚 5 年；“重点行业领域典型职业危害防治技术装备”“重大危险源与事故隐患辨识及风险评价技术”“综合交通安全风险防控及大范围疏散应急技术”“航空交通运输安全与监控技术”“水运重大事故安全防控与应急处置技术”5 项技术在中国的技术实现时间是 2025—2026 年，比世界技术实现时间约晚 4 年。上述技术，中国与世界的差距较大。

（三）中国技术实现时间与社会实现时间跨度分析

比较分析中国的 80 项技术从技术实现到社会实现的时间跨度，范围为 0—5 年，平均为 2.025 年。相差时间以 1—3 年为主，占全部项目的 91.25%（图 5-5）。

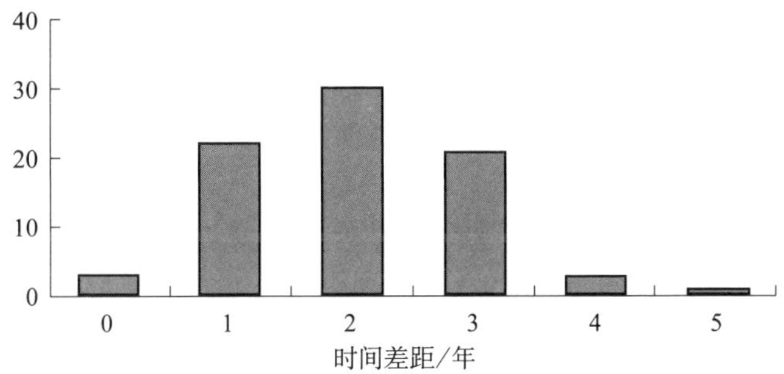

图 5-5　中国技术实现时间与社会实现时间差距

“食品中化学危害物多维非定向监测技术”“城镇多灾种耦合实验与仿真技术”“水运重大事故安全防控与应急处置技术”“活体昆虫侦察机器人技术”4 项技术从技术实现到社会应用需要较长时间，为 4—5 年。

危化品专题的“氢能储存、运输安全保障技术”“基于物联网、大数据、云计算的化学品生产设备寿命预测技术”2 项技术将率先在 2022 年前后实现。

“地震危险性多概率全频段评价与地震灾害情景动态构建技术”“综合交通安全风险防控及大范围疏散应急技术”“水运重大事故安全防控与应急处置技术”等技术的实现时间相对较晚，为 2026 年。

（四）技术实现时间与重要度综合分析

综合分析 80 项技术的实现时间和重要度（图 5-6）可以发现，公共安全领域技术项目重要度总体处于较高水平，其中，风险评估与预防技术、监测预测预警技术和应急处置与救援技术的重要度相对最高。危化品专题和公共安全综合保障技术基本在 2023 年前可实现，监测预测预警技术及交通安全专题的技术实现时间最晚，预计到 2026 年可以实现。其余子领域的技术项目实现时间大多分布在 2021—2025 年。

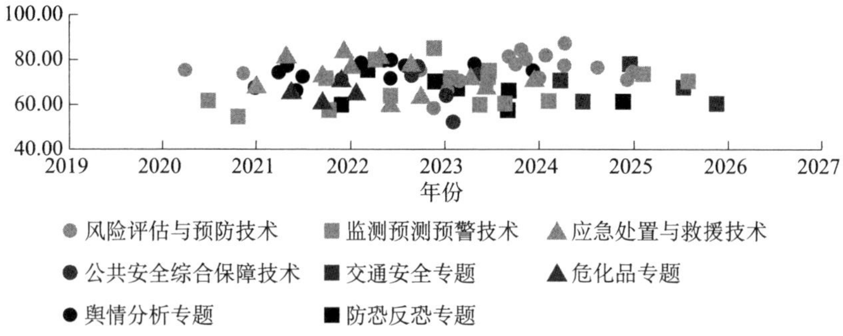

图 5-6　中国技术实现时间与技术重要性综合分析

三、技术发展制约因素

（一）研发水平指数

公共安全领域各子领域技术方向研发水平指数分析结果如表 5-4 所示。80 项技术研发水平指数的均值为 31.36。其中，舆情分析专题子领域 12 个技术方向研发水平指数均值为 51.96，除舆情分析专题外，其他 7 个子领域的研发水平指数均值下降到 27.73。

表 5-4　公共安全领域各子领域技术方向研发水平指数分析结果

子领域名称	≤20	21—40	41—60	61—80	＞80	平均研发指数
风险评估与预防技术	4	12	2			28.48
监测预测预警技术	2	10	3			32.92
应急处置与救援技术	1	9	2			30.52
公共安全综合保障技术	3	3	1			25.09
交通安全专题	4	1				19.26
危化品专题	4					8.30

续表

子领域名称	≤20	21—40	41—60	61—80	＞80	平均研发指数
舆情分析专题			12			51.96
防恐反恐专题	1	6				29.69
合　计	19	41	20			31.36

研发水平与世界持平的技术方向有 20 个（指数范围为 41—60），处于较落后的有 41 个（指数范围为 21—40），处于落后的有 19 个（指数≤20）。较落后和落后的占 75%，除舆情分析专题子领域外，较落后和落后的占到 88.23%。可见，我国公共安全领域技术方向总体研发水平不高。

（二）技术领先国家

公共安全领域各项技术领先国家的判断如下：美国在所有子领域拥有绝对技术优势，其次为欧盟和日本（图 5-7）。

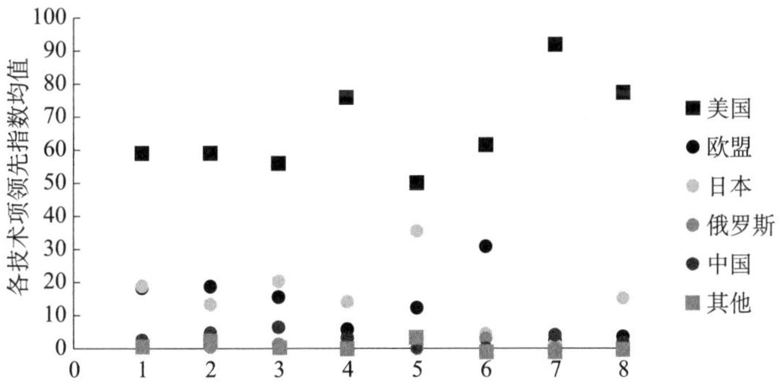

图 5-7　技术领先国家和地区分布

（三）制约因素分析

整体来看，人才队伍及研发投入是公共安全领域技术发展的首要制约因素，其次是协调合作，而公共安全领域技术的发展受工业基础能力的影响不大（图 5-8）。在公共安全领域的 8 个子领域中，受到标准规范和法律法规政策制约相对较强的是危化品专题。除此以外，其他子领域都受到人才队伍和研发投入的较大制约，结果如图 5-9 所示。

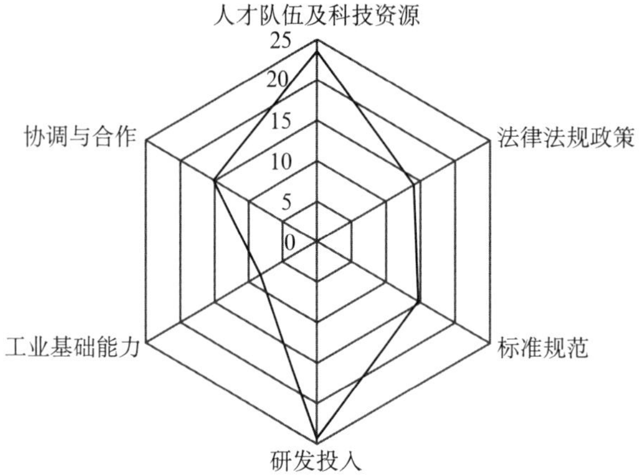

图 5-8　公共安全领域制约因素情况

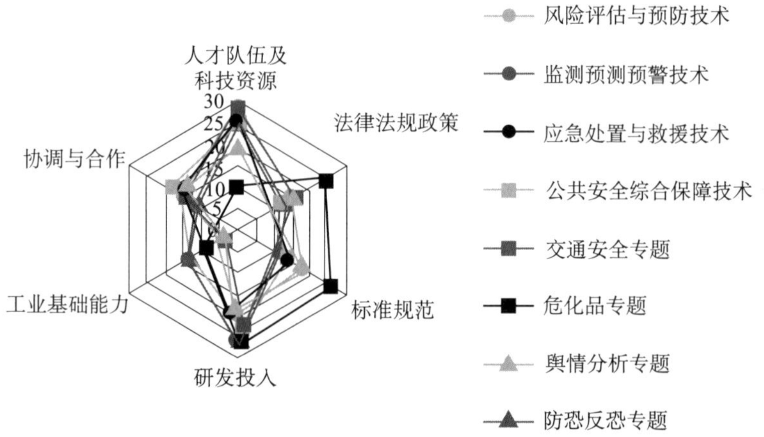

图 5-9　各子领域制约因素情况

各种因素制约性指数排名前 10 位的技术方向分别参见表 5-5—表 5-10。

受人才队伍及科技资源制约影响最大的两项技术均来自舆情分析专题，为情感分析技术和影响力最大化技术，前者受研发投入制约的影响也比较大，居于第 2 位，需要适度关注，参见表 5-5、表 5-8。

表 5-5 受人才队伍及科技资源制约最大的前十项技术

序号	子领域	技术项目	人才队伍及科技资源制约性指数	重要程度	研发水平
1	舆情分析专题	情感分析技术	32.93	75.36	50.83
2	舆情分析专题	影响力最大化技术	32.89	77.34	50.89
3	风险评估与预防技术	地震地质灾害动力学分析模型与评价关键技术	32.35	72.02	32.50
4	舆情分析专题	用户社区发现技术	30.88	72.51	58.57
5	舆情分析专题	群体聚集和影响技术	30.30	77.50	49.14
6	公共安全综合保障技术	城镇重大综合灾害情景构建与推演技术	29.64	72.99	13.75
7	监测预测预警技术	地震危险性多概率全频段评价与地震灾害情景动态构建技术	29.19	70.07	44.34
8	舆情分析专题	个体影响力分析技术	28.57	66.26	55.83
9	监测预测预警技术	旱情监测技术与应用	28.07	54.80	31.71
10	舆情分析专题	话题分析技术	28.00	79.65	52.86

表 5-6 受法律法规政策制约最大的前十项技术

序号	子领域	技术项目	法律法规政策制约性指数	重要程度	研发水平
1	危化品专题	氢能储存、运输安全保障技术	26.85	61.15	5.56
2	风险评估与预防技术	电信诈骗防范与打击关键技术	26.75	74.03	31.00
3	危化品专题	基于物联网、大数据、云计算的化学品生产设备寿命预测技术	24.44	64.55	5.00
4	危化品专题	大型易燃易爆液体化学品储罐安全保障及应急处理技术	23.74	70.43	14.10
5	监测预测预警技术	突发事件网络舆论传播特征与应对技术	21.95	61.01	39.00
6	舆情分析专题	话题 / 事件干预技术	21.47	78.07	45.83
7	风险评估与预防技术	重点行业领域典型职业危害防治技术	21.11	71.17	18.75
8	危化品专题	在役油气长输管道安全保障技术	21.01	65.36	8.54
9	防恐反恐专题	大数据支撑的智能审讯技术	20.49	58.22	35.90
10	应急处置与救援技术	暴力恐怖案事件监测预警与快速处置技术	20.10	82.80	26.53

表 5-7 受标准规范制约最大的前十项技术

序号	子领域	技术项目	标准规范制约性指数	重要程度	研发水平
1	危化品专题	在役油气长输管道安全保障技术	27.73	65.36	8.54
2	危化品专题	大型易燃易爆液体化学品储罐安全保障及应急处理技术	27.34	70.43	14.10
3	危化品专题	氢能储存、运输安全保障技术	25.00	61.15	5.56
4	应急处置与救援技术	食品安全应急重要实物基体标准物质研制关键技术	23.77	67.24	16.18
5	危化品专题	基于物联网、大数据、云计算的化学品生产设备寿命预测技术	22.96	64.55	5.00
6	交通安全专题	水运重大事故安全防控与应急处置技术	22.14	60.78	17.11
7	风险评估与预防技术	重大危险源与事故隐患辨识及风险评价技术	21.53	74.80	19.64
8	交通安全专题	轨道交通运行控制系统信息安全防护与主动安全预警技术	21.05	70.52	30.00
9	应急处置与救援技术	新一代移动警用装备关键技术	20.81	67.94	30.95
10	风险评估与预防技术	特种设备安全智慧化保障关键技术	20.74	66.45	24.39

表 5-8 受研发投入制约最大的前十项技术

序号	子领域	技术项目	研发投入制约性指数	重要程度	研发水平
1	舆情分析专题	话题分析技术	33.14	79.65	52.86
2	舆情分析专题	情感分析技术	32.34	75.36	50.83
3	舆情分析专题	用户行为分析技术	31.77	76.94	56.72
4	防恐反恐专题	活体昆虫侦查机器人技术	30.67	61.20	15.38
5	舆情分析专题	信息检索技术	30.54	79.81	51.41
6	风险评估与预防技术	地震地质灾害动力学分析模型与评价关键技术	30.39	72.02	32.50
7	危化品专题	在役油气长输管道安全保障技术	30.25	65.36	8.54
8	风险评估与预防技术	高速远程滑坡运动学评价模型与危险区划	29.41	58.58	27.94
9	监测预测预警技术	食品中化学危害物多维非定向监测技术	28.77	71.30	31.91
10	防恐反恐专题	群体性突发事件非火力处置技术	28.77	64.24	28.72

表 5-9　受工业基础能力制约最大的前十项技术

序号	子领域	技术项目	工业基础能力制约性指数	重要程度	研发水平
1	防恐反恐专题	活体昆虫侦查机器人技术	25.33	61.20	15.38
2	应急处置与救援技术	煤矿深部开采重大灾害防控技术	20.44	63.29	53.00
3	防恐反恐专题	群体性突发事件非火力处置技术	19.86	64.24	28.72
4	防恐反恐专题	通关车辆快速信息采集与安检技术	17.14	60.72	36.11
5	风险评估与预防技术	国家物资储备库安全保障技术	16.94	75.48	31.48
6	交通安全专题	水运重大事故安全防控与应急处置技术	16.03	60.78	17.11
7	监测预测预警技术	金属非金属矿山重大灾害工程模拟及事故防控技术	15.82	59.38	42.22
8	应急处置与救援技术	煤矿重特大事故应急处置与救援技术	15.34	60.02	39.00
9	交通安全专题	道路交通安全精准管理及服务提升技术	15.25	61.77	17.71
10	风险评估与预防技术	大坝堤防风险与隐患监测评估技术	15.00	70.58	43.48

表 5-10　受协调与合作制约最大的前十项技术

序号	子领域	技术项目	协调与合作制约性指数	重要程度	研发水平
1	风险评估与预防技术	电信诈骗防范与打击关键技术	25.48	74.03	31.00
2	公共安全综合保障技术	“一带一路”倡议中的公共安全与应急管理研究	24.17	71.12	46.27
3	监测预测预警技术	旱情监测技术与应用	22.80	54.80	31.71
4	监测预测预警技术	多灾种跨领域预测预报与预警发布技术	22.70	74.28	33.09
5	监测预测预警技术	重大地质灾害高精度调查、探测与识别技术	22.40	61.30	36.71
6	风险评估与预防技术	高速远程滑坡运动学评价模型与危险区划	22.35	58.58	27.94
7	应急处置与救援技术	跨层级、跨时空、跨部门指挥调度与协同会商技术	21.90	76.39	34.18
8	防恐反恐专题	反恐怖情报大数据智能分析技术	21.80	75.45	25.97
9	监测预测预警技术	森林地表火蔓延模拟预测技术	21.74	57.83	33.33
10	应急处置与救援技术	突发事件应急平台关键技术	20.69	80.49	40.63

在法律法规政策制约性指数排名的前 10 位技术中，危化品专题有 4 项技术，其中，氢能储存、运输安全保障技术和基于物联网、大数据、云计算的化学品生产设备寿命预测技术分别处于第 1 位和第 3 位，二者同样受标准规范制约的影响较大，且研发水平较低，需引起关注。此外，风险评估与预防技术子领域的电信诈骗防范与打击关键技术受法律法规政策制约和协调与合作制约都较大，分别排第 2 位和第 1 位。因此，制定和完善相关法律法规政策及标准规范可推动上述 3 项重要技术的发展，参见表 5-6、表 5-9。

在标准规范制约性指数排名前 10 位的技术中，危化品专题占 4 项，同时受法律法规政策的制约也较强。这些技术的社会发展重要性指数较高，是对经济和社会发展作用较大的重要技术。我国的这些技术的研发水平与世界相比明显偏低，需引起关注。因此，有关标准规范及法律法规政策的制定和完善是促进该技术得以实现的有力保障。

在工业基础能力制约性指数排名前 10 位的技术中，防恐反恐专题有 3 项技术排入前 4 位，分别是活体昆虫侦察机器人技术、群体性突发事件非火力处置技术、通关车辆快速信息采集与安检技术，其中，群体性突发事件非火力处置技术还受制于研发投入水平，这几项技术针对保障国防安全的重要性也较高，但研发水平偏低。应急处置与救援技术子领域的煤矿深部开采重大灾害防控技术同样受制于工业基础能力制约，排第 2 位。因此，提高工业基础能力对于上述技术的发展具有重要意义。

在协调与合作制约性指数排名前 10 位的技术中，风险评估与预防技术子领域的电信诈骗防范与打击关键技术和公共安全综合保障技术子领域的“一带一路”倡议中的公共安全与应急管理研究分别位于第 1 位和第 2 位。另外，监测预测预警技术子领域占据了 4 项，其通用性、带动性和社会发展重要性较强。可见，加强学科和相关部门之间的协调与合作，可以推动上述技术的健康发展。

第四节 公共安全技术选择

一、关键技术选择

（一）自然灾害

1. 地震

地震方面需要掌握的关键技术包括：断裂带深井地震监测技术；移动人工可控震源地下介质变化动态监测技术；浅海（大陆架）海洋地震观测平台关键技术；全光纤、多参量地震观测及组网技术；卫星地震监测实用化技术；地球物理超导传感技术；重大工程地震灾害实时监测预警、安全评估与紧急处置技术；活动断层高分辨率探测与成像技术；基于强震数据的工程结构损伤快速诊断与健康预警技术；基于全球导航卫星系统（global navigation satellite system，GNSS）的地震预警技术；地震应急灾情遥感协同评估与推送技术系统；基于数字信号广播（digital audio broadcasting，DAB）的地震现场通信技术；大型复杂工程三维减隔震与控制技术；基于北斗卫星导航系统的地震紧急救援和灾害评估技术；面向城市地震巨灾的大型机械装备辅助营救技术等。

2. 地质灾害

地质灾害方面需要掌握的关键技术包括：地震地质灾害动力学分析模型与评价方法；高速远程滑坡运动学评价模型与危险区划；人类工程活动区（库区、采矿区等）地质灾害评价方法；基于地质灾害成灾机理的高精度制图与风险评估；重大地质灾害高精度调查技术；特大型地质灾害失稳模式及链生效应；地质灾害监测预警与信息实时发布平台建设；地质灾害应急处置技术与应急抢险装备等关键技术。

3. 洪水

洪水方面需要掌握的关键技术包括：水库大坝风险评估技术；水旱灾害评价指标体系；巨灾保险评价方法；重大自然灾害综合风险等级图；流域洪水预警预报关键技术；极端气候条件下的洪水、水旱灾害风险分析与调控技术。

4. 气象

气象方面需要掌握的关键技术包括：台风灾害风险评估关键技术；暴雨洪涝灾害风险评估技术；雾-霾天气的影响评估关键技术；融合多源数据的局地强降雨快速预警技术；台风强降水诱发洪涝和地质灾害的预警技术；我国关键区域暴雨外场观测试验；突发性暴雨、山洪地质灾害监测预警预报关键技术；强对流天气分类监测识别及多源资料综合分析技术；雾-霾天气监测、资料区域同化与融合技术；近海台风精细结构的外场观测试验、路径异常、强度变化预报技术；登陆台风精细结构的多源资料融合分析及预报关键技术；强对流天气预报预警关键技术；雾-霾天气机理及预报预警关键技术；防灾减灾科普教育平台建设等内容。

5. 森林火灾

森林火灾方面需要掌握的关键技术包括：森林火灾预防的可燃物综合调控及安全规划技术；森林火灾的危险性分析及防火综合评估技术；国家森林火险等级系统建设；森林可燃物含水率预报和监测技术；森林地表火蔓延模拟预测技术；森林火灾探测技术；森林火灾阻隔与扑救技术及装备；森林-城镇交界域火灾控制与应急管理技术；林火对生态系统影响的预测和迹地恢复技术等。

（二）应急处置与救援

在重特大灾害现场大范围人员搜寻与快速评估方面，由于我国人口众多、分布密集，所以在重特大灾害现场往往存在大量人员被困的情况，亟须在现场大范围内进行快速搜寻与灾情现场评估。但现有的技术手段满足不了人员快速搜寻与救助的需求，亟须研发基于信标的人员定位技术、快速侦察技术、多功能灾害救援机器人技术、高效破拆技术、现场医疗急救技术、灾情评估技术等，以提升国家专业队伍的突发灾害救援能力。在重大核事故应急技术方面，亟须发展现场移动应急技术，建立前沿指挥系统，协同配合现场各救援力量有序行动，与应急指挥中心及各救援分队保持通信畅通和数据联通。同时，需要发展后方辐射防护评价系统及核应急评价与决策支持系统，对辐射防护和核应急工作进行相应的评价分析，为应急救援提供科学的决策技术支持。

研究突发事件现场应急移动实验技术，研发公共安全监测预警技术及装备，研发灾害环境下人体损伤评估技术及人员安全防护装备，研发突发事件现场信息快速获取与传输技术与产品，研发灾害环境下受困人员生命探测及搜寻技术，研发公共安全事件现场处置和快速救援装备，研发受灾人员现场安置装备，研究应急产品与装备标准化技术。

（三）应急平台

应急平台方面需要掌握的关键技术包括：应急平台应急资源（包括物资、队伍、装备等）的目录体系研究；风险隐患识别及风险源监测技术；多灾种综合及跨领域桥接预测预警技术；国家应急平台体系技术原型平台功能完善与深化设计方法；国家应急平台体系指挥调度技术与机制；现场多方协同信息获取融合与立体通信机动架构技术研究；多方协同会商指挥技术与处置方案动态生成技术；现场立体化指挥体系设计与指挥系统研发；突发事件数字预案技术；基于人机交互的应急决策技术；应急资源配置与优化调度及保障机制研究；灾害应急决策支持及评估技术；下一代国家公共安全应急救援指挥系统与服务平台；基于天空地多源信息的重大突发事件应急响应系统；应急处置能源供给和防护相关技术；现场应急处置智能传感器网络技术；灾害事故特征参量与现场环境参数测量及信息传输技术；事件现场一体化应急装备及关键技术；重大灾害灾后快速评估；重大灾害灾后重建防灾规划技术与方法；多事件综合模拟计算和分析系统；多事件耦合的综合实验技术及先进测量分析系统；虚拟环境下的灾害仿真技术；国家应急平台体系多部门分布式协同演练技术；应急平台数据库体系化建设技术和保障机制；应急地理信息服务技术；应急网络、通信及容灾备份技术等。

（四）生产安全

生产安全方面需要掌握的关键技术主要包括：矿山动力灾害预测与防治关键技术；煤矿瓦斯灾害监测预警及防治技术；煤矿火灾早期探测及防治技术；

矿山安全监测预警关键技术；冶金转炉事故监测与防治关键技术；大型油罐区重大事故防范关键技术；化工园区安全生产管控一体化技术；有毒有害作业场所尘毒防护与治理技术；有毒有害作业场所人员个体防护技术；化学品事故应急救援关键技术；大型起重机械安全监测与事故预防关键技术；特种设备检测与事故预防关键技术；尾矿库溃坝事故风险分析与监控关键技术；煤矿突水快速探查与快速排水技术；煤矿顶板与冲击地压灾害防治技术等。

（五）食品安全

食品安全方面需要掌握的关键技术主要有：食品安全隐患发现与风险预警云服务平台及关键技术；食品安全风险评估与预警技术研究；基于计算毒理学和毒理基因组学的毒性预测模型和软件开发；核酸适配体高效筛选技术及产品研发；抗体库高效筛选技术及产品研发；经济利益驱动非法添加物和不明原因食物中毒高通量筛查评估技术及产品研发；纳米颗粒等新型食品污染物的检测技术、产品研发及高通量危害表征技术；基于表面等离子体共振技术的食品危害物在线检测装备研发；基于纳米增强技术的食品危害物快速检测装备；食品安全风险监测基体标准物质研制；食品安全高效样品前处理装备研发及应用；基于人类细胞毒性通路的高通量毒理学识别技术；食品危害物分子标志物的筛查技术；食品分子密码与信息编码集成溯源技术；我国大宗食品特征参数溯源数据库构建；食品加工过程的危害物识别及控制新技术研究；基于生物传感技术的食品安全现场快速监控设备研发；食品分析均相自控微球批量合成技术；基于昆虫嗅觉机理的广谱监测技术；基于高通量测序的有害生物鉴定技术；植物病原物代谢组学检测鉴定技术；基于 GIS 和物联网的外来动物疫病早期风险预警技术；重大动物疫病环介导等温扩增技术（loop-mediated isothermal amplification，LAMP）；外来传染病检测参考物质反向遗传学研制技术；外来病媒生物信息码监测技术；基于新型纳米功能材料的高关注度化学污染物检测关键技术；儿童用品中有害化学物质电 / 热信号传导检测技术与装置；洗涤用品质量安全离子淌度质谱检测技术；典型消费品中纳米材料微纳结构表征与甄别技术；化学品毒性多色显微图像分析技术；化学品神经毒性全自动膜片钳高通量筛选技术；无线传输电器产品温度检测关键技术；光伏组件寿命综合应力高加速检测技术；大型设备电磁兼容性有限元计算与仿真现场检测技术；农产品中有害残留物精确质量数侦测技术；拉曼光谱快速高灵敏检验检疫应用技术；全自动高通量微全分析关键技术及一次性试剂模块；食品过敏源控制技术研究；生化恐怖因子泡沫型洗消剂快速处置技术；进出境种苗花卉磷化氢复合增效处理技术及装备；进出口水果变温气调杀虫灭菌技术及装备；食品安全基础标准体系研究；烟草农残危害高分辨质谱及微生物畸变评价与控制技术；基于云计算的食品生产企业质量安全认证技术等。

（六）社会安全

社会安全方面需要掌握的关键技术主要有：社会公共安全突发事件监测预警防控体系建设；社会公共安全信息资源目录体系研究；网络空间公共安全工程；警用智能技术一体化体系研究与实现；国产数据库社会公共安全领域应用研究；新一代公共安全服务基础设施及云计算平台；社会公共安全大数据技术应用体系；人体多生物特征综合应用系统；社会公共安全物资及装备智能管理平台；动态风险信息管理与“智慧消防”综合示范工程；道路交通安全智能管控系统；公安技术侦查关键技术及应用体系研究；爆炸物品安检示踪动态跟踪监控和管理体系研究；联网视频监控的智能应用及安全体系研究；下一代警用宽带多媒体无线集群通信系统；下一代法定证件及防伪技术；多元物证信息融合关键技术；警用空间信息应用集成关键技术研究；毒品犯罪网络查缉及毒品管控关键技术；公共交通安全及综合研判关键技术；轨道交通火灾防控关键技术研究；金融犯罪查缉关键技术及集成研究；公安技术侦查卫星通信侦控中心及数据监测分析技术研究；消防产品的现场快速无损检测技术；新型微光 / 红外器件应用技术；基于国产高分遥感卫星的社会公共安全应用关键技术研究；社会公共安全的信息网络安全及管控关键技术研究；涉案人员特征刻画及追踪关键技术研究；移动警务智能终端；车载智能监测装置；新型特种警用防护材料研究；面向移动终端的便携式虹膜识别设备；法医物证现场便携式 DNA 检测设备；国产宽波段高分辨率专用成像光谱仪；新型侦听监视装备；多功能安检设备；特种机器人及飞行器；地面无人平台技术；高效能消防员个人防护装备；新一代逃生及灭火救援输送装备；不燃、低导热外墙保温材料及制品；普适绿色高新洗消药剂；被动红外遥感监测地下工厂制毒化学品挥发气体监测仪；毒品监测体系及吸毒成瘾人员人性化检测、治疗康复工程；基于微流控芯片的移动实验室；互联网金融预警监测网络工程；边境智能防控网等。

（七）生物安全

生物安全是近年来国家重点关注的领域，该领域需要掌握的关键技术包括：生物安全病原评估技术；传染病大规模免疫策略优化技术；核化生突发事件风险评估与干预措施综合优化技术；病原体现场快速检测技术；动物疫情监测技术；微生物气溶胶监测技术；生物传感器与网络技术；生物安全风险识别与预警技术；生物安全分离检测技术；生物安全溯源追踪技术；生物安全高效净化技术；生物安全阻隔技术与材料；流行病调查与分析技术；媒介生物侦察及控制技术；生物安全疫苗与药物研发的关键技术与装备；基于临床的诊断与救治技术；核生化等污染物收集、转运、处置及污染消除技术；土壤等环境修复技术等。

（八）综合保障

综合保障方面需要掌握的关键技术包括：城镇生命线系统综合安全保障技术；城市地下管线安全保障技术与装备；城镇化进程中安全规划关键技术；城镇避难场所规划技术；城镇救援力量布局与规划技术；城乡接合部与城中村安全保障技术；城市群联防、联控及社区公共安全保障技术；城镇典型灾害次生衍生与耦合作用的评估技术；城镇化进程对洪涝灾害的影响评估技术；城镇化进程对地质灾害的影响评估技术；城镇地震灾害风险评估与安全保障技术；城镇重要建筑设施的脆弱性评价技术；城镇区域的脆弱性分析与评估技术；复杂灾害要素作用下的城镇承灾载体反应评估技术；城镇脆弱性与抗灾能力综合评价技术；城镇安全综合评价指标与技术；城镇化进程不同阶段的风险识别与防控技术；不同类别城镇的风险识别与防控技术；城镇多灾害耦合模拟与推演技术；森林-城镇交界域火灾预测与安全规划技术；城市极端天气对城市交通的影响预测技术；城市雷电对工业及供电安全的影响预测技术；城镇运行监测与安全预警装备及系统；城镇多类型集成的网络式监测传感技术；城镇灾害环境中大规模人群疏散模拟预测技术与系统基于共同沟的城镇市政设施抗震减灾技术；城市高层建筑火灾安全保障技术；城市地下空间消防技术；城镇建设工程与设施安全保障技术与装备；城镇典型传染病防控关键技术；城镇重要食品加工、流通过程安全保障关键技术；城镇化进程中的群体性事件防控技术；铁路信号系统网络攻防关键技术；城镇生命线系统的破坏恢复能力评价技术；基于物联网的城镇可持续安全运行支撑系统。

国家关键基础设施保护方面需要掌握的关键技术包括：输电线路防覆冰、防舞动技术；城市综合交通枢纽全范围安防技术；病险水库坝顶加固技术；长距离输配电线路在线监测技术；高速铁路灾害监测与预警关键技术；干线铁路异物侵限监测关键技术；重点桥隧综合监测技术；大型铁路客站人员密度监控及流疏导控制技术；重大灾害条件下大范围交通状态信息获取技术；南水北调工程流域风险监控技术；大坝渗流、渗压监测技术；大型废弃尾矿库库体监测加固技术；国家物资储备库（粮食、棉花、金属、石油、应急物资）安全监控技术；国家储备粮库粮情整体监控技术；重点医院放射源监管、全程控制技术；核电站内部人员全流程跟踪监控技术；乏燃料全过程运输控制监控技术；病险水库应对极端气象条件技术；海底光缆故障处理修复技术；互联网核心服务器信息安全保护技术；金融机构核心服务器信息安全保护技术；关键工业科技系统主动隔离网络建设技术等。

二、共性技术选择

（一）高密度人群和公共聚集场所风险评估与监测预警技术

研究高密度人群状态下的群体行为特征采集、异常辨别、危险行为预警及远程监控技术，建立符合中国幼儿、青壮年、老年及残疾人群特征的行为库，研发高密度人群行进、滞留及突变等状态的远程监控及行为干预技术；研究典型公共聚集场所区域的安全防控时空效能模型、三维快速建模方法、快速部署和模拟仿真算法，建立人群-场所-环境耦合下的综合风险评估技术；研发适应高人流量、高识别率的非接触式身份识别技术以及危险物品快速探测技术，开发集安全防范和预测预警于一体的区域安全防控一体化装备；研究公共聚集场所环境、基础设施及人群的物联网监测技术；研究复杂灾害环境下的人群紧急疏散技术，研发交互式应急疏散仿真技术与演练系统，实现基于临机决策的公共聚集场所大人流应对机制集成设计与突发事件应急预案生成。

（二）化工园区多灾害耦合风险评估与事故防控技术

应将单一化工装置的风险评估方法延伸到工厂层面或化工园区层面，涉及系统的非线性优化以及多目标决策分析等技术。要开发出可靠、规范的化工企业和化工园区的风险识别、评估和控制技术，研究化工园区多灾害次生衍生与耦合事故早期预警机理、事故链发展规律及阻断技术等，为预防大型化工企业、化工园区恶性着火爆炸、环境污染事故的发生提供可靠支撑。

（三）基于大数据的防恐反恐风险预测预警与决策支持

结合防恐反恐业务的工作需求，通过对数据进行全面采集、融合处理和关联分析，实现对潜在涉恐事件的主动发现、提前预警和及时防范。重点突破防恐反恐领域中危险人员信息挖掘、基于异质网络的特殊群体挖掘、面向危险人员和特殊群体的犯罪行为预测预警、防恐反恐风险演化模拟及临界预警，以及基于三维实景地图的可视化决策支持等关键技术，提升对潜在涉恐事件的主动发现、提前预警和风险抵御能力。

（四）个体特征刻画、识别与物证溯源综合检验技术

研究人体生物物证族群特征、外观生理特征、组织属性的关联遗传标记与检测分析技术；研究体液、斑痕等各类物证中特征成分，高灵敏度多专业综合检验技术；深入研究指掌纹、声纹、足迹、人脸等生物特征及其应用技术；研究基于视频的动态生物特征识别与目标对象鉴定技术；研究尸体现象与死亡原因、死亡时间鉴定关键技术；研究基于物证大数据融合的人员刻画、物品种类、来源判定和个体识别技术，以及犯罪过程行为模拟和可视化呈现技术。

（五）城镇多灾种耦合实验与仿真技术

研究城镇多灾种及其耦合作用模拟的实验关键技术，研发多灾种及其耦合作用的灾害环境和灾害性作用的多尺度大型实验设施，实现地震、强风、暴雨、暴雪、冰冻、火灾、危化品泄漏等原生灾害，以及上述灾害的次生衍生等多灾种及其耦合作用的综合模拟；研究多物理要素、多尺度灾害仿真模拟技术，以及多灾种耦合仿真模拟技术和灾害链模拟技术，开发城镇多灾种耦合仿真系统等。

（六）多源异构公共安全大数据的获取、挖掘、识别与智能分析技术

技术自动识别、抓取、整合多年积累的异构大数据，并对数据进行深入挖掘分析。主要涉及如何对数据来源进行识别与判断，如何对海量数据本身进行甄别与抓取，如何对数据内在关系进行自动分析，如何计算海量数据当中可能存在的种种关联以及大数据处理中云计算、云储存的使用等。面对恐怖主义活动的感知、分析、取证、处置等环节的实际需求，应研究虚实结合的多源情报信息融合技术、涉恐信息分析与可视化技术、基于序列模式分析的涉恐信息模型过滤技术、基于网上勾连特征的潜在涉恐团伙挖掘技术、基于舆情扩散模型的涉恐行为阻断等关键技术，构建反恐怖情报大数据智能监测预警与防控技术体系，提升对涉恐活动的精确感知、深度溯源和快速处置能力。

（七）信息检索技术

信息检索是从大规模非结构化数据集合中找出满足用户需求的信息的过程，它是帮助用户在海量数据中快速高效获取有用信息的重要手段。在互联网环境下的大数据时代，信息检索是获取情报和知识必不可少的手段。受到网络结构不断演化、数据类型复杂多样、数据产生速度快、不确定因素多等的影响，高效的信息检索技术仍然面临巨大挑战。

（八）通信技术

为适应 2020 年 5G 通信技术推动的新型无线移动通信新架构、新理论、新技术和新业务应用模式，以及应对万物感知、万物互联、万物智能人机互动、空天一体的大势，重点突破新型传输与组网技术在监测监控、预测预警、应急通信、高效物流、便捷交通、指挥调度等公共安全领域的应用；研究新型移动应急指挥平台，以实现突发事件现场视频无限制采集；研究 5G 视频会商技术，以实现应急指挥中心与现场全程无障碍沟通。

（九）城市安全运行保障与韧性增强关键技术

城市安全运行保障整体发展趋势正在由单灾种风险应对向多灾种综合应对转变，实现行业深度融合。研究立体化数字社区风险治理技术、城市安全运行

保障与韧性增强关键技术，增强重要基础设施和基本服务的复原力等。食品安全与环境污染、气候变化、工业灾害、自然灾害、健康教育、健康危害的关联性研究有待加强。应研究危险品、违禁品及危险人员快速筛查鉴别技术，实现多种技术融合的危险品与违禁品的快速鉴别；研究基于多源数据智能分析的人员密集场所动态监控预警和异常行为研判技术。

（十）国家公共安全平台关键技术

针对应急平台体系海量数据的现实情况，研究分布式数据库体系化技术和动态案例库技术；研究基于物联网的应急平台风险隐患监测防控技术；研究国家应急资源管理与调度系统及应用示范；研究涵盖灾害、时空等大数据的快速分析和高效预警技术及模型；研究突发事件应对综合预测、情景推演与动态优化决策技术；研究应急平台体系云计算架构技术及应用服务模式。

三、颠覆性技术选择

（一）暴力恐怖事件监测预警与快速处置技术

研究反恐大数据分析技术，全面汇聚各类相关的社会管控信息、公安各警种侦查信息、社会管理及行业数据等信息资源，充分运用大数据等相关技术，建立和运用各类数据模型，充分吸收行业专家的专业知识，实现对海量信息的关联分析、深度发掘和综合应用，建立基于信息综合研判、事件跟踪、实时分析、动态监测、智能预警的反恐防暴预测预警能力。研究基于大数据的暴力恐怖事件处置专家决策辅助技术、一体化指挥与通信技术、突发社会安全事件现场传感与通信技术，以提高我国对暴力恐怖事件的快速处置能力。

（二）话题 / 事件干预技术

在互联网社会中，话题或事件的发展有可能会受到群体、时空等各类因素的影响，朝着不可预知的方向发展。话题和事件的干预技术是指通过有计划地向公众网络中的受众传递经过选择的信息，控制和引导舆论主调，影响第三方认知判断，争取更多的理解甚至支持，主导新闻舆论，影响民意归属等。总体目标是营造有利的网络舆论环境。特别是针对微博、论坛、社交网络等新型社会化媒体，我们必须能够从中实时发现和监控具有重大社会、政治、军事、经济、安全影响的信息，必须能对网络舆情的内容、倾向性、传播、社会关系等方面进行综合分析，必须具备对特定舆情事件进行有效控制和引导的技术手段，必须能够对网上的不良及危害信息进行有效封堵。

（三）面向公共安全的人工智能技术

公共安全领域的人工智能应用主要包括自然语言处理（包括语音和语义识别、自动翻译）、计算机视觉（图像识别）、知识表示、自动推理（包括规划和决策）和机器学习。应研究公共安全领域的共融机器人，重点突破在突发事件或极端环境条件下自主适应复杂动态环境并协同作业的机器人结构与驱动、感知与交互、智能与控制，以及系统集成的新原理和新方法；研究共融机器人以实现人机物融合环境的情境理解、自然交互、行为识别、逻辑推理、深度学习以及在网络环境下的虚实融合与互操作，最终实现在各种场所替代人类进行相关巡查、探测、监测、预警和救援等。

（四）情景构建与推演技术

情景构建与推演技术是基于对物理域的信息挖掘、获取、检索和过滤等情景构建所需的关键信息，能够构建、分析、推演和应对灾害情景，为应急决策者提供更为逼真的应急决策环境。应重点突破虚拟现实技术在巨灾环境下人与人的交互沉浸式体验，实现虚拟事件和现实真实数据的有机结合，为巨灾突发事件的有效应对提供有力支撑。

（五）公共安全大型模拟器技术

通过开展虚拟-现实交互感知和智慧行为模拟研究，科学提取突发公共安全事件诱导因素，构建突发事件不可知风险监测预测预警模型，借助超性能计算机技术，综合考虑大气、海洋、生物、固体地球相互作用及复杂性的模拟技术研究，实现地球系统各圈层、各物理生化过程、相互作用耦合机制的模拟和表达，从而科学预测自然灾害、事故灾难、社会安全和公共卫生等公共安全事件的发生及发展规律。

四、专家建议增补技术

（一）多圈层耦合的地球系统模式研发

目前，地球系统模式的发展处于初级阶段，是以地球流体（大气、海洋）为主体的物理气候系统模式阶段，其中的固体地球部分只考虑了地球表层的陆面物理过程。未来10—20年将在物理气候系统模式的基础上考虑大气化学过程、生物地球化学过程（包括陆地生物化学过程和海洋生物化学过程）和人文过程的地球气候系统模式阶段，该模式将具备对碳、氮等循环过程的定量描述能力。此外，应在此基础上进一步探索地球气候系统模式与固体地球（如地球板块移动及其引发的地形变化、地震、火山爆发等）和空间天气相互作用的相对完整的数值模式。

（二）应急现场处置与救援关键技术

应研究突发事件现场应急移动实验技术，研发公共安全监测预警技术及装备，研发灾害环境下人体损伤评估技术及人员安全防护装备，研发突发事件现场信息快速获取与传输技术和产品，研发灾害环境下受困人员生命探测及搜寻技术，研发公共安全事件现场处置和快速救援装备，研发受灾人员现场安置装备，研究应急产品与装备标准化技术。

（三）面向情景-应对的公共安全综合保障技术

情景-应对是在传统的预测-应对综合保障基础上的深化，应从研究多灾种耦合实验与仿真探寻情景演化规律出发，进而开展情景构建、情景推演与情景计算用于公共安全保障的决策支持，从而实现应对突发事件的全过程再现和科学评估，形成面向情景-应对的公共安全综合保障技术群。

第六章
2035 年公共安全工程科技发展图景与重点任务

第一节　发展总体战略构想

到 2025 年，建成全周期和全链条式的风险评估与预防体系、全灾种全天候的检测体系、面向公共安全的大数据分析和大规模快速计算体系、深度融合的应急决策与救援处置体系和协同联动系统、公共安全综合保障一体化平台，实现公共安全的全面感知、高效预测、智能决策和主动保障；构建以公共安全保障平台为稳固支撑的全方位立体化公共安全网，实现风险评估与预防、实现传统风险可控，以及新兴和非传统风险可知，监测预测预警实现信息全面感知、数据多源融合、预测高度智能和预警精准发布，应急处置与救援实现应急指挥有力、应急协同有序、应急处置高效，公共安全综合保障一体化实现社区、城市、区域韧性持续增强、应急资源深度共享、应急平台与装备稳固支撑。

到 2035 年，具备自主可控的创新能力、聚焦前沿的科学探索研究能力、强大持续的经济社会发展服务能力、有效可控的国家安全保障能力、科学高效的现代社会治理能力、互利共赢的国际合作和交流能力，拥有先进开放的突发事件应急平台、国家安全综合保障平台、稳定可靠的应急设施与装备、开拓创新的人才队伍，为实现中华民族伟大复兴的中国梦提供强大支撑，为人类文明进步做出积极贡献。

一、发展思路

事件的应对给工程科技发展提出了诸多挑战：一是如何实现全面监测监控，并且快速、动态地全面了解突发事件现场的状况；二是如何科学预测原生事件及其次生衍生事件的发展趋势、后果并及时预警；三是如何科学决策、综合协调和高效处置那些跨层级、跨部门、跨区域、跨行业的重特大突发事件等。要回答和解决这些问题，科技理论、方法、技术和装备的创新及应用是不可或缺的。

各种突发事件的发生、发展和演变有其自身的规律及特点，只有深刻认识其规律，才能为科学预测与预防突发事件提供理论依据。应大力加强公共安全科技理论的基础研究，认识其孕育、发生、发展、演变和时空分布特征及变化规律，以及灾种之间、灾害与生态环境之间、灾害与社会发展之间的相互关系。

综合运用新一代信息技术、空间技术、材料技术、生物技术、计算技术等，研发公共安全保障关键技术，监测预测其突发事件的发生发展过程和变化趋势，提高早期发现、预报与防范能力。开发防灾减灾新装备和新产品，研制一批面向提高打击犯罪和破获重大案件能力的新技术、新方法，研发一体化国家安全决策指挥平台核心技术，为大幅提高我国保障公共安全和处置突发事件的能力提供强有力的技术支撑。

面向 2035 的公共安全领域工程科技的发展，将构建形成逻辑严谨的安全理论体系、健全的安全技术体系、成套的安全管理体系，充分利用新一代信息技术，建立基于多源数据来源的量化风险评价技术方法，实现定量化、标准化、综合化和系统化风险评估与预防；研发国际领先的监测预测预警技术，发展综合应急救援技术，建立覆盖全社会的突发事件应急处置与救援网络体系，实现应急处置与救援技术的智能化、网联化、协同化和应急处置与救援装备的自动化，大力发展公共安全综合保障技术，为健全公共安全体系、建设韧性城市和实施国家安全重大战略提供科技支撑。2035 年公共安全领域工程科技发展总体构架如图 6-1 所示。

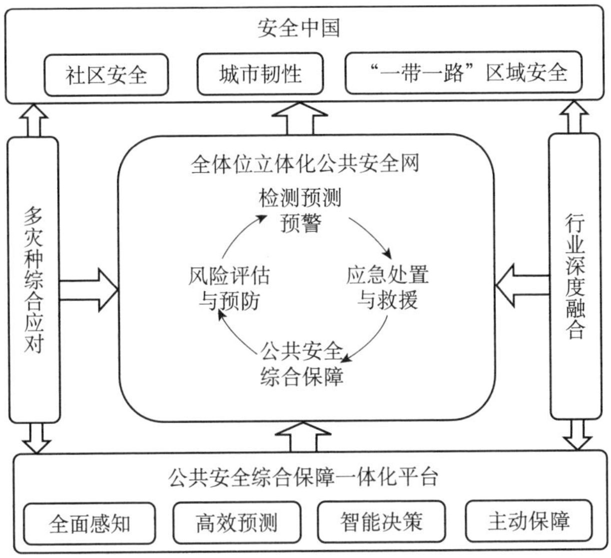

图 6-1　公共安全领域发展总体战略构架

展望 2035 年，我国综合国力持续提升，新型工业化、信息化、智能化的加速推进必然引起生产、生活方式的变革。

公共安全领域工程科学技术发展的重点任务包括：构建具备全面感知、高效预测、智能决策和主动保障的公共安全综合保障一体化平台，研发包括城镇多灾种耦合实验与仿真技术、城镇重大综合灾害情景构建与推演技术、基于数学建模和知识图谱的案例建模和推演技术、突发事件应急处置关键过程再现与全过程评估技术、多源异构公共安全大数据的获取、挖掘、识别与分析技术等，实现多灾种综合应对和行业深度协同。全面提升公共安全的风险评估与预防、监测监控预警、应急处置与救援和公共安全综合保障能力和水平，构筑全方位立体化的公共安全网。实现从社区安全到韧性城市到“一带一路”区域安全的国家安全战略，突破技术跟跑现状，全面进入领跑新格局。

二、战略目标

为了保障国家战略顺利实施，实现 2035 年安全中国的愿景，应构建多灾种综合应对和多行业深度融合的全方位立体化公共安全网，依托科技创新和公共安全重大需求双向驱动，合力突破公共安全发展的制约瓶颈，全面提升风险评估与预防、监测监控预警、应急处置与救援和公共安全综合保障技术支撑水平，实现公共安全技术领域世界领跑格局。分阶段目标如下。

（1）到 2025 年，基本实现风险评估与预防、监测监控预警、应急处置与救援、公共安全综合保障等关键技术突破，实现标准化、体系化、智能化的公共安全与应急管理。研发构建极端自然灾害全覆盖监测和高精度预警预报系统，巨灾监测预警能力大幅度提升；研发构建城镇多源动态实时风险隐患排查及监测技术系统，建成油气管道、煤矿、化工园区风险评价技术体系，系统可靠性研究取得重要突破；实现网联化、协同化、智慧化新型载运工具和一体化交通运输模式的研发，构建全域交通安全实时监测预警与应急指挥系统，大幅度提高交通事故安全防控及应急处置效能；在全国范围内初步建成以虚拟身份管理为保障的可信网络基础设施，提高网络空间保障能力；充分应用大数据、大计算、物联网、人工智能等技术，研发构建新一代国家应急平台。

（2）到 2035 年，实现公共安全科技的全面创新和突破。建成多灾种综合应对和行业深度融合的全方位、立体化公共安全网，国家公共安全保障能力全面提升。研发和建设完成典型危险化学品设施、油气管网和生命线工程、水网电网燃气管网、关键交通设施和重大交通枢纽、基层社区和大型城市等的公共安全综合保障一体化平台，实现全面感知、高效预测、智能决策、主动保障的公共安全与应急管理；研发成套化应急处置救援和受灾人员安置设备装备，全面提升应急设备国产化水平；形成从安全社区、韧性城市到国家战略区域安全一体化的安全中国愿景。

第二节　公共安全领域 2035 年工程科技重点任务

公共安全领域 2035 年工程科技重点任务将面向未来公共安全复杂巨系统“风险-预测-处置-保障”高度联动和韧性管理的重大发展需求，构建全方位、立体化的公共安全网，从而实现跨领域、跨层级、跨时间、跨地域的全方位公共安全保障。公共安全工程科技面向 2035 年的重点任务包括以下几个方面。

一、风险评估与预防

（一）全周期和全链条式的风险评估与预防

发展全周期和全链条式的风险评估与预防技术，基于多灾种、多尺度、多物理场、综合化和系统化风险评估技术，多灾害耦合致灾过程模拟和情景构建技术，数据-计算-推理融合的风险评估等技术，实现风险评估的定量化、标准化、系统化和综合化。

根据风险评估结果和灾害事故危险严重程度，明确重大灾害防治的指导思想、防治原则、治理目标、主要任务和保障措施，确定重点管控的重大灾害事故防治工程。认真贯彻落实“安全第一、预防为主、综合治理”的安全生产方针，坚持“标本兼治、重在治本”的原则，加大安全投入，系统治理重大灾害事故，积极推广运用新技术、新工艺、新装备、新材料。注重产学研相结合，实施科研攻关。

（二）加强自然灾害机理研究，发展预测预报评估模型

无论是气象灾害、地震灾害、地质灾害、海洋灾害还是生物灾害，其预测预报都存在相当大的困难。其主要原因如下。首先，自然灾害涉及地球系统的多圈层相互作用，其孕灾机理复杂；由于区域环境演变时空分异规律，灾害的孕灾环境、致灾机理几乎不具有重复性。其次，各种自然灾害之间存在相互关联性，大量研究表明，地质灾害、海洋灾害、生物灾害等与气象灾害有着密切关系，地震灾害、地质灾害之间也存在关联性，有些灾害的发生往往由一个主导因素、多个诱发因素叠加导致，错综复杂；灾害发生时间上有先后、空间上彼此相依、成因上相互关系和互为因果、呈连锁反应且依次出现的几种灾害会组成灾害链。再次，目前的观测技术手段还不能实现对灾害孕灾环境和动力学机理的深入探究与挖掘，例如，地震灾害发生的震源物理机制需要大量的观测手段和数据进行验证与分析。最后，灾害最后的形成除了受致灾因子、孕灾环境的影响外，还受承灾体的影响。

虽然存在上述复杂性，但自然灾害孕育、发生、发展到突变成灾的演化规律一直是科学界不断追索的关键问题。近年来迅速发展起来的计算机技术、信息技术、遥感技术等为构建灾害的预测预报模型、检验评估提供了有力的技术支撑。数值天气预报、风暴潮漫堤数值预报、冰-海洋耦合模式等模拟技术的发展，为自然灾害的预报预测做出了应有的贡献，并将在此基础上对模型进行检验评估和改进，提高模式预报的可信度和准确率。此外，可以通过自然灾害情景构建推演，采用模型分析等手段，为自然灾害的快速评估提供背景分析，例如，美国地质勘探局科学技术降低风险的项目计划（science application for risk reduction，SAFRR）已经完成了几个重要情景构建和推演的案例，包括 2008 年完成的加利福尼亚州南部地区圣安德烈亚斯断层引发的地震情景，2010 年完成的暴风雪袭击美国西海岸情景，以及 2013 年完成的阿拉斯加州大地震引发海啸冲击美国西海岸情景。因此在未来 15—20 年，进一步探索灾害成灾机理、发展灾害预测评估模型仍是防灾减灾的重要工作。

二、监测预测预警

（一）多灾种、复合链条式、多领域协同监测预测预警

发展多灾种、复合链条式、多领域协同监测预测预警技术，基于大规模计算和模拟仿真技术，实现人、机、物高度互联，综合考虑大气、海洋、生物、固体地球的相互作用，开展交通、水利、通信、卫生、电力、防恐和社会舆情等多行业领域协同的系统化监测预测预警，以实现监测微观化、泛在化、综合化，预测标准化、规范化、智能化，预警自动化、网络化、精准化，监测预测预警自动化、智能化、一体化。

（二）建立健全监测网络，提高自然灾害综合监测能力

我国自然灾害多发、重发，所以迫切需要建立实时、多源信息融合的灾害监测网络系统，对灾害的演变、发生、发展进行实时监测和评估。我国综合地球观测系统的持续发展必将提升我们对突然性自然灾害的全面认识。

在未来的 15—20 年，我国需要针对防灾减灾和应急服务的需求，加大监测技术研发和投入，有针对性地加强不同种类自然灾害的监测技术和手段的研究，

以及监测网络平台建设，并在国家的统一组织协调下，各部门联合攻关，互通有无，逐步建立灾害综合监测网络和平台。

（三）构建高效的灾害预警系统，提升应急响应水平

及时准确地收集、分析和发布相关应急信息是政府防灾减灾科学决策及早期预警的前提，其中，建立健全应急预警系统是重要的一环。

灾害预测预警系统在前端要接入多灾种各种类数量庞大的预警信息，后端要对接全社会各部门的发布传播手段和渠道，但目前全国上下、部门内外尚未建立权威、统一的预警发布法规标准体系。在未来的 15—20 年里，应依托 2015 年成立的国家预警信息发布中心以及建立的纵横贯通的预警发布管理平台，增强多手段、新媒体发布渠道的对接应用，建立县级发布管理平台，提高县级预警信息发布能力，建立健全预警信息发布法规标准体系等。

（四）防恐反恐大数据监测平台

构建防恐反恐大数据监测平台，面向一线业务需求，以防恐反恐风险感知与监测为重点，充分采集、整合海量异构涉恐数据，研发防恐反恐大数据监测应用系统和产品。此外，结合社会安全风险防控实战业务需求，研发和部署各类系统产品，实现防恐反恐大数据信息感知探测、多源异构信息融合理解、海量多维信息关联分析、防恐反恐风险预测预警等综合能力提升。

三、应急处置与救援

（一）跨区域、跨层级、跨部门深度融合应急处置与救援

跨区域、跨层级、跨部门深度融合应急处置与救援是未来公共安全领域工程科技的发展趋势之一，基于远程化应急处置与救援关键技术，快速疏散和避难技术，多维信息实时传输技术，虚拟仿真技术，人员自动搜救技术，人体损伤评估技术，人-机-物深度融合在线应急感知技术，舆情传播演化和作用机理分析技术，网络舆情大数据分析技术，应急机器人等技术的增进协调有序化、救援自动化和管控智能化，实现高效的应急处置与救援。

（二）发展防灾减灾救灾技术，提升公众自救互救能力

自然灾害带来的损失不可避免，但可以通过研发防灾减灾救灾技术减少损失。例如，针对地震突发性强、破坏性大、预警时间短等特点发展城市及重大基础设施主动减灾技术，提高各类建筑物尤其是高地震烈度地区公共建筑的抗震设计标准，加强公共工程的施工质量管理力度，改进公共工程的质量管理方式等。针对地质灾害，加大地质灾害隐患点的防治工作包括：①采取行政法令和技术法规，使拟建工程设施或流动性人、物避开地质灾害危险区，或者将处于灾害危险区中的已有居民、设施迁出危险区；②通过工程措施，实施建（构）筑物或岩土体改造工程、疏排水工程及生物植被工程等，以加固、稳定变形地质体，调整、控制致灾地质作用，从而制止致灾地质作用的发生、发展及其与受灾对象的相遇。对于海洋灾害，针对浪花飞溅区这个关键部位的腐蚀问题，推进海洋浪花飞溅区的新型包覆技术、钢筋混凝土涂料技术等海洋防腐蚀技术的实用化和产业化，这不但能延长维修周期、节省昂贵的维修保养费用、确保生产正常进行，而且能大大延长钢结构物和设施的使用寿命。

大力推动公共安全科普，培育公共安全志愿者团队，发展自救互救技术和便携式救援设备装备，开展全民自救互救技术与装备培训，全面提高民众的第一应急响应能力。

四、综合保障

（一）面向智慧和韧性的公共安全综合保障一体化平台

在万物互联的驱动下，公共安全呈现业务持续管理、跨行业深度融合的特征。应构建公共安全综合保障一体化平台，实现风险评估与预防、监测预测预警、应急处置与救援持续业务管理，并与交通、危化品、舆情、防恐反恐、电力、水力等领域深度融合，保障危化品、重点设施（危化品仓库、城市管网、深海管道、交通枢纽等）、重要能源（电、油、气、氢）安全，增强社区、城市、（战略）区域总体安全。

（二）新一代公共安全应急平台关键技术及装备研发

应紧密结合国家安全和公共安全的重大战略规划，攻克国家安全和公共安

全核心共性技术，基于物联网、云计算、大数据、模拟仿真、情景构建与推演、虚拟现实等先进技术，实现多灾种综合风险评估、综合风险监测感知、多灾种综合及跨领域预测预警，以及多技术集成的应急处置与救援，全面提高国家安全信息集成、综合研判和危机应对能力，提升突发事件处置救援等各个环节的科技水平。重点针对风险监控、监测预警、预防防护、处置救援和综合保障领域，研制标准化、体系化、成套化和智能化应急装备。

（三）全方位立体化公共安全网

应构建全方位立体化公共安全网，实现业务持续管理和应急管理体制机制创新。构建风险评估与预防平台，实现应急管理由目标驱动到风险驱动转变；构建监测预测预警平台，实现气象、洪旱、地震、海啸等自然灾害，以及公共卫生、危化品、交通、反恐、舆情等多行业领域协同的系统化监测预警；构建应急处置与救援平台，推进应急管理跨部门、跨区域信息共享和应急协作联动机制建设，建立起标准化的应急指挥体系，实现应急处置高效；构建公共安全综合保障一体化平台，增强公共安全网的系统性、整体性、协同性。

五、公共安全其他子领域

（一）网络安全

信息技术的广泛应用和网络空间的兴起发展，极大地促进了经济社会的繁荣进步，同时也带来了新的安全风险和挑战。网络空间安全事关人类共同利益，事关世界和平与发展，事关国家安全，急需安全可控的网络空间设施与服务，形成全面覆盖网络空间的安全态势感知预警能力，有效提高防范和抵御风险的能力。实现我国在国际网络空间的话语权和规则制定权不断增强，在网络主权、网络安全、数据资源等重要议题中具有较强的国际影响力，国际互联网治理能力大幅提升，在构建互利共赢网络空间命运共同体中发挥重要作用。

实现网络空间的和平、安全、开放、合作、有序发展，维护国家主权、安全、发展利益，实现建设网络强国的战略目标。通过技术和管理并重、保护和震慑并举，着眼于识别、防护、检测、预警、响应、处置等环节，建立实施关键信息基础设施保护制度，从管理、技术、人才、资金等方面加大投入，依法综合施策，实现网络空间安全关键信息基础设施的安全防护。通过加强网络伦理、网络文明建设，发挥道德教化的引导作用，建设文明诚信的网络环境，形成安全、文明、有序的信息传播秩序和网络环境。

（二）信息安全

到 2035 年，高性能计算使大规模科学工程计算、大数据处理、高通量信息服务得到飞速发展。我国保障网络安全和信息安全的能力将全面提升，将具有更准确地追踪溯源安全事件、分析网络失泄密检测和网络情报的能力，具有更高的威胁感知、主动防御、追踪溯源及反制的水平；将突破现存技术瓶颈，大力发展传感感知技术，实现万物互联、泛在感知。到 2035 年，我国的信息基础设施将更加完善、原始创新能力增强，核心技术将实现安全可控，电子信息产业的核心竞争力将大幅度提升，能确保国家重大信息基础设施安全可信，电子信息技术的广泛深入应用也将实现，“两化”（信息化和工业化）融合水平也将提升。立足国家工业化、信息化、城镇化、农业现代化和绿色化发展战略，结合迎接新一轮科技革命挑战的要求，按照国家经济转型升级以及发展新领域、新业态、新模式的总体脉络和“两个一百年”的建设目标，实现多元化、智能化、一体化的生活、交通、卫生、医疗、灾害等信息实时获取和突发事件预警与应急处置。

（三）生物安全

生物危害防护涉及微生物学、免疫学、分子生物学、生物信息学、流行病学、传染病学等多个学科，以及计算机、信息、通信、传感器等多项技术，所以建立多学科交叉技术集成的平台和体系是重要的基础和前提。

应建立和发展生物危害信息与评价体系，建立和发展生物危害信息汇集、整理、分析体系，持续地汇集信息，建立基础数据库系统，包括：微生物种类、分布、毒力等生物学特性数据库，人和动物发病的时间、地理和群体分布数据库，医学媒介动物分布、季节消长及传播疾病效能等信息数据库，微生物菌毒种库及生物学和分子生物学信息数据库，等等。建立疾病与生物危害相关信息系统，包括：国内外传染病发生、分布等动态趋势数据库，疾病流行调查与处置信息数据库，食物中毒事件及处置效果相关信息数据库，医学应急处置系统和疾病预防控制系统相关信息数据库，污染消毒和医疗救治药品、试剂、材料与装备信息数据库等，为发现和判断是否系新发传染病、已有传染病发生和传播异常、国外已有但国内尚未发现的疾病种类奠定基础，同时为处置生物危害事件提供组织机构、人员与技术、药材装备等必要支持。

第三节　公共安全领域 2035 年工程科技发展的重要基础研究方向

基于技术突破和共性技术研发的需求，面向 2035 年工程科技发展需要前瞻部署基础研究领域、未来需要解决的关键科学问题等。面向国家公共安全重大需求、重要发展趋势，需要优先部署的基础研究方向主要有以下几个。

一、风险评估与预防

（一）公共安全基础理论研究

公共安全是新兴交叉型学科，在基础理论研究方面尚存在较大空白，亟须开展相关研究，包括：公共安全基础概念、符号体系及其形式化定义体系，各类突发事件内在机理与规律，突发事件演化的不确定分析与情景推演方法，典型救援设备技术原理，典型灾害事故实验原理与方法，突发事件发生发展过程的科学计算与模拟仿真理论和方法等。

（二）突发事件次生衍生及多灾种耦合致灾机理与规律研究

以大尺度火灾、爆炸、危险化学品泄漏、矿山动力灾害等突发事件为重点，研究重大危险源识别评价、监测预警理论、复杂条件下重大事故灾难的多物理场耦合演化模式，突发事件次生衍生的动力学演化规律、灾害链原理与预测方法，重大突发事件疏散与避难和交通疏导与调度模型和仿真方法，重大事故灾难风险评估理论。

（三）多风险耦合影响机理与情景构建理论方法

在传统风险与新兴风险叠加的背景下，单一风险研究难以满足公共安全保障的需求。研究多风险耦合机理，情景构建理论基础和方法，深入分析灾害要素、承灾载体和应急管理三者之间的关联影响关系与相互作用机理，注重耦合影响机理，并根据复合风险的演变规律，研究适应未来高性能计算、深度虚拟现实、人工智能等技术的情景构建和情景推演理论方法。

（四）承灾载体灾变机理、风险评估方法研究

研究城市综合风险预测与量化评估、城市关键基础设施脆弱性与城市运行鲁棒性分析、城市安全保障等方面的基础理论研究；针对既有建筑结构，加强典型灾害荷载作用下的快速、大规模计算分析和结构安全综合评价理论研究；针对隧道、地下洞群与管线等重大基础设施，加强高应力、爆炸等复杂赋存与工程环境下的岩土体性能演化规律、岩土体与结构体的相互作用机制和灾变机理、风险评估与监测感知及预警理论研究；加强不同重大基础设施的安全相互依赖性和关联效应评价理论研究。

（五）公共安全的韧性理论及新兴综合风险的评估方法

公共安全中的韧性，是指能够承受突发事件对社会、经济、技术系统和基础设施的冲击与压力，并在突发事件的作用下仍然能够维持基本的结构和功能的能力。韧性理论致力于增强抗灾能力和灾后恢复能力，以及提升突发事件应对能力，使得暴露于危害之下的系统、社区或社会通过保护与恢复重要基本结构和功能等办法，及时有效地抗御、吸收、适应灾害影响和灾后复原。主要包括研究韧性城市的内涵、构成及其度量方法；分析城市系统间的交互影响与动态不确定性特征；研究城市系统及突发事件的复杂自适应演化机理、鲁棒性分析与控制方法；研究应急资源与应急能力的需求评估、优化配置、全程管理方法等；研究公共安全复杂多案例分析推理方法；研究基于历史案例的应急知识管理、推演与评估方法；研究基于大数据的风险感知与防控方法等。

二、监测预测预警

（一）监测-预测-预警综合基础研究

研究包括地域、时空、气象等多种条件对突发事件影响的预测模型，突发事件演化不同阶段的综合预测和不同类型突发事件的预警模式；基于物联网的灾害作用下承灾载体反应的监测理论；灾害发展趋势预报预警机制；基于监测探测和模拟预测的预警分级理论，集成监测-预测-预警的综合研判系统基础理论和方法，复杂条件下事件链综合防控理论等。

（二）极端条件下区域灾情监测理论和方法研究

构建预报预警和应急响应技术与机制，加强灾害性天气监测预警，开展气象灾害风险预警业务和基于影响的气象预报业务，实现从灾害性天气预警预报向气象灾害风险预警转变。建立气象灾害及次生灾害联合调查常态化机制，完成气象灾害风险普查，建成分灾种、精细化的气象灾害风险区划业务，加强气象灾害定量化风险评估技术研究，切实提升气象灾害风险管理水平。建立气象灾害风险评估制度，依法加强对城乡规划、重大建设项目的气象灾害风险评估。充分发挥金融保险的作用，推进气象灾害风险分担和转移机制的建立，建立气象类巨灾保险制度。开展气象防灾减灾效益评估。

（三）多粒度信息综合集成与融合的情景分析方法

大数据挖掘技术为突发事件在信息空间中传播的研究提供了技术支撑，也为大数据支持的应急决策提供了契机。突发事件会在各种媒体（包括新闻、论坛、博客、微博、微信等）上引发激烈的讨论和广泛的传播，应通过对这些媒体的实时监测和分析实现突发事件舆情态势的实时感知，最终为应急管理决策提供决策支持。应形成基于数据流的阈值触发主动预警机制和基于决策支持模型及专家系统的危机预警机制；应基于尖点突变模型和情景构建方法，揭示安全事件的态势演化规律，并进行态势预判，综合考虑预警与人员行为的关联关系、政策传导机制及系统动力学理论，从而进行安全事件短期和中长期预测预警。

通过大数据、云计算、物联网、人工智能、复杂系统建模等技术提升预测、预警、分析和决策的能力，通过快速地采集、发现和分析，从大体量、多类别的数据中提取有价值的结论，进行“数据-模型-知识经验”驱动的精准决策。

（四）突发事件情景构建与推演技术

突发事件应急决策中的情景强调的是在事件发生后，应急决策主体所面对的随时间不断向前演变的真实情境，是对事件现在及所有可能的未来发展态势的描述。

信息技术的快速发展和社会问题的日益复杂化引发了从基于数据的计算向以动态群体为核心的社会计算的重大变革，并在研究对象、建模方法和分析手段上赋予社会感知新的内涵：社会感知已不再局限于浅层的社会数据，其范畴已延拓到更为深层的社会态势。相应地，面向突发事件态势感知、分析与决策支持的数据建模和分析方法应发展成为面向现实物理世界-虚拟网络空间耦合环境的动态社会群体的行为建模和分析。因此，突发事件信息与动态社会群体行为之间的耦合和互动，以及突发事件社会感知在信息域与态势域之间的交叉融合，已经成为突发事件态势精准感知的重要基础。其研究发展应基于社会动力学、认知心理学和组织行为学等社会学方法实现对社会群体的建模、事件演化规律分析，进而对社会态势进行感知和分析预警。

三、应急处置与救援

（一）网络舆情大数据基础平台建设

研究网络舆情大数据快速采集技术，能够躲避平台防抓取技术的拦截，增强数据采集能力；研究大数据快速处理技术，能够实现海量数据的高速读写；研究舆情自动发现识别研判技术，能够设计舆论重要性实时评价模型；研究舆论噪声的辨别和去除技术，能够实现虚假互联网声音的过滤。

（二）突发事件案例推理与情景推演系统

突发事件发生后，事件情景从发生后的初始状态依照事件发展、演化的规律以及外界环境、人为的干扰程度，会发生一系列情景的动态演变，其中，影响决策主体做出重要决策的情景是突发事件应急决策中的关键情景，也是基于情景分析案例推理的主要研究内容。

突发事件案例情景推理理论研究包括突发事件典型情景特征快速采集、存储与分析的案例模型研究，基于突发事件情景演化的案例快速检索、适配原理研究，基于应急决策者动态需求的案例库管理基础研究等。研究突发事件海量数据与案例体系化构建、数据-模型-案例耦合情景推演、综合预测、动态优化决策和预警发布、应急资源管理与调度等关键应用优化集成原理，能够为新一代国家公共安全应急平台构建提供基础支撑。

（三）应急处置与救援技术及装备基础理论

应急处置与救援技术及装备基础理论研究方向包括：研究不受空间限制的现场信息快速获取及高速传输理论与方法，实现抢险救灾、海底探测、空中侦察、安全监控、空间信息网络资源感知与优化调度、高动态空变网络的智能协同、摄影航拍等；研究突发事件情况下应急疏散人员心理及行为特性、突发事件发生发展与人员疏散疏导动态耦合技术和交互式应急疏散仿真技术系统，实现从微观和宏观层次对疏散过程中的人员流动或交通情况进行模拟，预测疏散时间，评估疏散方案；研究 3D 打印、无人机和机器人在现场救援及指挥控制过程中的应用机理，研究突发事件状态下人-机器人共享环境主动感知与自然交互原理，以及机器人群体智能原理，研发公共安全共融机器人，提供现代化智能救援装备。

（四）深度不确定系统的分析和预测方法

由于突发事件信息的缺失性，应急决策面临的深度不确定性较大，约束条件较多，目前尚无比较成熟的、系统的方法，常用的策略主要有探索性决策分析法、鲁棒决策法、决策支持模型法、基于预案的决策法和案例辅助决策法等。在处置过程中，需要充分分析突发事件决策问题中的大量复杂的不确定性问题，通过对模型的反复迭代计算，构建不同可能的情景，分析和推理各种决策带来的不确定后果的可能性，以供决策者参考。随着计算机、信息化技术的发展，依靠大数据进行决策的方法将会成为主要的潮流。如何利用案例数据、如何获取突发事件的实时动态信息、如何高效地处理海量数据，将会成为突发事件应急决策的关键。需要研究突发事件发生时，应急资源的需求、筹措、配置、调度、运输等问题；研究突发事件应急资源动态配置与快速调度技术；研究单受灾点资源动态配置技术、多受灾点-多出救点双层应急资源动态配置技术；研究基于现场、资源变化实时数据的动态快速优化调度技术等；研究不确定性环境下个体的心理与行为的演化规律以及不确定性因素对人群疏散的影响。

（五）灾害环境下人体损伤机理研究与救援防护技术装备研发

需研究高温、浓烟、危化品事故、爆炸、低温冰冻及其复合作用等灾害环境下的人体损伤机理及个体防护原理。

四、公共安全综合保障

（一）人-环境-设施多源数据信息挖掘及社会行为研究

大数据的积累和利用，为公共安全综合保障相关社会行为研究提供了基础。研究实时监测和综合分析人群行为、环境变化、设施运行等各类数据及相互影响的规律，从海量、分散、实时变化的数据中通过分析获取当前的状况，进而进行态势推演，对社会行为进行综合研判和决策，挖掘能够用于安全预警、有效干预的信息，特别是对社会行为进行预测预警，驱动提升预警预报的精确度以及预警信息的时效性。

（二）重要基础设施和高效精准应急技术装备的原理与方法

重要基础设施承载了社会经济运行发展的重要基础功能，基础设施长期、可靠、主动安全运行，是保障公共安全乃至国家安全的重要基础。人工智能、增材制造等新技术的发展为基础设施及应急救援的高效性和精准性提供了有力的技术支持。重要基础设施与应急救援技术装备研究也面临极大的发展需求和空间，包括：研究极端气象条件对电网、通信、交通等基础设施造成破坏的机理和风险评估方法；研究突发事件下城市地铁网络的鲁棒性和脆弱性分析理论及突发事件下的“人-机器人”交互共享与主动感知技术原理，以及机器人群体智能原理；研究地铁等地下空间的通行能力、紧急疏散策略以及系统损失与恢复模型；研究多领域网络-物理协同攻击下的基础设施安全保障机理；研究重要基础设施等复杂自适应演化机理、系统安全建模与防控策略；研究基于韧性原理的重要基础设施主动安全保障方法；研究基于无人平台的多传感器系统集成与快速信息处理方法和基于多源传感器信息数据的现场信息高精度获取与分析方法；研究“数据–模型–案例”耦合、“现场–仿真”耦合的动态推演、预测和综合研判方法；研究高度集成的可穿戴式微型高精度有害物质传感器技术原理及成套化多功能应急救援装备技术原理等。

（三）面向复杂安全问题的大规模快速计算理论和方法

大规模快速计算理论和方法是支持复杂安全问题的风险评估、预测预警和应急决策的重要基础。大数据、高性能计算、云计算和边缘计算等技术的发展，为复杂安全问题的大规模快速计算方法研究提供了良好的基础和契机。其基础研究方向主要包括：区域灾害的动力学演化过程的大规模快速模拟方法及模型–数据混合驱动的灾害演化过程的大规模快速分析技术；城市灾变过程仿真结果数据与现场数据的多参数、多维度匹配及灾害演化过程动态修正和模拟方法；基于大数据的突发事件感知与预警理论和方法；基于高性能计算的大规模复杂安全问题快速求解方法与计算理论；基于大规模、多尺度时空数据的 3D 建模方法；基于云计算和边缘计算的人机交互式仿真建模理论与计算方法；突发事件中的多物理问题耦合求解与计算方法；物理空间–信息空间–社会空间三元融合的集成化计算理论与方法等。

（四）多圈层耦合、多领域融合、跨地域协作的公共安全问题模拟理论和方法

研究多圈层耦合、多领域融合的地球系统模拟和突发事件演化模拟的综合模拟理论和方法。综合指标体系、数据统计、情景演化等方法的风险评估技术，实现危化品、重点设施（危化品仓库、城市管网、深海管道、交通枢纽等）、重要能源（电、油、气、氢）等的全生命周期管理和全链条风险评估；研究大规模密集人群风险预警与疏散疏导理论与方法、大规模交通疏散仿真理论与方法、应急交通评估方法、区域疏散避难系统原理；研究重大灾害情景的感知、再现、仿真、推演方法，数字化信息与物理场信息的叠加分析方法，复杂灾害场景及其发展演化过程的模拟仿真与情景推演方法，网络舆情传播推演和面向反恐防恐的特殊个体识别、跟踪与追溯过程的模拟推演方法，线上–线下一体化的事件

模拟与推演方法，电力系统、水利系统等多种行业领域相关的公共安全问题模拟方法，实现多事件联合推演和事件链推演。

（五）全周期安全运行与一体化防控的应急管理理论与方法

全周期安全是公共安全的重要理念之一，大型城市、化工园区、重要能源、生命线系统、道路交通、水域和水环境、电力设备和电网等都是公共安全重点关注的对象，也是需要从全周期安全的视角进行系统化研究的重点问题，具体包括：超大城市生命线系统运行监测与预警方法；人员密集场所“人-设施-环境”多源数据挖掘与异常识别方法；道路交通系统安全风险特征分析、交通调度策略优化方法；轨道、航空、水运多交通网络的风险识别与量化分析方法；危险化学品生产、运输、储藏、使用全过程风险分析方法与全周期安全运行理论；氢气等气态能源储存、运输、利用安全保障基础研究，基于城市物联网雨洪感知的城市洪涝仿真模拟与灾害快速评估方法；变化环境下的水安全演变与应对机理；电网稳定运行安全特征分析方法和安全防御体系；基于多源异构数据融合的反恐防恐风险感知与防控方法；新型城市结构和生产力布局下的韧性城市理论；管理扁平化、信息泛在化、个体作用凸显等多因素交融下的应急管理流程、机制与方法；大数据-大计算支持下的量化应急管理理论和方法；基于软件定义服务的协同应急理论与方法；“数据-计算-推理”深度融合的态势推演与决策支持方法；由灾后被动救助到灾前主动预防、从单一灾种应对到复合灾害应对的新型应急管理理论和方法等。

五、公共安全其他子领域

（一）交通安全

1. 车网联和人机共驾环境下的驾驶心理与行为

由于驾驶人的心理行为特性与交通安全的关系极为密切，所以在车联网和人机共驾环境下，驾驶员表现出不同的心理行为。需要研究人机共驾环境下驾驶员的行为特征和心理状态演变规律，建立基于网联与自动驾驶的行为模型，探索其驾驶行为与交通安全之间的映射关系，为提升各种智能交通运输方式的安全性提供理论基础和决策支持。

2. 多高速交通网络耦合下的安全分析理论与方法

在交通运输高速运行环境下，应基于多方式交通网络耦合理论，建立多高速交通网络系统的耦合理论方法和模型，探索多高速交通网络耦合机理和协调机制，形成一套涵盖高速综合交通运输系统的安全分析理论和方法，提升高速环境下交通运输总体安全性能。

其中，还包含以下基础研究方向：①道路交通安全系统风险生成及演化机理；②基于不确定决策与复杂网络的路网运营风险动态评估理论体系；③危化品船、大型客船安全事故风险源识别与量化模型和方法；④重大水运安全事故演变规律与致灾机理；⑤突发航空安全事件量化评估机制与方法；⑥重大航空安全事件规律挖掘及应急机理；⑦联网状态下的车辆信息安全理论与方法；⑧基于协同优化的路网应急指挥调度理论；⑨基于突发事件建模分析的大客流协同调度优化理论；⑩基于复合感知的周界入侵行为分析理论；⑪重大事故灾害的应急决策理论；⑫基于系统思维的道路交通安全防控理论体系；⑬基于GPS 的高速轨道交通系统健康运维与应急调度理论；⑭复杂恶劣环境下的航空飞行器安全运行管理方法；⑮复杂环境下的船舶通航安全管理方法。

3. 综合交通风险动态评估及安全防控理论方法研究

综合交通风险动态评估及安全防控理论方法研究的主要研究方向包括：针对道路、轨道、航空和水运交通运输系统，研究系统风险的生成及演化机理，分析交通安全风险特征，形成交通安全风险框架体系。在道路交通安全领域，建立道路交通安全风险分析支撑数据库，构建道路交通安全典型风险谱，研究基于系统思维的道路交通安全防控理论体系，设置道路交通安全主动防控权责体系和防控流程，构建我国道路交通安全风险主动防控机制；在轨道交通领域，研究基于不确定决策与复杂网络的路网运营风险动态评估理论体系，深入分析轨道交通网络的拓扑结果特征并提取相应的网络特征值，以此研究网络中的风险传播机理及其动力学行为，为轨道交通安全分析奠定基础；在航空交通领域，研究突发航空安全事件量化评估机制与方法，对潜在的诱发因素进行量化，分析各因素间的相互诱发关系、因果联系及传播机理，开展深层次的分析与剖析；在水运领域，研究危化品船、大型客船安全事故风险源识别与量化模型和方法，分析危化品船、大型客船水运事故发生机理，运用风险管理理论与方法，构建风险源量化模型，研发危化品船、大型客船的风险在线分析与评估技术，构建危化品船、大型客船的风险评价与预防体系。

（二）舆情安全

1. 多模态媒体信息内容感知的相关理论方法研究

随着信息技术的快速发展，信息的传播方式、表现形式势必高度丰富和深度融合，基于万物互联的社交媒体将成为获取信息内容的重要手段。多模态媒体内容感知是通过技术采集手段，自动化地理解信息发布的内容、时间、地点、人物、核心要素，并进一步感知内容信息的核心立场观点。首先，针对媒介的各个通道与对应的内容形态，有针对性地提取内容感知的关键要素，包括媒介中的人、动作、场景等关键性内容信息；其次，基于所提取到的内容感知关键要素信息，并根据它们之间的内在语义关系的相关性，将各个模态中的关键语义要素连接起来，以生成准确的“感知信息单元”及其关系，为后续分析处理做好支撑。我国在感知技术方面已经具备一定的理论基础和一定程度的应用实践，针对单一信息源、单一语种已经具备了较强的感知、获取和分析能力，但是目前缺乏对部分连续空间中非连续的应急感应信息的及时感知，缺乏对人-机-物深度融合下高度交叉高度关系的在线应急信息的及时感应。特别是对“一带一路”国家的主要语言的语音、文字的处理还处于起步阶段。

2. 多模态信息的有效融合存储技术

信息融合的目标是针对舆情信息内容信息传播的多通道和多模态特点，研究涵盖文本、图像、音视频等多模态舆情信息的实体 / 关系的特征提取、组织及融合模型，支持在规模性方面准确测算受众规模、在影响力方面计算和刻画传播过程中的公众关注点、在方向性方面计算传播过程中的主要立场观点。在存储管理方面，针对舆情信息数据的大数据特性，研究舆情信息各种数据的高效存储管理、索引模型和方法，以及高效支撑上层信息融合及分析处理的各类索引技术。

3. 舆情内容的传播演化和作用机理分析技术

舆情互动过程分析的目标是准确理解舆情信息的互动过程，在规模性方面，理解哪些人参与互动、如何参与互动；在影响力方面，识别人们关注什么、如何形成关注点；在方向性方面，理解形成哪些立场观点。舆情内容传播演化作用机理分析研究是在语义融合的基础上，对信息在全媒体上的互动过程、传播情况、趋势变化进行建模、分类和量化分析，从微观视角研究个体行为、思想等属性在舆情信息互动过程的作用行为，在中观视角研究群体形成、互动过程和思想方向变化，在宏观视角研究规模性、影响力、方向性的演化过程。舆情信息刻画展示的目标是基于交互分析的模型，对舆情信息中信息内容和互动群体的立场、年龄、地域、知识结构、职业等内容进行分析，进一步刻画规模性、影响力和方向性的成分基础、作用过程、关键要素，支持多视角、高分辨率地对舆情信息传播过程实行可视化。

（三）防恐反恐

1. 跨虚实空间的涉恐信息感知探测

从实体空间和虚拟空间两个维度，研究与涉恐信息相关的数据探测、采集、获取等技术原理，重点实现人员多维特征采集与识别比对技术原理、实体空间影像的结构化语义采集技术原理、网络未知协议解析和数据解密技术原理等，实现跨虚实空间的防恐反恐数据信息全面感知探测。

2. 海量多维信息数据关联分析

面向涉恐信息数据纷繁复杂、价值密度低、难以挖掘有用信息的问题，通过研究海量数据的关联分析和碰撞比对等技术原理，重点实现网络涉恐目标追踪溯源技术、反恐怖情报大数据智能分析技术原理、涉恐团伙挖掘技术等技术突破，实现混乱无序的数据关系的自动发现和联系链的自动挖掘，有力支撑防恐反恐工作。

（四）水安全

1. 洪涝灾害成灾机理与评价理论

开展气候变化及强人类活动影响下的流域与城市暴雨洪水特征和演变规律的研究；开展降雨、地形地质、土壤植被和人类活动等因素对山洪灾害的驱动机制研究；开展城市复杂下垫面产流和汇流过程的驱动机制研究；开展洪水与承灾体相互作用的机理研究；基于水文水力学模型耦合与并行计算的流域洪水预报与调度模型构建方法，开展基于地表-地下空间和管网耦合分析的城市水动力学模拟仿真技术研究；开展流域与城市洪涝灾害风险评估技术研究、防洪减灾效益评价方法研究、洪水风险区划方法研究、基于风险评估的防洪规划理论与方法研究。

2. 新型污染物迁移转化及复合效应研究

开展新兴污染物在水环境中的迁移转化规律研究、新兴污染物环境基准研究、突发水污染事故复合污染的复合效应及污染机理研究。

3. 水利工程安全风险评估基础理论研究

研究复杂梯级库群和长距离调水工程风险识别、风险评估、风险传递与风险控制的基础理论方法；研究水工建筑物可靠度分析和分项系数方法基础理论；研究水利工程风险设计理论与方法；研究水利工程对水生态影响的机理与生态风险防范机制。

4. 城市洪涝灾害监测预测预警体系研究

面向城市洪涝灾害监测预警，研究基于城市智能物联网雨洪感知的城市洪涝仿真模拟与灾害快速评估方法，基于城市智能物联网雨洪感知的城市洪涝仿真模拟与灾害快速评估系统原理，为城市洪涝灾害的监测预测预警提供较好的解决方案。

5. 干旱成灾机理与中长期预报技术原理

研究旱灾成灾机理研究、大数据技术和中长期气象预报技术原理。由于干旱的影响因素众多、成灾机理复杂，厘清干旱的成灾机理是实现旱情监测预报的核心。随着遥感技术、新型传感器技术、物联网技术等的快速发展，多源、多维的海量数据被用于旱情监测预报，这需要大数据技术的支撑，由此才能准确监测和预报旱情。干旱预报主要依赖中长期的气象预报，只有提高气象预报的精度和可预见性，才能实现稳定可靠的干旱预报。

6. 水污染快速监测与预警技术原理

开展水污染生物功能材料（酶、抗体等）研究、多指标生物传感技术及理论研究、有毒有机物的在线快速监测技术及理论研究。

7. 水利工程安全识别、模拟与诊断技术原理

开展基于多源信息融合的大坝安全定量诊断方法、不同类型大坝堤防溃决机理与溃坝洪水计算方法、大坝堤防失事早期症候监测预警方法、水利工程运行安全预警指标体系与阈值确定方法研究。

8. 洪水避难撤退转移全过程的仿真模拟技术原理

研究基于时空四维与人工智能行为模型相结合的洪水避难撤退转移全过程的仿真模拟技术原理和方法，提高洪涝灾害应急处置与救援科技决策支持的应用水平，赶上国际科技发展的步伐。

9. 突发水污染事故应急资源配置与优化调度技术原理

开展难降解持久性污染物的广谱高效吸附材料研究、突发水污染事故应急资源配置与优化调度技术原理研究、突发水污染事故应急响应及应急决策支持技术原理研究。

10. 水利工程突发事件应急决策与处置互馈响应机制

开展恐怖破坏手段对水利水电枢纽工程的破坏机理与干预反馈机制研究，开展突发事件应急临机决策与处置互馈响应机制研究，开展应急处置效果评价指标体系和综合评估方法研究。

11. 洪涝灾害管理及预案体系研究

开展综合防灾管理体制与运作机制研究，综合防灾的管理制度研究，防灾、应急及灾后重建政策措施研究，防洪减灾能力评价方法，防洪应急预案体系研究，提高灾害恢复能力的全民减灾运作模式研究，基于风险管理的城市综合治水方略研究、山洪灾害群测群防体系研究、洪水保险和巨灾储备制度研究。

12. 综合节水基础理论与方法

系统解析社会水循环驱动机制与过程控制，研究深度节水和基于水质、水量匹配的综合利用理论及方法。研究作物最优耗水机理及多因素协同调控机制，研究气候变化对作物需水规律及需水量的影响机理，系统解析城镇立体空间内水循环过程的水量损失和物质转换的作用机制及其影响要素。研究针对农业生

产、高耗水工业、城市生活等耗水的定量化方法与减量化的工程、技术和管理措施。研发节水空间评价方法与“全用水部门”区域综合节水潜力评价方法，研究城乡一体、多行业、多过程综合节水基础理论和方法。

13. 变化环境下的水循环演变机理与模拟预测

研究大尺度气候-陆地-水体循环演变动力机理和一体化精细模拟技术原理，推进陆面水文过程与大气过程联合模拟技术的发展；研究气候变化和人类活动影响对我国江河源头区水循环演变的影响机制，探究生态敏感区生态系统结构和功能与水文循环变异间的响应关系；研究变化环境下的流域“自然-社会”耦合系统特征，进一步发展和完善流域“自然-社会”二元水循环及其伴生过程系统模拟与预测技术，识别流域中长期水循环与水资源的演变规律；揭示地下水严重超采区渐变-质变-灾变机理，构建地下水危机识别、评价和预警理论方法；研究特大城市（群）雨（热）岛效应和雨洪发生机制，实现“地表水-土壤水-地下水-管道水”循环过程和模拟技术突破。

第七章
2035年公共安全领域工程科技发展路径

坚持“自主创新、重点跨越、支撑发展、引领未来”的指导方针，立足当前，着眼长远，加强高新技术应用和综合集成，强化实时感知预知、大数据分析决策、多功能智能化应急装备等关键技术研发，引导国防科技成果向公共安全领域转化。聚焦“安全”和“智慧”两大事业，以科技创新为驱动，以体制优化为保证，以风险预防为立足点，以有效应对和韧性提高为最终目标，构建全方位立体化公共安全网，打造“纵向到底、横向到边”的公共安全脉络体系，系统部署，重点突破，实现我国公共安全由被动应对型向主动保障型转变，开创公共安全新格局。

为了实现2035年我国的美好发展愿景，即成为全球化的、迈向高收入的、智能化的、可持续发展的、和谐的、安全的中国，必须要解决好公共安全领域的重大问题。在风险评估与预防方面提出了以下需求。

（1）在安全生产方面，重点围绕典型重大生产事故的致灾机理、演化过程、预防控制的整个应对过程，深入开展基础研究，实现事故的风险预控。同时，要优先建设社会化、网络化、专业化、科学化的安全生产科技中介服务体系，以风险评估、实时监测、智能诊断、超前预警和综合防治为目标，研究生产安全保障与重大事故防控关键技术。

（2）在食品安全和检验检疫方面，继续加大对食品安全风险评估等重大科技攻关的支持力度，研究进出口原材料、消费品、机电产品检验监测关键技术，研发包括样本处理和检测在内的全程自动、微全分析系统，以及易于口岸和现场应用的精准、网络化检测监测技术与装备等。

（3）在自然灾害方面，重点开展重大地质灾害、台风暴雨、森林火灾等巨灾预防与应对关键技术研究，研究巨灾情景构建，研发生态环境动态监测平台与管控技术。

（4）针对特（超）大城市运行安全和保障，研究多尺度、多精度的风险评估技术，研究基于大数据的运行安全风险智能识别分析与分级管控关键技术，开发特大城市安全运行应急准备体系；开展智能诱导交通系统畅通安全运行关键技术和管理机制研究；提升既有的设施承灾能力；开展城市生命线供给安全保障关键技术研究，消减多灾种耦合聚合效应，建立特大城市安全保障智能管控平台。

为了全面提升我国重大基础设施的安全保障水平，着重研究重大基础设施的分类分级、长期服役和智能检测监控基础理论，力求研发重大基础设施全服役周期内监测预警、诊断评价、风险评估、调控防控和智慧管理等关键安全保障技术，实现国家重大基础设施安全技术标准、基础数据库、安全云服务平台的开发和示范，构建国家重大基础设施安全保障平台。

构建以公共安全保障平台为稳固支撑的全方位立体化的公共安全网。风险评估与预防实现已有风险可控，未来风险可知；监测预测预警实现信息全面感知、数据多源融合、预测高度智能和预警精准发布；应急处置与救援实现应急指挥有力、应急协同有序、应急处置高效；公共安全综合保障一体化实现社区韧性持续增强、应急资源深度共享、应急平台与装备稳固支撑。

具体目标分为以下几个方面。

（1）进一步提高公共安全领域的基础研究水平，重点揭示突发事件的致灾机理、动力学演化过程、耦合衍生机理与规律，研究重大突发事件对承灾载体的作用机理，开展承灾载体的韧性、自我抵御能力和自我修复能力的研究，为解决致灾与公共安全问题提供理论基础和技术手段。

（2）着力攻克若干公共安全关键技术，研发一批公共安全应急装备。在突发事件风险分析、预测预防、监测预警、应急救援与指挥决策等方面的共性、关键性技术上取得明显突破，并加强集成创新，研发一批技术先进、性能稳定、实用高效的具有自主知识产权的应急装备产品，显著提高公共安全核心技术和重大装备的自主研发与工程转化能力。

（3）进一步提升重大突发事件应急决策的科技支撑能力。建立和充实公共安全共享数据库系统，促进公共安全信息共享，推进国家应急信息共享平台建设，为国家突发事件应急平台的创新和完善提供科技支撑。

（4）推动公共安全技术标准体系建设。充分发挥各部门、地方、行业、企业、科研院所和高等院校等社会优势科技资源的作用，开展公共安全技术标准研究，推动科技研发与标准制定的有机结合，跟踪并参与国际标准制定，推动建立符合我国国情的公共安全标准体系。

（5）完善以政府为核心的城市公共安全治理机制。充分发挥政府的核心作用，健全公共安全监管组织机构设置，结合日益健全的相关安全法律法规体系，使公共安全管理有法可依、有规可循，把更多资源放在风险预防上，防患于未然，进一步完善我国的综合风险管理体系建设。

（6）发挥企业主体责任作用，从根本上改变企业在安全认知和安全管理方面的被动安全理念，建设一批公共安全科技成果产业化示范基地，促进成果转化和应用。建立有代表性的公共安全领域的产业技术联盟，推动公共安全科技示范、科学普及与教育培训基地建设，逐步形成国家公共安全科技示范网络和成果推广体系。

第一节　风险评估与预防

应加快风险评估与预防支撑平台建设，健全风险预控与评估技术标准。针对城市安全的运行，风险评估要充分利用互联网、物联网、大数据技术，结合大型公共活动场所和地下空间关键设施监测数据，研究城市及城市群公共安全综合风险评估与预防技术；针对矿山、危险化学品、油气管道、化工园区等危害公共安全的行业和深地、深海、海外资源开发与大型工程建设，研究定量风险评估技术，建立全国性失效/事故数据库，对接国外失效/事故数据库，为行业风险评价技术的发展提供基础支撑。

一、发展目标

1. 2025年目标

公共安全重点行业和主要高危行业初步形成符合我国实际的科学、定量的风险评价方法，初步建立覆盖全国的数据库和案例库。初步建立大型建筑、公共设施、社区、城市等重要承灾载体的综合风险评估方法与系统，有效支持突发事件预防和准备。

2. 2035年目标

公共安全重点行业和主要高危行业公共安全数据库和案例库进一步积累完备，形成基于历史数据、实时/准实时数据和案例资料的客观、定量风险评价方法。建立社区、城市、大型活动场所、地下空间、关键设施等信息集成与风险管理平台，形成基于多源监测数据的城市风险定量评价方法，充分利用大数据挖掘和人工智能技术，实现城市既有风险的全面识别和未知风险的预知识别，进一步提升重大突发事件及危险源风险评估与预防的科技支撑能力。

二、重点任务

1. 油气管道、化工园区综合风险评价与预防技术体系建立

对于长输油气管道，研究环境敏感区、人口密集区和特殊敷设方式下油气管道定量风险评估技术和隐患分级管理方法；同时，研究化工园区多灾种耦合风险评价与安全规划优化技术以及危险化学品仓储和运输网络风险评价方法。对于油气管道、化工园区重大事故耦合作用关系及作用量进行风险评估，基于情景的动态演化推演、灾害应急动态决策支持、防灾减灾综合防控等方面的技术开展系统研究，为我国高危行业的安全运行提供关键保障技术。

2. 关键交通设施综合风险评价与预防研究

研究关键交通基础设施动态识别技术，以及桥梁、隧道、港口、综合客运

枢纽等国家重大交通基础设施危险源辨识与风险评估技术，构建重大交通基础设施风险评估管理平台。同时，研究大型交通基础设施的安全监测与预警技术、全生命期安全评价理论与方法、多灾害作用下的大型交通基础设施灾变机理和恢复能力及安全性评估方法，形成区域综合交通运输网络和交通基础设施危险源辨识、风险评估及风险控制等成套的安全风险防控技术体系与标准体系。

3. 基于大数据的城市系统综合风险评价与预防研究

针对各领域和各行业新材料、新技术的创新型变革与应用，深地、深海资源未来开发，生物基因工程技术，新的流行疫病，人工智能及机器人等，针对未来新材料、新工艺、新技术的跨越性和革命性发展，考虑其与人类、环境、社会融合、碰撞所产生的各类未知风险、模糊风险，进行理念颠覆性的预先性风险评估与预防管理。

借助大数据、物联网、人工智能等先进技术手段，实现城市安全风险的信息化、智能化、精细化管理。

三、关键技术

1. 城市综合风险评估与预防

随着城镇化速度的加快，出现了较多的大城市、特大城市、超级大城市和城市群，针对未来超级大城市的形成及发展趋势，以及城市（城镇）发展过程中的内外部环境不断变化引发的动态风险，结合城市生命线及安全保障工程的建设程度，应对城镇危险源的既有风险和剩余风险形成动态评估。

到 2025 年，完成城镇多源动态实时风险隐患排查及监测技术的研发，完成基于大数据挖掘的危险源识别技术的研发。到 2035 年，形成基于多源数据的城市系统综合定量风险评价方法和专项定量风险评价方法。

2. 高危行业生产安全风险评估与预防

针对矿山、化工园区、油气管道、交通等高危行业，研发多灾害耦合的风险评价技术。到 2025 年，完成油气管道、煤矿、化工园区风险评价技术研究。到 2035 年，完成关键交通设施、重大交通枢纽、典型危险化学品风险评价与预防技术研究。

基于物联网的信息感知技术，研究高危行业工业生产重大致灾因素实时监测预警新技术，结合大数据与人工智能建立故障诊断和识别系统，研究预警危害的防护与在线控制技术，以实现对重大事故灾难的精细化主动预警与实时防控。研究高危行业工业生产领域集事故场所环境与生命自动探测、灾害与次生灾害预报防止、智能通信通道与救援通道自动化构建及医疗救护于一体的综合性救灾技术和装备，研究重大事故情景构建及应急演练关键技术，构建科学的应急救援体系与指挥调度系统，极大地降低灾害损失。

3. 社会安全风险评估与预防

我国人口众多，在公共场所、大型活动区域，极易发生人员聚集，一旦人员聚集区域发生事故，将造成重大灾害。同时，我国的经济社会发展不平衡，人员聚集区域可能存在化工园区、易燃易爆物等，对公共安全造成威胁。通过采取社会安全风险评价方法，识别、评价和控制风险，这对未来我国的社会安全具有重要意义。

到 2025 年，实现针对危害社会安全的集中典型危害形式建立风险评价方法和系统，针对容易发生人员伤亡的大型活动区域和人员聚集区建立风险评价方法和系统。到 2035 年，建成基于新一代信息技术的社会安全综合风险评估系统，全面提升社会安全风险评估与防控能力。

4. 研究大型活动场所安全风险诊断技术

建立针对各类大型活动场所风险的分类、分级及快速多渠道、智能化风险采集与识别技术，构建面向大型活动场所的人群风险沟通精确传递模型，建立复杂因素条件下大型活动场所中以爆炸为典型事故的风险快速评价方法与技术，构建基于实时数据与计算机模拟预测的大型活动场所环境、设施与人群相互影响的风险诊断和决策支持技术，建立大型活动场所“人群-环境-设施”信息融合的管理平台，实现基于 BIM+GIS 的城镇大型活动场所风险动态管理。

四、发展路线图

风险评估与预防工程技术发展路线图见图 7-1。

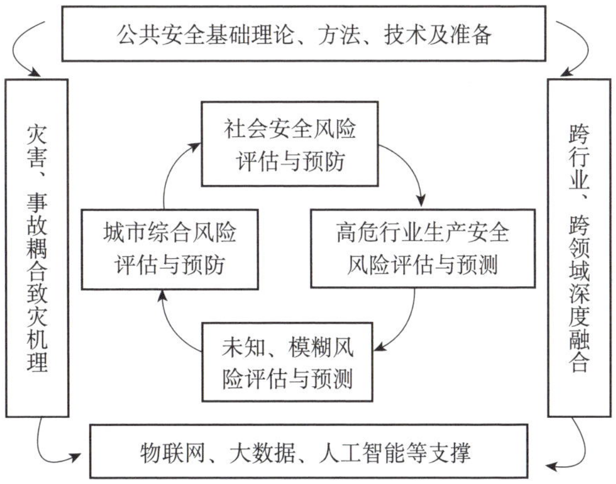

(a)

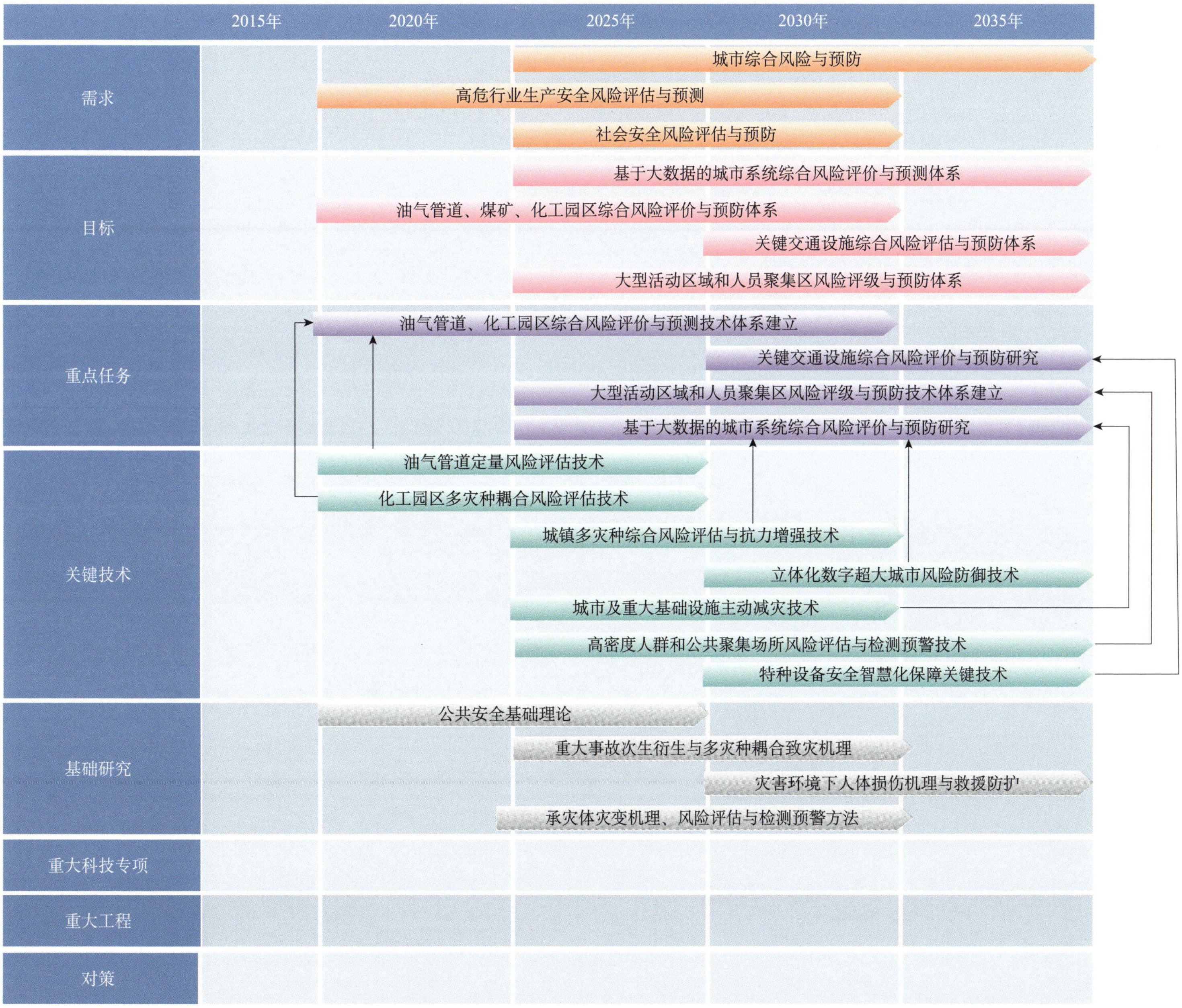

(b)

图 7-1　风险评估与预防工程技术发展路线图

第二节 监测预测预警

一、发展思路

首先，我国地域广阔、人口众多，社会安全、自然灾害、事故灾难及公共卫生等公共安全问题复杂多变；其次，各种突发安全事件之间存在相关性或链条式反应，例如，风雹、龙卷风等气象灾害在造成人员伤亡和财产损害的同时，也会给交通运输、电网等造成损害，严重的会导致事故灾难；最后，随着国家经济的发展和人民生活水平的提高，突发公共安全事件一旦发生，所造成的损失和社会影响会越来越巨大。因此，一方面，对于突发公共安全事件我们更多地需要从预防入手，需要对公共安全状态进行监控，对可能的发展方向和风险进行预测预估，对重大突发事件进行预警和启动应急预案，以减轻灾害损失；另一方面，对于突发公共安全事件的监测、预警和防控需要广视角、深剖析、多层次，有时候需要考虑一类事件的内部关系性，有时候还需要考虑多类别事件的关联性与复杂性的增加。

二、发展目标

依托现代信息技术和科学的预测评估预警方法，构建社会安全、自然灾害、事故灾难及公共卫生等综合监测数据分析平台和研发预警信息发布技术，实现多元化、智能化、一体化信息实时获取和突发事件应急预警与处置。

三、重点任务

（1）构建公共安全大数据基础平台，实现各行业、各领域数据统一存储、自动识别。

（2）科学提取突发公共安全事件诱导因素，构建突发事件评估预测模型，建立突发公共安全事件预警应急相应联动模式。

（3）在交通安全、水安全、电网安全等方面实现一体化、智能化监测和管控，保障日常运维安全和突发事件预防控制能力。

（4）针对危险化学品、社会暴力恐怖、传染病等突发事件，实现诱发因子实时监控和自动识别、发展态势智能预评估和干预处置模式预筛选以及标准化应急预警，提高突发事件快速判识、应急预警能力。

（5）针对网络舆情，实现危险信息自动筛选和判识，保障网络信息良性化发展。

四、关键技术

综合监测能力的提升包括监测技术手段和仪器设备、监测时空分布等的提升，目前，在自然灾害监测上，我国的技术手段、仪器设备等尚不能完全满足灾害监测的“精”“准”的需求。例如：①对中小尺度的气象灾害如强对流天气的监测，雷达是最直接有效的监测仪器设备，但是强对流天气的空间范围往往只有几千米至几十千米，现有的雷达站网布局远远不能满足强对流天气监测的要求，这在中小尺度气象灾害监测中必须得到重视；②当前海洋灾害的监测站网布局、监测内容远远不能满足海洋灾害防灾减灾的需要，高时空分辨率的卫星、岸基雷达、阿尔戈浮标等观测资料未能得到有效应用，远洋观测和深海观测尚未开展；③地质灾害和生物灾害的专业化监测由于技术复杂、投入大、对操作人员要求高，所以覆盖面还太小，技术手段有待于向简单、廉价、自动化程度高的方向发展。

监测预测预警领域需要发展的关键技术如下。

1. 研究城市多部门协同的公共安全监测预测预警技术

面向城市公共安全风险防控、治理与处置中多部门、多类型数据的共享与集成，研究公共安全多源数据融合分析、隐患识别、事件影响分析技术，建立安全隐患数据分析模型，研发公共安全网格化监测和保障信息平台；研发针对消防安全、房屋安全、施工安全、道桥安全、环境安全、电梯安全等多场景安全问题的预测预警技术，构建基于多源数据融合和网格化技术支撑的城市公共安全监测与联动处置信息技术平台。

2. 研究城市地下空间关键设施设备故障诊断技术

针对城市地铁、交通隧道、地下空间结构、人员密集型等地下空间场所，研究城市轨道交通运营关键设施设备故障在线监测与预警；研究土压平衡、泥水平衡等盾构装备在线安全监测技术，研发盾构装备施工风险评估与风险预警关键技术；研究城市地下交通隧道运营关键设施设备故障在线监测与预警技术，研发故障和隧道病害处置修复新技术；围绕典型城市地下人员密集空间，建立关键设施设备故障诊断、风险评估技术和指标体系；研究深基坑及地下隧道工程施工期间支护结构变形在线监测预警系统；开发城市地下空间关键设施设备故障诊断与信息管理平台。

3. 研究城市交通安全监测预测预警技术

完成城市交通系统安全管理体系（safety management system，SMS）平台建设，建立车辆网联信息安全及标准化测试体系。研究基于物联网的城市地面交通和轨道交通系统风险动态监测分析与预测预警技术，研发城市交通安全风险评估与预测预警技术平台。研究城市交通危险源的辨识、评价技术及方法，研究城市交通网络承载能力评估、脆弱性分析和外部环境安全评估技术。研究城市交通安全风险管控技术，建立城市交通安全风险监控、风险隐患分级、预测预警和网络化传播模型，建立城市交通安全事故应急能力评估技术和体系，研发城市交通安全风险隐患监控与应急救援平台。研究全自动驾驶条件下的交通安全风险评估、重大风险应对和应急场景分析技术，实现自动驾驶条件下的驾驶行为监测预警。

4. 研究城市低影响排水系统与河湖联控防洪抗涝监测预测预警技术

研发城市典型下垫面快速自动化、高分辨率遥感提取技术；基于多时空尺度遥感变化检测技术、物联网的智能检测与感知技术，研究城市低影响排水监测与评价技术体系；建立复杂下垫面影响下的城市洪涝预测模型，预测低影响开发及河湖联控后城市洪涝风险的演变趋势，优化城市河湖水系调控技术方法，建立城市低影响排水系统与河湖联控防洪排涝的决策支持模型系统；建立城市低影响排水系统和河湖水系相互耦合的多维仿真引擎，研发集城市低影响设施、传统排水系统与防洪排涝于一体的风险预警、风险评价、系统调度与控制等技术，搭建城市低影响排水与河湖联控的城市排水防涝安全监控系统平台。

五、发展路线图

监测预测预警工程技术发展路线图见图7-2。

第三节　应急处置与救援

一、发展思路

全面贯彻落实《国家中长期科学和技术发展规划纲要（2006—2020年）》，将突发公共安全事件的快速处置与重大生产事故的应急救援作为未来20年的重点发展方向。按照突发事件发生后“疏散生者、抢救伤员、确定事源、管控舆情”的总体原则，开展应急现场处置与救援关键技术研究，以及现场处置和救援装备研发，全面提升我国突发公共安全事件的应急处置与救援能力，将损失降到最小。

二、发展目标

完善突发公共安全事件应急处置和救援工作，适应经济和社会的全面发展，满足人民群众的现实需要，成为各个国家、各级政府治理过程中一项紧迫的任务。应急处置智能化、自动化、信息化将成为公共安全领域的主要方向，重点集中在大范围快速疏散和避难、网络舆情管控、应急处置机器人研制、应急救援自动化技术研发等重点领域。

实现突发公共安全事件应急处置与救援的快速化和立体化，以及应急处置和救援装备的国产化与现代化。

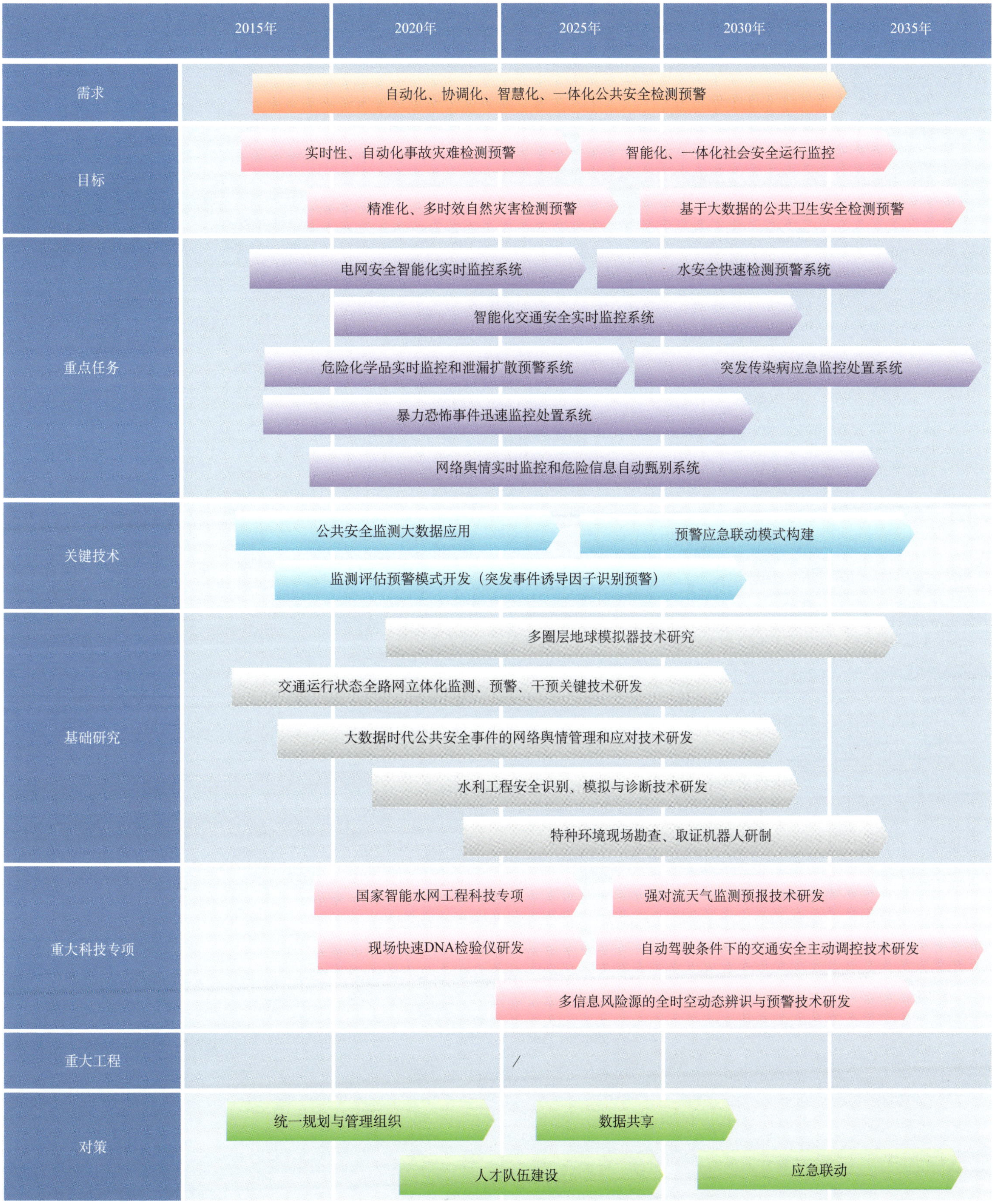

图 7-2　监测预测预警工程技术发展路线图

三、重点任务

针对城市综合风险评估及城市群跨区域应急联动与协同救援保障问题，研究城市群跨区域多因素综合风险评估理论及技术，建立城市群公共安全综合风险评估指标体系；研究跨区域多主体应急联动机制及情景构建技术；研究城市群应急信息共享技术，制定城市群应急救援协同联动应急预案，研发跨区域联动预警信息发布技术；研发城市群跨区域协同应急联动系统，形成城镇安全风险评估与应急保障综合平台。

注重社区安全、城市安全、社会安全和应急管理的技术体系研发，加强对视频监控，出入口控制，身份识别，数字化、网络化、智能化入侵探测与报警等综合防监控系统的集成技术和关键电子器件国产化技术研究，降低成本，普及应用，提高对违法犯罪的防范和控制能力。加强安检和防爆技术研究，重点研究武器、爆炸物品、毒品探测技术与设备系统，以及防爆器材、服装、爆炸物拆除的技术，提高危险物品的管理和安全防范能力。

开发和研制具有精细化作业能力、减振功能、末端柔性功能的前端辅助营救作业属具，能与通用大型工程机械装备集成对接，快速转换为专用大型工程机械救援装备，满足平战结合和资源整合利用的救灾需求。

建设重特大事故现场信息动态感知与辅助救援系统：结合无线传感器网络、移动互联网络、云网络等技术，对重特大事故现场监测与自动报警技术进行有效整合、完善和集约配置，基于物联网技术构建重特大事故现场信息动态感知与辅助救援系统。通过事故发展与救援设施多元信息感知及动态分析系统、遇险人员定位与智能疏散引导系统、救援人员定位与生命体征动态感知系统、便携式多媒体应急救援通信系统与设备、重特大事故现场信息动态感知与辅助救援系统等，对重特大事故现场内部设施运行情况、内部事故发展情况、人员疏散情况、人员生命体征与位置等动态信息进行实时获取和传输，实现重特大事故现场多元信息感知、异构网络融合、特征信息提取、跨平台应用集中和决策信息共享及协同管控，提高重特大事故现场的预防预控和应急处置能力，实现风险隐患和事故的超前预测预警，促进基于物联网的公共安全事故自动报警技术与装备的产业化升级。

四、关键技术

1. 煤矿重特大事故应急处置与救援技术

研发煤矿灾变时期高可靠性灾情侦测技术、灾变环境应急通信技术、遇险人员精确定位技术、次生灾害预报防止技术、快速逃生避险保障技术及装备、地面大直径救生钻机等应急生命通道快速构建技术与装备、可快速安装的大流量应急排水系统、智能化应急预案生成及应急救援辅助决策技术、应急处置情景构建及救援演练评估技术。实现透地通信距离达到1000m，人员定位误差小于3m；地面大功率顶驱式车载钻机扭矩≥35 000N·m，钻孔深度≥500m，孔径≥750mm。

2. 新一代移动警用装备关键技术

（1）研制新一代智能移动警务终端及应用软件，开发各类警务移动应用。

（2）突破单兵装备前后场设备的集成化、一体化和小型化，以及各类数据、信息的标准化、通用化技术瓶颈。

（3）研制具有无线通信、位置感知、生命感知、近场通信、信号处理、信息安全等功能，轻量、舒适、便于干警携带并具有优异防护性能的高度集成化的数字化个人设备，如智能眼镜、智能手环或手表等警用单兵智能可穿戴式设备，以实现对身份证、车牌号码的快速读取、自动识别、信息回传、查询反馈和时空轨迹存储。

（4）研制可穿戴式生命体征监测设备，实现人体生理状态数据采集、传输、分析的安全、可靠、高能效和智能无线传输。

3. 跨层级、跨时空、跨部门指挥调度与协同会商技术

研究基于综合案例、预案、专家知识、预测推演等多源信息的动态应急辅助决策技术与方法；研究"数据-模型-案例"耦合驱动的突发事件情景推演技术；研究国家应急资源分类、管理、配置和调度关键技术；研究多部门会商决策与分析结果互印证机制和技术；研究跨层级、跨时空、跨部门指挥调度应急机制与流程；研究基于网络化"应急一张图"的协同会商技术；研发基于群智决策方法的会商决策支持系统。

4. 煤矿深部开采重大灾害防控技术

研发深部矿井耦合动力灾害防治技术、低透气性煤层增透及瓦斯高效抽采技术、瓦斯煤尘爆炸主动隔抑爆技术、煤矿突水水源快速判别与智能注浆系统、高温矿井自然发火综合防治技术、深部矿井制冷降温系统、煤矿深井建设及无人开采安全保障技术与装备、实现煤矿重大灾害的区域化、非接触、智能化防治。建成煤矿深部开采重大灾害防控技术与装备体系，保障 800m 以下高复杂工程地质条件下的煤矿开采安全。

5. 城市现代化进程中重特大火灾预防监测与处置技术

研究超高层建筑、城市综合体、大型物流仓储园区、大型化工园区、粮棉等可燃、易燃物资战略储备库等城市火灾高危场所消防安全设计、火灾风险评价、火灾监测预警与防控技术；研究城市综合管廊等城市生命线系统、地下交通系统、新能源交通系统的消防安全关键技术；研究森林-城镇交界域火灾防控技术；研究火灾成因调查分析技术；研究基于物联网与大数据的社会消防安全管理技术；研究灭火救援现场信息集成与辅助决策关键技术；研发灭火与应急救援高新装备与模拟训练设施；研建全国“智慧消防”平台。

6. 食品安全应急重要实物基体标准物质研制关键技术

食物基体标准物质是食品化学测量量值溯源的实物载体，主要应用于食品检测方法的确认和质量控制，直接影响食品安全风险监测数据的可靠性、可比性和国际互认。目前，我国自主研制的食物基体标准物质很少，仅有几十种，基体类型覆盖面较窄，主要集中在谷物和蔬菜类食品基质，食品安全风险监测中使用的实物标准物质还基本依赖进口，这严重限制了风险监测数据的可比性。因此，有必要建立和完善我国自有的食物基体标准物质制备技术规范，研制相应的参考物质，形成我国食物基体标准物质研制技术力量，以满足国家食品安全风险评估，特别是经济利益驱动造假“黑名单”应对和急性动植物食物中毒诊断的需要。

7. 现场原位智慧化食品安全与检验检疫关键技术及装备

集合拉曼光谱、纳米表面增强、免疫特异性及网络化、智能化等优势的现场原位检测技术，是食品安全快速检测技术的发展趋势，相关研究正成为国际研究热点，我国已研制出检测仪及增敏试剂，但其可靠性及智能化、网络化等落后于美国、英国等国。因此亟待研发冷CCD拉曼检测仪，扩展智慧检测功能，提升稳定可靠性，研发食品非法添加物、有害残留物及病原等监测关键技术，为有效应对和处置食品安全与检验检疫突发事件提供技术支撑。

8. 工程结构地震破坏预警与紧急处置技术

地震预警是近年来发展起来的有效的防震减灾手段之一，除了为公众提供预警服务外，地震预警系统还可为城市供气和供电系统、核电站、水库大坝、大型变电站及输油和输气管线、高速铁路等重大工程提供紧急处置信息，减轻直接地震灾害及次生灾害的影响。国际上，地震多发国家和地区均建立了针对重大工程的地震预警及紧急处置系统，并取得了实际的减灾效益。因此，我国应开展针对重大工程的地震预警、紧急处置的基础理论研究与产业化关键技术研发，建成具有自主知识产权的重大工程地震预警与紧急处置技术体系，研发面向公众的地震预警与避险关键技术，为今后的实际应用做好技术储备。

9. 其他关键技术

其他关键技术包括高清摄录一体航拍装备（研发一款成像质量高、续航时间长、环境适应性强并具有障碍感知和坠落保护等特性的航拍设备，可搭载定制外设和相关功能模块，如4K光学变焦镜头、红外成像、GPS定位、目标跟踪等，实现突发公共安全事件现场固定与摄录、生命探测与追踪等功能的装备）；特种环境现场勘查机器人（研发可搭载轻型取证设备，具备自控和遥控功能、可实时传输现场画面信息的机器人，实现在暗、烟、火、毒等特种环境下的现场勘查，可应用于诸如天津“8·12”爆炸事故等突发公共安全事件的应急处置）；综合移动实验室（研制能够移动至各类公共安全事件现场，具备现场勘查、尸体解剖、痕迹检验、DNA快速检验、理化检验、毒化检验等功能的移动实验室，可自由组合工作模块，拥有单独的供电及上下水系统，可外接电源适配系统）；反恐处突演练装备（针对暴力恐怖案件中出现的多种刀斧砍杀、冲撞碾压、爆炸放火等暴力形式，研发出一整套反恐处突演练体系，对侦查抓捕人员进行培训、演练，包括应对处置、围捕逃犯、现场保护等）。

五、发展路线图

应急处置与救援工程技术发展路线图见图 7-3。

第四节　综 合 保 障

一、发展思路

完善国家突发事件预警信息发布系统，建成部门联合、上下衔接、管理规范的国家预警信息发布体系，发挥其在突发事件预警信息发布的主渠道作用。明确大众媒体和有关企业在突发事件预警信息传播中的职责和义务，加强国家突发事件预警信息发布系统与各类传播手段的对接，形成灾害等突发事件预警信息发布与传播的立体网络，消除预警信息接收“盲区”，实现对国土面积的全覆盖。

二、重点任务

在公共安全数据支撑方面，移动互联网技术及物联网技术的发展，进一步充实了应急平台的数据内容，提升了数据的动态变化频率。同时，也在应急平台数据组织与管理方面提出了全新需求：一是不同层级、不同部门应急平台需要存储的数据类型与要求不同；二是数据如何组织；三是数据如何交换、更新和共享。我国应急平台数据库技术紧跟当前数据库技术的发展潮流，目前的发展趋势主要是基于云计算的海量数据管理技术和数据挖掘技术等新兴数据库技术的应用工作。利用大数据技术、云计算技术及物联网技术等，搭建相应的数据和分析平台，为公安核心业务警种提供相应的大数据分析能力和支撑服务，推进多专业协作，形成各专业交叉的专家决策支持系统。

在城镇公共安全综合保障方面，需要高效、快速地处理获取的包罗万象的数据信息。这些信息平时由不同部门管理，数据格式也不统一。一方面，重大突发事件应急响应往往涉及多个部门协同合作，分散存储的数据及不兼容的格式对于综合应急管理十分不利。亟须研究面向公共安全的数字城镇关键技术，建立城镇公共安全数据库；提出与安全相关的数据格式规范，建设城镇安全专题地理信息系统；建立多部门信息实时更新及交换共享技术，研究城镇公共安全数据库与现有应急平台对接技术；等等。可以增强应急平台的实用性，为城镇突发事件应急指挥提供数据支持。另一方面，加大物联网技术研究，为处理突发事件提供智能平台，实现高效地解决突发事件的应急决策、处置、资源调配等问题。

三、关键技术

1. 公共安全事故应急资源配送与交通组织安全保障技术

研究公共安全应急区域交通路网快速获取及实时更新技术，社会应急资源空间分布信息快速获取技术，建立基于动态资源与动态路网图融合的应急资源空间分布“一张图”技术；研究基于智能规划的应急资源配送方案制订方法，实现人在回路的智能规划，建立考虑资源需求、交通环境和时间约束动态变化的应急中心选址、配送路径调整、调配方案优化和应急交通协同关键方法，实现规划与调度集成优化，研发以智能规划与优化调度为核心的城镇应急资源配送和交通组织耦合集成关键技术；构建集应对流程、决策机制和运行过程于一体的城镇应急资源配送与运输保障信息技术平台。

2. 应急计算保障技术

加大各类硬件技术的研发和投入是公共安全数据分析的保障，在城镇化进程中，大量视频信息、音频信息的传输等需要大量的信息传输通道，而目前的很多基础设施远远不能满足突发事件信息的传输，需要及时高速地处理获取的大量信息，掌握突发事件的发展动态，硬件具有很高的计算速度是进行数据分析的保障。

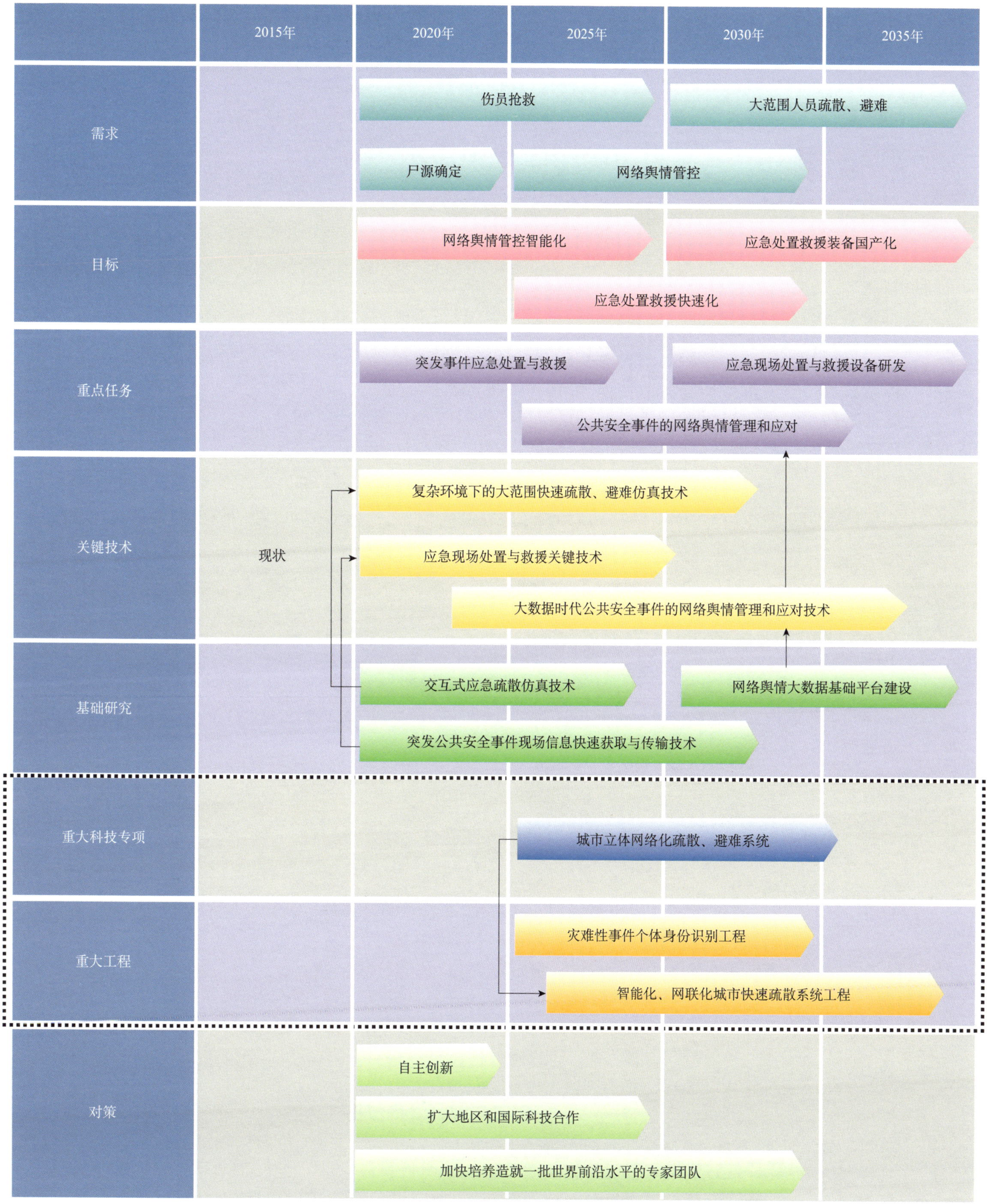

图 7-3　应急处置与救援工程技术发展路线图

第五节　公共安全其他子领域

一、交通安全

（一）发展思路

面向 2035 年，网联化、协同化、智慧化的新型载运工具和一体化交通运输的发展，势必带来新的交通安全问题。随着自动驾驶技术的发展，道路交通逐渐向自动驾驶、网联化转变，带来了车联网信息安全、自动驾驶车辆事故风险等新的交通安全问题。随着我国轨道交通进入高速时代，在高速铁路网成形后，高速铁路网系统的安全运行与多目标信息交互的协调控制等将对轨道交通安全运行至关重要。为保障航空运输的安全，需要对航空器开展全链路的安全状态监视，开展全时空、高可靠的持续可信跟踪技术研究，实现航空运输安全管控。在交通运输需求牵引和安全科技的推动下，2035 年，我国的交通安全科学技术水平将进入世界先进行列，各类交通运输安全长效管理机制逐渐建立，各项交通安全关键技术逐渐趋于成熟，从而建成交通产业健康可持续发展的生态环境。

按照建设“高效、便捷、节约、平安”的交通运输的发展理念，随着智能化综合交通系统逐步建设，提高综合交通系统的安全性是未来交通安全工程科学技术的重点发展思路；突破各类交通运输方式的风险评估与预防、监测预测预警、应急处置与救援和综合安全保障等技术难点，全面提升多方式交通安全管理链条的网联化、智能化、协同化水平，构建“互联、互通、互操作”的空地一体综合交通系统安全运行与管理体系，缩短与国际交通安全技术水平之间的差距，全面提升我国综合交通系统的安全性。

（二）发展目标

重点突破区域级、网络化的交通安全风险防控与应急技术，车联网与自动驾驶环境下交通事故主动防控技术，多级信息安全风险预警和一体化管控技术，发展交通事故主动防控、交通安全智能监控以及交通事故应急处理关键技术，创新移动互联环境下的交通系统安全监测、应急演练立体协同仿真及应急演练装备研发、在线分析与评估技术，构建具有国际水平的综合交通系统安全分析与管理理论技术体系，推动综合交通安全保障技术创新，形成综合交通安全保障体系。

（三）重点任务

通过对交通安全领域的技术预见清单进行综合分析，提出交通安全工程科学技术领域发展的重点任务，包括以下方面。

1. 综合交通安全风险防控及大范围疏散应急技术

随着智能化综合交通系统建设，多方式综合交通的联动性、耦合性、信息完备性将进一步增强，这为区域级、网络化的交通安全风险防控及应急交通提供了必要的技术条件。应重点研究区域级综合交通风险辨识技术、综合交通安全风险生成及演变机理、基于多方式综合运输协同的出行风险调控技术、应急条件下的大范围快速疏散应急交通组织技术等，进一步提高综合交通系统安全运行的鲁棒性、灵活性和对重大突发事件（重大事故、恶劣天气、自然灾害）的应对能力。

2. 车联网与自动驾驶环境下的道路交通安全技术

车联网和自动驾驶技术的发展提升了道路交通事故的主动防控能力，但也对道路交通安全的态势产生了巨大的影响，交通事故的致因、形态和交通安全保障的技术都需要从新的角度被进行考量。应重点研究车联网与自动驾驶环境下交通安全的主要影响因素及动态特征、交通事故的主要致因及其预防技术、网联车辆的信息安全、联网车辆与自动驾驶车辆事故的分析方法、车联网与自动驾驶环境下的安全风险分析方法，构建车联网与自动驾驶环境下智能交通系统安全理论。

3. 高速铁路网运行安全技术

重点构建高速铁路网运行系统安全分析与管理体系，突破系统地面信号显示与线路状态辨认、高速轨道交通运行控制系统的脆弱性风险动态辨识、高速轨道交通状态及设备监视和诊断、系统信息安全风险致因识别、多级信息安全风险预警和一体化管控、系统信息网络安全冗余控制、重大信息安全事件的应急处置与实时调度、防灾安全监控和事故应急管理等关键技术，建立一套涵盖策略、管理、技术等多个层次的快速轨道交通运行控制系统、综合信息安全保障体系与超速防护系统，确保我国轨道交通系统在高速与突发信息网络事件情况下的安全稳定运行，具备强大的系统弹复力与综合安全水平。

4. 全时空、全链路的航空安全监控技术

针对目前航空安全中越来越突出的非传统安全问题，开展全球持续可信跟踪技术研究，进一步提升我国的航空安全管控能力。重点研究内容包括：研究现有机载设备信息和地面监视管制信息的冗余性及一致性，实现防护 GNSS 诱骗和广播式自动相关监视（automatic dependent surveillance-broadcast，ADS-B）诱骗的核心技术突破，在不影响正常飞行的前提下，构建空天地一体化的立体防护体系；研究基于卫星的航空通信空-天-地一体化组网技术，研制高灵敏度、低功耗、小型化星载 ADS-B 接收机，解决高速运动条件下 ADS-B 巨量目标信号的多重交织码检测、分离技术和动态航迹识别与跟踪技术，实现基于卫星网络与 ADS-B 的全球化空中交通管制监视；研究航空交通运载工具全维信息的获取、处理与传递、动态开放，为智能管控航空安全提供技术支撑。最终目标是：集全时空定位、跟踪、监视、控制、指挥于一体，实现航空交通安全系统全生命周期的智能化，从而构建“互联、互通、互操作”的空地一体智能交通监控系统，研发全时空、全链路、高可靠的航空安全管控技术。

5. 水运重大事故安全防控与应急处置技术

构建水运重大事故安全风险防控体系，分析水运重大安全事故演变规律与致灾机理，开展水运重大事故风险源动态识别与量化方法的基础研究，突破基于 GIS 的重大水运风险在线分析及评估、船舶通航安全状态实时监测、极端天气和地质灾害条件下船舶通航安全保障以及水运重大事故人员紧急疏散与转运、水下多目标快速探测定位等关键技术，开发基于柔性工程理论的水运重大事故水上交通管控系统、水运重大事故应急辅助决策支持系统。另外，亟须研发水上应急演练立体协同仿真及应急演练装备，并应用通航和应急仿真技术，提高船舶驾驶员进行船舶操纵模拟培训的仿真度，开展船员和海事监管人员水上交通事故应急模拟演习。

（四）关键技术

1. 交通事故主动防控技术

在新一代的信息技术背景下，交通智能化将成为各交通运输载体的发展方向。为解决新一代交通运输衍生的安全问题，需要重点研究载运工具协同优化控制、多式交通协同调控、多式交通运行态势精确感知等交通事故主动防控技术。

2. 交通安全智能监控技术

规避交通事故风险是交通运输过程关注的首要任务。应以移动互联技术为支撑，完善全维状态信息的反馈机制，提升交通风险识别监控能力；重点研究智能交通一体化管控系统、交互可靠持续跟踪、多级信息安全风险识别与预警、交通运行状态精准定位等技术。

3. 交通事故应急处理技术

随着科技的进步和智能交通的快速发展，在新一代智能交通系统快速发展的背景下，交通安全问题也将成为未来公共安全的一大隐患，因此应建立起空地一体的交通事故应急处理系统。应重点研究快速疏散应急交通组织技术、事故应急辅助决策技术、应急疏散与转运技术、多目标快速探测定位技术等。

（五）发展路线图

交通安全工程技术发展路线图见图 7-4。

二、危化品安全

（一）重点任务

建设国家危险化学品全生命周期管理信息平台：应用物联网和互联网技术，消除条块管理形成的“信息孤岛”，建立全国统一的危险化学品全生命周期管理信息平台，为政府部门及相关单位的管理人员了解危化品的基本性质以及物理、

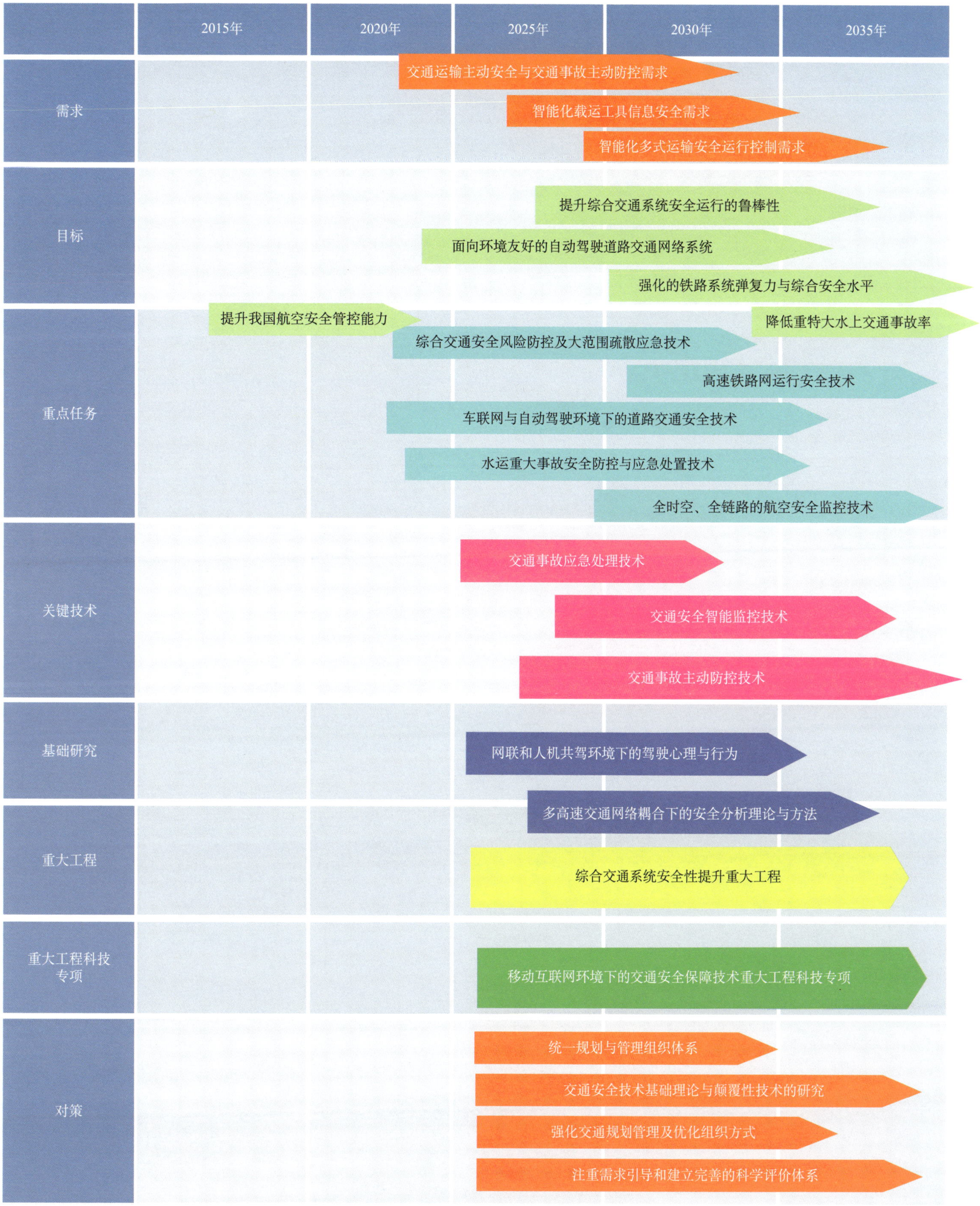

图 7-4　交通安全工程技术发展路线图

健康和环境危害，及时准确掌握生产、进口、储存、运输、销售、使用和废弃等信息，实施危化品高效监管和事故的快速有效应急救援提供信息支持。

（二）关键技术

1. 化工园区多灾害耦合风险评估与事故防控技术

从针对装置的风险评估方法深化至企业层面或化工园区层面，不是简单的线性放大关系，涉及系统的非线性优化以及多目标决策分析等技术。开发出较为准确和统一规范的化工装置、化工企业和化工园区三个层面的技术，特别是后两个更大层面上的风险识别、评估和控制技术，是安全风险评估领域的需求。此外，针对化工园区还需要开展多灾害次生、衍生与耦合事故早期预警和事故链切断技术、耦合事故致灾机理和防控技术、多灾害耦合事故应急推演和决策技术、危化品事故致灾因素智能检测技术及装备、有毒及易燃易爆化学品泄漏高灵敏快速检测预警技术与装备等方面的防控技术研究工作。

2. 大型易燃易爆危化品储存设施安全保障及应急处理技术

为了防范大型易燃易爆危化品储存设施的火灾事故，一方面，需要在罐区火灾危害管理方面制定更加合理和规范的技术要求，包括可燃气检测、罐区点火源控制、抵御性保护方案、火灾报警系统、紧急停车控制、罐区的门禁控制、消防系统、消防队、移动式消防设备、意外事故处置方案、区域消防联合支援、管理程序简化、溢流控制、生产恢复、操作规程、设备维护、逃生路线、区域划分与规划、生产过程设计与控制、技能培训等内容；另一方面，要在大尺度的火焰体热工特性、新型泡沫灭火剂、固定式和移动式泡沫灭火装备等方面加强技术研发，具体包括大型储油罐 / 化学品储罐新型密封结构与材料研发、大型危险品储罐群和仓库的安全控制成套技术研发、危化品燃爆危险预测预警技术研发、大尺度火焰体热工特性研发、新型泡沫及气体灭火剂与智能化灭火技术研发、危化品事故应急处理特种装备研发等。

3. 在役油气长输管道安全保障技术

应重点开发在役油气管道缺陷快速检测、预警与维修新技术，在役油气管线等特殊场景重特大燃爆事故数值模拟分析技术，海底、穿江等管道泄漏快速封堵、修复的新材料及新装备等。具体包括：研制高韧性、高强度、厚壁海底管道钢，开发深海管道施工、水下管道焊接机器人、海底管道智能检测、海底三维地理信息系统、海底管道安全监测等关键技术；开发油气管道抢险维修装备、抢险维修监测预警与保障技术、污油快速吸收与无害化处理技术，提高管道抢险维修效率与可靠性；研发防腐层快速修复材料与技术、管道快速修复材料及装备、管道泄漏智能封堵技术等。

4. 氢气等气态能源储存、运输、利用安全保障技术

面向 2035 年，以氢气为代表的气态能源的发展前景十分突出，我们需要围绕氢气全生命周期的安全使用开展系列研究工作。具体包括：液氢及超高压氢气储存、运输安全控制技术，加氢站、燃料电池车氢气泄漏快速检测报警与应急处理技术，氢气供应链安全技术规范，液化天然气加气站安全保障技术等。

5. 基于物联网、大数据、云计算的化学品生产设备寿命预测技术

针对化工设备管理，我们可以采用物联网的技术进行准确的实时管理。将物联网应用于设备状态监测中，可以充分整合设备信息资源，改善设备状态信息的精细化、模型化和可视化程度，实现企业全景信息融合和设备智能化识别、定位、跟踪、监控及管理；通过大数据和云计算技术，理论上能将不同企业的海量同类设备的失效数据进行分析和处理，得到各种设备的失效概率，从而建立各种设备的失效概率数据库，这不仅能为开展装置的定量风险评估提供更准确可靠的基础数据，还可以更准确和更高效地预测在役设备的剩余寿命。同时，也可以有效地提高检修、维修作业的针对性，提高企业的设备完整性管理水平。具体包括：研发在役设备智能化状态检测技术、基于物联网的设备信息高速传输技术、设备数据综合利用技术，建立各种设备失效模型和失效概率数据库等。

三、舆情安全

（一）发展思路

公共安全舆情在风险预防与评估子领域负责在突发事件处置中进行舆情作用和风险的度量，对舆情的态势进行分析研判。在高度的不确定性下，判断评

估不同的宏观和微观阈值、不同敏感度、不同数量的舆情突发事件的触发条件。

公共安全舆情包括在监测预测预警领域中发现海量的舆情信息中的安全风险。在不可穷尽行的信息源、信息的情况下，实现在线及时感知。

在应急处置与救援子领域中体现为对危机舆情进行干预和导航。在处置计算过程不能停机、不可收敛的情况下，关注事件的持续发酵演化，对危机事件进行及时有效的导航。

公共安全舆情在公共安全综合保障子领域主要从突发应急响应的视角刻画舆情安全的全流程处理方法，是应急技术、公共管理技术的保障技术。

（二）发展目标

面向我国互联网舆情分析引导、突发事件监测响应、在线群体社会交往等国家安全与社会发展的需求，在基础研究、关键技术研究和示范验证等层面，研究设置和部署一批不同形态的课题，从舆情安全的“网络群体聚集与网络舆情事件理论”“网络信息传播与舆情分析理论”“网络行为与舆论引导理论”三方面，研究网络舆情管理的基础理论和关键技术，提出完整的网络舆情发现、预测、引导理论体系、方法学和关键技术，从而为提升我国的网络空间信息掌控、信息安全对抗、信息资源保障等方面的能力奠定理论、技术和应用基础，具体目标如下。

1. 在网络群体聚集与网络舆情事件理论方面

围绕网络舆情安全的成分基础展开研究，针对社交网络拓扑结构及共性特性，从社交网络的建模和可计算理论入手，研究社交网络的结构建模、多维属性度量和表示，以及共性特性分析等理论、方法和技术；从发现和揭示社交网络及社区的演化过程与内在关联入手，研究社交网络变化规律的建模和可计算方法、虚拟社区的分析和度量方法，进一步从中观尺度研究社交网络的演化性。

研究网络舆情的成分基础、关联关系、作用过程形成的特性与规律，有效应对了西方国家对我国社交网络进行信息渗透的严重威胁等；提升了在微博、社交网等网络服务中对有害信息进行甄别与过滤的精确能力等；提高了我国互联网舆情的有效监管与引导能力，在技术上要有明显的提升，能够准确发现影响社交网络舆情的关键因素，在热点形成前进行有效预测，在焦点形成前进行有效引导。

2. 在网络信息传播与舆情分析理论方面

着重围绕网络信息传播规律与演化机理这一问题，从网络信息传播和内容演化的角度出发，研究信息多源并发、高交互影响下的信息表示与能量传播计算模型、传播模型、信息溯源方法、信息内容演化规律，以及信息对抗引导技术，深度揭示社交网络上信息交互的传播机理和模型。

目标是形成国家级网络信息传播的动力学模型，特别是在关系到国计民生的一些敏感领域的信息传播的及时发现、突发事件的预警和传播态势的准确分析等方面，保障网络应用的健康发展。

3. 在网络行为与舆论引导理论方面

围绕网络群体行为的形成与互动规律这一问题，针对传统建模方法对群体情感漂移特性和相互影响性表达不足的问题，研究分析群体行为的认知与情感模型、社交网络群体聚集形成机理以及群体情感立场表示与演化方法，为研究社交网络群体行为的形成机理奠定基础；研究网络中群体影响力计算方法、影响力互动模型及演化机理，揭示社交网络中交互影响力的作用效果和演化机理。

目标是形成国家级社交网络群体行为的认知模型，特别是在群体情感建模、群体情感传播、影响力及交互作用方面，能够对当前主流网络应用的典型群体行为进行有效建模，并进一步形成融合联动的网络群体及情感感知能力。提高对主流社交网络与信息系统的群体情感的准确评估能力，能为我国大规模的信息系统群体行为监控提供测评标准和工具。

（三）重点任务

第一步，2020年前后，在综合利用和发展现有技术手段和管理机制的基础上，实现对网络空间内容的统筹关联和互动管控；第二步，2030年前后，在对部分地区、部分应用限制放开或限时放开的条件下，实现对网络空间的有效管控；第三步，2035年前后，在对部分应用全面放开的条件下，部署和建设配套技术、系统及其他配套应对体系。

（四）关键技术

1. 舆情风险评估与预防

在舆情突发事件多维度、多阈值、多等级、不同规模的情况下，发现舆情突发事件的本质特征，研究在高度发展变化的情况下，具有自主泛化学习能力的态势分析研判技术以及具有自适应能力的处置技术。

2. 舆情监测预测预警

分析人、系统、数据、应用、物理世界等各因素的当前状态和变化趋势，以发现潜在的舆情安全威胁。研究在人-机-物深度融合的情况下，拥有对全面立体的舆情安全的在线应急感应技术，可以提高我国在舆情安全对抗中的主动性和积极防御能力，为态势研判与处置、导航与评估提供依据和准备。

3. 舆情应急处置

研究如何在舆情突发事件持续发生的情况下进行高效的引导，并对其进行科学的评估，以有利于后续的态势研判、处置和导航，是舆情安全亟待解决的核心问题。

四、水安全

（一）发展思路

按照“节水优先、空间均衡、系统治理、两手发力”的治水方针，坚持资源节约优先，提高资源综合利用效率；突破旱涝灾害预防与预警关键技术、水污染防治与修复关键技术、工程安全保障技术等技术难点，全面提升水安全管理链条的自动化和现代化水平，构建具有国际水平的水资源高效开发利用理论技术体系和实验基地平台，抢占国际水资源安全研究的制高点，形成可持续的城市水安全保障体系，全面提升我国的水资源安全及公共安全保障能力。

（二）发展目标

突破洪旱灾害仿真模拟、评价预测与预警技术难点，发展低耗、高效的污水处理与安全回用关键技术，创新水利工程复杂系统安全监测、模拟调控与管理技术，构建具有国际水平的水资源高效开发利用理论技术体系，建设国家智能水网体系，推动水安全保障技术创新，形成可持续的水安全保障体系。

（三）重点任务

到2035年，国家逐步实现新型城镇化、工业化，深入推进生态文明建设，在京津冀"一带一路"、长江经济带等经济区发展，粮食安全和能源安全保障等一系列国家经济社会发展的大背景下，针对我国经济社会缺水与生态用水保障不足并存、用水需求过大与供给不足并存、常态缺水与干旱受灾并存等一系列问题，发展水资源安全保障技术支撑体系将成为我国面向2035年水利与水资源领域科技发展的核心战略。

多学科交叉融合将成为未来水利与水资源工程科技发展的突出特征，现代环境修复、遥感监测、大数据、物联网、材料工程、公共管理等学科的发展将为水安全的发展进步带来全新的活力。预计到2035年，水安全技术将会成为实现人水和谐、民生改善、智能化与精细化、水生态系统整体恢复的基础支撑。

（四）关键技术

1. 变化环境下的水安全演变与应对机理研究

变化环境下的水安全演变与应对机理研究是指在常规环境下和突发事件环境下研究大尺度气候-陆地-水体循环演变动力机理和一体化精细模拟技术，开展气候变化和人类活动影响下水安全事件与承灾载体相互作用的机理研究，并提出水安全事件的应对措施。

主要技术研究任务包括：研发基于城市智能物联网雨洪感知的城市洪涝仿真模拟与灾害快速评估技术，建立基于城市智能物联网雨洪感知的城市洪涝和干旱仿真模拟与灾害快速评估系统；研究时空四维与人工智能行为模型相结合的洪水避难撤退转移全过程的仿真模拟技术，提高洪涝灾害应急处置与救援技术决策支持的应用水平；开展基于多源信息融合的大坝安全定量诊断方法研究。

2. 智能水系统建设技术研究

智能水网系统包括水物理网、水信息网和水调度网，包含通达性、系统化、可控性、智慧化、安全性和高效化等系列内涵，其实现的关键在于水网工程规划布局和高效运行管理体系的原始创新，重点攻克生态水网规划理论方法与关键技术、流域水循环天-空-地信息监测与传输技术、多源水资源信息智能融合与水循环工程节点控制技术、流域水循环信息高性能处理与虚拟仿真技术、智能水网综合调控云服务平台集成技术等。要坚持以水定需、量水而行、因水制宜，提升水资源开发利用效率，构建智能水网，保障水安全。

（五）发展路线图

水安全工程技术发展路线图见图 7-5。

五、防恐反恐

（一）发展思路

防恐反恐科技本身是一个综合性很强且多变的领域，防恐反恐实力的综合性与很多方面的管理或科技相关，面向 2035 的反恐防恐科技的发展方向将主要受以下几个方面影响。一是立足当前，展望未来。未来恐怖主义的形势、科技的形势具有很大的不确定性，应当按照立足当前、展望未来的思路，充分考虑现有技术的发展趋势，对 2035 年的防恐反恐科技发展进行分析预测；二是立足事件分析，恐怖事件是人为导致的，具有很大的未知性，但我们可以通过对已发生的各类恐怖事件进行充分的分析与总结，从中得出防恐反恐的技术需求与发展方向，引导未来防恐反恐科技的发展方向；三是积极跟进其他相关领域的科技进展，恐怖分子的手段随着科技的发展也在升级，防恐反恐手段更要充分结合和利用相关领域的先进科技，提升防恐反恐的综合能力，保障国家和区域安全。

（二）发展目标

重点提升防恐反恐工作在“感知、指挥、打击”各个环节的防控能力，最大限度地发现暴力恐怖活动线索，对潜在涉恐事件和恐怖袭击做到提前预测、准确预警、及时防范，把暴力恐怖活动消灭在预谋阶段，摧毁在行动之前。

在防恐反恐领域，2035 年中国将实现安全信息的全面智能采集、恐怖风险的自动分析与预测预警和处置的合理高效。在安全信息感知方面，通过大范围部署多类型、多媒体、无感式传感器，实现各类社会安全信息的全方面智能感知与采集；在恐怖风险预测方面，通过大数据、人工智能等技术手段的充分发展，实现对恐怖事件风险的精准预警；在突发事件处置方面，通过技术及装备的发展，可快速实现事件的定位与评估、自动辅助疑犯追逃、智能案情追溯推演等。我们需要进行防恐反恐大数据应用技术工程建设，具体包括以下目标。

1. 建设目标

恐怖分子在实施恐怖事件之前，或多或少都会在网络虚拟空间或实体空间留下痕迹，如果能够对这些信息进行较为全面的感知和采集，并利用大数据技术进行深度的数据挖掘和关联分析，很有可能提前发现恐怖分子的行为趋势，从而将恐怖活动遏制在预谋之初，极大地保障国家和区域安全。我们需要利用 2—3 年时间论证和搭建防恐反恐大数据应用技术基础平台环境，利用 3—5 年时间进行关键技术的攻关和模型研发，利用 3—5 年时间进行系统推广及应用部署，利用 3—5 年时间进行技术的迭代更新与升级换代，在 2035 年前形成较为完善的防恐反恐大数据应用体系，以支撑防恐反恐工作的开展。

2. 技术实现目标

当前，在防恐反恐大数据应用领域还存在感知数据不够完善、融合处理不够深入、关联分析不够智能、预测预警不够高效等问题。针对以上问题及短板，应研究虚实空间的反恐大数据深度感知、多源异构反恐信息融合理解、海量多维反恐信息数据关联分析、面向防恐反恐的大数据预测预警与决策支持等技术。

3. 工程实现目标

通过防恐反恐大数据应用平台建设，形成防恐反恐大数据应用的标准体系、技术体系、核心装备与应用系统，全面提升对潜在恐怖事件的主动发现、提前预警和风险抵御能力，最大限度地把恐怖风险扼杀在萌芽之中，降低风险事件可能造成的社会危害。

（三）重点任务

立足当前的应用需求与现状，结合 2035 年愿景，重点研究任务包括：网络涉恐目标追踪溯源技术、反恐怖情报大数据智能分析技术、人员多维特征一站

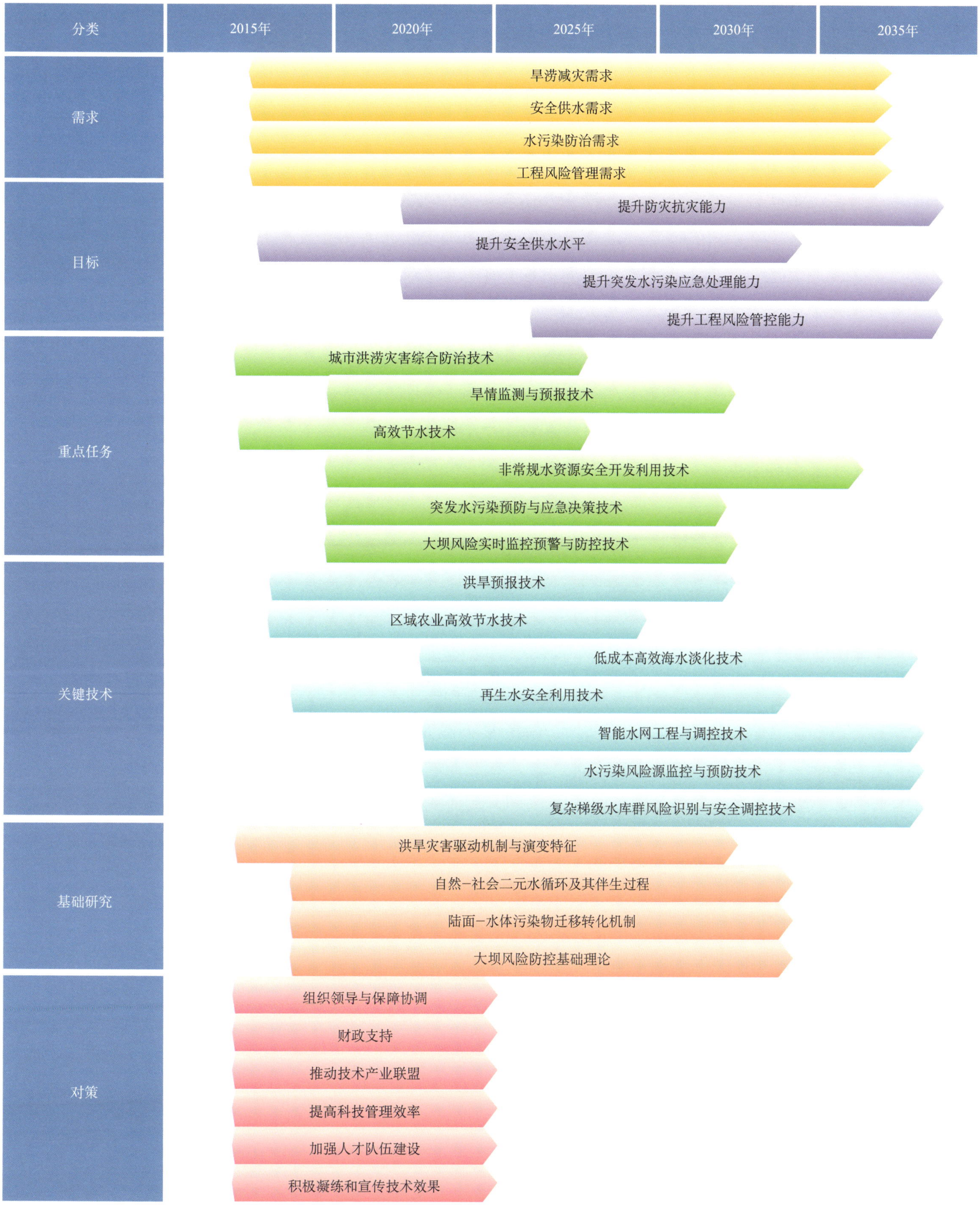

图 7-5　水安全工程技术发展路线图

式采集与识别比对技术、通关车辆快速信息采集与安检技术、大数据支撑的智能审讯技术、活体昆虫侦察机器人技术、群体性突发事件非火力处置技术等。

建设防恐反恐风险感知与防控大数据应用创新平台，支撑开展防恐反恐大数据信息感知探测、多源异构信息融合理解、海量多维信息关联分析、防恐反恐风险预测预警等技术的研发和工程化。

在大数据应用技术体系层面，依托需求体系、技术体系和标准体系研究成果，立足防恐反恐整合视角，开展综合集成、演示评估等应用示范平台研究。在数据采集层面，重点围绕防恐反恐风险防控对虚实空间感知数据的精细化、全面化、结构化等需求，开展虚实空间大数据信息感知探测等技术研究。在数据处理层面，面向防恐反恐风险感知与防控大数据融合理解需求，开展多源异构防恐反恐大数据的融合理解技术研究。在数据分析层面，重点针对防恐反恐数据体量大、价值密度低的特点，加强"由数据到线索，由线索到案件"的大数据挖掘利用能力，实现海量多维信息的数据关联分析技术研究。在数据应用层面，重点打通从数据分析模型到指挥实战应用的通道，开展面向防恐反恐风险防控的大数据预测预警与决策支持技术研究。

（四）关键技术

1. 网络涉恐目标追踪溯源

研究网络环境下涉恐行为的追踪与溯源技术；研究虚拟专用网络及代理穿透技术，实现目标综合信息的采集与取证；采用服务伪装、代码无特征、代码反调试及反向代理等手段，防止对溯源系统的反溯源，实现高可靠的恐怖风险网络溯源与取证。

2. 人员多维特征一站式采集与识别比对技术

研究基于深度图像的人脸检测、基于关键点辅助的人脸跟踪等技术，以实现人脸三维模型实时重构，进行部分遮挡、慢速移动状态下的高精度人脸三维建模；研究基于复合材料光纤的拉曼气相色谱法和电化学物质鉴别技术，以实现高通量人员呼出的气体气纹特征的精确识别；研究基于短时语音的声纹识别等技术，以实现人员声音特征的快速识别；融合人证比对、微热点等技术手段，实现对人员多维特征的快速采集比对，支撑"防回流"、流动人口管理和重点人员管控等反恐重点工作。

3. 通关车辆快速信息采集与安检技术

研究高维度特征降维与选择优化、大规模样本多维特征机器学习等算法，实现车辆特征的精确识别、结构化描述与快速比对；研究适应电子感应加速器的低剂量成像技术，包括高性能探测器系统和低剂量图像处理算法；研究基于电子感应加速器的全车扫描技术与适用于车辆检测的低剂量双能物质识别技术，以实现车辆低速无盲区危险品探测与安全检查。

4. 大数据支持的智能审讯技术

研究基于特征层的混合高斯概率判别技术，实现人员声纹特征的精确识别与多语种高精度自动转译笔录；研究基于皮电反应的高灵敏度心理变化辨识技术，实时侦测涉恐人员的心理与情绪变化情况；实现定制化问题自动生成与微表情分析相结合的智能测谎技术突破，实现对口供真实性的快速判定和对被审人的心理震慑；研究多维大数据关联取证与分析技术，实现基于真实口供信息的自动化、智能化线索深挖与情报扩线。通过大数据支持下的多手段融合，有效提高审讯效率，提升有价值的信息的获取能力。

第八章
重大工程与科技项目建议

第一节　重 大 工 程

重大工程是指直接服务于我国的国民经济建设、立足于解决制约经济社会发展的重大问题、直接形成现实生产力或服务能力，且需要有工程科技的重大突破来支撑的工程项目。

重大工程能够满足我国经济社会发展的重大需求，工程实施能够解决重大瓶颈问题，具备重大带动作用，对国家建设和发展具有全局性或关键性的影响，并需要从国家层面给予支持和推动。

面向2035的公共安全重大工程是建设全方位立体化的公共安全保障工程。包括：建设全方位立体化的公共安全网，实现横向到边、纵向到底的公共安全综合保障，包括风险评估与预防、监测预测预警、应急处置与救援、公共安全综合保障四项核心能力，以及交通安全、危化品、舆情、防恐反恐、电力安全、水安全等多个专业领域的一体化公共安全保障，实现纵横互联互通，合力突破公共安全领域关键技术创新和关键设备研发瓶颈，持续解决公共安全领域核心的科技问题，实现行业深度融合的全方位立体化的公共安全综合保障。建设一批国际先进的公共安全研究基地，如国家实验室、工程中心、创新中心等，包括：开展突发事件的实验再现和耦合性机理研究的各类型实验室；进行原生突发事件、次生事件、事件链的发展演化的大型实验研究基地；进行产品检测和装备的公共安全检测测试中心和认证基地；突发事件全过程计算模拟、情景推演、综合研判、决策指挥等核心技术的实验验证基地、数据库和计算平台，先进可视化系统与平台等。

具体包括：

一、风险评估与预防

随着国家城市化（城镇化）进程和现代化程度的加快，大城市、特大城市及城市群逐步形成，灾害风险源类型增加，我国面临着综合灾害风险防范与控制的压力，亟须在城镇社会安全综合规划、风险评估与预防体系方面开展深入研究并推进应用。

城镇综合风险评估技术需要针对灾害的复杂性、耦合性特征，考虑城镇环境对灾害危害的放大作用，对城镇风险进行全面的综合评估。亟须对城镇化发展全周期（包括规划、建设、运行和再发展阶段）的脆弱性进行分析，并研究综合风险评估技术，加强城镇承灾载体的抵御能力，保障突发事件下城镇人员的安全。加强突发事件风险理论和方法研究，加强面向城镇化进程中出现的新风险的综合风险评估技术的研究，研发包括城镇典型灾害次生衍生与耦合作用的评估技术等。大力推进城市脆弱性综合评估与城市多灾种综合风险评估技术及系统研发，建设集定量、定性、多尺度、多灾害于一体的综合风险评估系统。

工业化进程的发展对高危行业风险评估、安全监管与预防体系提出了更高的要求，亟须研究高危行业及重大危险源作业场所的风险源快速检测、动态监测、风险评价、危险预警和控制、防护技术与装备；研究高危作业场所少人化、无人化生产新技术，实现重大职业危险作业区的科学防护。研究高危行业工业生产事故（灾难）产生的机理，建立多因素耦合作用下的工业事故定量风险评估新方法，基于物联网、大数据、云计算等现代信息技术建立动态风险评估系统，实现对事故灾难的风险防控。

二、监测预测预警

公共安全风险监测预测预警科技研究与平台建设，应以科技创新和重大公共安全需求为双重驱动，面向国家重大战略需求，着力构建以公共安全为核心的、多层次性、可持续和不断创新的监测预测预警系统，加大对常规和未知风险的早期发现和预测预警；聚焦大规模、高性能模拟研究，开展监测预警模式开发、预警应急联动和监测手段及装备的研究工作，实现监测预测预警向主动感知、主动预防和预警-应急联动，引领公共安全监测预测预警技术和装备向智能化、自动化方向发展，全面支撑新一代公共安全应急平台建设。

三、应急处置与救援

公共安全综合保障作为国家公共安全系统的重要组成部分，面向 2035，自然灾害、事故灾难、公共卫生、社会安全等传统风险威胁依然严峻；同时在万物互联的驱动下，公共安全呈现业务持续管理和跨行业深度融合特征。研发应急现场处置与救援关键技术、快速疏散和避难技术、多维信息实时传输技术、虚拟仿真技术、人员自动搜救技术、人体损伤评估技术，人-机-物深度融合在线应急感知技术、应急机器人等技术，增进协调有序化、救援自动化和管控智能化和处置高效化。

建立覆盖全社会的个体身份识别网，包括 DNA 快速检测技术、法定证件中指纹与身份信息融合技术、基于法医齿科学的个体身份识别技术；研制现场快速 DNA 检验仪，能够对口腔拭子、血片等常规样本进行快速检验，并获得准确 STR 分型和性别信息的检测仪器、配套芯片卡盒及 DNA 检验试剂，实现死伤人员数量及信息的准确统计；研制用于 DNA 扩增和检测的国产化试剂，降低分析成本，填补国内现有领域的空白。

四、综合保障

构建公共安全综合保障一体化平台，实现风险评估与预防、监测预测预警、应急处置与救援持续业务管理，并与交通、危化品、舆情、防恐反恐、电力、水力等领域深度融合，增强城市韧性，保障重大基础设施安全。实现纵向从国家到省、市、社区、公众，横向涵盖自然灾害、事故灾难、公共卫生事件、社会安全事件等公共安全各领域，技术体系覆盖风险评估与预防、监测预测预警、应急处置与救援、公共安全综合保障各关键环节的全方位立体化的公共安全保障，实现节点之间互联互通，合力突破公共安全领域关键技术创新和关键设备研发瓶颈，持续解决公共安全领域核心的科学和技术问题。

建设一批国际先进的公共安全研究基地，如国家实验室、工程中心、创新中心等，包括：开展突发事件的实验再现和耦合性机理研究的各类型实验室；进行原生突发事件、次生事件和事件链的发展演化的大型实验研究基地；进行产品检测和装备研发的公共安全检测测试中心及认证基地；突发事件全过程模拟仿真、情景推演、综合研判、决策指挥等核心技术的实验验证基地、数据库和计算平台；先进可视化系统与平台等。

五、公共安全其他子领域

1. 智能化、网联化城市快速疏散系统工程

在信息技术的带动下，随着智能化、一体化的交通运输系统的不断完善，努力构筑与功能和空间布局相协调的交通体系，构建立体放射状快速通道，结合轻型救援无人机，实现立体化人流的快速疏散。结合应用GIS、移动互联、物联网等多项新技术，实行数字化管理，构建物联化的疏散隐蔽场所，提高地下交通疏散的协调指挥效能。

2. 综合交通系统安全性提升重大工程

随着我国经济的快速发展，在城镇化、机动化、智慧化的社会发展背景下，综合交通安全系统管理将面临新的挑战，同时，自动驾驶技术、现代信息技术的快速发展及充分应用，将为综合交通系统的安全性带来新的机遇。我们要充分考虑各交通运输方式间的协同运行机制，对各类交通运输网络的安全性进行综合分析，统筹规划各种运输方式，提升综合交通系统的安全水平，实现交通事故零死亡率的目标。通过综合交通系统安全性提升重大工程的实施，提高综合交通系统的整体效益，为我国的公共安全保障机制建设提供支撑。因此，我们需采用一系列技术与管理手段，包括综合交通系统网络安全运行规划、综合

交通系统安全风险评估与预防能力、运行安全监测、运行状态预测与预警提升和安全保障能力提升等技术，以及交通事故应急处置与救援能力提升技术，来完成多层级综合交通枢纽风险评估体系、多信息源的智能交通安全监控系统、全时空和全链路综合交通防控预警体系的构建，从而搭建空地一体的立体交通协同管控系统一体化的综合交通运输体系，为优化综合交通运输设施规划与建设、安全运行控制、综合交通运输管理决策提供支撑，以此来持续提升综合交通系统的安全性能。

3. 全球网络空间舆情态势感知与预警系统

应加快构建关键信息基础设施安全保障体系，全天候、全方位感知网络安全态势，增强网络安全防御能力和威慑能力，形成全球网络空间舆情态势感知与预警系统，全面提升国家相关行业在态势感知和情报发现领域的技术支撑能力。

第二节　重大工程科技项目

重大工程科技专项主要是指由多个具有前瞻性、先导性和探索性的重大关键技术组成的，支撑未来重大工程突破和新兴产业发展的重大科技攻关项目。

重大工程科技专项应满足我国经济社会发展对工程科技的重大需求，对国家建设和发展具有全局性或关键性的影响，对提升我国关键领域的技术水平和自主创新能力、促进我国科技的长远发展有重要意义，并需要从国家层面给予支持和推动。

公共安全重大工程科技专项包括以下几方面。

一、公共安全韧性城市关键技术体系与韧性保障平台专项

随着城镇化速度的加快，我国的大城市、特大城市及城市群增多，人员密集、物资密集、建筑密集、财富密集等特点使城市公共安全面临的形势愈加严

峻。针对以城市（城镇）为载体的高密度人员聚集区域的公共场所和大型活动，研究风险识别和监控技术，建立基于多源数据的城市动态风险监测、识别和评估平台；结合应用 GIS、移动互联、物联网等多项新技术，建成智能化、网联化、适应大型城市道路交通系统的城市快速疏散和避难系统；对城市规划、生命线管网、重要设施和关键场所等进行全生命周期管理，形成完善的城市管网系统、重要设施和关键场所安全评价体系，建成全国统一的城市安全管理与韧性保障平台。

具体包括：

城市公共安全保障国家重大需求，重点解决安全韧性城市构建、城市安全韧性评价、多灾种风险对特大城市影响的风险评估、安全韧性城市空间规划理论，重点突破燃气管网相邻地下空间、城市内涝防治系统、交通安全运行网络等城市重要设施的安全韧性评估与增强关键技术、平台与标准，综合城市安全韧性关键技术各专项研究，形成安全韧性城市评价与综合集成管理平台，建立全方位、立体化、智能型安全韧性城市构建与防灾技术体系，在多个城市开展工程应用示范，全面提升我国城镇公共安全风险防控与治理科技水平，为我国安全韧性城市建设提供强大的科技支撑。

重点研究安全韧性城市构建原理和运行机理、多灾种对城市韧性影响机理与致灾模式、安全韧性城市空间规划原理等理论，提出城市安全韧性评价、城市安全韧性管理、交通安全态势监测、城市轨道交通运营恢复组织、安全韧性城市要素与特征分析等方法。

实现城市安全韧性数据模型综合集成技术，多灾种（台风、暴雨、地震、火灾及地震次生火灾）下城市区域安全韧性影响评估技术，燃气泄漏源声波溯源定位技术、天然气和沼气检测识别技术、燃气管网泄漏对相邻地下空间的影响监测与韧性增强技术，城市应对内涝安全韧性定量评估技术、城市应对内涝规划预控技术、城市区域和易涝点内涝防治关键技术，交通安全态势监测技术、城市交通安全韧性提升技术，基于大数据的城市安全韧性要素分析关键技术研究、城市公共空间与公共设施安全韧性提升技术、城市安全韧性空间管制及布局优化技术等。

建立“多灾种-多尺度-多系统”特大城市韧性影响评估系统、天然气和沼气检测识别实验装置、燃气管线相邻空间泄漏源声波溯源定位实验装置、城市燃气管网相邻地下空间监测预警平台、城市区域内涝预警与防治平台、交通安全风险评估预警网络、城市实时交通运行数据的实时监测与管控平台、基于实时互联网大数据的城市交通网络安全韧性评估系统、城市安全韧性规划决策与辅助信息平台，安全韧性城市评价与综合集成管理平台。

开展大数据背景下耦合人工智能算法的城市建（构筑）物与重要基础设施的安全韧性评价与优化技术研究。研究城市建构筑物与重要基础设施关联性和韧性特征，建立综合大数据分析的城市建构筑物与重要基础设施级联失效模型，构建城市建构筑物与重要基础设施韧性理论模型，建立耦合人工智能算法的城市建构筑物与重要基础设施韧性定量化优化方法，建立城市建构筑物与重要基础设施典型灾害下的情景构建方法，开展城市关联基础设施韧性预测。提出城市关联基础设施韧性优化策略，实现城市建构筑物与重要基础设施韧性提升。

实现移动互联环境下的交通安全保障技术。“互联网＋交通”已经成为我国未来智能交通的发展模式，并形成了互联网创新要素的交通运输行业发展的新形态。虽然通过将交通基础设施、运载工具、运行信息等互联网化，来提高交通运输资源利用效率和管理精细化水平，但同时也衍生出新的交通安全问题，因此，需要开展移动互联环境下的交通安全保障技术，以此来降低交通事故给社会带来的负面影响。重点通过多式联运的信息资源安全交互共享、多信息风险源的全时空动态辨识与预警、新型载运工具的全过程安全运行保障、协同式交通运输安全运行优化、互联互通综合交通网络组织安全运行优化技术和网联化的综合交通系统安全保障等技术，来研发海量信息处理与交通风险智能辨识决策、基于“物联网”的综合交通应急资源管理与调度、研发综合交通态势感知安全预警等系统，并建设基于移动互联环境下的综合交通安全保障管理平台，从而全面提升移动互联环境下的综合交通安全保障能力。

实现防恐反恐大数据应用技术，包括：①活体昆虫侦察机器人。面向特定场所的抵近式隐蔽侦控需求，研究昆虫活体刺激控制技术，模拟生物学上的刺激点位和刺激模式，实现对昆虫运动行为的控制；研究电极-组织接口技术，记录神经电信号，输入稳定的刺激电流，建立稳定可靠的电路-生物交互桥梁；突破低能耗无线数据传输系统构建技术，实现刺激控制系统配置、昆虫周围音视频信号收发功能。昆虫机器人可针对难以进入的场所（如狭小空间、恐怖分子藏匿地等），作为一种能够抵近探查的手段，搭载多种传感器（微型窃听器、摄像头等）执行隐蔽侦察任务，并且能够相互组网实现全方位、多角度探查。②群体性突发事件非火力处置技术。针对群体性突发事件态势发展的控制需求，研制高集成度、小型化定向强声驱散装备，实现对人群的远距离、快速驱散；研究低能可调激光脉冲束的非致命炫目与灼伤技术，在短时间内令作用对象眩晕、致盲或剧痛，实现对危险分子的远距离拒止；研究基于高功率定向微波脉冲的隐蔽式电子设备及车辆干扰技术，实现对恐怖分子的控制与恐怖行为的阻断；构建层次化的非火力打击体系，提升对群体性突发事件和涉恐人员的精细化处置能力。

二、多圈层耦合、多领域融合、跨地域协作的公共安全大型综合模拟平台专项

研究综合考虑大气、海洋、生物、固体地球相互作用以及复杂性的模拟技术，实现地球系统各圈层、各物理生化过程、相互作用耦合机制的模拟和表达；研究集成数据分析、大型计算、推理推演等方法的综合风险评估技术，实现危化品、重点设施（危化品仓库、城市管网、深海管道、交通枢纽等）、重要能源（电、油、气、氢）等的全生命周期管理和全链条风险评估；研究大规模密集人群风险预警与疏散疏导技术、大规模交通疏散仿真技术、应急交通评估技术，构建区域疏散避难系统；研究重大灾害情景和态势的感知、再现、仿真、推演技术，实现数字化信息与物理场信息有效叠加，实现复杂灾害场景及其发展演化过程的模拟仿真与情景推演；研究网络舆情传播推演技术和面向反恐防恐的特殊个体识别、跟踪与追溯过程的模拟推演技术，实现线上-线下一体化的事件模拟与推演；研究电力系统、水利系统等多种行业领域相关的公共安全问题模拟技术，实现多事件和事件链推演。构建多圈层耦合、多领域融合、跨地域协作的公共安全大型综合模拟平台。

具体包括：

1. 矿山事故灾害风险评估与预防体系

矿山事故灾害问题一直困扰着煤炭企业。建立矿山事故灾害风险评估与预防体系，系统地对煤矿安全进行风险评估与预防，对于保障我国煤矿生产、减少和规避煤矿生产事故所造成的政治和社会风险具有重要意义。

在体系建设中，要做好任务规划，健全责任机制，夯实工作基础。同时也要强化源头治理，实施超前预控，做到强化重大危险源辨识与风险评估，为实施超前预控提供科学依据。体系建设所要达到的工程目标与效果包括：①研究多场耦合下矿山事故灾难演化规律及致灾机理，构建基于定量风险评估的矿山事故灾难闭环动态管理体系；②研究基于矿山复杂环境的“人、机、环”信息泛在感知技术，提出矿山重大事故灾难大数据实时监测预警方法；③研究矿山事故灾难通信定位及快速智能搜寻技术与装备，研发地面大功率、大孔径顶驱式车载钻机以及适用于井下复杂环境的井下应急救援钻机，研发灾区自动处置技术及装备。

2. 化工及危险化学品事故灾难风险评价与预防技术体系

在生产、加工处理、储存、运输、经营过程中，化学品的固有危险性给人类的生存带来了极大的威胁，并导致了众多安全事故的发生，往往造成二次事故，影响周边大面积人民群众的生命和财产安全。

因此，有必要建立化工及危险化学品事故灾难风险评价与预防技术体系，以分析评估理论、风险影响因素、风险准则为基础，应用选定的评估指标体系，将模糊综合评判运用到工厂的风险评估中，对化工厂的事故概率及事故后果严重度进行研究，并结合工程实际，确定风险等级。最后，根据评估结果，探讨风险管理的相关问题。体系建设所要实现的工程任务及达成的目标包括：①研究石化与危化品生产、储存、使用、运输等全过程实时监测技术与装备，研究灾害源诊断与事故预警技术与装备、事故控制方法与技术，实现对化工与危化品事故灾害的主动防护和控制；②研究石化及危化品事故致灾范围快速检测技术，研究石化及危化品泄漏物公共安全危害评价技术，研究应急处置技术，建立综合应急救援体系；③建立油气管网及生命线工程风险评价与预防体系。

近 20 年，我国的城镇燃气有了大规模的发展，我国的油气管道存在系统庞大、储运工艺复杂、线路长、管道沿线区域自然条件多样等特点。未来 5—10 年，油气管网及生命线工程安全运行的科技体系建设主要包括：提升管网本质安全，保障供应安全，制定安全评价标准，加强信息化建设以及建立油气管网统一管理平台、实现在役燃气管网数字化。

3. 监测预测预警与决策支持技术

应基于国家重大战略和政策研发的公共安全复杂情景构建与推演技术，针对新兴风险识别研判、重要基础设施建设运行、大规模人群行为需求等的公共安全风险雷达监测预警技术，利用人工智能和加强虚拟现实等技术进步的动态全过程决策支持技术。

在城镇社会安全综合规划体系方面，开展深入研究并示范应用，将物联网、大数据、无线网络通信等技术应用到消防、交通管理技术领域；构建高度感知的消防基础环境，实现实时、动态、互动、融合的消防信息采集、传递和处理；研究城镇交通需求预测与分析、客运交通结构管理与优化、慢行交通设计与安全保障、社区宁静交通规划、绿色交通运行组织、交通管理安全评价等关键性技术，开发城镇交通安全管理体系，建立全国城镇交通管理安全规划指南和技术标准体系；研究城镇重点区域暴力冲击与突发事件有效预警及防护、处置技术。

4. 强对流监测预报技术

加大短时强降水、雷暴大风、冰雹、龙卷风等强对流天气多种资料观测网的建设力度，发展基于多普勒天气雷达数据的强对流天气的监测能力。以雷达识别技术为基础，发展以分钟级观测资料［地面自动站、雷达（包括风廓线雷达）等］为核心的快速四维变分同化技术；以中尺度数值模式快速循环预报产品与高分辨率观测资料的融合技术为基础，发展强对流天气系统移动（传播）、发展、消亡的快速循环预报技术；发展强对流天气在层结不稳定、动力不稳定、水汽条件变化、特性层高度变化和启动机制不同等环境条件下特征物理量的差异与区分度统计分析技术；构建以高分辨率数值预报模式诊断特征物理量为基础的网格化强对流分类概率预报技术。

5. 交互式应急疏散仿真技术

研究突发事件情况下应急疏散人员的心理及行为特性；研究大规模密集人群风险预警与疏散疏导技术；研究突发事件发生发展与人员疏散疏导动态耦合技术；研发交互式应急疏散仿真技术系统；研究突发事件中的群体性人员伤亡评估及安置技术；研究面向公众的突发事件体验、自救互救和培训技术。

6. 突发公共安全事件现场信息快速获取与传输技术

研究可实现抢险救灾、地震灾害、测绘应用、空中动态侦察、安全监控、摄影航拍等多用途功能，不受海拔限制的现场信息快速获取及传输技术；研究用于信息实时采集及传输、小型应急救援物资空投、紧急情况下的信息传输中继、远程指挥协调等应急救援功能的轻型无人机系统。

7. 国家智能水网技术

水网作为水循环系统的载体，是所有水循环调控行为的客观基础，不仅是包括信息化在内的各项水利基础设施的集成，而且是各项水事管理措施的集成。尽管我国的水利事业已经取得了巨大成就，但目前防洪减灾体系、水资源合理配置与高效利用体系、水生态环境保护体系建设明显滞后，没有从国家水网系统高度对资源进行规划和建设，信息化更处在较低水平，这成为制约建设“智能化的中国”“安全的中国”的重大瓶颈。为此，我们必须将“国家智能水网工程”放在公共安全等领域未来发展的战略高度上。

到2035年，我国将研发成功一系列智能水网工程理论方法及关键技术体系，在生态水网规划布局和水循环大数据的基础理论与方法方面取得原创性成果，掌握国际领先的水网工程生态化和智能化核心关键技术，建成生态水网建设体系，建立可以引领国际技术潮流的规范标准体系和拥有自主知识产权的软件系统。同时，先进科技成果被广泛推广应用于环保、气象、市政等其他领域，并发挥重要支撑作用。专项成果将有力推动我国水基础设施建设的智能化和安全性，形成能够提高水安全保障能力的智能水网总体格局。

第三节　政策措施建议

一、我国应急管理的发展

加强公共安全与应急管理工作，涉及广大人民群众的生命健康及经济社会发展的整体需要，国家一直高度关注。无论是经济建设还是公共安全管理，都必须坚持以人民为中心的发展思想，不断增强人民的获得感、幸福感、安全感。国家组建应急管理部，是我国公共安全与应急管理领域的重大革新，是我国在公共安全领域实现国家治理体系和治理能力现代化的重大步骤，将对我国的公共安全和应急管理工作产生深远的影响。

我国的应急管理体系建设始于 2003 年的“非典”。鉴于“非典”事件暴露出的传统应急体系分散化、被动化的短板和不足，2006 年，国务院办公厅设置国务院应急管理办公室，以履行应急值守、信息汇总与综合协调三大职责。一直以来，我国实行“单灾种”型应急管理体系，即不同的专业部门管理不同类型的灾害与突发事件。比如，民政部门负责自然灾害救灾，消防部门负责火灾事故救援，安全生产监督管理部门负责工矿企业事故灾难救援，卫生部门负责公共卫生事件处置等。公共安全事件往往具有高度复杂性、巨大破坏性、难以恢复性等特征，仅靠单个部门的力量难以应对。面对公共安全事件，最大的困难就是统一指挥的力度和联合响应的协调性不够。组建一个综合性应急管理部门，更有利于各部门协调配合，可有效应对复杂性风险，既符合国际上先进的应急管理理念与通行做法，也非常符合我国的应急管理工作实际。

我国的应急管理部整合了原来 13 个部门和机构的相关职能，以防范化解重特大安全风险，健全公共安全体系，整合优化应急力量和资源，推动形成统一指挥、专常兼备、反应灵敏、上下联动、平战结合的中国特色应急管理体制，提高防灾、减灾、救灾能力，确保人民群众生命财产安全和社会稳定。应急管理部承担我国的公共安全管理和防灾、减灾、救灾职能。应急管理部的主要职责是：组织编制国家应急总体预案和规划，指导各地区、各部门应对突发事件的工作，推动应急预案体系建设和预案演练。建立灾情报告系统，并统一发布灾情，统筹应急力量建设和物资储备，并在救灾时统一调度，组织灾害救助体系建设，指导安全生产类、自然灾害类应急救援，承担国家应对特别重大灾害指挥部署工作。指导火灾、水旱灾害、地质灾害等防治。负责安全生产综合监督管理和工矿商贸行业安全生产监督管理等。

组建应急管理部有利于公共安全事件的统一指挥应对、协调处理和专业人才队伍建设。

新技术的蓬勃发展，特别是互联网、物联网、大数据、云计算、人工智能的发展，对各行各业产生了巨大的冲击。新行业、新业态不断涌现，传统行业、旧业态呈现萎缩的趋势。这一趋势也给公共安全应急管理工作提出了新课题、新思路、新挑战。只有积极迎接新时代，主动拥抱新技术，以开放性的思维、基于大数据和云计算再造监管流程，确立数据资源共享、信息畅通、运转有序的应急机制，建立责权明确一致以及人流、物流、信息流顺畅高效的管理体系，打造分级决策、忙而有序、运转高效、响应适度的运行模式，才能逐步实现应急管理工作提前、资源优化配置、响应联动紧张有序、救援工作高效、评估改进科学及时。

当前我国应急管理工作存在的问题包括以下几方面。

（1）应急预案针对性不强，实用性、可操作性不高。历经多年各级安全生产监督管理部门的不懈努力，政府、部门、企业各级安全生产应急预案从无到有基本编制完成，预案管理逐步步入正轨。在预案的演练、评估、修订过程中，各级应急管理人员逐渐发现目前的预案管理中存在的一些问题，比较突出的就是预案的针对性、实用性、可操作性与先进国家、先进地区相比差距较大，这是预案管理工作亟须改进的地方，而预案修订、完善改进工作在时间上不及时，针对性、实用性、可操作性方面的痼疾没有得到有效根治。

（2）应急演练要演习训练两手抓，两手都要硬。各地应急演练年年搞得红红火火，提高了应急管理参与者的忧患意识，但实际救援能力提高效果还要进行综合评估。可以多搞些双盲推演，将重心放在应急处置能力建设上，根据具体的风险源建立应急处置模块化、网络化的机制。结合安全生产管理信息化建设，设定具体的应急响应触发阈值，使应急响应有序、处置得当。

（3）应急响应、现场处置在时效、资源调配上有很大的潜力可挖掘。基于网络技术的物联网技术的发展日新月异，其在危险源监控、数据传输、应急响应辅助决策、辅助指挥、应急资源动态储备、联合调度方面大有文章可做，在资源的充分利用、决策指挥处置的及时、科学、高效等方面可产生巨大的积极效应。

（4）应急教育、培训和科普有待进一步发展。基于互联网远程教育、培训的应用，可以使应急管理培训、应急救援技能培训考核更为集约化，资源、人力合理分配，能有效解决培训同质化、重点不突出、时间成本高、资源利用效率低、考核不严谨等现有弊端。

针对上述问题，应急管理工作的改进措施建议如下。

（1）应急预案编制、评估、修订要充分利用网络、数据库（大数据）、辅助决策软件（云计算）等技术及时更新，快速启动。依托社会智库资源建立高效、顺畅的网络和资源丰富的数据资源，做到应急预案编制有针对性，评估、修订及时高效，更为贴近实际，突出对应急救援工作的指导性。

（2）应急演练逐步启动联动机制、应急平台和预案的网络化管理以及相应的检验和验证，对各级综合预案、专项预案、现场处置方案的启动阈值、自启动、处置效果、处置能力的检验与评估，在网络环境下，利用大数据可以完成原来不可完成的任务，实现多年来存在于构想中的功能，使得响应更及时、救援启动更迅速科学、处置方案更有针对性，丰富的数据库资源可以提供多种选择，可以实现应急救援高速响应、处置方案最优化。

（3）充分利用各地既有资源，将其纳入网络平台综合管理，通过网络数据库调度协调全平台内资源的整合利用，做到响应有序、有度，指挥高效，应急救援力量和资源有针对性，合理配置使用，最大限度地节约社会资源，高效完成救援任务。

（4）大力建设、使用网络教育平台，充分开发平台功能，集约配置应急培训师资、资源，扩大培训范围，降低培训考核成本。紧跟目前网络高速发展的技术条件，将绝大部分应急管理培训资源在网上集中管理、分级配置，灵活组织应急管理培训工作，充分利用碎片化的时间，采用网上授课、答疑、讨论区等灵活多样的模式组织培训，在网上、网下控制好培训考核工作，保证理论培训质量。应急管理集中授课重点放在实务、实战方面，解决具体工作中遇到的疑难问题，在时间上可合理分配、资源上可大大节约。将集中授课资源向研讨、实训、演练倾斜，以提高效率，突出实战。

二、构建中国特色的应急准备与响应体系

（一）树立新理念，编制全方位、立体化的公共安全网

面对公共安全的新形势、新风险、新挑战，应当树立新时期公共安全与应急管理的新理念。坚持以人为本，牢固树立安全发展理念。坚持预防为主，预防与应急相结合，从举国救灾向举国减灾转变，从不惜一切代价应急处置向千方百计做好应急准备转变，立足于应对大灾、巨灾和危机。加强风险治理，从

以事件（事故）为中心向以风险为中心转变，从减少灾害损失向减轻灾害风险转变。

坚持总体国家安全观，必须把公共安全与应急管理纳入国家安全的总体框架，走出一条有中国特色的国家安全道路。

在以习近平同志为核心的党中央的领导下，以“四个全面”战略布局和“创新、协调、绿色、开放、共享”的发展理念为指导，以服务全面建成小康社会为宗旨，以保障人民生命财产安全为根本，以做好预防与应急准备为主线，以提高综合应对突发事件的能力和效率为核心，建设依法依规、科学应对、军民融合、社会协同、公众参与、具有中国特色和时代特征的以人为本、全灾种、全过程、全方位、全社会的公共安全与应急管理体系。

坚持目标和问题导向，补短板、织底网、强核心、促协同。重点解决“八重八轻”的问题（即重处置，轻预防；重效益，轻安全；重地上，轻地下；重表面，轻基础；重眼前，轻长远；重速度，轻质量；重产出，轻投入；重硬件，轻管理），推进应急管理工作法治化、规范化、精细化、信息化。到2020年，基本建成与有效应对公共安全风险挑战相匹配，与全面建成小康社会要求相适应，覆盖全灾种、全过程、全方位、全社会的中国特色突发事件应急体系，以“一案三制”为核心的应急管理体系进一步完善，预防与应急准备更加充分，监测与预警更加精准，应急处置与救援更加高效，恢复与重建更加科学，公共安全与应急管理水平再上新台阶。

（二）构建统一、高效、权威的公共安全与应急管理体制

世界上多数国家都把政府应急管理组织体系纳入新的国家安全管理体制框架内。近些年，美国、日本、俄罗斯、英国、法国、德国等都把加强和完善应急管理体制的整体设计作为提升政府应急管理能力的重要突破口。美国早在1947年便成立了美国国家安全委员会，在经历了“9·11”恐怖袭击之后，其于2002年组建的国土安全部是联邦政府应急管理的重要执行者。俄罗斯早在1994年1月10日就建立了直接对总统负责的民防、紧急状态和消除自然灾害后果部（简称紧急情况部），主要负责技术性突发事件以及灾难的预防和救援工作，该部直辖40万人的应急救援部队，该部队作为独立警种，按部队建制，统一制服，统一警衔，俄罗斯紧急情况部部长是俄罗斯国家安全委员会的成员。日本政府

中央一级平时由内阁总理大臣（即首相）召集相关部门和提供公共服务的单位（如银行、红十字会、电信电话株式会社、广播协会等）负责人共同参与中央防灾会议，该机构是日常应急管理的最高决策机构，由首相直接领导。另外，日本内阁专设防灾大臣（又称防灾担当相），内阁府专设有防灾局。日本地方政府都成立了应急管理的具体办事机构（如危机管理室），平时负责防灾救灾，战时实际承担具体的人防职能。综上所述，设立国家安全委员会既是针对国家面临的外部安全和内部安全形势及任务做出的战略部署，也是世界上一些主要发达国家的共同选择。国外国家安全管理与应急管理制度设计的重点是：一是在国家新安全框架下统筹非战争军事行动力量和政府应急队伍建设；二是加快推进新国家安全工作格局下的应急管理标准化建设，建立平战结合、平灾结合、共通、一元化的突发事件现场指挥体系，建立该体系可以有效降低指挥架构不清楚、术语不统一、通信频率不协调、支持需求不明确等方面出现的问题；三是加快推进平灾结合、平战结合的资源保障体系建设，探索把军队作战、国防动员等体系资源纳入国家应急管理体系的有效途径，促进各类资源平灾结合、平战结合的共享集约化水平，全方位提高应急资源的快速投送和保障能力，建立健全高效的国家综合安全保障体系。

国家安全是关系一个国家生存和民族发展的根本问题，任何国家在任何时候都可能面临着来自外部或内部的生存和发展威胁。正如习近平同志在2014年4月15日举行的中央国家安全委员会第一次会议上的讲话中指出的：当前我国国家安全内涵和外延比历史上任何时候都要丰富，时空领域比历史上任何时候都要宽广，内外因素比历史上任何时候都要复杂，必须坚持总体国家安全观，以人民安全为宗旨，以政治安全为根本，以经济安全为基础，以军事、文化、社会安全为保障，以促进国际安全为依托，走出一条中国特色国家安全道路。

1. 完善“分级负责、属地管理为主”的应急管理体制

一是做到分级负责，实现重心下移。遵循“能力本位”和“重心下移”两个基本原则，使省级、市级、县级政府对本地的公共安全和社会稳定负有直接责任。大部分的突发事件应主要依靠本级政府的力量来解决；超出地方政府应对能力的，才由上一级政府介入。按照《中华人民共和国突发事件应对法》中规定的“分级负责”应急管理体制，将防灾减灾、应急准备与应急处置等应急

管理全过程的主体责任逐层落实：强化地方政府“属地管理、就地消化”的能力，切实加强基层的应急准备水平和第一响应者的应急能力。

二是认真贯彻“属地管理为主”的原则。《中华人民共和国突发事件应对法》中明确规定了应急处置的“属地管理为主”原则。为切实落实“属地管理为主”原则，建议在总结反思的基础之上，明确针对“属地管理为主”进行制度化安排；此外，依据各地的能力水平，开展应急管理信息化体系建设。信息化平台是现场应急指挥的拓展与延伸，可有效解决“高级领导重视”与“属地处置为主”之间的矛盾。

2. 健全“综合协调、分类管理”的应急管理体制

一是专业部门与专业应急救援队伍要做强，做到“招之即来、来之能战、战之能胜”。加强全国防汛机动抢险队伍、抗旱服务队伍建设；加快矿山救护、危化救援、公路水路抢通、水上搜救、核生化救援、铁路救援、海上溢油救援、通信保障、电力抢险、卫生防疫、医疗救治、动植物疫情防控等行业应急救援专业队伍建设；加强紧急医疗救护、大规模传染病控制、中毒处置、核与辐射损伤处置等能力建设；加强航空应急救援队伍体系建设。

二是综合应急管理机构与综合应急队伍要做实，使应急资源要“备得齐、找得到、调得快、用得好”。各级人民政府的综合应急管理机构要在总体上把握应急资源的合理布局，充分利用军地存量资源，挖掘潜力，提高效率，实现资源共享，促进各地区和各行业信息、队伍、装备、物资等方面的有机整合，避免重复建设。各级人民政府依托公安消防队伍及其他优势专业应急救援队伍，建设“一专多能”的综合性应急救援队伍，通过细化队伍职责、加强与专业队伍互动演练，实现综合队伍与专业队伍的融合互补，切实提高队伍的综合应急能力。

3. 加强应急管理机制与国防动员机制的有效衔接

进一步加强军地合作，充分发挥人民解放军、武警部队在处置重大突发事件中的突击骨干作用。重点加强特警、消防特勤和边防机动部队建设，强化防暴、攻击防护、抢险救援等装备配备，开展实兵实装演练，建立和完善协调联动机制，全面提高队伍应急处突、反恐维稳和专业救援能力。推进武警森林、水电、交通部队建设。加强国家级、省级、市级、县级四级武警反恐力量建设，

有效整合反恐作战力量。推进军队应急队伍与政府有关部门的联建、联管、联用机制建设，提高军队国家级应急专业力量建设和保障水平。加强应急管理机制与国防动员机制的衔接，将国防动员应急力量纳入国家应急体系，平时应急、战时应战，确保国家安全和社会稳定。

切实把应急准备作为我国公共安全与应急管理的基本战略和具体目标。应急管理最重要的任务就是不断地做好准备。有准备与没有准备不一样，准备得好与不好也不一样。应急准备应当贯彻在突发事件的预防与准备、监测与预警、处置与救援和恢复与重建的全过程。应急管理的主攻方向应当放在突发事件应对准备的重点和难点上。牢固树立安全发展观念，坚持人民利益至上，加强全民安全意识教育，健全公共安全体系。完善和落实安全生产责任和管理制度，强化预防治本，改革安全评审制度，健全预警应急机制，加大监管执法力度，及时排查和化解安全隐患，坚决遏制重特大安全事故频发的势头。加强安全生产基础能力和防灾减灾能力建设，切实维护人民生命财产安全。

针对应急管理工作的需求和问题，提出以下几点建议。

（1）对我国预案体系结构做出优化设计。按照系统论思想和应急管理的实际需求，建议将我国的应急预案体系整体划分为三个层次：国家总体预案与行动预案；地方政府综合应急行动预案；企事业单位及乡镇、社区的行动预案。

虽然这三个层次的预案都是基于应对各类突发事件情景的，但其针对事件的影响范围、严重程度和复杂性有很大的差别，这些差别可具体表现在每个层次的应急预案的目标、结构和内容等所具有的不同特征。各级应急预案系统都可能包括战略级、行动级（概念预案和行动预案）、战术级和现场行动级四种类型预案，但由于目标职能不同而各有侧重。例如，国家级预案主要包括战略预案和行动预案；地方政府级预案也可以有战略预案，但其主体应是综合性的应急行动预案；而乡镇、社区和企事业单位的预案应主要是基于自身风险的行动预案或战术预案，而大型活动的应急预案则可被视为一种特例的现场行动预案。

应制订国家重要基础设施和关键资源保护计划，按照“设施分类、保护分级、监管分等”的原则，抓好落实对需要由国家层面统筹协调的重要基础设施和关键资源的防护。同时，有重点、有步骤地推动全国开展重要基础设施和关键资源保护体系建设工作，建立健全重要基础设施和关键资源保护体系的长效工作机制。

（2）对预案的动态管理给予制度化安排。应急预案的生命力和有效性在于不断更新和改进，美国在 *Developing and Maintaining Emergency Operations Plans 101* 中提出，持续改进机制是应急预案系统中的一个重要组成部分，并明确要求：对应急预案不断进行评估和改进，明确预案的制定标准，对预案的核心内容及预案的法律地位做出明确规定。建议在《中华人民共和国突发事件应对法》的修订和国家总体预案的修订中，对预案的动态管理制度给予明确安排。

首先，应明确预案的制定标准，强调预案要结合实际情况，要具备可操作性，并对预案的核心内容及预案的法律地位做出明确规定。

其次，应建立预案的演练机制。未经演练的预案等于没有预案，只有强制规定所有的预案必须经过演练和评估，才能从根本上杜绝预案抄袭重复、空泛敷衍、脱离实际、无法操作等弊端。有必要从法律上对预案演练的组织部门、演练周期、演练方式及事后评估做出详细安排。

再次，对预案的修订和完善要做出明确要求。应当规定在大规模应急演练或重大突发事件处置后，预案制定机关应当通过总结经验教训对其加以修订、完善，同时规定预案修订的最短周期。

最后，制定措施以增强预案间的协调性。一方面，应当在预案类型中补充规定综合性预案，以应对可能发生的南方雨雪冰冻灾害一类的多种类、并发式、综合性灾害；另一方面，应当规定备案审查、协同演练等方式，以实现预案之间的相互衔接，在预案的制定、实施、修订过程中不断促进部门配合、条块结合、区域联合、军地融合、资源整合。

（三）构建国家重大突发事件（巨灾）情景

进入21世纪以来，尤其是美国“9·11”事件、卡特里娜飓风和日本“3·11”大地震后，美国等发达国家深入地进行了总结与反思，强调“国家安全的重中之重是为应对国家战略风险（巨灾与国家危机）做好应急准备”，并以“重大突发事件情景构建”为核心，形成了一系列公共安全理论和应急准备技术方法。

“情景构建”主要是对那些可能发生的巨灾或危机进行全景式描述，包括诱发条件、破坏强度、波及范围、复杂程度及严重后果等，并依此明确应急响应的目标、任务和需求，提高国家应急准备的针对性、协同性和实效性。这些巨灾或危机具有高度不确定性和巨大破坏力，后果十分严重，被看成是国家安全的最主要威胁。据了解，美国国家安全委员会在2007年发布了《国家应急规划情景》，列出并描述了恐怖袭击和重大灾害等15种重大突发事件情景，将其作为当前和未来美国国家安全面临的主要威胁与挑战，强调要以这些“假设肯定发生的事件”为引导，认真做好应急准备，提升国家应对各类重大突发事件的预防、准备、响应和恢复能力。

2013年以来，北京借鉴国内外经验进行了有益的探索，开展了地铁遭受恐怖袭击的情景构建工作，并依此梳理应对任务、分析能力差距、完善应急预案、开展应急演练，取得了初步成效。在此基础上，又拓展至在地震、洪涝等多个领域进行情景构建工作，进一步促进了全市的应急准备工作的开展。

总结国内外的经验，建议按照“服务决策、适度超前”的原则，开展以“愿景-情景-任务-能力”为核心的国家应急准备基础工作。凝练未来10—20年我国应急管理的主要工作目标，分析提出未来一段时期我国公共安全与应急管理工作的优先发展领域，进而提出我国的应急准备愿景；构建国家重大突发事件（巨灾）情景来引领、推动和支持应急准备工作。统一的应急准备情景可以有序地推进和引导我国应急管理的发展，为我国的应急管理规划、应急预案修订、应急产业发展重点任务制定、应急培训演练提供明确的、具有针对性的指导，进而从本质上提高我国的应急准备能力水平。

（四）完善社会力量参与应急管理的动员机制

在应急管理过程中重视政府、企业、社团组织、公众等多主体的全社会参与，已经成为国外应急管理组织的重要核心理念。由政府包揽向政府主导、社会协同、公众参与转变，是社会进步的必然结果。

社会组织可以成为沟通政府与群众之间的桥梁，既可以及时疏导社会不良情绪，又可以协助政府进行社会管理和紧急救助，且容易产生亲和力以及得到公众的积极响应与配合。建议综合应急管理部门与相应社会组织签订协议，授予其参与处置相关紧急事务的权力，政府则可以从矛盾的焦点和旋涡中脱身出来，更好地进行全局性的指挥和调度。建议在应急管理法制体系的完善过程中，明确企业、社团组织、公众个人在应急管理过程中的角色与地位，明确阐述多元主体中各自的责任与义务。

（1）建立健全社会力量全过程参与应急管理的长效机制。习近平同志在视察唐山抗震救灾和新唐山建设40年时强调，当前和今后一个时期，要着力从加强组织领导、健全机制、完善法律法规、推进重大防灾减灾工程建设、加强灾害监测预警和风险防范能力建设、提高城市建筑和基础设施抗灾能力、提高农村住房设防水平和抗灾能力、加大灾害管理培训力度、建立防灾减灾救灾宣传教育长效机制、引导社会力量有序参与等方面进行努力。

为此，必须鼓励非政府组织积极、有序地参与应急管理，募集公立慈善基金，成立非政府志愿者团体，鼓励和引导社会力量参与救援的保险、税收、资助等方面的扶持措施。

（2）强化“第一响应人”的培训教育、即时处置和先期处置。事发单位，特别是社区和企业必须做好即时处置、控制事态、及时报告和通报等应急工作。根据一些城市应对突发事件的经验教训，对于承担着供水、供电、供热、公共交通等领域的公共企事业单位，应当授予必要的应急处置权，使其在突发事件发生后，可以依据相关决定、命令，在其经营、管理的范围内实施先期应急处置，确保其能够依法开展相应的应对活动。汶川大地震后，四川省特别重视“第一响应人”的培训教育工作，并开展了“微型消防站”的建设工作，取得初步成效。上海市印发了《上海市人民政府办公厅关于进一步加强本市基层应急管理单元建设的意见》，不断夯实市级基层应急管理单元基础。同时，各区县的单元化建设工作也已经全面启动，例如，普陀区已在全球规模最大的购物中心——月星环球港，青浦区在全球最大的会展综合体——国家会展中心建立区级应急管理单元，明确了牵头部门，设立了警务站，提升了快速响应能力，并制定了单元应急预案，明确了应急工作机制，落实了应急保障体系。

三、加强公共安全综合保障支撑

在城镇公共安全保障方面，结合我国城镇化进程，重点研究：①城镇安全规划关键技术——新建城镇规划选址技术、城镇再发展阶段安全规划技术、城镇安全设施规划技术等；②城镇建设工程与设施安全保障技术与装备——城中村安全保障关键技术、城镇基础设施建设施工安全保障技术等；③城镇运行监测与安全预警装备与系统——基于物联网系统的城镇运行关键信息监测系统、城镇基础设施运行监测技术、城镇功能可靠性分析技术、城镇突发事件安全预警技术、城镇食品安全监测技术、城镇社会稳定性安全保障技术等；④城镇脆弱性与抗灾能力综合评价技术——城镇多灾害耦合模拟与推演技术、复杂灾害要素作用下的承灾载体反应评估技术、城市重要建筑设施的脆弱性分析技术、城市重要功能系统的破坏恢复能力评价方法、社会脆弱性分析与评估方法、脆弱性与抗灾能力综合预测评估技术等；⑤城镇公共安全应急综合协同关键技术与装备——城镇灾害现场信息获取与应急通信关键技术、涵盖气象和空间等大规模数据的快速分析与高效预警技术、城镇现场应急系统云计算架构技术及其应用模式、应急物资和应急队伍等应急资源及关键设施的物联网防灾救灾综合集成技术、城镇突发事件现场综合协同处置体系；⑥提供城镇公共安全风险评估与灾害应对国家重点实验室和国家工程技术研究中心等科技支撑条件，为城镇公共安全保障提供持续支撑平台。

在安全生产方面：①建设社会化、网络化的安全生产科技中介服务体系，推进科研院所、高等院校与企业之间的技术成果转移，加强先进适用技术的推广应用；②通过实施安全生产技术示范工程，以点带面，促进我国安全生产整体科技水平的提高；③以煤矿瓦斯治理、深部矿井多灾种耦合灾害防控、重大危险源监控、核与辐射安全、安全生产信息化、故障快速诊断、安全生产检测检验、特种设备寿命预测与安全评估、职业卫生、个体防护和事故救援等方面的技术装备为重点，加强科技成果落地转化，推动安全生产科技产业化。

在社会安全方面：①重点加强个体识别与特征刻画关键技术、物证多元化信息挖掘与溯源关键技术、现场勘查关键技术、物证鉴定专用技术装备等的研究；②构建网络阵地控守体系，发展网络空间信息管控与身份管理技术，发展信息系统安全等级保护技术，开展对海量多媒体信息、公安信息平台挖掘技术等信息化技术应用研究，发展三网融合、云计算、大数据等新技术及新应用的支撑技术，开展新型道路交通技术和理论研究，开展平安城市建设等研究；③研制开发重大灾害事故、消防应急救援关键装备，实现大部分抢险救援、高层建筑火灾预防和扑救；④研究恐怖/群体性事件现场处置防范武器装备技术，开发新概念警用非致命性武器和民警个人防护装备，研究应急处突跨区域后勤保障装备，研究城市突发社会安全事件演变机理与应急指挥决策技术和装备；

⑤重点加强视频信息的高清晰采集及具有自主知识产权的高压缩编码关键技术研究，逐步实现基础芯片国产化，并形成系列产品，建立视频信息安全整体解决方案，构建视频监控技术应用支撑体系；⑥构建网络公共安全信息采集、挖掘与处置平台；⑦建设法庭科学领域科技创新支撑体系（国家重点实验室），建设反恐科研基地。

在自然灾害方面：①加强地震观测、应急、救援技术及观测仪器设备的国产化与产业化，地震物理预测技术及其示范，城市群与大城市、高层建筑、大型公共建筑大震风险评估、抗震设防确定、监管与应急救援技术，重大生命线与高风险设施地震预警、紧急处置技术，城市大地震灾害准实时预测速报技术，城镇化与地震滑坡预警、防治和灾情快速处置技术，海域地震危险评估与海啸风险预测、预警、应急技术等的研究；②强化重大地质灾害机理和诱发过程、风险评估和防治方法、监测预警系统关键技术，地质灾害应急监测、快速识别、应急治理技术，重点地区地质灾害气象预警精细化技术，重大地质灾害空天地一体化传感网数据获取技术，突发地质灾害应急响应支撑关键技术等的研究；③加强台风强度变化机理和预报预警技术的研发，加强台风、暴雨精细化监测技术以及多源资料融合理论和方法的研究，加强台风暴雨灾害评估和预估技术的研究，提高台风暴雨防灾减灾能力，加强雾-霾监测预报预警技术的研究，分析雾-霾对人体健康可能产生的影响，提高社会防御能力；④研究极端气候条件下的洪水水旱灾害风险分析与调控技术，发展防汛抗旱实用技术，实现气象、水文监测预报现代化，实现防汛抗旱基础信息的数字化及共享，做到信息准确、反应灵敏、传输迅捷，建立符合实际的水旱灾害评价指标体系，利用先进技术提高水旱灾害监测、预报、预警、风险分析与调控的能力，使得防汛抗旱预案能够建立在风险分析的基础上，以信息化推动防汛抗旱决策科学化，逐步走向流域风险管理与综合管理的轨道；⑤加强森林火灾多尺度可燃物类型划分技术、可燃物含水率预报和监测技术、国家森林火险等级系统关键技术、火行为模型、林火探测技术、雷击火探测预报和防范技术、特大森林火灾扑救技术、林火阻隔技术、林火综合通信技术、扑火工具机具、林火对生态系统影响和迹地恢复技术等关键技术的研发。

增强安全韧性，实施强韧工程。以美国为代表的发达国家高度重视增强国家韧性建设，例如，美国在《国家安全战略》和《国土安全调查报告》中提出建设安全韧性国家，使其具备预防、保护、响应和恢复能力。坚持科学问题和国家需求双重导向，增强风险辨识和突发事件的防控能力，做好科学预警工作；研究承灾载体演化机制及其脆弱性，增强其抵御能力；重视制度创新和能力建设，认清应急管理工作的复杂性和紧迫性，以实现对公共安全事件的灵活应对和高效处置；树立公共安全全局观，重视公共安全基层建设，在夯实公共安全社会基础的同时，加强公共安全顶层设计，对应急管理进行全方位、多层次、多要素统筹规划，增强安全韧性。

四、建立全灾种、全过程、全方位、全社会的公共安全与应急管理体系

1. 全面加强对公共安全科技的重视

把发展公共安全科技作为中心任务之一，强化落实，务求实效。在相关部门之间和部门与省份会商中，把加快发展公共安全科技作为重要议题，共同推进公共安全科技发展；把发展公共安全科技作为重点任务，充分利用各种资源，做好社会发展科技成果转化和服务工作。要进一步鼓励公共安全领域的前瞻性、基础性和原始创新性的科学研究，促进不同学科的开拓、交叉、渗透与结合。

2. 切实加大公共安全科技投入

积极创造有利的条件，加大公共财政对公共安全领域的科技投入，逐步提高各类科技计划支持公共安全科技研究开发的投入比例；在积极争取中央财政投入稳定增长的同时，引导地方和行业加大科技投入，政府引导企业积极参与安全和应急产业发展的扶持政策及制度还有待于进一步完善。积极引导和拓展社会资本、风险基金、担保机构、成果转化资金等多种渠道的投入，建立完善公共安全科技创新的投资机制；形成全社会的多元化公共安全科技投入机制，使公共安全科技领域的经费投入与保障国家公共安全的实际需求相适应。增加科研项目经费中绩效支出费用（人员费用）的预算，保障研究力量的投入。紧密围绕国家经济和社会需求，凝练水安全领域的发展重点，匹配合理的经费支持力度，加强科技经费监督管理，提高财政科技经费的使用效率。

3. 完善公共安全科技创新的机制

调动各方面的积极性和主动性，优先支持公共安全领域国家重点实验室、国家工程技术研究中心等科技支撑条件建设；充分发挥政府部门的主导作用、市场对科技资源配置的基础性作用、企业在技术创新中的主体作用、国家科研机构的骨干和引领作用、高等院校的生力军作用和科技中介机构的服务作用，加强科学数据和科技资源的整合、集成、共享、保存及更新，提高利用效率，逐步建立“政、产、学、研、用”相结合的公共安全科技协同创新机制。

4. 完善公共安全科技奖励机制

用好国家在财税、金融、知识产权、人才、科技创新基地、平台建设等方面一系列激励自主创新的政策措施，推进公共安全技术研发和科技成果的转化应用。支持、鼓励应急装备技术研发和产业发展，促进公共安全产业链的形成和发展。

5. 加强公共安全科技国际合作

积极引进国外先进技术与经验，按照“走出去，请进来”的国际科技合作原则，加强与国外的技术交流和合作，及时跟踪了解世界公共安全技术及装备发展趋势，努力实现我国公共安全科技与世界先进水平同步发展。

6. 加强公共安全学科建设和知识普及

合理利用高等教育和科技资源，吸纳高素质人员进入公共安全科技领域，加强公共安全学科建设和高层次专业人才队伍培养。将公共安全科技知识纳入国民教育，鼓励公共安全教材和科普手册的编写与出版，充分利用多渠道、多层次的宣传媒体与平台，加强公共安全知识的宣传，提高全民的公共安全意识、知识水平和避险自救能力。

7. 推动产业技术创新联盟建设，突出企业创新作用

积极支持技术优势单位组建产业技术创新联盟，强化领域应用开发类项目的产、学、研、用联合实施。鼓励企业牵头落实研究项目，发挥国家科技计划对创新型企业加强创新能力建设和掌握自主知识产权核心技术的引导作用。

8. 加强人才队伍建设

依托研究任务，培育具有自主研发能力的创新团队，特别注重加强各类创新主体的知识产权管理能力建设。针对科研管理人员、研究开发人员的不同需求，相应地开展知识产权知识培训、战略管理培训和实务辅导，提高创新主体的知识产权保护、管理水平。加大对海外优秀人才的关注和引进力度，逐步将符合国家科技计划管理办法要求的新近留学归国的高层次人才纳入信息库和专家库，丰富该领域人才资源储备。

9. 大力推进公共安全研究基地建设

建设一批代表国家水平、世界一流的国家实验室等不同类型的研究基地，包括：能在实验室中再现公共安全事件灾害性耦合作用，再现承灾载体破坏，导致次生衍生事件及事件链过程的大型试验基地；能对公共安全装备和产品进行检验与测试的检测认证中心；能对公共安全事件发生、发展和应对处置全过程进行动态模拟仿真、情景构建推演、态势研判、优化决策、指挥跟踪的专题数据库、先进显示系统和综合分析平台。

10. 加强公共安全培训教育

公共安全综合保障需要各级管理者和公众的安全理念及科学素养的提升，需要形成浓厚的安全氛围，要把公共安全教育纳入国民教育和精神文明建设体系，加强安全公益宣传，动员全社会的力量来维护公共安全。

11. 建立跨部门组织方式

公共安全综合保障需要建立跨部门的组织方式，从数据共享、风险治理到应急协调都要打破部门壁垒，协同发展，从科学合理的顶层设计到网格联动的基层合作，优化组织过程，有效衔接不同时间尺度、实体虚拟空间的各类规划，确保技术突破的层次性和系统性。

12. 重需求引导，建立完善的科学评价体系

要加强未来公共安全需求的引导与管理，基于科学技术的发展，新的公共安全需求应运而生，应注重合理布局，在需求分析的基础上，完善公共安全规划技术。以情景需求为引导，尊重科学技术的发展规律，发挥第三方评估作用，完善综合保障能力的评价指标体系，建立全面有效的技术、经济和社会效益评

价体系，保障公共安全。

五、学科发展建议

（一）基础科学相关领域的突破性研究

1. 高度重视公共安全基础科学研究

在基础研究方面，公共安全领域的科技问题涉及各种基础学科的交叉，包含众多复杂的科学问题，必须加强对公共安全事件、事故、灾害的孕育-发生-发展-演化机理探索、预测理论、危险性分析和风险评估及控制理论等公共安全基础理论的研究。针对我国公共安全基础研究依然薄弱的现状，需要在国家层面的政策和重大科技发展规划中制定有关公共安全基础科学研究的内容，定位其重要的科研地位，以此促进公共安全科学基础科学的发展，进而有效地推动公共安全领域全面发展局面的形成。

2. 注重与其他基础学科间的交叉和融合

公共安全的研究对象涉及自然、社会、经济、人文等多个领域，这使得其在宏观层面上的基础研究要求高；因而，其自身的发展应当不断吸收其他学科的成果，与其他学科、领域进行交叉和融合，从而促进学科间的共同发展。

3. 促进公共安全基础科学研究平台的建设和资源投入

公共安全的基础理论研究更多地强调一般性的理论和方法，建议保持和适当提高对该领域项目和青年基金的支持力度，优先支持具有一定研究基础和共性的发展方向，稳定研究队伍，吸引更多的学者投入该项研究中。

（二）学科系统化建设进一步完善

我国的公共安全科学相关研究和教育处于严重滞后的状态。公共安全和应急管理包含丰富与深刻的科学问题，具有理、工、文、管多学科交叉融合的特点，研究的开放性和包容性很强，创新的空间较大。所以，我国应进一步强化公共安全学科建设，推动公共安全和应急管理高层次人才的培养，尤其是力争形成完善的公共安全学科教育制度，培养一批公共安全领域杰出的科学家，为我国公共安全研究达到世界先进水平而不断努力。

（三）提升国家重大科技专项举措

面向国家需求，凝练战略重点，进行重点持续资助。瞄准公共安全科学的潮流和趋势，开展科学研究和技术攻关，突破一批制约我国当前安全科学发展的瓶颈问题。注意“点”（重点）、“线”（主要发展方向）、“面”的协调。通过科学分析，凝练出能够突破的重点发展领域，选择具有重要意义的科学问题，进行持续重点资助，提高我国安全学科的原始创新能力。

（四）促进公共安全科学产学研发展模式

制定适合我国国情的各行业安全生产科技发展规划；建立安全生产科技专项基金；加快各行业安全类国家重点实验室、安全工程技术中心等安全科学技术研究机构建设；充分利用和整合政府部门、高校、科研院所及企业等的安全科研资源，加强安全科学技术基础理论研究，构建多层次的科研合作平台；把矿山、石油化工等行业的安全生产中亟待解决的关键性技术难题列入国家和地方科技攻关计划；加快行业安全科技成果转化和科技创新步伐，支持有条件的企业进行科技创新，鼓励建设企业成果转化基地；抓好安全科技示范、安全学科建设和安全专业人才培养等战略性起步工程。

六、全民安全文化建设

“文化是民族的血脉，是人民的精神家园”，推动安全文化建设，是推动社会主义文化大发展、大繁荣的重要组成部分。应当大力继承和发扬中华民族几千年来形成的防灾应急文化，并使之成为社会主义文化建设的重要内容。

加强公共安全文化的宣传教育和培训，使公共安全知识真正进农村、进学校、进企业、进社区、进机关、进家庭，大力推动安全社区、全国综合减灾示范区建设，广泛开展全国防灾减灾日、国际减灾日、全国消防日等活动，提高社会公众的防灾避险意识和公共安全文化素质。强化农民工的安全培训和管理，建设农民工信息管理系统；建立预防、补偿和康复机制有机结合的科学工伤保险制度。改进教育培训的方法、形式及内容，增强安全教育培训的针对性、实用性，提高教育培训效果；开发各种形式的安全文化产品，引导公众增强风险意识和自救、互救能力；推进安全文化建设示范企业、安全社区创建活动，广泛深入开展“防灾减灾日”“安全生产月”“安全生产万里行”“消防 119”等宣传教育活动，提升安全文化建设水平。

切实增强全民族的忧患意识、风险意识，在全社会树立“自救、互救、公救”的理念，开创“社会和谐人人有责、和谐社会人人共享”的生动局面。充分发挥各种媒体、文艺团体、文艺组织的作用和优势，运用群众喜闻乐见的多种形式，形成全社会良好的公共安全氛围。充分发挥专家学者的作用，整理和总结我国几千年来形成的防灾减灾和安全文化，编著出版相关著作，使之成为社会主义文化建设的重要内容，进一步提升文化自信。

参 考 文 献

白玫．2008．突发公共卫生事件的应急机制研究．上海：华东师范大学．

包玉梅．2008．突发公共事件应急物资储备策略研究．科技信息（学术研究），(34): 67，69．

毕宝贵，李泽椿，郭安红，等．2017．自然灾害对公共安全的影响及其监测预警科技发展战略．海洋气象学报，37(3): 1-7．

蔡斯敏．2018．网络议事规则的塑造：网民表达的危机表征及治理路径．哈尔滨工业大学学报（社会科学版），20(5): 55-61．

曹策俊，李从东，王玉，等．2017．大数据时代城市公共安全风险治理模式研究．城市发展研究，24(11): 76-82．

常君明，刘继清，刘敏，等．2014．基于元胞自动机模型的人员疏散仿真系统设计．江汉大学学报（自然科学版），(2): 88-91．

陈敏建．2016．水问题国情分析与水安全战略选择．政府管理评论，(0): 27-51．

迟菲．2019．大数据与物联网应用下的公共安全管理研究．智库理论与实践，4(6): 85-91．

崔春秀．2013．论应急物资管理体系的建设．中国集体经济，(18): 48-49．

崔新强，周小兰，付佳，等．2016．高速铁路安全运行高影响天气条件等级标准研究．灾害学，31(3): 26-30．

邓三鸿，刘喜文，蒋勋．2015．基于利益相关者理论的突发事件案例知识库构建研究．图书与情报，(3): 1-8．

丁文喜．2009．突发事件应对与公共危机管理．北京：光明日报出版社．

丁翔，张海波．2017．大数据与公共安全：概念、维度与关系．中国行政管理，(8): 36-41．

丁一汇，杜祥琬．2016．气候变化对我国重大工程的影响与对策研究．北京：科学出版社．

董立岩，李真，王利民，等．2009．突发公共事件应急平台系统研究．吉林大学学报（信息科学版），27(4): 377-382.
端义宏，陈联寿，许映龙，等. 2012. 我国台风监测预报预警体系的现状及建议. 中国工程科学，14(9): 4-9.
段英. 2009. 冰雹灾害. 北京：气象出版社.
范维澄. 2015. 构建智慧韧性城市的思考与建议. 中国建设信息化，(21): 20-21.
范维澄. 2015-11-23. 构建智慧韧性城市的思考与建议. 中国信息化周报：007.
范维澄，刘奕. 2008. 城市公共安全与应急管理的思考. 城市管理与科技，10(5): 32-34.
范维澄，霍红，杨列勋，等. 2018. "非常规突发事件应急管理研究"重大研究计划结题综述. 中国科学基金，32(3): 297-305.
范维澄，翁文国. 2019. 科学家谈管理科学重要方向国家安全与应急管理. 科学观察，14(5): 23-26.
方磊，夏雨，杨月明，等. 2016. 面向突发性自然灾害的救济供应链研究述评与未来展望. 管理评论，28(8): 238-249.
冯凯，徐志胜，王丽. 2009. 城市公共安全空间规划建模及可视化系统. 哈尔滨工业大学学报，41(12): 146-150.
郭安红，延昊，李泽椿，等. 2015. 自然灾害与公共安全———我国的现状与差距. 城市与减灾，(1): 13-17.
韩自强，张海波. 2018-03-16. 组建应急管理部的三个重大意义. 21世纪经济报道：4.
何明，邹青丙，雷冬青，等. 2014. 社会公共安全事件应急管理关键技术研究. 中国安全科学学报，24(9): 166-170.
何珍妮，王诗茜，后莹莹，等. 2018. 公共安全事件的社会心理影响与政府对策研究——基于武昌火车站的调查. 现代商贸工业，39(31): 139-140.
洪宇翔，吴伟炯. 2016. 公共安全意识现状及对策研究——基于杭州市的调查. 浙江社会科学，5: 43-50.
侯光辉，陈通，王颖，等. 2018. 地方依恋、突发事件与风险的社会"变异"——一个化工社区在"8・12"特大爆炸事故前后的变化. 公共管理学报，15(2): 56-68，155-156.
扈海波，王迎春，熊亚军. 2010. 基于层次分析模型的北京雷电灾害风险评估. 自然灾害学报，19(1): 104-109.
黄凯奇，陈晓棠，康运锋，等. 2015. 智能视频监控技术综述. 计算机学报，38(6): 1093-1118.
黄卫东. 2007. 基于环境感知的应急管理知识需求研究. 四川大学学报（工程科学版），S1: 182-186.
黄晓燕，陈颖，何智纯. 2019. 城市突发公共卫生事件应急处置核心能力快速评估方法的研究和应用. 中国卫生资源，22(3): 236-241.

蒋勋，苏新宁，周鑫．2017．适应情景演化的应急响应知识库协同框架体系构建．图书情报工作，15: 60-71．
康文巍．2019．煤矿安全监测监控技术现状及发展趋势．当代化工研究，16:9-10．
匡尚富，王建华．2013．建设国家智能水网工程提升我国水安全保障能力．中国水利，(19): 27-31．
李崇银，黄荣辉，丑纪范，等．2009．我国重大高影响天气气候灾害及对策研究．北京：气象出版社，2009：107-110．
李德仁，邵振峰，杨小敏．2011．从数字城市到智慧城市的理论与实践．地理空间信息，9(6): 1-5，7．
李德仁．2014．智慧城市中的大数据．中国建设信息，(3): 14-17．
李芬，于文金，张建新，等．2011．干旱灾害评估研究进展．地理科学进展，30(7): 891-898．
李强，顾朝林．2015．城市公共安全应急响应动态地理模拟研究．中国科学：地球科学，45(3): 290-304．
李强．2008．2008 年雨雪冰冻灾害分析及对电网的启示．电力建设，29(6): 18-21．
李淑华．2011．重大事件预警系统的构建．中国人民公安大学学报（自然科学版），17(1): 60-63．
李泽椿，毕宝贵，金荣花，等．2016．近 10 年中国现代天气预报的发展与应用．气象学报，72(6): 1069-1078．
李泽椿，谌芸，张芳华，等．2015．由河南“75 · 8”特大暴雨引发的思考．气象与环境科学，38(3): 1-12．
李治森．2018．基于气象信息的电网监控预警系统研究．济南：山东大学．
刘东，李冬，杨海涛，等．2009．装备综合保障技术．国防科技，30(6): 45-52．
刘冬华，刘茂．2009．突发水污染事故风险分析与应急管理研究进展．中国公共安全（学术版），(1): 167-170．
刘世豪．2018．衡水地区电网气象灾害预警系统的开发与应用研究．北京：华北电力大学．
刘奕，倪顺江，翁文国，等．2017．健全公共安全体系构建安全保障型社会 // 住房和城乡建设部防灾研究中心，中国建筑科学研究院科技发展研究所．建筑防灾年鉴 2016．北京：中国建筑工业出版社：11-17．
刘长敏．2004．危机应对的全球视角：各国危机应对机制与实践比较研究．北京：中国政法大学出版社．
马雷鸣．2014．国内台风数值预报模式及其关键技术研究进展．地球物理学报．29(3): 1013-1022．
马伟伟，王洁，吴茜蒙，等．2017．紧急疏散下的引导员设置与仿真模拟．安全与环境学报，17(2): 625-629．

马鑫，黄全义，疏学明，等．2010．物联网在公共安全领域中的应用研究．中国安全科学学报，20(7): 170-176．

孟昊天，兰琼，朱波峰．2019．人体表型特征的DNA分子鉴识——5年新进展．法医学杂志，35(5): 512-518, 524．

裴源生，蒋桂芹，翟家齐．2013．干旱演变驱动机制理论框架及其关键问题．水科学进展，24(3): 449-456．

彭知辉．2010．论情报信息与群体性事件预警．广东行政学院学报，22(1): 68-71．

钱传海，端义宏，麻素红，等．2012．我国台风业务现状及其关键技术．气象科技进展，2(5): 36-43．

邱德华．2005．区域水安全战略的研究进展．水科学进展，16(2): 305-312．

仇保兴．2018．基于复杂适应系统理论的韧性城市设计方法及原则．城市发展研究，25(10): 1-3．

闪淳昌，周玲，钟开斌．2011．对我国应急管理机制建设的总体思考．国家行政学院学报，(1): 10-14．

佘廉，刘山云，吴国斌．2011．水污染突发事件：演化模型与应急管理．长江流域资源与环境，20(8): 1004-1009．

盛金保，厉丹丹，蔡荨，等．2018．大坝风险评估与管理关键技术研究进展．中国科学：技术科学，48(10): 1057-1067．

师花艳．2009．基于事件链的应急领域知识导航模型研究．大连：大连理工大学．

史培军．2014．灾害系统复杂性与综合防灾减灾．中国减灾，(1): 20-21．

唐建平，吕运芝，陕大海．2001．着力建设群体性事件预警和应急处置机制．学习月刊，3: 21-23．

汪曙光，许令顺，刘天雾，等．2017．大数据和云计算在物联网中的应用．电脑知识与技术，13(28): 282-283．

王辉，万莉颖，秦英豪，等．2016．中国全球业务化海洋学预报系统的发展和应用．地球科学进展，31(10): 1090-1104．

王建华，赵红莉，冶运涛．2018．智能水网工程：驱动中国水治理现代化的引擎．水利学报，(9): 1148-1157．

王剑明．2012．化学事故应急处置与救援实时支持模式探讨．职业卫生与应急救援，30(2): 61-62．

王梦超．2010．城市区域火灾风险评估与对策研究．北京：中国地质大学（北京）．

王琪．2012．气候变化对中国国家安全的影响．江南社会学院学报，14(2): 11-14．

王淑伟．2019．新型城镇化背景下我国大城市交通发展对策．综合运输，41(10): 12-15，81．

王巍，曲旻皓，陈虹．2016．公共安全国际标准发展及 ISO 22312:2011《公共安全——技术能力》解读. 灾害学，(1): 170，174.
王喜年，包澄澜. 1992. 海洋灾害及预报. 海洋通报，(5): 92-96.
王郑，王祝来，张勇，等. 2006. 城市供水安全应急保障体系研究. 灾害学，21(2): 106-109.
魏利军，王如君，多英全，等. 2017. 化工过程定量风险评价进展及风险准则比较分析. 中国安全生产科学技术，13(8): 12-17.
温靖. 2007. 中美突发公共卫生事件应急系统的比较研究. 南京：南京师范大学.
温丽敏，陈宝智. 1999. 重大事故人员应急疏散模型研究. 中国安全科学学报，9(6): 73-77.
谢淑珍. 2013. 城市社区公共安全治理模式创新研究——基于整体性治理理论. 安徽广播电视大学学报，(2): 20-23.
徐德蜀. 1999. 中国安全文化建设的时代背景——兼谈21世纪安全科技文化新观点. 中国安全科学学报，9(4): 4-10.
徐占品，陈晓一. 2010. 公共危机事件中的网络话语分析. 东南传播，7：39-41.
许建军，高胜普. 2011. 食品安全预警数据分析体系构建研究. 中国食品学报，11(2): 169-172.
薛澜. 2005. 突发公共事件分类、分级及分期：应急体制的管理基础. CPA中国行政管理学术论坛，(2): 102-107.
薛澜，朱琴. 2003. 危机管理的国际借鉴：以美国突发公共卫生事件应对体系为例. 中国行政管理，(8): 51-56.
闫红丽，周谦. 2019. 基于网络问卷调查的反恐应急处置能力评估. 网络安全技术与应用，11: 138-141.
杨瑞，侯遵泽. 2003. 城市区域消防安全评估方法研究. 武警学院学报，19(5): 17-21.
杨波，郑永光，蓝渝，等. 2017. 国家级强对流天气综合业务支撑体系建设. 气象. 43(7): 845-855.
杨辉解，刘鸿标. 2006. 论群体性事件的预警机制. 政法学刊，(4): 29-33.
杨继富. 2013. 我国农村安全供水科技新进展. 中国水利，(19): 66，68，70.
杨开忠. 2003. 国外公共卫生突发事件管理要览. 北京：中国城市出版社.
杨小兵，卢祖洵. 2004. 美国公共卫生突发事件应急体系的结构分析. 医学与哲学，25(5): 14-15.
杨振山，丁悦，李娟. 2016. 城市可持续发展研究的国际动态评述. 经济地理，36(7): 9-18.
姚雪峰，张韧，郑崇伟，等. 2011. 气候变化对中国国家安全的影响. 气象与减灾研究，34(1): 55-63.
殷晓梅. 2006. 美国突发公共卫生事件应急体系的启示. 中国公共卫生管理，22(3): 268-269.
尹占娥，许世远，殷杰，等. 2010. 基于小尺度的城市暴雨内涝灾害情景模拟与风险评估. 地理学报，(5): 553-562.

虞剑. 2018. 危险化学品应急处置辅助系统设计与实现. 大连：大连理工大学.
袁宏永，苏国锋，付明. 2018. 城市安全空间构建理论与技术研究. 中国安全科学学报，28(1): 185-190。
翟盘茂，刘静. 2002. 气候变暖背景下的极端天气气候事件与防灾减灾. 中国工程科学，14(9): 55-63.
詹姆斯·艾伦·史密斯. 2017. 李刚，邹婧雅，赖雅兰，等，译. 思想掮客：智库与新政策精英的崛起. 南京：南京大学出版社.
张宾，董华，涂爱民，等. 2005. 基于GIS的城市公共安全技术平台. 中国安全科学学报，15(8): 70-75
张春艳. 2014. 大数据时代的公共安全治理. 国家行政学院学报，(5): 100-104.
张国庆. 2001. 应对气象灾害　积极防灾救灾. 国家电网，11：66-68.
张辉，刘奕. 2012. 基于“情景-应对”的国家应急平台体系基础科学问题与集成平台. 系统工程理论与实践，32(5): 947-953.
张楠，徐栋. 2019. 测绘地理信息在应急处置中的应用分析. 工程建设与设计，18: 254-255.
张平. 2008. 我国城市应急联动运行机制建设面临的挑战与重建. 中国人民公安大学学报（社会科学版），5: 67-74.
张守洁，朱泽，哈辉，等. 2013. 我国农村震害及农居地震安全工程典型案例分析. 地震工程学报，35(4): 936-944.
张小玲，杨波，盛杰，等. 2018. 中国强对流天气预报业务发展. 气象科技进展，3: 8-18.
张晓美，吕明辉，王毅，等. 2019. 我国公路交通气象灾害风险隐患特征分析. 灾害学，34(4): 19-24.
张孝奎，张盈，陈丽梅，等. 2011. 群体性建筑物抗震易损性分析方法研究 // 转型与重构——2011中国城市规划年会论文集.
张兴凯. 2018. 我国安全生产应急救援科技装备现状与发展. 应急管理，2: 52-55.
张雪莹. 2017. 科技创新打造国家公共安全管理新平台. 通信世界，(23): 49-50.
赵慧霞，王维国，李泽椿，等. 2010. 雾对我国交通运输的不利影响及对策. 气象与环境学报，26(2): 58-62.
赵霖，冯振翼，安建民. 2006. 美国突发公共卫生事件应急管理体系一瞥. 华北煤炭医学院学报，8(2): 253-255.
赵妙文. 2018. 通用航空气象服务系统的构建与设计. 石家庄：河北师范大学.
甄峰，秦萧. 2014. 大数据在智慧城市研究与规划中的应用. 国际城市规划，29(6): 44-50.
郑永光，林隐静，朱文剑，等. 2013. 强对流天气综合监测业务系统建设. 气象，39(2): 234-240.
郑永光，周康辉，盛杰，等. 2015. 强对流天气监测预报预警技术进展. 应用气象学报，

26(6): 641-657.
中华人民共和国公安部. 2014. 公共安全行业标准体系表编制规则（GA/T 1136-2014）.
钟有亮，陈静，王静，等. 2017. GRAPES 区域集合预报系统对登陆台风预报的检验评估. 热带气象学报，33(6): 953-964.
周蕾，吴先华，吉中会. 2017. 考虑恢复力的洪涝灾害损失评估研究进展. 自然灾害学报，26(2): 11-21.
周利敏. 2016. 韧性城市：风险治理及指标建构——兼论国际案例. 北京行政学院学报，(2): 13-20.
朱顺兵，魏秋萍，杜春泉. 2010. 物联网感知安全应用的研究与展望. 中国安全科学学报，20(11): 164-170.
朱伟，刘梦婷. 2017. 安全概念再认识：从间接到直接. 风险灾害危机研究，(1): 10-24.
Amilcare S, Mauro T, Peppino F, et al. 2018.Managing Emergency Situations in VANET Through Heterogeneous Technologies Cooperation. Sensors, 18(5):1461.
Anderson A I, Compton D, Mason T. 2004. Managing in a Dangerous World—The National Incident Management System. Engineering Management Journal, 16: 4, 3-9
Andrew H. 2014. Issues in safety science. Safety Science, 67(8): 6-14.
Arthur F H, Johnson H L. 1995. Development of Aeration Plans Based on Weather Data: A Model for Management of Corn Stored in Georgia.American Entomologist,41(4): 241-246.
Batrouni M, Bertaux A, Nicolle C.2018. Scenario analysis, from BigData to black swan. Comput. Sci. Rev., 28 (28) 131-139.
Bogner A, Torgersen H. 2015.Different ways of problem atising biotechnology and what it means for technology governance. Public Understanding of Science, 24(5):516-532.
Cao Q G, Li K, Liu Y J, et al. 2012.Risk management and workers' safety behavior control in coal mine. Safety Science,50(4): 909-913.
Caragliu A, Del Bo C, Nijkamp P. 2011.Smart Cities in Europe. Journal of Urban Technology, 18(2):65-82.
Chang M S, Tseng Y L, Chen J W. 2007. A scenario planning approach for the flood emergency logistics preparation problem under uncertainty. Transportation Research Part E, (6): 737-754.
Chu G Q, Wang J H. 2012. Study on probability distribution of fire scenarios in risk assessment to emergency evacuation. Reliability Engineering & System Safety, 99: 24-32.
Crowston K, Qin J. 2011.A capability maturity model for scientific data management: Evidence from the literature. Proceedings of the American Society for Information Science and Technology, 48(1): 1-9.
Danner C, Schulman P. 2018. Rethinking Risk Assessment for Public Utility Safety Regulation. Risk

analysis:an official publication of the Society for Risk Analysis.

David B.2006. The conquest of nature: water, landscape, and the making of modern Germany. NewYork:Norton.

Francis R L, Lowe T J, Tamir A .2002. Worst-case incremental analysis for a class of p-facility location problems. Networks, 39(3): 139-143.

Frazier C B, Ludwig T D, Whitaker B, et al. 2013.A hierarchical factor analysis of a safety culture survey. Journal of Safety Research, 45: 15-28.

Gohar M, Muzammal M, Rahman A U.2018.SMART TSS: Defining transportation system behavior using big data analytics in smart cities. Sustainable Cities and Society, 41: 114, 119.

Grabowski A, Kruszewska N, Kosiński R A. 2008.Dynamic phenomena and human activity in an artificial society. Phys. Rev. E, 78.

Gu Y, Fu X, Liu Z Y, et al.2019.Performance of transportation network under perturbations: Reliability, vulnerability, and resilience. Transportation Research Part E, 133: 1-16.

Hamid N. 1995. The design of an integrated group decision support system for technology assessment. R & D Management, 25(3): 309-322.

Han Y, Kim J S, Seo Y. et al. 2019.Cross-Sectional Study on Patient Safety Culture, Patient Safety Competency, and Adverse Events. Western Journal of Nursing Research, 42(1): 32-40

Hashem I A T, Chang V, Anuar N B, et al. 2016.The role of big data in smart city. International Journal of Information Management, 36(5): 748-758.

Helbing D, Farkas I J, Vicsek T. 2000. Simulating Dynamical Features of Escape Panic. Social Science Electronic Publishing, 407(6803): 487-490.

Helbing D, Platkowski T. 2000. Self-organization in Space and Induced by Fluctuations. International Journal of Chaos Theory and Applications，5(4), 47-62.

Jams G M.2017. 2016 Global Go to Think Tank Index Report. Philadelphia: University of Pennsylvania.

José R R, Juan I Pérez-Díaz. 2019.A multicriteria fuzzy approximate reasoning approach for risk assessment of dam safety. Environmental Earth Sciences, 78(16).

Kamoie B. 2005. The National Response Plan: a new framework for homeland security, public health, and bioterrorism response. Journal of Health Law, 38(2): 287-318.

Khan M A, Salah K.2017.IoT security:Review, blockchain solutions, and open challenges. Future Generation Computer Systems, 82: 395-411.

Kulkarni S S, Magazine M J, Raturi A S.2004.Risk pooling advantages of manufacturing network configuration. Production and Operation Management, 13 (2): 186-199.

Liang X B, Liang W, Zhang L, et al. 2019.Risk assessment for long-distance gas pipelines in coal mine gobs based on structure entropy weight method and multi-step backward cloud transformation algorithm based on sampling with replacement. Journal of Cleaner Production, 227: 218-218.

Lisa H, Emmanuel L, Syamsidik R S. 2014.Process for integrating local and indigenous knowledge with science for hydro-meteorological disaster risk reduction and climate change adaptation in coastal and small island communities. International Journal of Disaster Risk Reduction, 10: 15-27.

Liu D F, Pang L, Xie B T. 2009.Typhoon disaster in China: prediction, prevention, and mitigation. Natural Hazards, 49: 421-436.

Luciana L. 2015.Introduction to the special issue 'the resilient city'. City, Culture and Society, 6(3): 47-49.

Lu Y, Xu J P. 2014.The progress of emergency response and rescue in China: a comparative analysis of Wenchuan and Lushan earthquakes. Natural Hazards, 74(2): 721-744.

McLaughlin M J, Parker D R, Clarke J M. 1999.Metals and micronutrients – food safety issues. Field Crops Research, 60(1-2): 143-163.

Michaela S, Wolfgang K K, Kerstin G. 2016.Safety Culture, Resilient Behavior, and Stress in Air Traffic Management. Aviation Psychology and Applied Human Factors, 6(1): 12-23.

Neirotti P, De Marco A, Cagliano A C, et al.2014. Current trends in Smart City initiatives: Some stylised facts. Cities, 38: 25-36.

Paul D. 1971. Think Tanks. New York: Athenaeum.

Pisano D J. 1996. Controlled substances and pain management: regulatory oversight, formularies, and cost decisions. The Journal of Law, Medicine & Ethics, 24(4): 310-316.

Qin J, Crowston K, Kirkland A. 2017.Pursuing Best Performance in Research Data Management by Using the Capability Maturity Model and Rubrics. Journal of eScience Librarianship.

Rudin N, Inman K. 2001. An Introduction to Forensic DNA Analysis. Boca Raton: CRC Press.

Sawyer R K. 2003.Artificial Societies: Multiagent Systems and the Micro-Macro Link in Sociological Theory. Sociological Methods, 31(3): 325-363.

Sexton J B, Schwartz S P, Chadwick W A, et al.2016. The associations between work-life balance behaviours, teamwork climate and safety climate: cross-sectional survey introducing the work-life climate scale, psychometric properties, benchmarking data and future directions. Bmj Quality & Safety, 26(8): 632-640.

Shi W S, Fellow, IEEE, et al. 2016. Edge Computing: Vision and Challenges. IEEE Internet of Things Journal, 3(5): 637-646.

Szell M. 2014. Connecting Paradigms. Science, 343(6174): 970-971.

Tian W, Guangxue Z, Anfeng L, et al. 2018.A Secure IoT Service Architecture with an Efficient

Balance Dynamics Based on Cloud and Edge Computing. IEEE Internet of Things Journal, 6(3):4831-4843.

Tuba B, Almirall E, Wareham J. 2013.A Smart City Initiative: the Case of Barcelona. Journal of the Knowledge Economy, 4(2): 135-148.

Usman M, Gebremariam A, Raza U, et al. 2015. A Software-Defined Device-to-Device Communication Architecture for Public Safety Applications in 5G Networks. IEEE Access, 1.

Vial A, Assink M , Stams G J J M , et al. 2019.Safety and Risk Assessment in Child Welfare: A Reliability Study Using Multiple Measures. Journal of Child and Family Studies, 28: 3533-3544.

Wang T, Guomai S, Zhang L M, et al. 2019. Earthquake emergency response framework on campus based on multi-source data monitoring. Journal of Cleaner Production, 238.

Wei Y G, Huang C, Li J, et al. 2016. An evaluation model for urban carrying capacity: A case study of China's mega-cities. Habitat International, (53): 87-96.

Wex F, Schryen G, Feuerriegel S, et al. 2014.Emergency response in natural disaster management: Allocation and scheduling of rescue units. European Journal of Operational Research, 235(3): 170-188.

Wilson J M, Koehn E. 2000. Safety Management: Problems Encountered and Recommended Solutions. Journal of Construction Engineering & Management, 126(1): 77-79.

Wyk N V, Grange J H L. 1980. Problems Encountered in the Management of a Control Centre Data Base and Possible Solutions. IFAC Proceedings Volumes, 13(8): 293-298.

Xiang W N, Stuber R M B, Meng X C. 2011. Meeting critical challenges and striving for urban sustainability in China. Landscape and Urban Planning, 100(4): 418-420.

Yang C M. 2005.Method and device for monitoring physiologic signs and implementing emergency disposals.

Yang L Q, Li S R, Jia B. 2013.Safety risk assessment for construction project with BDD-based method. System Engineering Theory and Practice, 33(7): 1889-1897.

Zanella A, Bui N, Castellani A, et al. 2014.Internet of Things for Smart Cities. IEEE Internet of Things Journal, 1(1): 22-32.

Zhang F, Zhou B L, Liu L, et al. 2018. Measuring human perceptions of a large-scale urban region using machine learning. Landscape and Urban Planning, 180: 148-160.

Zhong S B, Wang F, Bi C, et al. 2013. Emergency Management System based generation of Incident Action Plans. 2013 10th International Conference on Fuzzy Systems and Knowledge Discovery (FSKD).

Zhou J X, Wang L X, Xie B Y, et al.2002. A study on the early-warning technique concerning debris flow disasters. Journal of Geographical Sciences, 12(3): 115-122.

附　　录
各章作者名单
（以姓氏汉语拼音为序）

第一章　公共安全需求与宏观政策

曹保榆　陈惠民　程晓陶　端义宏　范维澄　高孟潭　胡传平　黄培堂
刘乃安　刘铁民　卢鉴章　王大宁　翁文国　吴永宁　吴宗之　殷跃平
于　锐　袁宏永

特别致谢：科技部技术预测（第五次）公共安全领域研究专家组

第二章　公共安全科技现状

白永忠　毕宝贵　曹保榆　陈惠民　陈章立　程晓陶　丁　辉　丁志雄
端义宏　范维澄　高孟潭　郭安红　胡传平　黄　飞　黄培堂　贾　楠
冷　泠　李爱平　李平凡　刘　艺　刘　奕　刘　毅　刘桂梅　刘慧念
刘梦婷　刘乃安　刘铁民　刘晓斐　卢鉴章　马舒庆　毛冬艳　彭斯璐
钱传海　闪淳昌　谌　芸　宋大钊　孙　健　孙洪泉　孙振文　王　婷
王大宁　王建华　王艳艳　王月冬　韦方强　翁文国　吴永宁　吴宗之
殷跃平　于　锐　袁　亮　袁宏永　翟家齐　张　辉　郑洪龙　周　强
朱　培

特别致谢：科技部技术预测（第五次）公共安全领域研究专家组

第三章　公共安全技术典型分析

白永忠　毕宝贵　曹保榆　曹志冬　陈　彬　陈惠民　程晓陶　崔冠峰
丁　伟　端义宏　范维澄　付艳云　高孟潭　郭安红　郭旦怀　胡传平
黄九鸣　黄培堂　黄思成　刘　艺　刘　奕　刘慧念　刘梦婷　刘乃安
刘铁民　刘晓斐　卢鉴章　毛冬艳　蒙家晓　倪顺江　彭宗超　钱　静
钱传海　邱晓刚　谌　芸　宋丽莉　宋连春　孙振文　王　婷　王大宁
王月冬　翁文国　吴永宁　吴宗之　许　伟　许爱东　殷跃平　于　锐
袁　亮　袁宏永　张　辉　张岩峰　郑洪龙

特别致谢：科技部技术预测（第五次）公共安全领域研究专家组

第四章　2035 年公共安全工程科技发展展望

曹湘洪　程　静　丁　伟　丁志雄　范维澄　方　煜　方滨兴　韩　毅
韩伟红　胡春宏　黄　弘　冷　泠　李　华　李　鑫　李立涅　李泽椿
刘　耀　刘　奕　刘玲花　刘晓斐　鲁光泉　蒙家晓　彭苏萍　乔　婷
秦绪坤　孙洪泉　孙连英　孙振文　王建华　王丽珍　王艳艳　王月冬
王云鹏　吴曼青　许爱东　严新平　袁　亮　翟家齐　张　军　张树才
郑洪龙　周　红　周福宝　朱　伟

第五章　公共安全技术预见与发展能力分析

曹湘洪　范维澄　方滨兴　胡春宏　李立涅　李泽椿　刘　耀　刘　奕
倪顺江　彭苏萍　钱　静　吴曼青　严新平　袁　亮　张　军

特别致谢：科技部技术预测（第五次）公共安全领域研究专家组；本章技术预见问卷调查有公共安全及相关领域大量专家学者参与，在此致谢！

第六章　2035 年公共安全工程科技发展图景与重点任务

毕宝贵　陈德辉　程　静　程晓陶　丁　辉　丁　伟　丁志雄　郭安红
韩　毅　黄　弘　贾　焰　李　华　李　鑫　李平凡　刘　奕　刘　毅
刘玲花　刘晓栋　龙　腾　鲁光泉　毛冬艳　蒙家晓　孟小峰　钱传海
乔　婷　秦　勇　秦绪坤　谌　芸　孙洪泉　孙连英　孙晓明　孙振文
王红卫　王建华　王丽珍　王艳艳　王月冬　吴超仲　许爱东　闫学东
曾大军　翟家齐　张　辉　张　琳　张树才　张文芬　张学军　张岩峰
周　红　周福宝　周晓林　朱　伟

第七章　2035 年公共安全领域工程科技发展路径

毕宝贵　曹湘洪　程　静　丁　辉　丁　伟　丁志雄　范维澄　方滨兴
郭安红　胡春宏　李　华　李　鑫　李立浧　李平凡　李泽椿　刘　耀
刘　奕　刘　毅　刘玲花　刘晓斐　毛冬艳　蒙家晓　彭苏萍　钱传海
乔　婷　秦　勇　秦绪坤　谌　芸　孙洪泉　孙连英　孙振文　王建华
王丽珍　王艳艳　王月冬　王云鹏　吴超仲　吴曼青　严新平　杨　漪
袁　亮　翟家齐　张　军　张树才　张文芬　张学军　周　斌　朱　伟

第八章　重大工程与科技项目建议

毕宝贵　曹湘洪　丁　辉　范维澄　方滨兴　付艳云　韩　毅　胡春宏
黄　弘　李立浧　李泽椿　刘　耀　刘　奕　鲁光泉　彭苏萍　钱　静
闪淳昌　谌　芸　孙振文　王建华　吴曼青　严新平　袁　亮　翟家齐
张　军　朱　伟

关键词索引

F

G

H

J

K

L

M

P

Q

R

S

社会安全 2, 3, 10, 12, 16, 19, 27, 28, 29, 33, 34, 37, 39, 49, 51, 57, 58, 59, 65, 80, 121, 154, 177, 182, 186, 187, 192, 202, 203, 235, 240, 241, 249, 272, 273, 277, 294, 298, 299, 300, 306, 312, 318

T

W

X

Y

Z